W0264338

Digitale Meßtechnik

Eine Einführung

L. Borucki · J. Dittmann

Zweite neubearbeitete Auflage

Springer-Verlag Berlin · Heidelberg · New York 1971

Oberbaurat Dipl.-Ing. Lorenz Borucki,
Staatliche Ingenieurschule für Maschinenwesen, Krefeld

Dipl.-Ing. Joachim Dittmann
Siemens AG., Wernerwerk für Meßtechnik, Karlsruhe

Mit 242 Abbildungen

ISBN-13: 978-3-642-80561-5   e-ISBN-13: 978-3-642-80560-8
DOI: 10.1007/978-3-642-80560-8

Vorwort zur zweiten Auflage

Die Konzeption dieses Buches, in dem der Schwerpunkt der Darstellung auf dem Grundsätzlichen liegt, konnte auch für die neue Auflage beibehalten werden. Einige Kapitel sind überarbeitet und an mehreren Stellen Ergänzungen eingefügt worden.

Aus didaktischen Gründen wurden im Kapitel 6 (Analog—Digital-Umsetzer) die allgemeinen Betrachtungen über Meßungenauigkeit, Eingangswiderstand und dynamisches Verhalten vorangestellt. Außerdem sind drei neue Umsetzverfahren aufgenommen worden. Eine stärkere Überarbeitung erfuhr auch das Kapitel 7.3 (Meßwertdrucker), wobei der wachsenden Bedeutung der Informationsausgabe über elektrische Schreibmaschinen und Fernschreiber Rechnung getragen wurde. Um den zunehmenden Einsatz der Rechentechnik in digitalen Meßgeräten und Meßanlagen zu zeigen, wurde das alte Kapitel 9.4 durch ein neues über einen rechnenden Universalzähler ersetzt und Kapitel 9.5 durch einen Abschnitt über einen Mittelwertrechner zur Auswertung von Kernresonanzsignalen erweitert. Neu aufgenommen wurden in das Kapitel 3.5 (Logische Schaltungen) die integrierten Schaltungen sowie in den Anhang A.4 (Schaltalgebra) das graphische Vereinfachungsverfahren nach KARNAUGH und VEITCH.

Die Verfasser hoffen, durch diese Änderungen und Ergänzungen den einführenden Charakter des Buches nicht verändert, gleichzeitig aber den derzeitigen Stand der digitalen Meßtechnik dargestellt zu haben.

Wie auch bei der ersten Auflage sei an dieser Stelle den in diesem Buche erwähnten Firmen für das Bereitstellen von Unterlagen gedankt, ferner dem Springer-Verlag, der die Herstellung des Buches wiederum in vorbildlicher Weise übernommen hat.

Krefeld und Karlsruhe,
im Juli 1970

Lorenz Borucki   Joachim Dittmann

1. Einleitung

1.1 Die Entwicklung der Meßtechnik

Bei allen Kulturvölkern des Altertums findet man etwa zu gleicher Zeit einen Übergang von der reinen Naturbetrachtung zur systematischen Naturbeobachtung. Dieser Schritt erforderte jedoch sogleich grundsätzliche Überlegungen. Um mehrere Beobachtungen der gleichen Art miteinander vergleichen zu können, sah man sich gezwungen, Vergleichsmaßstäbe festzulegen. Da es bei allen alten Kulturen hauptsächlich die Priester waren, die das Naturgeschehen beobachteten, fanden derartige Betrachtungen, die man sehr früh in der Astronomie und Geometrie anstellte, ihre Anwendung zunächst bei kultischen Bauten. Das bekannteste Beispiel hierfür sind die ägyptischen Pyramiden. Hatte man sich vorher damit begnügt, die Längeneinteilung nach den Körpermaßen, z.B. Hand oder Elle, des jeweiligen Beobachters vorzunehmen, so erforderte die Zusammenarbeit von Tausenden von Hilfskräften bei diesen großen Bauvorhaben die Festlegung eines einheitlichen Längenmaßstabes. Man wählte zu diesem Zweck als Normalmaß die Körpermaße desjenigen Pharao, dem die Pyramide als Grabmal dienen sollte. Damit war die Erkenntnis gewonnen, daß die Grundlage jeder Messung auf einem Vergleich mit einem einheitlichen Normalmaß beruht.

Es sollten jedoch noch Jahrtausende vergehen, bis im Jahre 1795 in Frankreich und 1868 in Preußen eine einheitliche Längeneinteilung, das Meter, gesetzlich festgelegt und daraufhin auch international anerkannt wurde [1]. Am 20. Mai 1875 schlossen sich 18 Staaten zu der internationalen Meterkonvention zusammen und übernahmen als Definition des Meters den 40 000 000sten Teil des Erdumfanges. Ein Platin-Iridiumstab, das Urmeter, wird noch heute als Urmaß in Sèvres bei Paris aufbewahrt. In letzter Zeit, im Jahre 1960, einigte man sich anläßlich der XI. Generalkonferenz für Maß und Gewicht auf eine neue Definition des Meters. Danach entsprechen einem Meter 1 650 763,73 Wellenlängen der Orangelinie des Krypton-Isotopes 86 im Vakuum. Als Normal für die zweite mechanische Grundeinheit, die Masse, gilt weiterhin das ebenfalls in Sèvres bei Paris aufbewahrte Urkilogramm aus Platin–Iridium, während für die dritte mechanische Grundgröße, die Zeit, auf der XIII. Generalkonferenz für Maß und Gewicht die folgende Definition für die Sekunde eingeführt wurde: die Sekunde ist das 9 192 631 770fache der Periodendauer der Strahlung von Atomen des Nuklids ^{133}Cs beim Übergang zwischen den beiden Hyperfeinstrukturniveaus des Grundzustandes [2, 5].

Die Aufstellung von Normalien in der Elektrizitätslehre ist eng verknüpft mit der Wahl des Maßsystems, über dessen zweckmäßige Festlegung jahrelange Diskussionen stattfanden. Da bei dem heute üblichen MKSA-System (Meter, Kilogramm, Sekunde, Ampere) das Ampere als neue Größe hinzukam, war es notwendig, auch hierfür eine Definition zu finden. Diese Definition lautet: Das Ampere ist die Stärke des unveränderlichen Stromes, der in zwei parallelen, unendlich langen, in einem Meter Abstand voneinander befindlichen Leitern von vernachlässigbarem Querschnitt fließt und zwischen ihnen im Vakuum eine Kraft von $2 \cdot 10^{-7}$ MKS-Einheiten pro Meter Länge ausübt. — Da es sich hierbei um die Messung von Länge und Kraft handelt, ist ein Normal für das Ampere nicht erforderlich. Für den praktischen Gebrauch wird das Ampere allerdings aus den Subnormalien „Normalelement" und „Normalwiderstand" bestimmt. Diese beiden Subnormalien bilden die Grundlage der elektrischen Meßtechnik.

Erinnert man sich daran, daß jedes Messen auf einem Vergleich der zu messenden Größe mit einem „Normal" beruht, so ist einzusehen, daß die Genauigkeit der Messung von der Wahl des „Normals" abhängt. Bei den am häufigsten verwendeten elektrischen Meßgeräten, den Drehspulinstrumenten, ist man sich des Vorhandenseins eines solchen „Normals" selten bewußt. Als „Normal" dient hier die Charakteristik der Rückstellfeder. Entsprechend der geringeren Reproduzierbarkeit dieses „Normals" ist die erreichbare Genauigkeit begrenzt. Will man höhere Genauigkeiten erreichen, muß man auf einen Vergleich mit anderen Subnormalien zurückgreifen. So werden z. B. für genauere Spannungsmessungen Kompensatoren verwendet, bei denen die zu messende Spannung mit einem Normalelement verglichen wird. Diese Kompensatoren besitzen bereits die Grundmerkmale digitaler Meßgeräte. Die Kompensation erfolgt mit dekadisch abgestuften Widerstandssätzen, wobei die kleinste Einheit der letzten Widerstandsdekade der Genauigkeit angepaßt wird. Die Messung kann nur diskontinuierlich in eben diesen Stufen der kleinsten Einheit vorgenommen werden, und das Meßergebnis ergibt sich durch Ablesung der Zahlenwerte der einzelnen eingestellten Widerstandsdekaden.

In Anlehnung an den Meßvorgang bei den oben erwähnten Kompensatoren wurde 1936 von PFLIER [3] eine Fernmessung nach dem

Dual–Zahlen–Verfahren angegeben, welches bereits ein digitales Verfahren darstellt. Als Beispiel dafür, wie eine bestimmte Technik auf verschiedenen Gebieten gleichzeitig an Bedeutung gewinnt, diene die Tatsache, daß ZUSE [4] etwa zur gleichen Zeit den ersten digitalen Rechenautomaten in Deutschland baute. Die eigentliche Entwicklung der digitalen Meßtechnik wie auch die der digitalen Rechenautomaten setzte jedoch erst ungefähr ab 1950 in größerem Umfange ein, als die Zuverlässigkeit der elektronischen Bauelemente wie Dioden und Transistoren soweit gestiegen war, daß damit ein längerer wartungsfreier Betrieb gewährleistet werden konnte.

1.2 Was versteht man unter einem digitalen Meßgerät?

Die digitale Meßtechnik und die digitalen Rechenautomaten leiten beide ihre Bezeichnung von dem lateinischen Wort digitus (Finger) ab. Denkt man daran, daß die ursprüngliche Form des Zählens unter Zuhilfenahme der zehn Finger erfolgte — die Basis des Dezimalsystems erinnert uns daran —, so deutet der Ausdruck digital bei beiden Gebieten daraufhin, daß Zählvorgänge ablaufen, oder die Information in Zahlenform, d.h. in Ziffern, dargestellt wird.

Mit der digitalen Meßtechnik ist damit eine Abgrenzung gegenüber der analogen Meßtechnik gegeben, bei der das Meßergebnis als Strecke oder Winkelausschlag auf einer Skala gegeben ist. Anschaulich läßt sich der Unterschied zwischen einem analogen und einem digitalen Meßprinzip durch den Vergleich einer Federwaage mit einer Balkenwaage zeigen. Die analoge Anzeige der Federwaage läßt theoretisch eine unendlich feine Unterteilung zu, wenn die Ablesemöglichkeit immer weiter erhöht wird. Praktisch wird dieser Unterteilung nur durch die endliche Empfindlichkeit der Federwaage eine Grenze gesetzt. Bei der Balkenwaage ist die Genauigkeit hauptsächlich durch die Wahl des kleinsten Vergleichsgewichtes bestimmt. Der Meßwert läßt sich nur als ganzzahliges Vielfaches dieser kleinsten Einheit darstellen. Dieser Vorgang wird als Quantisierung und die kleinste Einheit als Meßquant bezeichnet. Sehr zweckmäßig gewählt sind diese Bezeichnungen nicht, da man als Quant in der Physik eine naturgegebene kleinste Einheit bezeichnet. In der digitalen Meßtechnik ist die Wahl eines Meßquants jedoch lediglich von der verlangten Genauigkeit des Verfahrens abhängig.

Jede Messung beruht, wie wir bereits gesehen haben, auf dem Vergleich mit einem Normal. Von reinen Zählgeräten abgesehen, wird in der digitalen Meßtechnik dieser Vergleich immer analog durchgeführt, wobei gleichzeitig die Quantisierung erfolgt. In einer Vergleichsschaltung wird die Meßgröße mit einem Normal verglichen. Dieses steht jedoch nur als ganzzahliges Vielfaches einer kleinsten durch die ge-

1*

wünschte Genauigkeit bedingten Einheit, nämlich eines Meßquants, zur Verfügung. Der weitere Meßvorgang beruht dann auf dem Abzählen dieser einzelnen Meßquanten. Die entsprechende Zahlendarstellung richtet sich danach, ob der Meßwert angezeigt, ausgedruckt, in Lochstreifen gespeichert oder einer weiteren Meßwertverarbeitung zugeführt wird. Die Dimensionsangabe, die Kommastellung und das Vorzeichen können dabei mit berücksichtigt werden. Der Meßvorgang selbst wird damit weitgehend automatisiert.

1.3 Der Aufbau digitaler Meßgeräte

Digitale Meßgeräte haben einen großen Anwendungsbereich gefunden: in der elektrischen Meßtechnik als Digital-Voltmeter, Digital-Ohmmeter oder Frequenzmesser, in der chemischen Industrie zur Auswertung von Analysenergebnissen, in vielen Industriezweigen zur Zählung von Stückzahlen mit Hilfe digitaler Zählgeräte und zur digitalen Lagemessung bei Werkzeugmaschinensteuerungen. Für viele dieser Geräte werden Zusatzeinrichtungen wie Meßstellenwähler, Grenzwertmelder, Differenzbildner und Lochstreifensteuergeräte in ständig steigender Anzahl zur Bedienungsvereinfachung verwendet. Analog–Digital-Umsetzer übersetzen analoge Meßwerte in die „Sprache" von Prozeßrechnern, die zur Optimierung von

Abb. 1.3/1. Tragbares Digitalvoltmeter in integrierter Technik

chemischen Prozessen, Energieversorgungsanlagen oder Fabrikationsvorgängen immer häufiger zum Einsatz kommen. Zusammen mit den primären Meßgeräten ermöglichen die oben erwähnten Zusatzgeräte den Aufbau kleiner Meßwertverarbeitungsanlagen, die ihrerseits eine Voraussetzung für die Automation sind.

Bei der Entwicklung digitaler Meßgeräte wird eine derartige Erweiterung durch den äußeren Aufbau der Geräte berücksichtigt. Diese sind häufig in Einschubbauweise ausgeführt. Leider fehlt hier jedoch noch eine weitgehende Absprache der einzelnen Hersteller über eine zweckmäßige Normung und Anpassung, um die Vorteile dieser Technik voll zur Geltung kommen zu lassen. In Abb. 1.3/1 ist ein Digitalvoltmeter dargestellt, das sowohl als tragbares Einzelgerät als auch als Einschub in einer Meßanlage zusammen mit Zusatzgeräten wie Klassiereinrichtung zur Ermittlung der Klassenhäufigkeit und Lochersteuergerät für die Speicherung der Meßwerte auf einem Lochstreifen eingesetzt werden kann.

Die einzelnen Funktionseinheiten sind als Flachbaugruppen ausgeführt, entweder in diskreter oder integierter Technik. In den meisten Fällen werden eine Reihe von Grundeinheiten, wie bistabile Kippstufen und Norgatter, benutzt, die immer wiederkehren. Zusätzlich sind einige Sonderbaugruppen erforderlich. Nachdem mit der Planar-Technik zuverlässige Silizium-Transistoren und -Dioden zur Verfügung stehen, werden die Germaniumhalbleiter, die den Nachteil wesentlich größerer Sperrströme und geringerer zulässiger Umgebungstemperatur zeigen, in steigendem Maße von Siliziumhalbleitern abgelöst.

Abb. 1.3/2. Flachbaugruppen bestückt mit diskreten Bauelementen (rechts) und mit integrierten Schaltkreisen (links)

Für den funktionsmäßigen Aufbau digitaler Meßgeräte läßt sich nach dem in Kap. 1.2 Gesagten ein Schema angeben, das die wesentlichen Funktionsgruppen enthält. Der Umfang der einzelnen Baugruppen kann dabei natürlich recht unterschiedlich sein.

Die Bedeutung des Eingangsteils mit der Aufgabe des Vergleichs und der Quantisierung ist nach den bisherigen Ausführungen klar, jedoch kann hierbei zusätzlich eine automatische Meßbereichsumschaltung und Vorzeichenermittlung hinzukommen; in der Codierungsschaltung sind einfache Code-Umsetzungen oder mehrfache Umsetzungen möglich. Die Ausgabeschaltung wird in der einfachsten Form lediglich eine Ziffernanzeige beinhalten oder bei verschiedenen Geräten einen Analogwert liefern. Außerdem ermöglicht sie den Anschluß weiterer Zusatzgeräte wie Banddrucker, Lochstreifen- und Lochkartengeräte. Der Steuerteil wird in seinem Umfang bei einzelnen Geräten am unterschiedlichsten sein, je nach der Größe des Gerätes. Hier werden die einzelnen Befehle zum Ablauf des Meßvorganges erzeugt und an die übrigen Schaltungen weitergegeben. Er ist der zentrale Teil des Gerätes und kann entweder eine einmalige Steuerung des Meßvorganges veranlassen oder mit einem Taktgeber ein Zeitprogramm zum periodischen Ablauf desselben liefern. Als „Normal" dienen dem Anwendungszweck entsprechend entweder eine Normalspannung — z.B. eine elektronisch stabilisierte Gleichspannung oder eine Sägezahnspannung —, geeichte Meßwiderstände oder bei Frequenzmessungen Quarznormale. Besondere Maßnahmen zur Beseitigung von Störeinflüssen — wie Thermospannungen und Netzstörungen — sind bei der Entwicklung von Meßgeräten mit hoher Genauigkeit erforderlich.

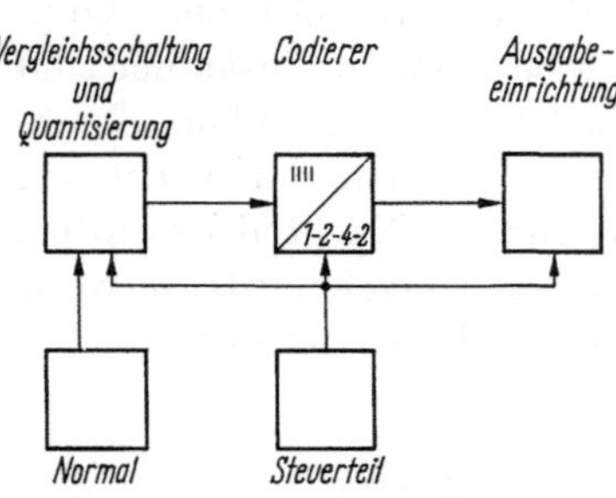

Abb. 1.3/3. Funktionsschaltbild digitaler Meßgeräte

Literatur zu Kapitel 1

1. Laporte, H. G.: Die geschichtliche Entwicklung des metrischen Systems und seine Bedeutung für die moderne Meßtechnik. Feingerätetechnik 5 (1963) 241—243.
2. Schrader, H. J.: Normalien der Meßtechnik. VDE-Buchreihe Bd. 9 (1962) 7—25.
3. Pflier, P. M.: Fernmessung nach dem Dual-Zahlenverfahren. ATM (April 1936) V 387—3.
4. Steinbuch, K.: Taschenbuch der Nachrichtenverarbeitung, 2. Aufl. Berlin/Heidelberg/New York: Springer 1967, 9.
5. Becker, G.: Die Neudefinition der Sekunde und das Problem künftiger Definitionen von Zeitskalen. PTB-Mitt. 4 (1968) 270—275.

2. Zahlendarstellung und Codierung

2.1 Zahlensysteme

Das uns heute geläufigste Zahlensystem ist das Dezimalsystem mit den Ziffern 0 bis 9, das die Araber etwa um 1100 n. Chr. bei der Eroberung spanischer Gebiete nach Europa brachten. In den darauffolgenden Jahrhunderten verdrängten diese Ziffern die bis dahin hier üblichen römischen Zahlenzeichen. Der Hauptvorteil der arabischen Ziffern gegenüber den römischen liegt in der Stellenwertbildung, d.h. jeder Ziffer in einer Zahl wird entsprechend ihrer Stellung ein bestimmter Zahlenwert zugeordnet. Für eine positive ganze Zahl Z läßt sich dann das folgende Bildungsgesetz anschreiben:

$$Z = \sum_{\nu=\mathrm{n}-1}^{0} c_\nu \cdot B^\nu. \tag{2.1/1}$$

Dabei bedeutet B die Basis des Zahlensystems, während für die Koeffizienten c_ν die Bedingung gilt

$$0 \leqq c_\nu \leqq B - 1. \tag{2.1/2}$$

Bei dem Dezimalsystem ist die Basis $B = 10$, und für die Koeffizienten c_ν gilt

$$0 \leqq c_\nu \leqq 9. \tag{2.1/3}$$

Die Zahl einhundertsechsundzwanzig ist dann nach Gl.(2.1/1) darstellbar:

$$126 = \sum_{\nu=3-1}^{0} c_\nu \cdot 10^\nu = 1 \cdot 10^2 + 2 \cdot 10^1 + 6 \cdot 10^0.$$

In der gesamten digitalen Technik findet man neben dem Dezimalsystem das Dualsystem mit der Basis $B = 2$. Hier besteht für die Koeffizienten c_ν die Bedingung

$$0 \leqq c_\nu \leqq 1. \tag{2.1/4}$$

Nach Gl.(2.1/1) wird die Dezimalzahl 126 im Dualsystem als Summe der Potenzen zur Basis 2 angeschrieben:

$$1111110 = \sum_{\nu=7-1}^{0} c_\nu \cdot 2^\nu = 1 \cdot 2^6 + 1 \cdot 2^5 + 1 \cdot 2^4 + 1 \cdot 2^3$$
$$+ 1 \cdot 2^2 + 1 \cdot 2^1 + 0 \cdot 2^0.$$

Das Dualsystem ist nicht erst mit der Einführung der digitalen Technik bekannt geworden, es wurde bereits von LEIBNIZ erwähnt. Für die Verwendung dieses Zahlensystems mit den beiden möglichen Ziffern 0 und 1 sprechen eine Reihe von Gründen. Der offensichtlichste ist der, daß die bei digitalen Geräten verwendeten Bauelemente am zuverlässigsten arbeiten, wenn sie als binäre Elemente, d.h. in zwei möglichen Zuständen, betrieben werden. Bei Elektronenröhren und Transistoren sind dieses die Zustände stromführend oder gesperrt, bei Magnetkernen die Lage in den Remanenzpunkten $-B_\mathrm{r}$ oder $+B_\mathrm{r}$ und bei Relais der geschlossene oder der geöffnete Kontakt.

Ein weiterer Grund für die Verwendung des Dualsystems ist der, daß sich für die theoretische Betrachtung von Schaltungen binärer

Elemente mit Vorteil die aus der BOOLEschen Algebra abgeleitete Schaltungsalgebra anwenden läßt. Ursprünglich von G.BOOLE um 1850 für die mathematische Behandlung von Fragen der Logik aufgestellt, wurde sie um die Jahrhundertwende erstmals zur Berechnung von Schaltungsnetzwerken herangezogen.

WIENER nennt einen weiteren Vorteil der dualen Zahlendarstellung [1]. Da die dort geäußerten Gedanken von allgemeiner Bedeutung für die Meßtechnik sind [2], mögen sie hier noch einmal dargestellt werden.

Sollen Zahlen als Resultat der arithmetischen Operationen eines Rechenautomaten oder als Ergebnis einer Messung dargestellt werden, so müssen sie in geeigneter Form angezeigt und damit gespeichert werden. Wird verlangt, daß n Zahlen angezeigt und gespeichert werden, so bedeutet das, daß jeder Skalenabschnitt oder jede Speicherzelle mit der Genauigkeit $1/n$ ausgeführt wird. Dann beträgt der Aufwand für einen solchen Speicher etwa $A \cdot n$, wobei A als Konstante zu betrachten ist. Mit $(n - 1)$ Abschnitten ist der gesamte Bereich eindeutig festgelegt.

Der Informationsgehalt I beträgt

$$I = \log_2 \mathrm{n} \ (\text{bit}). \tag{2.1/5}$$

Das ist jedoch auch die Anzahl der Ja–Nein-Entscheidungen, die notwendig sind, eine der n Zellen auszuwählen. Aus Gl. (2.1/5) erhält man $\mathrm{n} = 2^I$, und der Aufwand für das Aufzeichnen der Information I wird dann bei $(\mathrm{n} - 1)$ Bereichen

$$A \, (\mathrm{n} - 1) = A \, (2^I - 1). \tag{2.1/6}$$

Teilt man die Information auf zwei Skalen auf, so wird der Aufwand dafür etwa

$$2 \cdot A \, (2^{I/2} - 1) \tag{2.1/7}$$

betragen. Bei einer Aufteilung auf N Skalen läßt sich dann eine Aufwandsfunktion anschreiben

$$F \, (N) = N \cdot A \, (2^{I/N} - 1). \tag{2.1/8}$$

Welche Art der Darstellung auf der Skala muß gewählt werden, damit diese Funktion ein Minimum wird? Beide Seiten von Gl. (2.1/8) logarithmiert ergibt

$$\ln F \, (N) = \ln N + \ln A + \ln (2^{I/N} - 1). \tag{2.1/9}$$

Durch logarithmische Differentiation erhält man

$$F' \, (N) = A \, (2^{I/N} - 1) - \frac{A}{N} \, I \, 2^{I/N} \ln 2. \tag{2.1/10}$$

$F'(N) = 0$ gesetzt ergibt

$$(2^{I/N} - 1) = \frac{I}{N}\, 2^{I/N} \ln 2. \qquad (2.1/11)$$

Für $\frac{I}{N} \ln 2 = \mathrm{x}$ und damit $e^{\mathrm{x}} = 2^{I/N}$ erhält man aus Gl. (2.1/11)

$$\mathrm{x} = \frac{e^{\mathrm{x}} - 1}{e^{\mathrm{x}}} = 1 - e^{-\mathrm{x}}. \qquad (2.1/12)$$

Diese Gleichung ist nur für $\mathrm{x} = 0$ und damit für $N \to \infty$ erfüllt. Der günstigste Fall ist also der, daß die Information $I = \log_2 n$ auf unendlich viele Skalen verteilt wird. Dann befinden sich auf jeder Skala jedoch nur $n = 2^{I/N} = 2^0$ Zahlen. Die Skala enthält keine Alternative und damit auch keine Information. Die beste Näherung an die optimale Lösung ist erreicht, wenn jede Skala nur zwei Zahlen aufnimmt. Wir werden hier wieder auf das Dualsystem geführt, das sich als das günstigste zur Speicherung von Zahlen erweist. Diese Tatsache soll an einem Beispiel weiter erläutert werden.

Es möge die Aufgabe vorliegen, die Zahlen 0 bis 127 zu speichern bzw. anzuzeigen, und zwar entweder auf einer Skala ($N_1 = 1$), die gleichmäßig von 0 bis 127 (n_1) unterteilt ist, oder auf sieben Skalen ($N_2 = 7$) ($128 = 2^7$), die nur zwei Zahlen (n_2) aufnehmen können. Der Aufwand für die einfache Skala ist dann nach Gl. (2.1/8)

$$F_1(N) = N_1 A (n_1 - 1) = 1 \cdot A (128 - 1)$$
$$= 127 A.$$

Für die zweigeteilten Skalen wird der Aufwand dagegen nur

$$F_2(N) = N_2 A (n_2 - 1) = 7 \cdot A (2 - 1)$$
$$= 7 A.$$

Betrachtet man dagegen den Fall, daß bei den beiden oben genannten Skalen der gleiche Aufwand zugrunde gelegt wird, und fragt nach der Information, die in beiden Fällen gespeichert werden kann, so erhält man mit Gl. (2.1/8) und $N_2 = 7$, $n_2 = 2$

$$N_1 \cdot A (n_1 - 1) = N_2 A (n_2 - 1),$$
$$n_1 = \frac{N_2}{N_1} (n_2 - 1) + 1,$$
$$n_1 = 8.$$

Auf der einfachen Skala läßt sich dann eine Information $I_1 = N_1 \log_2 n_1 = 3$ bit und auf den 7 zweigeteilten Skalen die Information $I_2 = N_2 \log_2 n_2 = 7$ bit speichern.

Diese Betrachtungen sind zunächst nur theoretischer Art und sagen nichts über die praktischen Ausführungen aus. Einige Überlegungen zu diesen Betrachtungen findet man unter [2].

2.2 Codes

Die Verwendung von Codes, wahrscheinlich zuerst zur Geheimhaltung von Nachrichten benutzt, ist seit längerer Zeit bekannt. Bereits zur Zeit CAESARS war ein Code im Gebrauch, bei dem die Codierung durch eine systematische Vertauschung der Buchstaben des Alphabetes erfolgte [3].

Allgemein versteht man unter einem Code die Zuordnung zweier Listen von Zeichen [4]. Einer der bekanntesten Codes ist das Morsealphabet, bei dem die Buchstaben des Alphabets bestimmten Punkt-Strich-Kombinationen zugeordnet sind. Um bei der Übermittlung einer Nachricht mit möglichst wenig Zeichen auszukommen, ordnete MORSE den Buchstaben mit der größten relativen Häufigkeit die kürzesten Symbole zu. Die mathematischen Beziehungen zwischen den relativen Häufigkeiten der zu codierenden Zeichen und einem optimalen Code wurden jedoch erst von SHANNON abgeleitet [5].

Während die oben genannte Definition eines Codes sehr weit gefaßt ist und als Zeichen einer Liste verschiedene Symbole gemeint sein können, soll auf den folgenden Seiten lediglich die Codierung von Zahlen behandelt werden.

2.3 Gebräuchliche Codes in digitalen Meßgeräten

Die vielseitigen Anwendungen digitaler Meßgeräte erfordern in der Darstellung der Meßwerte auch eine vielseitige Ausdrucksweise, die dem jeweiligen Zweck optimal angepaßt ist. Vor allem Zusatzgeräte wie Banddrucker, Lochstreifen- und Lochkartengeräte verlangen, daß der Meßwert in ihrer eigenen „Sprache", dem entsprechenden Code, angeboten wird. Diese Codes sollen im folgenden dargestellt werden.

Der einfachste Code ist der Dual-Code. Er erfordert die geringste Stellenzahl, ist jedoch schwer lesbar.

Die Ablesung eines im Dual-Code dargestellen Meßwertes und die Rückübersetzung in den dezimalen Wert ist unübersichtlich. Deshalb wendet man häufig eine gemischt dual-dezimale Darstellung an, bei der eine Unterteilung in Dekaden erhalten bleibt, die Dekaden selbst aber dual codiert sind. Um die Ziffern 0 bis 9 darzustellen, sind, wie aus Tab. 2.3/1 ersichtlich, mindestens vier Dualstellen erforderlich. Von den damit insgesamt darstellbaren 16 Zahlen (0 bis 15) werden nur 10 benötigt. Für die Aufstellung eines solchen Codes werden in [6] folgende Regeln genannt:

a) Geringe Stellenzahl. Diese Forderung ist von sich aus einleuchtend und bedarf keiner näheren Erläuterung. Die geringste Stellenzahl, nämlich vier Dualstellen, wurde oben bereits genannt.

b) Fester Stellenwert. Eine weitere Verarbeitung des codierten Meßwertes in digitaler Form oder eine Umsetzung in einen analogen Wert erfordert die Zuordnung eines Stellenwertes für jede der vier Stellen. Die Festlegung dieser Stellenwerte kann dann folgendermaßen erfolgen:

Die Wertigkeiten sollen nach steigender Größe geordnet werden. Damit erhält die erste Stelle den Wert „1". Der Wert „2" kann für diese Stelle nicht gewählt werden, sonst wäre die „1" nicht mehr darstellbar. Für jede weitere Stelle gilt, daß der zugeordnete Wert entweder gleich dem vorhergehenden oder um nicht mehr als Eins größer sein darf als die Summe der bereits festgelegten Werte, sonst

Tabelle 2.3/1. *Dual-Code*

	2^3	2^2	2^1	2^0
0	0	0	0	0
1	0	0	0	1
2	0	0	1	0
3	0	0	1	1
4	0	1	0	0
5	0	1	0	1
6	0	1	1	0
7	0	1	1	1
8	1	0	0	0
9	1	0	0	1
10	1	0	1	0
11	1	0	1	1
12	1	1	0	0
13	1	1	0	1
14	1	1	1	0
15	1	1	1	1

könnte mindestens eine Stelle nicht mehr erfaßt werden. Um eine Dekade darzustellen, muß außerdem die Summe aller Wertezahlen größer oder gleich Neun sein. Bezeichnet man die einzelnen Stellenwerte mit n_1, n_2, n_3 und n_4, so muß gelten

$$n_1 \leqq n_2 \leqq n_3 \leqq n_4, \qquad (2.3/1)$$

$$0 < n_1 < 2 \qquad (2.3/2)$$

$$n_\nu \leqq \sum_{\lambda=1}^{\nu-1} (n_{\nu-\lambda}) + 1, \qquad (2.3/3)$$

$$\sum_{\nu=1}^{4} n_\nu \geqq 9. \qquad (2.3/4)$$

Die Beziehung (2.3/2) hatte für n_1 den Wert „1" ergeben. Für n_2 erhält man aus Gl. (2.3/3)

$$n_2 \leqq \sum n_1 + 1$$
$$\leqq 2$$

d. h., n_2 kann entweder 1 oder 2 sein. Damit erhält man die möglichen Kombinationen

$$1\ 1 - -,$$

$$1\ 2 - -.$$

Für n_3 erhält man aus Gl. (2.3/3)

$$n_3 \leqq \Sigma n_1 + n_2 + 1$$
$$\leqq 1 + 1 + 1 \leqq 3 \qquad \text{für } n_2 = 1,$$
$$\leqq 1 + 2 + 1 \leqq 4 \qquad \text{für } n_2 = 2,$$

d.h., n_3 kann die Werte 1; 2; 3; oder 4 annehmen, und die möglichen Kombinationen werden somit

$$1\,1\,1\, -; \quad 1\,1\,2\, -; \quad 1\,1\,3\, -; \qquad \text{für } \quad n_2 = 1,$$
$$1\,2\,2\, -; \quad 1\,2\,3\, -; \quad 1\,2\,4\, -; \qquad \text{für } \quad n_2 = 2.$$

Aus Gl. (2.3/3) errechnet man für n_4

$$n_4 \leqq n_1 + n_2 + n_3 + 1$$
$$\leqq 1 + 1 + 1 + 1 \leqq 4$$
$$\leqq 1 + 1 + 2 + 1 \leqq 5$$
$$\leqq 1 + 1 + 3 + 1 \leqq 6$$
$$\leqq 1 + 2 + 3 + 1 \leqq 7$$
$$\leqq 1 + 2 + 4 + 1 \leqq 8.$$

Somit kann n_4 die Werte 1 bis 8 annehmen. Berücksichtigt man ferner Gl. (2.3/4), so entfallen eine Reihe von möglichen Kombinationen, und es bleiben die folgenden bestehen:

1125; 1134; 1135; 1136; 1224; 1225; 1226; 1233; 1234; 1235; 1236; 1237; 1244; 1245; 1246; 1247; 1248.

Die aus [6] entnommene Tab. 2.3/2 enthält die aus den oben abgeleiteten 17 Kombinationen möglichen bewertbaren Codierungen.

Von den oben angeführten Kombinationen hat die Codierung Nr. 5 die größte Bedeutung gewonnen, wobei auch die durch Umstellung gewonnenen 1-2-4-2-Codes hinzuzurechnen sind. Da für verschiedene Zahlen (2; 3; 4; 5; 6; 7) eine doppelte Codierung existiert, wird der Code erst dadurch eindeutig, daß die doppelten Codierungen gestrichen werden. Bei der Entscheidung, welche dieser Codierungen gewählt werden, sprechen eine Reihe von Gesichtspunkten mit.

Wird ein solcher Code durch eine Zähldekade aus Flipflop-Stufen realisiert, kann entweder auf eine möglichst einfache Schaltung, auf die maximale Zählgeschwindigkeit, auf die Anpassung an einen Digital-Analog-Umsetzer oder auf eine nachfolgende weitere Umcodierung für eine Zahlenanzeige Wert gelegt werden. Deshalb sind verschiedene 1-2-4-2-Codes bekannt geworden. Für eine maximale Zählgeschwindigkeit wird der Code nach Tab. 2.3/3 vorgeschlagen [6].

Tabelle 2.3/2. *Die möglichen, bewertbaren, vierstelligen Codierungen einer Dezimalzahl* [6]

	1 1125	2 1134	3 1135	4 1136	5 1224	6 1225	7 1226	8 1233	9 1234	10 1235	11 1236	12 1237	13 1244	14 1245	15 1246	16 1247	17 1248
0000	0	0	0	0	0	0	0	0	0	0	0	0	0	0	0	0	0
0001	1	1	1	1	1	1	1	1	1	1	1	1	1	1	1	1	1
0010	1	1	1	1	2	2	2	2	2	2	2	2	2	2	2	2	2
0011	2	2	2	2	3	3	3	3	3	3	3	3	3	3	3	3	3
0100	2	3	3	3	2	2	2	3	3	3	3	3	4	4	4	4	4
0101	3	4	4	4	3	3	3	4	4	4	4	4	5	5	5	5	5
0110	3	4	4	4	4	4	4	5	5	5	5	5	6	6	6	6	6
0111	4	5	5	5	5	5	5	6	6	6	6	6	7	7	7	7	7
1000	5	4	5	6	4	5	6	3	4	5	6	7	4	5	6	7	8
1001	6	5	6	7	5	6	7	4	5	6	7	8	5	6	7	8	9
1010	6	5	6	7	6	7	8	5	6	7	8	9	6	7	8	9	10
1011	7	6	7	8	7	8	9	6	7	8	9	10	7	8	9	10	11
1100	7	7	8	9	6	7	8	6	7	8	9	10	8	9	10	11	12
1101	8	8	9	10	7	8	9	7	8	9	10	11	9	10	11	12	13
1110	8	8	9	10	8	9	10	8	9	10	11	12	10	11	12	13	14
1111	9	9	10	11	9	10	11	9	10	11	12	13	11	12	13	14	15

Sollen Rechenoperationen vorgenommen werden, ist der von AIKEN angegebene 1-2-4-2-Code von Vorteil, da bei diesem durch einfache Bildung der Negationen das Neunerkomplement darstellbar ist.

Ähnlich wie der Aiken-Code ist der in Tab. 2.3/5 angegebene unsymmetrische 1-2-4-2-Code aufgebaut, der bei der Darstellung durch Flipflop-Stufen eine einfache Schaltungstechnik zuläßt.

In vielen Fällen soll eine Winkelstellung oder eine Streckenmessung unmittelbar codiert werden (s. Kap. 6.1). Wird bei den dazu verwendeten Code-Scheiben oder Code-Linealen der Dual-Code benutzt, sind Fehler möglich. Die einzelnen Dualstellen (2^0, 2^1, 2^2 usw.) sind als Bahnen ausgeführt, die

Tabelle 2.3/3. *1–2–2–4-Code*

	4	2_2	2_1	1
0	0	0	0	0
1	0	0	0	1
2	0	0	1	0
3	0	0	1	1
4	0	1	1	0
5	0	1	1	1
6	1	0	1	0
7	1	0	1	1
8	1	1	1	0
9	1	1	1	1

z. B. mechanisch mit einer Kontaktbürste oder optisch mit Photozellen oder Photoelementen abgelesen werden.

Beim Übergang von einer Zahl zur nächsten, bei dem sich mehrere Dualstellen ändern, können durch die Justierung der Bürsten völlig falsche Werte abgelesen werden. Steht z. B. beim Übergang von „drei" nach „vier "die Bürste in der Bahn 2^2 bereits auf „vier" — die beiden anderen Bürsten 2^1 und 2^0 noch in der alten Stellung —, so wird statt

„vier" der Wert „sieben" abgelesen. Um diesen Fehler zu vermeiden, wird häufig der Gray-Code angewendet, bei dem sich beim Übergang von einer Zahl zur nächsten nur eine Stelle ändert und der Fehler nur maximal eine Einheit betragen kann.

Tabelle 2.3/4. *Aiken-Code*

	2_2	4	2_1	1
0	0	0	0	0
1	0	0	0	1
2	0	0	1	0
3	0	0	1	1
4	0	1	0	0
5	1	0	1	1
6	1	1	0	0
7	1	1	0	1
8	1	1	1	0
9	1	1	1	1

Tabelle 2.3/5. *Unsymmetrischer 1–2–4–2-Code*

	2_2	4	2_1	1
0	0	0	0	0
1	0	0	0	1
2	0	0	1	0
3	0	0	1	1
4	0	1	0	0
5	0	1	0	1
6	0	1	1	0
7	0	1	1	1
8	1	1	1	0
9	1	1	1	1

Die Bildung des Gray-Code läßt sich wie folgt angeben: sobald in einer Bahn (II, III oder IV) ein Wechsel von 0 nach 1 stattfindet, werden die nächst niedrigeren Bahnen in der umgekehrten Reihenfolge

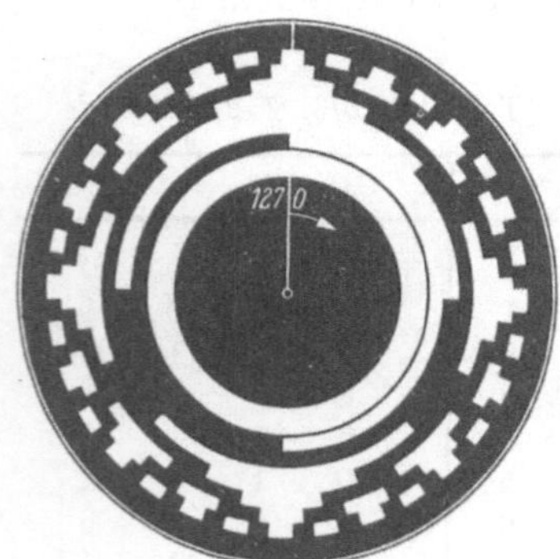

Abb. 2.3/1. Codescheibe im Gray-Code

Tabelle 2.3/6. *Gray-Code*

		IV	III	II	I
	0	0	0	0	0
	1	0	0	0	1
A					
	2	0	0	1	1
	3	0	0	1	0
B					
	4	0	1	1	0
	5	0	1	1	1
	6	0	1	0	1
	7	0	1	0	0
C					
	8	1	1	0	0
	9	1	1	0	1
	10	1	1	1	1
	11	1	1	1	0
	12	1	0	1	0
	13	1	0	1	1
	14	1	0	0	1
	15	1	0	0	0

der davorliegenden Code-Wörter besetzt. Man kann sich also an der Stelle A (Wechsel von 0 auf 1 in der Bahn II), an der Stelle B (Wechsel in der Bahn III) und an der Stelle C die Code-Wörter gespiegelt (reflektiert) denken. Der Gray-Code wird deshalb auch dual-reflektierter Code genannt.

Den Zahlenwert eines Code-Wortes im Gray-Code findet man nach folgender Vorschrift: Für jede mit einer 1 belegte Stelle ist der Ausdruck $\sum\limits_{i=0}^{n-1} 2^i$ anzuschreiben, wobei das Vorzeichen vor dem Summenausdruck alterniert. Dabei erhält die höchste, am weitesten links stehende Stelle das positive Vorzeichen. Das folgende Beispiel soll diese Regel erläutern:

$$\text{Code-Wort} \quad 1 \qquad 0 \qquad 1 \qquad 1$$
$$\text{Stelle } n \quad 4 \qquad 3 \qquad 2 \qquad 1$$
$$\text{Zahlewert } Z = +\sum_{i=0}^{3} 2^i \;\; + 0 \;\; - \sum_{i=0}^{1} 2^i + \sum_{i=0}^{0} 2^i$$
$$Z = 2^3 + 2^2 + 2^0 = 13.$$

Soll ein Code-Wort vom Gray-Code in den Dual-Code umgeschrieben werden, kann folgendermaßen verfahren werden: Die am weitesten links stehende 1 bleibt unverändert; jede folgende Ziffer wird so oft invertiert, wie im Gray-Code „Einsen" vorangehen.

Beispiel: Umwandlung des Gray-Code-Wortes 1101001 in den Dual-Code.

$$
\begin{array}{ccccccc}
1 & 1 & 0 & 1 & 0 & 0 & 1_G \\
\searrow & \searrow & \searrow & \searrow & \searrow & \searrow & \searrow \\
\underline{1} & 0 & 1 & 0 & 1 & 1 & 0 \\
 & \searrow & \searrow & \searrow & \searrow & \searrow & \\
 & 0 & \underline{1} & 0 & 0 & 1 & \\
 & & \searrow & \searrow & \searrow & & \\
 & & \underline{1} & \underline{1} & 0 & & \\
\hline
1 & 0 & 0 & 1 & 1 & 1 & 0_D
\end{array}
$$

Der Gray-Code hat zwei wesentliche Nachteile. Einmal läßt er keine Bildung des Neunerkomplementes durch einfache Negation zu, und zum anderen tritt beim Wechsel von 9 nach 0 bzw. von 99 nach 0 eine Änderung in mehreren Stellen auf. Diesen Nachteil vermeidet der Glixon-Code oder tetradisch-reflektierte Code.

Weitere meist für Sicherungsaufgaben angewendete Codes sind die gleichgewichtigen (gleiche Anzahl von „1") oder $\binom{n}{m}$-Codes. In der digitalen Meßtechnik häufig angewendet wird der $\binom{10}{1}$-Code. Er wird zur Zahlenanzeige benutzt.

Desweiteren gehört noch der $\binom{5}{2}$-Code hinzu, der mit einem Stellenwert versehen werden kann.

Zur Speicherung von Meßwerten auf Lochstreifen oder zum Ausdrucken von Meßwertprotokollen auf einer Fernschreibmaschine wird der Fernschreibcode CCIT Nr. 2 benutzt.

Grundsätzlich wären mit den fünf Zeichen nur $2^5 = 32$ Symbole darstellbar. Um jedoch neben den 26 Buchstaben des Alphabets auch noch die zehn Ziffern 0 bis 9 darstellen zu können, wurden zwei Symbole für Ziffernumschaltung (Zi, Kombination Nr. 30) und Buchstabenumschaltung (Bu, Kombination Nr. 29) festgelegt. Das Zeichen Bu wird bei der Lochstreifendarstellung auch dazu verwendet, falsche Lochungen unkenntlich zu machen. Der Fernschreib-Code besitzt keine Redundanz und ist deshalb gegen Störungen sehr empfindlich. Um zumindest bei der Zahlendarstellung eine größere Sicherheit gegenüber Störungen zu erzielen, hat man aus dem Fernschreib-Code den Ziffernsicherungs-Code Nr. 3 (ZSC 3) gebildet. Die Zahlen werden hierbei einem gleichgewichtigen $\binom{5}{3}$-Code zuge-

Tabelle 2.3/7. *Glixon-Code*

0	0	0	0	0	0	0
1	0	0	0	0	0	1
2	0	0	0	0	1	1
3	0	0	0	0	1	0
4	0	0	0	1	1	0
5	0	0	0	1	1	1
6	0	0	0	1	0	1
7	0	0	0	1	0	0
8	0	0	1	1	0	0
9	0	0	1	0	0	0
10	0	1	1	0	0	0
11	0	1	1	0	0	1
12	0	1	1	0	1	1
13	0	1	1	0	1	0
14	0	1	1	1	1	0
15	0	1	1	1	1	1
16	0	1	1	1	0	1
17	0	1	1	1	0	0
18	0	1	0	1	0	0
19	0	1	0	0	0	0
20	1	1	0	0	0	0

Tabelle 2.3/8. $\binom{10}{1}$-*Code*

	0	1	2	3	4	5	6	7	8	9
0	1	0	0	0	0	0	0	0	0	0
1	0	1	0	0	0	0	0	0	0	0
2	0	0	1	0	0	0	0	0	0	0
3	0	0	0	1	0	0	0	0	0	0
4	0	0	0	0	1	0	0	0	0	0
5	0	0	0	0	0	1	0	0	0	0
6	0	0	0	0	0	0	1	0	0	0
7	0	0	0	0	0	0	0	1	0	0
8	0	0	0	0	0	0	0	0	1	0
9	0	0	0	0	0	0	0	0	0	1

ordnet, denn bekanntlich lassen sich $\binom{5}{3} = \dfrac{5 \cdot 4 \cdot 3}{1 \cdot 2 \cdot 3} = 10$ Kombinationen bilden entsprechend den Ziffern 0 bis 9.

Eine wesentlich größere Störsicherheit zeigt der $\binom{7}{3}$-Code oder van Duuren-Code.

Für die impulsmäßige Darstellung eines Code gibt es grundsätzlich zwei Möglichkeiten: die Parallel- oder die Seriendarstellung (Abb. 2.3/2).

Bei der Seriendarstellung kann die „1" auf verschiedene Arten markiert werden, wie aus Abb. 2.3/3 zu ersehen ist.

Sofern digitale Meßgeräte in sich abgeschlossen sind, d.h. keine Weitergabe der ermittelten Werte vorgesehen ist, wird man kaum mit dem Auftreten von Störimpulsen zu rechnen haben. Ist jedoch eine Meßwertverarbeitung vorgesehen, oder sollen digitale Meßwerte fernübertragen werden, so steigt die Wahrscheinlichkeit, daß diese Meßwerte durch Störungen verfälscht werden. Dergleichen Störungen können in verschiedenen Formen auftreten. Von symmetrischen Störungen spricht man dann, wenn innerhalb der codierten Meßwerte Verfälschungen von 0 nach 1 genau so häufig auftreten wie solche von 1 nach 0. Als unsymmetrische Störungen werden diejenigen bezeichnet, bei denen eine Art häufiger auftritt als die andere. Ist nur eine Art von Störungen vorhanden, entweder die Vertauschung von 1 nach 0 oder die Vertauschung von 0 nach 1, handelt es

Tabelle 2.3/9. $\binom{5}{2}$-Code

	7	4	2	1	0
0	1	1	0	0	0
1	0	0	0	1	1
2	0	0	1	0	1
3	0	0	1	1	0
4	0	1	0	0	1
5	0	1	0	1	0
6	0	1	1	0	0
7	1	0	0	0	1
8	1	0	0	1	0
9	1	0	1	0	0

Tabelle 2.3/10. *Fernschreibcode CCIT Nr. 2 und Ziffernsicherungscode ZSC 3*

CCIT-Nr.	32	5	28	31	27	20	1	9	14	15	19	18	8	4	12	26	21	3	13	6	7	10	16	23	2	25	11	22	24	30	17	29
5er Schrittgruppe 1		●					●				●			●		●	●			●		●			●	●	●		●	●	●	●
2			●				●	●				●			●			●			●	●	●	●			●	●		●	●	●
(Transportloch)	○	○	○	○	○	○	○	○	○	○	○	○	○	○	○	○	○	○	○	○	○	○	○	○	○	○	○	○	○	○	○	○
3				●				●	●				●				●	●	●	●			●			●	●	●	●		●	●
4					●				●	●		●		●				●	●	●	●	●		●			●	●	●	●		●
5						●				●			●		●	●			●		●		●	●	●	●		●	●	●	●	●
ZSC 3 (Buchst.)	⊖	E	≡	ZWR	<	T	A	I	N	O	S	R	H	D	L	Z	U	C	M	F	G	J	P	W	B	Y	K	V	X	Zi	Q	Bu
ZSC 3 (Ziffern)	⊖	−	≡		<	.	+	Ω	,	%	‰	/	*	⊞	)	μ	1	8	7	4	0	2	9	3	6	5	(	=	±	Zi	□	Bu
CCIT Nr. 2 (Buchst.)	⊖	E	≡	ZWR	<	T	A	I	N	O	S	R	H	D	L	Z	U	C	M	F	G	J	P	W	B	Y	K	V	X	1...	Q	A...
CCIT Nr. 2 (Ziffern)	⊖	3	≡		<	5	−	8	,	9	'	4	£	⊞	)	+	7	:	.	!	&	⍾	0	2	?	6	(	=	/	1...	1	A...

□ Pause (+)   ⊞ Wer da?   A... Buchstabenumschaltung
⊡ Strom (−)   ⊖ Zur Kennung verwendet   1... Zeichenumschaltung
< Wagenrücklauf   ⍾ Klingel
≡ Zeilenvorschub   ZWR Zwischenraum

sich um einseitige Störungen. Schließlich spielt die Verteilung der Störungen eine Rolle; sie können statistisch verteilt sein oder zeitweise in Bündeln auftreten.

Muß man mit dem Auftreten von Störungen rechnen, kann man fehlererkennende oder fehlerkorrigierende Codes anwenden. Fehler-

Tabelle 2.3/11. *Siebenschrittcode nach* van Duuren

A −	B ?	C :	D ✠	E 3	F ◣	G ◣	H ◣	I 8	J ⍾	K (	L)	M .	N ,	O 9	P 0	Q 1	R 4	S '	T 5	U 7	V =	W 2	X /	Y 6	Z +	<	≡	A...	1...	#	⊖	α	β	RQ
		●				●	●	●			●	●	●	●	●		●		●		●					●	●			●				
				●		●		●	●		●						●	●		●		●			●				●	●		●	●	●
●	●		●	●	●		●	●				●	●							●			●	●	●		●							●
●	●	●	●	●						●					●	●		●			●						●	●		●		●	●	
		●	●										●	●		●	●		●			●	●	●				●	●		●		●	●
●					●		●		●	●	●			●	●			●		●			●			●		●	●		●			
	●				●	●			●	●		●				●			●		●	●		●	●	●					●	●		

✠ Wer da?   A... Bu, Buchstabenumschaltung   α Kanal frei
⍾ Klingel   1... Ziffernumschaltung   β Kanal belegt
< WR, Wagenrücklauf   # ZW, Zwischenraum   RQ wiederholen
≡ ZL, Zeilenvorschub   ⊖ unbenutzt   □ frei für Sonderzeichen

erkennende Codes kommen bei digitalen Fernmeßgeräten in Frage, wenn die Meßwerte nur angezeigt werden und lediglich eine Störungserkennung erforderlich ist. Fehlerkorrigierende Codes müssen dann verwendet werden, wenn Meßwerte weiterverarbeitet werden sollen und Störungen weitgehend ausgeschaltet werden müssen. In beiden Fällen handelt es sich darum, daß zu den m informationstragenden Stellen des Codes k Stellen zur Fehlererkennung oder Fehlerkorrektur hinzugefügt werden. Der Umfang eines Codewortes beträgt dann $n = m + k$.

Einfache fehlererkennende Codes findet man bei fast allen digitalen Fernmeßverfahren [7, 8, 9]. Man begnügt sich dabei mit einer einfachen Quersummenprüfung, d.h. die in den ersten $n-1$ Stellen vorkommenden Einsen im Code-Wort werden durch die n-te Stelle auf eine gerade (ungerade) Zahl ergänzt (Parity-check). Damit können einfache Fehler erkannt werden. Sind m

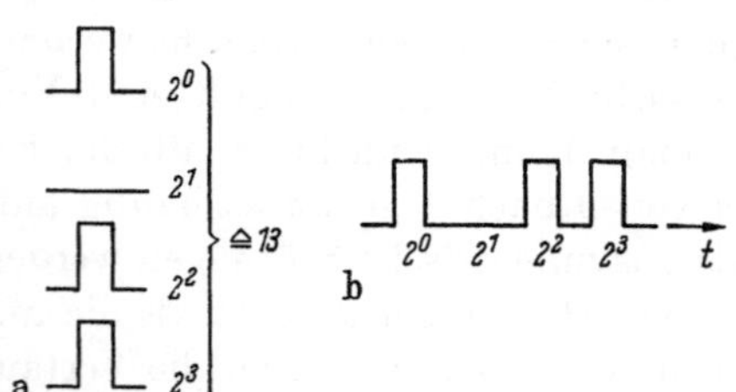

Abb. 2.3/2. Impulsdarstellung von Zahlen
a) Paralleldarstellung; b) Seriendarstellung

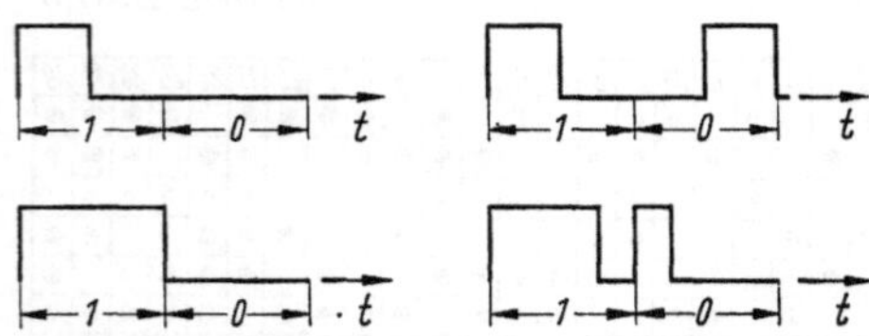

Abb. 2.3/3. Möglichkeiten der „1"- und „0"-Markierung bei der Seriendarstellung

die informationstragenden Stellen und n die gesamten Stellen des Codes,
so ist der gesamte Zeichenvorrat $N = 2^n$ und die Anzahl der verwendeten Kombinationen $Z = 2^m$. Für die absolute Redundanz gilt dann:

$$R = \operatorname{ld} N - \operatorname{ld} Z$$

$$= n - m.$$

Als relative Redundanz bezeichnet man

$$r = \frac{R}{n} = \frac{n - m}{n}$$

mit $m = n - 1$

$$r = \frac{1}{n}.$$

Das bedeutet, die Coderedundanz wird für große n am kleinsten.
Allerdings steigt mit wachsendem n auch die Wahrscheinlichkeit doppelter Fehler.

Eine weitere Möglichkeit der Fehlererkennung, bei der ebenfalls
die Redundanz des Codes ausgenutzt wird, ist in Kap. 9.3 beschrieben.
Nutzt man nämlich in einem 8-stelligen Dual-Code von den 256 möglichen Kombinationen nur 201
aus, dürfen die Stellen mit den
Wertigkeiten 128, 64 und 32
nicht gleichzeitig vorkommen.
Außerdem wird bei diesem Verfahren das Nullwort (0 0 0 0 0 0 0 0),

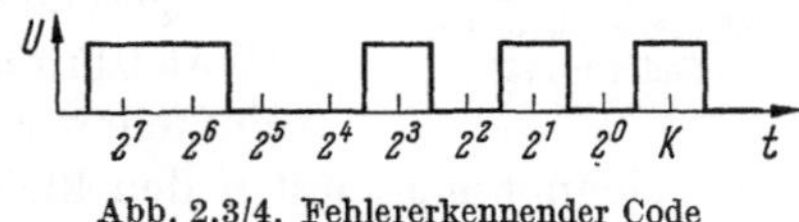

Abb. 2.3/4. Fehlererkennender Code
mit Kontrollschritt

das durch Störungen — z.B. durch Leitungsunterbrechung — vorgetäuscht werden kann, unterdrückt. Dem Meßwert „0" entspricht in
diesem Fall der Digitalwert „8".

Werden noch höhere Ansprüche an die Fehlererkennung gestellt,
kann man den Meßwert wiederholt übertragen. Besonders wirksam
ist dieses Verfahren, wenn bei der Wiederholung der invertierte Wert
übertragen wird. Es ergibt sich dann ein gleichgewichtiger Code, der
einseitige Fehler erkennen läßt.

HAMMING [10] hat zur Beurteilung eines Code den Abstand $D(x, y)$
eingeführt, bei dem x und y je ein Code-Wort darstellen. Unter dem
Hamming-Abstand $D(x, y)$ ist dann die Anzahl der Stellen zu verstehen, in denen sich die beiden Code-Wörter x und y unterscheiden.

Beispiel:

Fernschreib-Code	Dual-Code mit Parity-Check
$L = 01011$	$13 = 11011$
$G = 01001$	$12 = 11000$
$D = 1$	$D = 2$

Für einen dreistelligen Code läßt sich der Hamming-Abstand anschaulich geometrisch darstellen [3].

Benutzt man einen Dual-Code mit Parity-Check, so sind in Abb. 2.3/5 nur die mit ● bezeichneten Code-Wörter möglich. Fehler können erkannt, aber nicht korrigiert werden, denn das z. B. als Fehler erkannte Code-Wort 010 kann durch Verfälschung aus 110 oder aus 011 entstanden sein.

Die allgemein gebräuchlichste Art der Fehlerkorrektur ist die Erhöhung der Coderedundanz. Ein als falsch erkanntes Code-Wort wird dann nach der Ähnlichkeitscodierung korrigiert, d. h. dasjenige erlaubte Code-Wort, das dem verfälschten am nächsten liegt bzw. sich von diesem in der geringsten Stellenzahl unterscheidet, wird als richtig angenommen. In Abb. 2.3/5 sind beispielsweise für einen fehlerkorrigierenden Code nur die beiden Code-Wörter 000 und 111 zugelassen. Der Hamming-Abstand beträgt somit $D = 3$. Wird an Stelle des gesendeten Code-Wortes 111 das Code-Wort 011 empfangen, so kann dieses bei einem einfachen Fehler nur aus 111 entstanden sein.

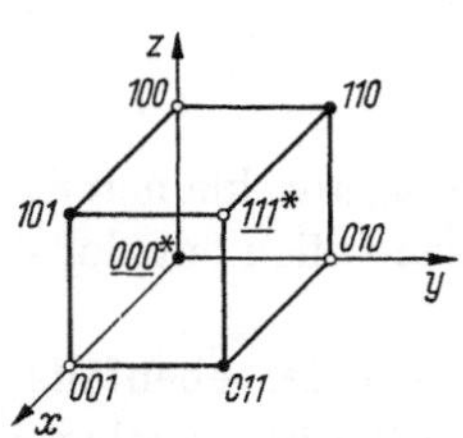

Abb. 2.3/5. Räumliche Darstellung eines fehlererkennenden Codes (●) und eines fehlerkorrigierenden Codes (*) [3]

Bezeichnet man mit d den kleinsten Hamming-Abstand in einem Code, so gilt

$$f_1 = \mathrm{d} - 1,$$

d. h.: Fehler vom Gewicht f_1 werden erkannt. Die Beziehung

$$f_2 = \frac{\mathrm{d} - 1}{2} \quad \text{bei ungerader Hamming-Distanz}$$

bzw.

$$f_2 = \frac{\mathrm{d}}{2} - 1 \quad \text{bei gerader Hamming-Distanz}$$

besagt, daß Fehler vom Gewicht f_2 korrigiert werden können. Der Entwurf eines fehlerkorrigierenden Codes erfolgt nach HAMMING in der Form, daß bei einem n-stelligen Code wieder m Stellen die Information tragen und k Stellen zur Quersummenprüfung benutzt werden ($n = m + k$). Schreibt man von links nach rechts die Reihenfolge der 0 und 1, die sich bei den Quersummenprüfungen ergeben, wobei für eine richtige Quersumme die Zahl Null einzusetzen ist, so erhält man in dualer Darstellung die zu korrigierende Stelle im Code-Wort. Es lassen sich also $2^k - 1$ einfache Fehler korrigieren. Sollen im n-stelligen Code alle Stellen ein-

Tabelle 2.3/12. *Anzahl der Kontrollschritte bei fehlerkorrigierenden Codes*

n	m	k
1	0	1
2	0	2
3	1	2
4	1	3
5	2	3
6	3	3
7	4	3
8	4	4
9	5	4
10	6	4

fach korrigierbar sein, so gilt folgende Beziehung:

$$2^k - 1 \geqq n,$$

$$2^k \geqq m + k + 1.$$

Nach HAMMING läßt sich dann aus

$$2^m \leqq \frac{2n}{n+1}$$

die Tabelle 2.3/12 aufstellen.

Zunächst ist die Stellung der k Kontrollschritte im Code festzulegen. Eine einfache Überlegung führt zu folgender Schlußfolgerung: Jede Stellung, welche eine 1 in ihrer dualen Darstellung zeigt, kann zur ersten Quersummenprüfung herangezogen werden.

$$
\begin{aligned}
1 &= \quad\;\; 1 \\
3 &= \quad 11 \\
5 &= \quad 101 \\
7 &= \quad 111 \\
9 &= 1001
\end{aligned}
$$

Das heißt, der erste Kontrollschritt muß die Stellung 1, 3, 5, 7, 9 belegen. Für den zweiten Kontrollschritt gilt die gleiche Überlegung

$$
\begin{aligned}
2 &= \quad\;\; 10 \\
3 &= \quad 011 \\
6 &= \quad 110 \\
7 &= \quad 111 \\
10 &= 1010 \\
11 &= 1011
\end{aligned}
$$

und für den dritten Kontrollschritt

$$
\begin{aligned}
4 &= \quad 100 \\
5 &= \quad 101 \\
6 &= \quad 110 \\
7 &= \quad 111 \\
12 &= 1100 \\
13 &= 1101
\end{aligned}
$$

Für die Kontrollschritte ergeben sich die in Tab. 2.3/13 dargestellten Möglichkeiten.

Wählt man die Stellungen 1, 2, 4, 8, so sind diese voneinander unabhängig.

Soll jetzt mit einem einfache Fehler korrigierenden Code ein Meßwert im Dual-Code 00, 01, 10, 11 dargestellt werden, so gilt $2^m = 4$

oder $m = 2$. Dafür erhält man aus Tab. 2.3/12: $n = 5$, $k = 3$. Für die Kontrollschritte sind dann nach Tab. 2.3/13 die Stellungen 1, 2, 4 vorzusehen, und für die Information bleiben die Stellungen 3 und 5.

Tabelle 2.3/13. *Mögliche Verteilungen der Kontrollschritte*

k	mögliche Stelle				
1.	1;	3;	5;	7;	9.
2.	2;	3;	6;	7;	10.
3.	4;	5;	6;	7;	12.
4.	8;	9;	10;	11;	12.

Wert	k 1	k 2	m 3	k 4	m 5
0	0	0	0	0	0
1	1	0	0	1	1
2	1	1	1	0	0
3	0	1	1	1	1

Damit ergibt sich der in nebenstehender Tabelle (unten) dargestellte Code. Bei der Aufstellung des Codes kann man z. B. wie folgt vorgehen: Zunächst wird der Dualwert $0 \cdots 3$ in den Spalten 3 und 5 angeschrieben. Es soll dann die Quersumme in den Spalten 1, 3, 5 gerade sein. Damit ergibt sich der Wert in Spalte 1. Bei der nächsten Quersummenprüfung muß die Summe 2 und 3 gerade sein; das liefert die Aussage für Spalte 2. Zuletzt wird dann die Quersumme von Spalte 4 und 5 gebildet und so der Wert für Spalte 4 ermittelt. Auf diese Weise läßt sich der Reihe nach der gesamte Code aufstellen. Wird nun z. B. statt des gesendeten Zeichens 10011 das verfälschte Zeichen 10010 empfangen, so ergibt bei der Kontrolle die erste Quersummenprüfung (Spalte 1, 3, 5) eine 1, die zweite Prüfung (Spalte 2, 3) eine 0 und die dritte in den Spalten 4, 5 eine 1. Das Ergebnis der Quersummenprüfung lautet also

$$101 = 5$$

und bedeutet, daß die fünfte Spalte falsch ist. Diese muß von der 0 in eine 1 umgesetzt werden.

Welche der Fehler erkannt und korrigiert werden können, läßt sich wie folgt feststellen: Nach den Gesetzen der Kombinatorik erhält man für die Anzahl der möglichen Fehler F vom Gewicht ν

$$F = \sum_{\nu=1}^{n} \binom{n}{\nu} \qquad (n = 5)$$

$\nu = 1$	$F_1 = 5$	einfache Fehler
$\nu = 2$	$F_2 = 10$	doppelte Fehler
$\nu = 3$	$F_3 = 10$	dreifache Fehler
$\nu = 4$	$F_4 = 5$	vierfache Fehler
$\nu = 5$	$F_5 = 1$	fünffache Fehler

Insgesamt gibt es also $2^n - 1 = 31$ Fehler. Davon werden die fünf einfachen Fehler korrigiert oder zehn doppelte erkannt, was sich mit Hilfe der Beziehungen von S. 20 und $d = 3$ für den Code in Tab. 2.3/13 ermitteln läßt.

Es sollte hier nur der prinzipielle Gedankengang gezeigt werden, der zur Aufstellung fehlererkennender Codes führt. Umfangreiche Literaturangaben über dieses Gebiet findet man in [12 bis 17].

2.4 Code-Umsetzer

In den meisten digitalen Geräten wird nicht nur ein Code verwendet, sondern, der zweckmäßigen Weitergabe der Information entsprechend, verschiedene Codes. Für einen Ziffernanzeiger wird z. B. ein $\binom{10}{1}$-Code erforderlich sein. Zum Abzählen der Meßquanten nach der Quantisierung ist ein solcher Code jedoch unwirtschaftlich, da er stark redundant ist. Für diesen Zweck ist deshalb ein dual-dekadischer Code angebracht. Es sind also häufig Schaltungen notwendig, die eine Umsetzung von einem Code in einen anderen ermöglichen. Diese Schaltungen heißen Code-Umsetzer oder Zuordner.

Der jeweiligen Umsetzungsgeschwindigkeit angepaßt sind verschiedene Code-Umsetzer in Gebrauch. Für geringe Umsetzungsgeschwindigkeiten lassen sich einfache Schaltungen mit Relais-Umsetzer aufbauen, für höhere Geschwindigkeiten wird man elektronischen Umsetzern den Vorzug geben. Bei elektronischen Umsetzern wiederum lassen sich zwei Arten unterscheiden: die am häufigsten verwendeten statischen Umsetzer, gebildet aus logischen Dioden-Schaltkreisen, und in besonderen Fällen dynamische Umsetzer mit Flipflop-Schaltungen.

2.4.1 Code-Umsetzer mit Relais

Bei der Darstellung der Meßwerte durch Zahlenanzeiger wird zum Erkennen und Ablesen der dargestellten Zahl eine gewisse Zeit benötigt. Hohe Umsetzungsgeschwindigkeiten sind nicht nötig, und man bevorzugt deshalb in den meisten Fällen für diese Zwecke Relaisschaltungen. Außerdem sind die elektrischen Daten der Zahlenanzeiger, z. B. die Ströme der Lampen bei Projektionsziffern und die Spannungen bei gasgefüllten Röhren oder Lumineszenzanzeigern, so bemessen, daß sie mit Relaiskontakten besser geschaltet werden können als mit elektronischen Bauelementen.

Zur Darstellung der Ziffern 0 bis 9 bei einer Umcodierung von einem dual-dekadischen Code in den $\binom{10}{1}$-Code sind dann mindestens vier Relais erforderlich. Um die endgültige Schaltung festzulegen, stellt man zweckmäßigerweise folgende Tabelle auf:

0	$\bar{2}_2$ $\cdot$	$\bar{4}$ $\cdot$	$\bar{2}_1$ $\cdot$	$\bar{1}$
1	$\bar{2}_2$ $\cdot$	$\bar{4}$ $\cdot$	$\bar{2}_1$ $\cdot$	1
2	$\bar{2}_2$ $\cdot$	$\bar{4}$ $\cdot$	2_1 $\cdot$	$\bar{1}$
3	$\bar{2}_2$ $\cdot$	$\bar{4}$ $\cdot$	2_1 $\cdot$	1
4	$\bar{2}_2$ $\cdot$	4 $\cdot$	$\bar{2}_1$ $\cdot$	$\bar{1}$
5	$\bar{2}_2$ $\cdot$	4 $\cdot$	$\bar{2}_1$ $\cdot$	1
6	$\bar{2}_2$ $\cdot$	4 $\cdot$	2_1 $\cdot$	$\bar{1}$
7	$\bar{2}_2$ $\cdot$	4 $\cdot$	2_1 $\cdot$	1
8	2_2 $\cdot$	4 $\cdot$	2_1 $\cdot$	$\bar{1}$
9	2_2 $\cdot$	4 $\cdot$	2_1 $\cdot$	1

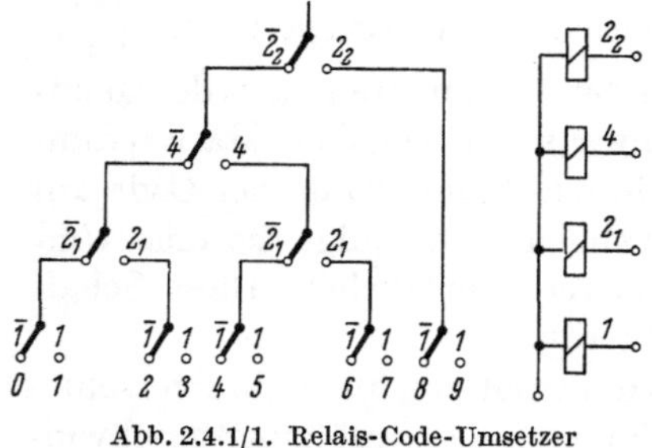

Abb. 2.4.1/1. Relais-Code-Umsetzer
(2–4–2–1-Code in $\binom{10}{1}$-Code)

Daraus läßt sich die in Abb. 2.4.1/1 dargestellte Schaltung angeben, wobei mit $\bar{1}$; $\bar{2}_1$; $\bar{4}$; $\bar{2}_2$ die Ruhekontakte der Relais bezeichnet werden und mit 1; 2_1; 4; 2_2 die Arbeitskontakte. Zu Gunsten einer übersichtlichen Darstellung wurde auf eine optimale Kontaktanordnung verzichtet.

2.4.2 Elektronische Code-Umsetzer

Wie bereits oben erwähnt, kann zwischen statischen und dynamischen Umsetzern unterschieden werden. Die statischen Umsetzer sind meist aus passiven Konjunktions-Gliedern (Dioden-Gattern) aufgebaut. Bei der einfachsten Form eines statischen Umsetzers wird der Meßwert, der im Dual-Code vorliegt, in den $\binom{10}{1}$-Code umgesetzt (Abb. 2.4.2/1). Der hierbei benötigte Aufwand an Dioden läßt sich leicht abschätzen. Bei 2^n dezimalen Ausgängen und damit n dualen Eingängen benötigt man $n \cdot 2^n$ Dioden.

Soll ein Meßwert, der in eine Zählkette im Aiken-Code eingezählt wurde, mit einer Ziffernanzeige dargestellt werden, so ist eine Umsetzung vom Aiken- in den $\binom{10}{1}$-Code erforderlich. Der Aufbau eines derartigen Umsetzers ist leicht zu übersehen. Betrachtet man die Tab. 2.3/4 und die Abb. 2.4.2/2, dann erkennt man, daß jede „1“ und „0“ in dieser Tabelle einer Diode in der Schaltung entspricht und jeder dezimale Ausgang durch ein Konjunktions-Glied mit vier Eingängen gebildet wird. Mit Hilfe der Tab. 2.3/4 läßt sich der schaltungsalgebraische Ausdruck für diese Gatter sofort angeben. Es gilt:

$$0 = \bar{1} \cdot \bar{2}_1 \cdot \bar{4} \cdot \bar{2}_2,$$

$$1 = 1 \cdot \bar{2}_1 \cdot \bar{4} \cdot \bar{2}_2$$

usw.

Sollen Meßwerte, die in einer Zählkette im Aiken-Code vorliegen, auf Lochstreifen gespeichert werden, muß eine Umsetzung von dem dual-dekadischen Code in den Fernschreib-Code CCIT Nr. 2 oder in den Ziffern-sicherungs-Code Nr. 3 vor-genommen werden. Zur Dimensionierung dieses Umsetzers stellt man zu-nächst die Tab. 2.4.2/1 auf.

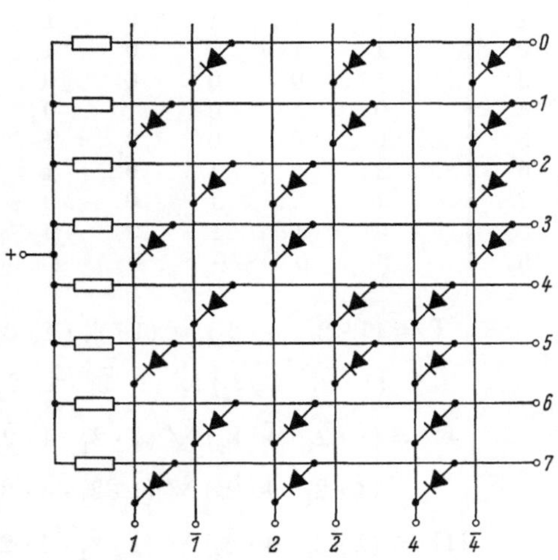

Abb. 2.4.2/1. Elektronischer Code-Umsetzer (Dual-Code in $\binom{10}{1}$-Code)

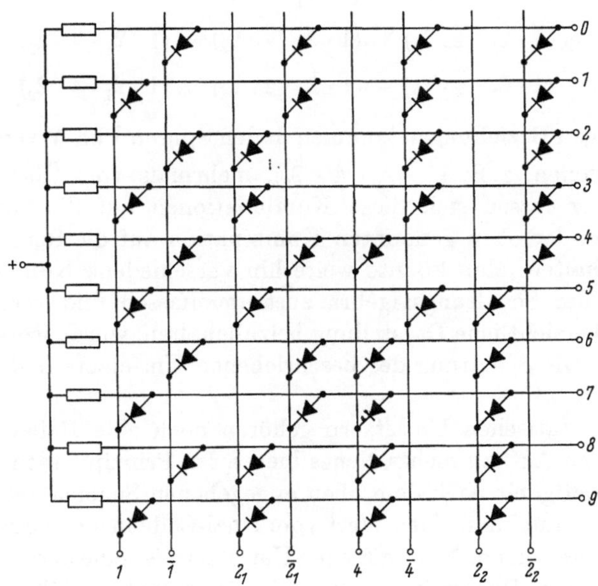

Abb. 2.4.2/2. Elektronischer Code-Umsetzer (Aiken-Code in $\binom{10}{0}$-Code)

Tabelle 2.4.2/1. *Umsetzung vom Aiken-Code in den FS-Code*

Dez.	FS-Code					Aiken-Code			
	I	II	III	IV	V	1	2_1	4	2_2
0	0	1	1	0	1	0	0	0	0
1	1	1	1	0	1	1	0	0	0
2	1	1	0	0	1	0	1	0	0
3	1	0	0	0	0	1	1	0	0
4	0	1	0	1	0	0	0	1	0
5	0	0	0	0	1	1	1	0	1
6	1	0	1	0	1	0	0	1	1
7	1	1	1	0	0	1	0	1	1
8	0	1	1	0	0	0	1	1	1
9	0	0	0	1	1	1	1	1	1

$$\mathrm{I} = (1 \cdot \bar{2}_1 \cdot \bar{4} \cdot \bar{2}_2) \vee (\bar{1} \cdot 2_1 \cdot \bar{4} \cdot \bar{2}_2) \vee (1 \cdot 2_1 \cdot \bar{4} \cdot \bar{2}_2) \vee$$
$$(\bar{1} \cdot \bar{2}_1 \cdot 4 \cdot 2_2) \vee (1 \cdot \bar{2}_1 \cdot 4 \cdot 2_2),$$

$$\mathrm{II} = (\bar{1} \cdot \bar{2}_1 \cdot \bar{4} \cdot \bar{2}_2) \vee (1 \cdot \bar{2}_1 \cdot \bar{4} \cdot \bar{2}_2) \vee (\bar{1} \cdot 2_1 \cdot \bar{4} \cdot \bar{2}_2) \vee$$
$$(\bar{1} \cdot \bar{2}_1 \cdot 4 \cdot \bar{2}_2) \vee (1 \cdot \bar{2}_1 \cdot 4 \cdot 2_2) \vee (\bar{1} \cdot 2_1 \cdot 4 \cdot 2_2),$$

$$\mathrm{III} = (\bar{1} \cdot 2_1 \cdot \bar{4} \cdot \bar{2}_2) \vee (1 \cdot \bar{2}_1 \cdot \bar{4} \cdot \bar{2}_2) \vee (\bar{1} \cdot \bar{2}_1 \cdot 4 \cdot 2_2) \vee$$
$$(1 \cdot \bar{2}_1 \cdot 4 \cdot 2_2) \vee (\bar{1} \cdot 2_1 \cdot 4 \cdot 2_2),$$

$$\mathrm{IV} = (\bar{1} \cdot \bar{2}_1 \cdot 4 \cdot \bar{2}_2) \vee (1 \cdot 2_1 \cdot 4 \cdot 2_2),$$

$$\mathrm{V} = (\bar{1} \cdot \bar{2}_1 \cdot \bar{4} \cdot \bar{2}_2) \vee (1 \cdot \bar{2}_1 \cdot \bar{4} \cdot \bar{2}_2) \vee (\bar{1} \cdot 2_1 \cdot \bar{4} \cdot 2_2) \vee$$
$$(1 \cdot 2_1 \cdot \bar{4} \cdot 2_2) \vee (\bar{1} \cdot \bar{2}_1 \cdot 4 \cdot 2_2) \vee (1 \cdot 2_1 \cdot 4 \cdot 2_2).$$

In den obigen Beziehungen kommen in den Spuren I bis V verschiedene Kombinationen, z.B. $(\bar{1} \cdot \bar{2}_1 \cdot \bar{4} \cdot \bar{2}_2)$, mehrmals vor. Über Disjunktions-Glieder lassen sich diese Kombinationen auf die zugehörigen Spuren (bei der oben genannten Kombination auf die Spuren II, III und V) schalten. Man könnte weiterhin verschiedene Kombinationen mit Hilfe der Schaltungsalgebra zusammenfassen und vereinfachen. Um eine übersichtliche Darstellung beizubehalten, wurde jedoch darauf verzichtet. Die Schaltung des beschriebenen Umsetzers findet man in Abb. 2.4.2/3.

Zu den statischen Umsetzern gehören noch eine Reihe ähnlicher Typen, deren Aufbau nichts Neues bietet. Im Prinzip lassen sich diese ohne Schwierigkeit nach dem oben angegebenen Schema entwerfen.

Mitunter muß man einen Wert vom Dual-Code in einen dual-dekadischen Code umsetzen. Mit statischen Umsetzern ist eine derartige Codierung bei vielen Dualstellen aufwendig. In manchen Fällen läßt sich dann ein dynamischer Umsetzer anwenden, der auf dem Zählprinzip

beruht. Unter Zuhilfenahme von Abb. 2.4.2/4 läßt sich die Wirkungsweise erklären.

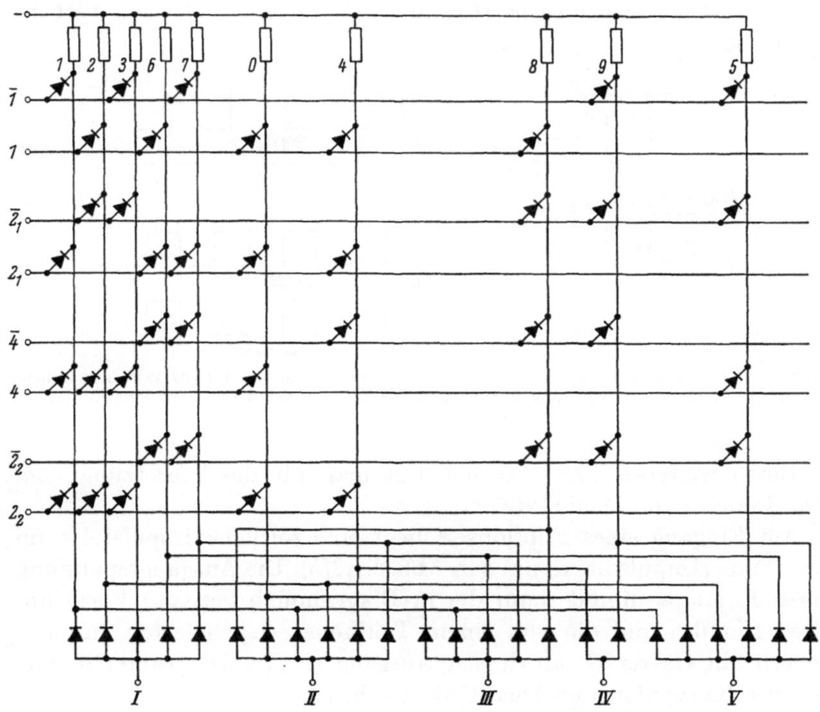

Abb. 2.4.2/3. Elektronischer Code-Umsetzer (Aiken-Code in FS-Code)

Der Meßwert möge in eine Zählkette *1* im Dual-Code eingezählt
werden. Um den Zählvorgang durch die Codierung nicht zu stören, wird
der Meßwert zwischen zwei Zähl-
impulsen in die Zählkette *2* parallel übernommen. Dazu wird
das Flipflop *3* durch einen Impuls (Codieren) umgeworfen. Der
Ausgangsimpuls dieses Flipflops
bewirkt neben der Parallelüber-
nahme des Meßwertes in die
Zählkette *2* die Rücksetzung des
Zählers *4* und das Öffnen der
Torschaltung *5*. Über diese Torschaltung gelangen Impulse von
einem Taktgeber *6* zum Zähler *2*,

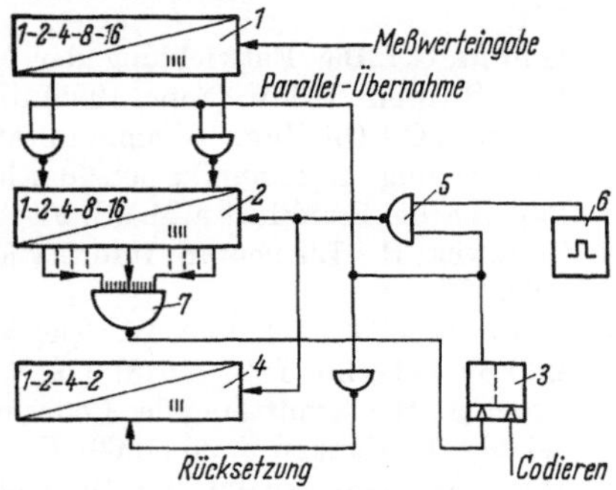

Abb. 2.4.2/4. Dynamischer Code-Umsetzer
(Dual-Code in Aiken-Code)

der als Rückwärtszähler arbeitet. Die gleichen Impulse werden im
Aiken-Code in den Vorwärtszähler *4* eingezählt. Sobald der Zähler *2*

durch Null läuft, bewirkt ein Impuls des Konjunktions-Gliedes *7* die
Rücksetzung des Flipflops *3* in die Anfangslage. Damit werden die Impulse vom Taktgeber *6* gesperrt, und im Zähler *4* liegt der Meßwert im
Aiken-Code vor.

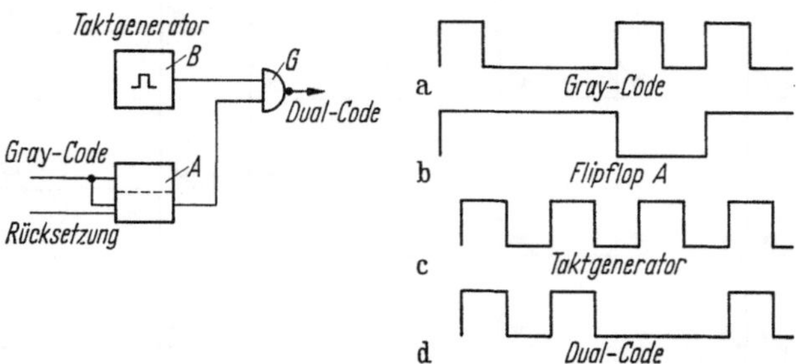

Abb. 2.4.2/5. Dynamischer Code-Umsetzer (Gray-Code in Dual-Code) (Nach K. STEINBUCH: Taschenbuch der Nachrichtenverarbeitung, 2. Aufl., Berlin/Heidelberg/New York: Springer 1967, 716)

Einen weiteren Umsetzer benötigt man für die Umsetzung vom
Gray-Code in den Dual-Code.

Am Eingang eines Flipflops *A* liegt eine zeitliche Impulsfolge im
Gray-Code (Impulsdiagramm a in Abb. 2.4.2/5). Die Ausgangsspannung
dieses Flipflops nimmt dann die in Diagramm b gezeigte Form an.
Diese Impulse und die von einem Taktgeber *B* gelieferten Impulse
steuern ein Gatter *G*, an dessen Ausgang die im Diagramm d dargestellte Kurvenform im Dual-Code erscheint.

Literatur zu Kapitel 2

1. WIENER, N.: Kybernetik (Deutsche Übersetzung), Düsseldorf: Econ 1963,
   171.
2. INDUNI, G.: Die Entwicklung der Meßinstrumente in der Nachkriegszeit.
   Bull. Schweiz. E.T.V. (Sept. 1955) 873—878.
3. CHERRY, C.: On Human Communication, New York: Wiley 1957. Deutsche
   Übersetzung: Kommunikationsforschung — eine neue Wissenschaft, Fischer
   Paperbacks, Frankfurt a. M.: S. Fischer 1963, 52.
4. ZEMANEK, H.: Elementare Informationstheorie. Wien/München: Oldenbourg
   1959, 30.
5. SHANNON, C. E., WEAVER, W.: The Mathematical Theory of Communication.
   Bell Syst. Techn. J. 27 (1948) 379.
6. STOPPER, H.: Ermittlung des Codes und der logischen Schaltung einer Zähldekade. Telefunken-Z. 33 (1960) 13—19.
7. DHEN, W., MARENBACH, K.: Die elektronischen Fernwirksysteme der Geatrans-Serie. AEG-Mitt. 54 (1964) 362—372.
8. DITTMANN, J., DARILEK, H.: Elektronische Zeitmultiplex-Puls-Code Fernmessung. Siemens-Z. 34 (1960) 288—293.
9. PIAZZA, G. E., CUENDET, J. P.: Das digital zyklische Fernmeßsystem. BBC-Mitt. Sonderheft Interkama (1960) 65.

10. HAMMING, R. W.: Error Detecting and Error Correcting Codes. Bell Syst. Techn. J. XXVI (1950) 147—160.
11. HÖLZLER, E.: Das Vordringen der Impulsverfahren in der Nachrichtentechnik. ETZ 79 (1958) 885—893.
12. STEINBUCH, K.: Taschenbuch der Nachrichtenverarbeitung, 2. Aufl. Berlin/Heidelberg/New York: Springer 1967, 58.
13. BERGER, E.: Zahlensysteme, Codierung und Code-Sicherung in der digitalen Meßtechnik. VDI-Ber. 78 (1964) 23—30.
14. STEINBUCH, K.: Codierung für gestörte Kanäle. NTF 19 (1960) 47—55.
15. MARKO, H.: Systemtechnik der Datenübertragung auf Fernsprechleitungen. NTF 19 (1960) 63—69.
16. MARKO, H.: Die Fehlerkorrekturverfahren für die Datenübertragung auf stark gestörten Verbindungen. NTF 25 (1962) 101—108.
17. BOSSEN, D. C., YAN, S. S.: Redundant Residue Polynomial Codes. Information and Control 13 (1968) 597—618.

3. Elektronische Schaltungen

Im folgenden Kapitel sollen Schaltungsanordnungen besprochen werden, die in der digitalen Meßtechnik häufig verwendet werden. Es wird dabei im wesentlichen stets nur das Prinzip an einem Beispiel erläutert, wobei die modernen Halbleiterschaltungen im Vordergrund stehen.

3.1 Kippschaltungen

Kippschaltungen spielen wegen der binären Form ihrer Ausgangssignale eine wichtige Rolle, z. B. beim Zählen, Speichern, Impulsformen, Verzögern, als Impulsgenerator und als Schalter.

3.1.1 Die bistabile Kippstufe

Die bistabile Kippstufe [1 bis 5], auch Flipflop oder unkorrekt bistabiler Multivibrator genannt, ist im Prinzip ein zweistufiger rückgekoppelter Gleichspannungsverstärker (Abb. 3.1.1/1). Die Rückkopplung der Ausgangsspannung auf den Eingang wird derart ausgeführt, daß stets einer der beiden Transistoren Sättigungsstrom führt, während der andere gesperrt ist und lediglich der sehr kleine Reststrom fließt. Die beiden Transistoren arbeiten also als Schalter.

Angenommen, der Transistor T_1 sei in der Sättigung; dann fällt über seiner Kollektor-Emitterstrecke eine Restspannung

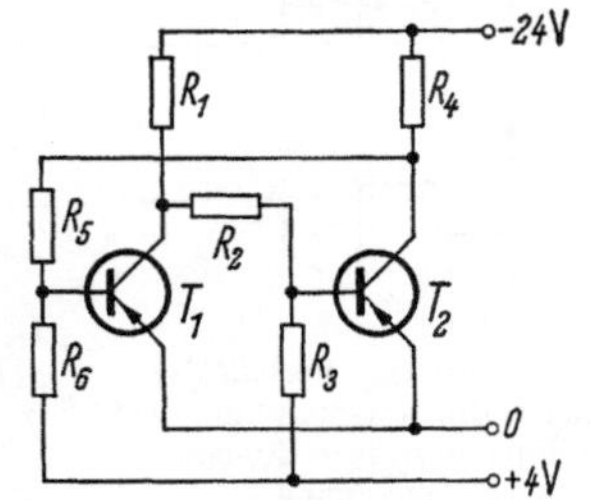

Abb. 3.1.1/1. Rückgekoppelter Gleichspannungsverstärker

von etwa 100 mV ab. Durch den Spannungsteiler R_2 und R_3 ($R_2 = R_3 = R_5 = R_6$) zu der positiven Vorspannung von $+4$ V hin wird daher die Basis des Transistors T_2 um 1,95 V positiver als sein Emitter, und der Transistor T_2 sperrt. Der Transistor T_1 erhält daher über die Widerstände R_5 und R_6 den für den Kollektorstrom erforderlichen Basisstrom. Dieser Zustand der Schaltung ist stabil. Erst durch einen von außen zugeführten positiven (negativen) Impuls auf die Basis des stromführenden (gesperrten) Transistors vertauschen die beiden Transistoren ihre Rollen; der bis dahin stromführende wird gesperrt und der gesperrte wird stromführend. Die Schaltung kippt in den anderen stabilen Zustand. Durch einen erneuten Eingangsimpuls kippt die Schaltung in den ursprünglichen Zustand zurück. Die Schaltung hat also eine Untersetzerwirkung von 2:1.

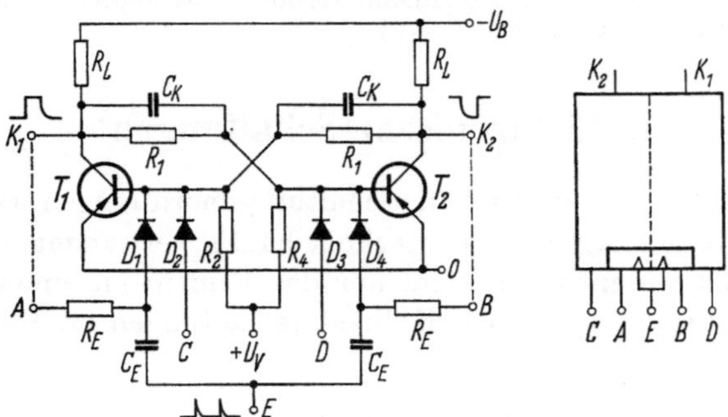

Abb. 3.1.1/2. Schaltung und Funktionsschaltbild einer bistabilen Kippstufe

　　Abb. 3.1.1/2 zeigt ein Flipflop, wie es in der Praxis häufig verwendet wird, mit dem entsprechenden Funktionsschaltbild. Die Kondensatoren C_K bilden eine Wechselstromrückkopplung, die den Kippvorgang beschleunigt, indem sie für einen schnellen Auf- bzw. Abbau der Basisladungen sorgt. Mit der Näherung für die Basisladung [3]

$$Q_{\text{Basis}} \approx \frac{1}{2\pi f_\alpha} \cdot I_c \qquad (3.1.1/1)$$

erhält man als untere Grenze für diese Koppelkapazität

$$C_K \geqq \frac{1}{2\pi f_\alpha} \cdot \frac{I_c}{\Delta U_c} . \qquad (3.1.1/2)$$

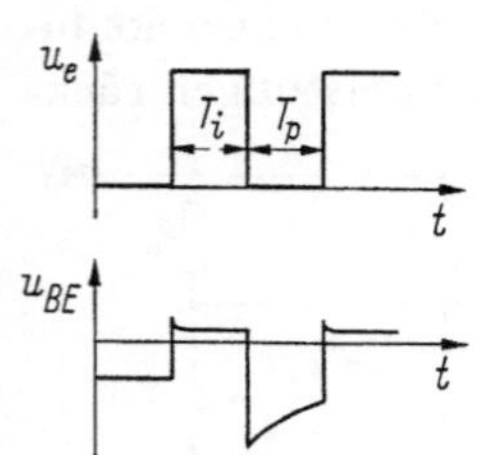

Abb. 3.1.1/3. Verlauf der Basis-Emitter-Spannung bei impulsförmiger Eingangsspannung

f_α　Grenzfrequene in Basisschaltung,
ΔU_c　Spannungsänderung am Kollektor,
I_c　Kollektorstrom.

Den oberen Grenzwert für diesen Kondensator erhält man mit folgender Überlegung: Wird der Transistor gesperrt, dann entsteht wegen des Kondensators an seiner Basis zunächst eine höhere Sperrspannung als sich nach der Gleichspannungsdimensionierung ergibt (s. Abb. 3.1.1/3). Der statische Wert wird nach einer e-Funktion mit der Zeitkonstanten

$$\tau = C_\mathrm{K} \frac{R_1 \cdot R_2}{R_1 + R_2} \qquad (3.1.1/3)$$

erreicht. Hat sich beim Eintreffen des Aufsteuersignals die statische
Spannung noch nicht voll eingestellt, dann gelangt über den Kondensator eine geringere Ladung in die Basis als beim Ausgang vom statischen Zustand. Damit ist aber die Wirkung des Kondensators zum Teil
wieder aufgehoben. Um dies zu verhindern, sollen selbst bei der höchsten Schaltfrequenz f_max bis zum Eintreffen des Aufsteuersignals 63%
($= 1 - e^{-1}$) der statischen Spannung erreicht sein. Legt man ferner
ein symmetrisches Eingangssignal zugrunde, bei dem die Impulszeit
T_i gleich der Impulspause T_p ist, so erhält man die Bedingung

$$C_\mathrm{K} \frac{R_1 \cdot R_2}{R_1 + R_2} \leqq T_\mathrm{p} = \frac{1}{2f_\mathrm{max}},$$

aus der sich der obere Grenzwert des Kondensators ergibt:

$$C_\mathrm{K} \leqq \frac{R_1 + R_2}{R_1 \cdot R_2 \cdot 2f_\mathrm{max}} . \qquad (3.1.1/4)$$

Die Steuerung der bistabilen Kippstufe geschieht durch positive Impulse, die über Eingangstorschaltungen zugeführt werden. Die Eingangstorschaltungen (C_E, R_E, D_1 bzw. D_4) bewirken, wenn A mit K_1
und B mit K_2 verbunden wird, wie es in Abb. 3.1.1/2 gestrichelt gezeich-
net ist, daß der positive Schaltimpuls nur auf die Basis des leitenden
Transistors gelangt; denn über der Diode an der Basis des gesperrten
Transistors liegt eine Sperrspannung in der Größe der Batteriespannung. Diese gezielte Ansteuerung bewirkt eine Beschleunigung des
Kippvorgangs gegenüber der gleichzeitigen Ansteuerung beider Stufen
und erhöht bei richtiger Dimensionierung die maximale Schaltfrequenz
der bistabilen Kippstufe. Die Zeitkonstante τ_E dieser Eingangstorschaltungen muß kleiner als die Periodendauer der höchsten Schaltfrequenz sein, und zwar um die Zeit kleiner, die zwischen einem Schaltimpuls und dem Ende des Kippvorgangs vergeht. In der Praxis rechnet
man mit Werten nach der Gleichung

$$\tau_\mathrm{E} = C_\mathrm{E} \cdot R_\mathrm{E} \leqq \frac{1}{2f_\mathrm{max}} . \qquad (3.1.1/5)$$

Die Mindestgröße der Eingangskondensatoren errechnet sich genau
wie die der Koppelkondensatoren nach Gl. (3.1.1/2). Die Dioden D_2
und D_3 dienen dazu, die bistabile Kippstufe statisch in eine gewünschte
Ausgangslage zu bringen. Die maximale Schaltfrequenz, die man mit
einem Flipflop erreichen kann, ist nach Erfahrungen aus der Praxis
[5] etwa $0{,}3 \cdot f_\alpha$. Die erzielbaren Anstiegszeiten der Ausgangssignale

(ohne Last) liegen bei etwa $1/f_\alpha$. Die Kippzeit hängt zwar vom Grad der Übersteuerung ab, als Richtwert kann aber gelten $t_\mathrm{k} \approx 2{,}5/f_\alpha$.

Das Flipflop wird zum Untersetzen, Zählen und Speichern verwendet.

Das in Abb. 3.1.1/2 gezeigte Flipflop wurde von einem rückgekoppelten Gleichspannungsverstärker hergeleitet; man kann Flipflops aber auch aus logischen Schaltungen aufbauen. Es müssen dann Schaltungen beteiligt sein, die eine Negation beinhalten, wie der einfache Negator, die NAND- oder die NOR-Schaltung. Es gibt für derart aufgebaute Flipflops viele Realisierungsmöglichkeiten [50], Abb. 3.1.1/4 zeigt zwei Beispiele, die dem Flipflop aus Abb. 3.1.1/2 entsprechen.

In der digitalen Schaltungstechnik werden Bausteine überwiegend durch ihr logisches Verhalten beschrieben. Das ist bei Flipflops nicht mehr ohne weiteres möglich. Selbst wenn man bei dem obigen Flipflop nur die Eingänge C und D betrachtet, kann man nicht immer sagen, welchen Zustand es einnimmt. Sind z. B. beide Eingänge unbeschaltet, so weiß man nicht, welcher der beiden Transistoren Strom führt, da hierfür die Vorgeschichte maßgebend ist. Man beschreibt daher das Verhalten von Flipflops durch die sequentielle Logik, die den Zusammenhang der Eingangszustände vor einem Taktimpuls und den Ausgangszuständen nach diesem Taktimpuls beschreibt.

Bezeichnet man durch das hochgestellte n den Zustand vor dem Taktimpuls und durch $n+1$ denjenigen nach dem Taktimpuls, so ergibt sich für das obige Flipflop die Tabelle 3.1.1/1, in der links der Ausgangszustand K_1^{n+1} bei vorgegebener Ausgangskombination und rechts die erforderlichen Eingangsbedingungen bei gewünschtem Ausgangsverhalten angegeben sind.

Tabelle 3.1.1/1

A^n	B^n	K_1^{n+1}	K_1^n	K_1^{n+1}	A^n	B^n
0	0	K_1^n	0	0	0	$\times$
0	1	0	0	1	1	$\times$
1	0	1	1	0	$\times$	1
1	1	$\overline{K_1^n}$	1	1	$\times$	0

Das $\times$ bedeutet, daß der Eingang beliebig beschaltet werden darf; $\overline{K_1^n}$ bedeutet, daß der Ausgang K_1 nach dem Takt komplementär zum Zustand vor dem Takt ist.

PHISTER [51] hat Flipflops nach ihrem sequentiellen Verhalten in D-, T-, RS- und JK-Flipflops eingeteilt. Das D-Flipflop (D = Delay = Verzögerung) besitzt einen Steuereingang D und einen Takteingang T.

Der Zustand des Steuereingangs wird durch den Takt auf den Markierungsausgang übertragen. Das sequentielle Verhalten des D-Flipflops wird also von Tab. 3.1.1/2 beschrieben.

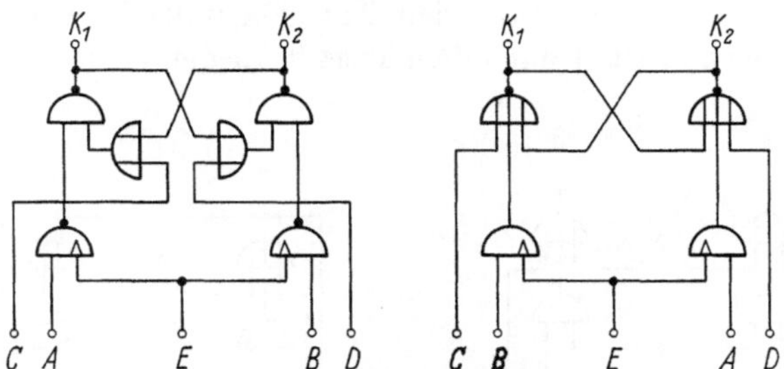
Abb. 3.1.1/4. Flipflops aus logischen Schaltungen

<table>
<tr><td colspan="6" align="center">Tabelle 3.1.1/2</td><td colspan="6" align="center">Tabelle 3.1.1/3</td></tr>
</table>

D^n	A^{n+1}	A^n	A^{n+1}	D^n		E^n	A^{n+1}	A^n	A^{n+1}	E^n
0	0	0	0	0		0	A^n	0	0	0
1	1	0	1	1		1	$\overline{A^n}$	0	1	1
		1	0	0				1	0	1
		1	1	1				1	1	0

Abb. 3.1.1/5 zeigt das Funktionsschaltbild eines aus logischen Schaltungen aufgebauten D-Flipflops. Natürlich kann der Takteingang T auch auf dynamische Eingänge einer Undschaltung geführt werden. Die zusätzlichen Eingänge R′ und S′ dienen zum taktunabhängigen Setzen bzw. Rücksetzen des Flipflops.

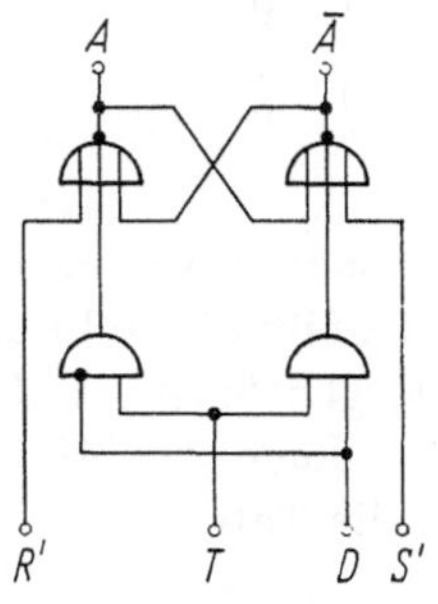
Abb. 3.1.1/5. D-Flipflops

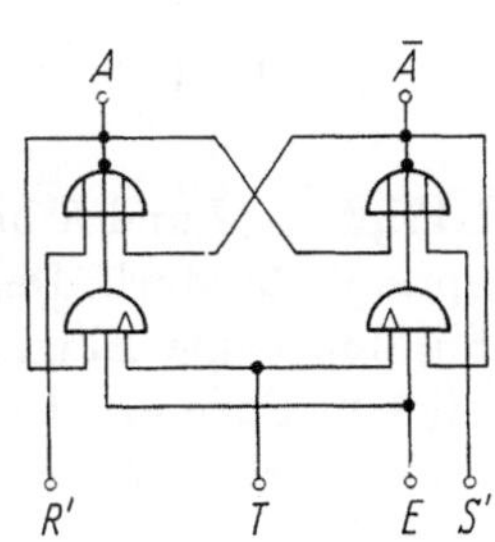
Abb. 3.1.1/6. T-Flipflops

Das T-Flipflop (T = Trigger) besitzt einen mit E bezeichneten Eingang und einen Takteingang T. Liegt am E-Eingang eine 1, so kippt das Flipflop bei jedem Taktimpuls in die andere Lage, liegt an E jedoch eine 0, so behält es seinen Zustand bei. Tab. 3.1.1/3 gibt das sequentielle Verhalten des T-Flipflops wieder, während Abb. 3.1.1/6 ein entsprechendes Funktionsschaltbild zeigt.

Das RS-Flipflop (R = Rücksetzen, S = Setzen) hat zwei mit R und S bezeichnete Eingänge und einen Takteingang T. Liegt am Setzeingang S die binäre 1 und am Rücksetzeingang R die binäre 0, dann übernimmt der Ausgang A nach dem Takt ebenfalls die 1. Liegt an S 0 und an R 1, dann führt A nach dem Takt 0. Liegen beide Eingänge auf

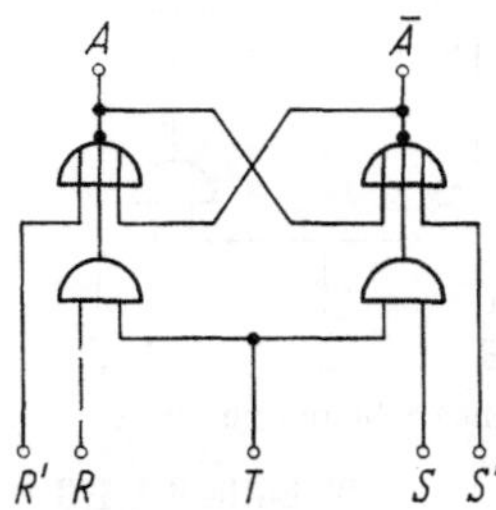

Abb. 3.1.1/7. RS-Flipflop

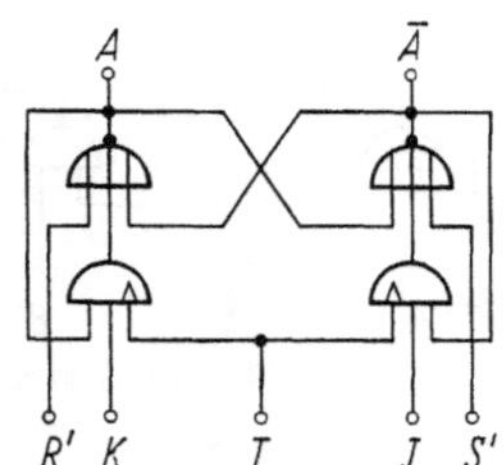

Abb. 3.1.1/8. JK-Flipflop

0, so bleibt nach dem Takt der ursprüngliche Zustand erhalten. Liegen jedoch beide Eingänge auf 1, so ist der Zustand nach dem Takt unbestimmt. Diese Eingangskombination ist daher verboten. Tab. 3.1.1/4 beschreibt das sequentielle Verhalten des RS-Flipflops, Abb. 3.1.1/7 zeigt eine Schaltung.

Tabelle 3.1.1/4

R^n	S^n	A^{n+1}	A^n	A^{n+1}	R^n	S^n
0	0	A^n	0	0	$\times$	0
0	1	1	0	1	0	1
1	0	0	1	0	1	0
1	1	?	1	1	0	$\times$

Das JK-Flipflop (J und K haben keine besondere Bedeutung) ähnelt dem RS-Flipflop sehr stark. Der Unterschied zu ihm besteht darin, daß beim JK-Flipflop beide Eingänge J und K gleichzeitig auf 1 liegen dürfen. In diesem Falle kippt es in die andere Lage. Damit ergibt sich für das logische Verhalten des JK-Flipflops die Tab. 3.1.1/5.

Tabelle 3.1.1/5

K^n	J^n	A^{n+1}	A^n	A^{n+1}	K^n	J^n
0	0	A^n	0	0	$\times$	0
0	1	1	0	1	$\times$	1
1	0	0	1	0	1	$\times$
1	1	$\overline{A^n}$	1	1	0	$\times$

Beim Vergleich dieser Tabelle mit Tab. 3.1.1/1 stellt man fest, daß das in Abb. 3.1.1/2 wiedergegebene Flipflop ein JK-Flipflop ist. Abb. 3.1.1/8 zeigt ein aus logischen Schaltungen aufgebautes JK-Flipflop.

Das JK-Flipflop ist wohl am universellsten zu verwenden. Die erlaubten Eingangskombinationen des RS-Flipflops führen bei ihm zum gleichen Ausgangsergebnis; verbindet man beide Eingänge miteinander, so arbeitet es wie ein T-Flipflop; sorgt man schließlich dafür, daß K stets komplementär zu J ist, also $K = \bar{J}$, so erhält man ein D-Flipflop.

3.1.2 Die monostabile Kippstufe

Die monostabile Kippstufe [6], auch Monoflop oder unkorrekt monostabiler Multivibrator genannt, hat nur einen stabilen Zustand. Sie entsteht aus der bistabilen Kippstufe dadurch, daß die Gleichstromrückkopplung von Transistor T_2 auf Transistor T_1 entfällt (siehe Abb. 3.1.2/1) und die Basis von T_1 über einem Widerstand R_5 an der negativen Batteriespannung $-U_B$ liegt, so daß der Transistor T_1 Sättigungsstrom führt und der Transistor T_2 gesperrt ist. Dieser Zustand ist stabil. Durch einen positiven (negativen) Impuls auf $C_3(C_4)$ kann die Schaltung in den quasistabilen Zustand gebracht werden, bei dem der Transistor T_1 gesperrt und der Transistor T_2 leitend ist und aus dem sie in den stabilen Grundzustand nach einer Zeit T zurückkippt.

$$T = 0{,}69 \cdot R_5 \cdot C_2. \tag{3.1.2/1}$$

Diese Gleichung ergibt sich wie folgt: Die an der Basis des Transistors T_1 liegende Seite ($+$) des Kondensators C_2 führt im Ruhezustand etwa 0 V, während an der anderen Seite ($-$) die Batteriespannung $-U_B$ liegt. Beim Übergang der Kippstufe in den quasistabilen Zustand wird der Kollektor des Transistors T_2 und damit die ($-$)-Seite des Kondensators auf etwa 0 V geschaltet. Dadurch lädt sich die ($+$)-Seite des Kondensators auf $+U_B$ auf. Bei der anschließenden Umladung will sich der Kondensator auf $-U_B$ aufladen. Sobald jedoch 0 V überschritten sind, kippt die Stufe in die Ruhelage zurück. Der Kondensator C_2 wird also nur auf die Hälfte der wirksamen Ladespannung $2U_B$ umgeladen (nämlich von $+U_B$ auf 0 V). Es gilt nun:

$$U_{C_2} = 2U_B\left(1 - e^{\frac{-t}{\tau}}\right).$$

Mit $U_{C_2} = U_B$ erhält man:

$$e^{\frac{T}{\tau}} = 2,$$

$$T = \tau \ln 2 = R_5 C_2 \cdot 0{,}69.$$

3*

Die kürzeste Zeit $T_{\min}$, die man erreichen kann, ist etwa $10/f_\alpha$ [7].
Für einen erneuten Anreiz zum Überführen in den quasistabilen Zustand ist zu beachten, daß der Kondensator C_2 nach dem Rückkippen

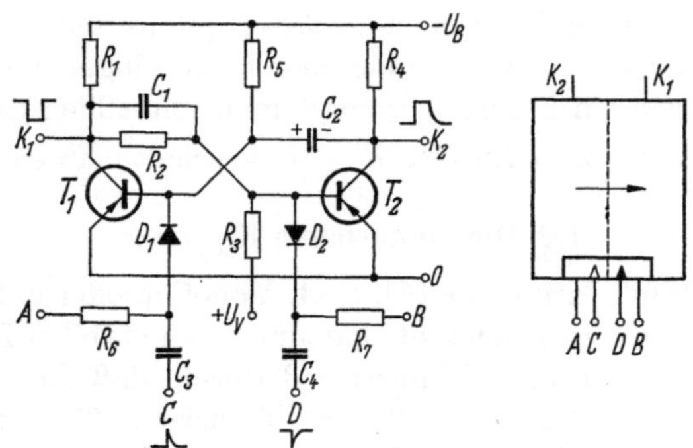

Abb. 3.1.2/1. Schaltung und Funktionsschaltbild einer monostabilen Kippstufe

aus dem quasistabilen in den stabilen Zustand erst wieder umgeladen
sein muß. Ein zu früher Anreiz ergibt eine kürzere Impulszeit als sich
nach Gl. (3.1.2/1) errechnet. Für die Rückladung des Kondensators
C_2 gilt die Gl. (3.1.2/2) mit $\tau_\mathrm{R} = R_4 \cdot C_2$ als Rückladezeitkonstante.

$$U_{C_2} = U_\mathrm{B}\left(1 - e^{\frac{-t}{\tau_\mathrm{R}}}\right). \qquad (3.1.2/2)$$

Läßt man einen Zeitfehler von 5% zu, so muß zwischen zwei Anreiz-
impulsen die Eigenzeit T [Gl. (3.1.2/1)] und das 3,92fache der Rück-
ladungszeitkonstanten vergehen (bei 1% Zeitfehler $T + 5{,}52 \cdot \tau_\mathrm{R}$).

Die Mindestgrößen der Kapazitäten C_1 bis C_4 errechnen sich genau
wie beim Flipflop nach der Gl. (3.1.1/2). Um ein einwandfreies Arbeiten
der Schaltung zu gewährleisten, darf der Widerstand R_5 einen Maximalwert nicht überschreiten, weil sonst der Transistor T_1 im quasistabilen
Zustand nicht mehr durchgesteuert wird. Ferner darf er einen Minimal-
wert nicht unterschreiten, weil sonst der Transistor zerstört wird. Es
gilt die Beziehung

$$\frac{U_\mathrm{B}}{I_{\mathrm{B_1max}}} \leqq R_5 \leqq 0{,}8 B_1 \cdot R_1. \qquad (3.1.2/3)$$

B_1　　Gleichstromverstärkung des Transistors T_1 in Emitterschaltung,
U_B　　Batteriespannung,
$I_{\mathrm{B_1max}}$ maximal zulässiger Basisstrom des Transistors T_1.

Die Anstiegszeit des Ausgangssignals (ohne Last) ist wie beim Flipflop
etwa $1/f_\alpha$.

Die monostabile Kippstufe findet Verwendung beim Verzögern,
Formen und Zählen von Impulsen.

3.1.3 Die astabile Kippstufe

Die astabile Kippstufe, auch Multivibrator genannt, hat keinen stabilen Zustand mehr, sondern nur zwei quasistabile Zustände, zwischen denen sie hin- und herkippt.
Man kann sie sich aus der bistabilen Kippstufe dadurch entstanden denken, daß beide Gleichstromkopplungen zwischen den Stufen fehlen und nur die Wechselstromkopplungen geblieben sind (Abb. 3.1.3/1). Für die Minimalwerte der Kondensatoren C_1 und

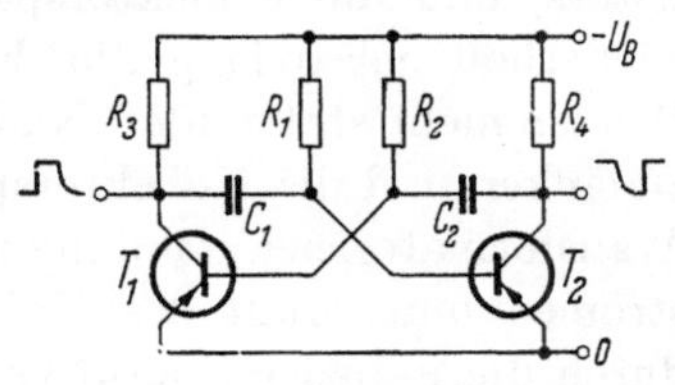

Abb. 3.1.3/1. Astabile Kippstufe

C_2 gilt eine Beziehung analog der Gl. (3.1.1/2) beim Flipflop. Für die Widerstände R_1 und R_2 gilt dasselbe wie für den Widerstand R_5 beim Monoflop [Gl. (3.1.2/1)].

Die Periodendauer T der astabilen Kippstufe setzt sich nach Gl. (3.1.3/1) zusammen aus den Zeiten T_1 und T_2.

$$T = 0{,}69(T_1 + T_2) = 0{,}69(R_1 C_1 + R_2 C_2). \qquad (3.1.3/1)$$

Die Zeiten T_1 und T_2 können verschieden lang sein; man kommt jedoch über ein Tastverhältnis von $1:10$ nicht hinaus.

Legt man eine symmetrische Stufe (Tastverhältnis $1:1$) zugrunde, so erhält man als kürzeste Periodendauer $T_{\min} \approx 20/f_\alpha$. Die astabile Kippstufe dient als einfacher Impulsgenerator.

3.1.4 Der Sperrschwinger

Der Sperrschwinger (englisch „Blocking oscillator") ist eine Schaltung zum Erzeugen kurzer Impulse mit sehr steilen Flanken bei kleinem Innenwiderstand. Die Schaltung kann, ähnlich der monostabilen Kippstufe, so aufgebaut werden, daß sie nur bei einem von außen zugeführten Triggerimpuls einen eigenen Impuls abgibt, oder so, daß sie wie ein Multivibrator als freilaufender Impulsgenerator arbeitet. In diesem Fall lassen sich größere Tastverhältnisse erzielen (bis etwa $1:100$). Abb. 3.1.4/1 zeigt das Schaltbild eines Sperrschwingers. Ohne den Widerstand R_2 hat die Schaltung monostabilen Charakter; mit dem Widerstand R_2 ist sie freilaufend.

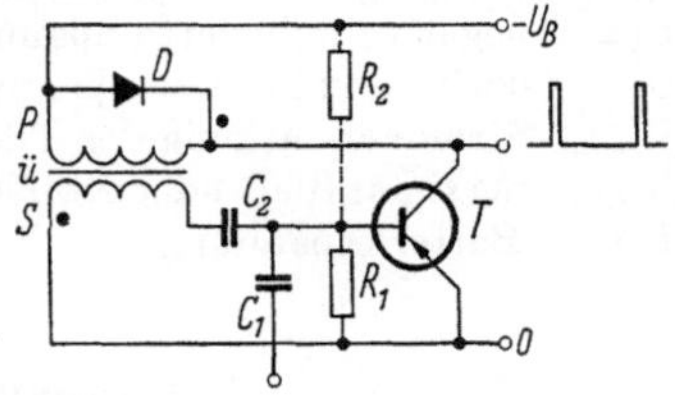

Abb. 3.1.4/1. Sperrschwinger

Zur Erläuterung der Wirkungsweise sei angenommen, daß der Widerstand R_2 fehlt und der Transistor gesperrt ist. Durch einen negativen Impuls am Eingang (C_1) wird der Transistor stromführend, und sein

Kollektorpotential sinkt. Diese Kollektorspannungsänderung wird durch den Übertrager mit umgekehrtem Vorzeichen in den Basiskreis eingekoppelt. Dadurch wachsen Basis- und Kollektorstrom des Transistors, und die Kollektorspannung sinkt weiter ab. Dieser Vorgang wiederholt sich so lange, bis keine Kollektorstromänderung zu höheren Werten mehr stattfindet. Nach kurzer Zeit beginnt der Kollektorstrom zu sinken und die Kollektorspannung wieder zu steigen, was über die Transformatorrückkopplung zu einer weiteren Verringerung des Basisstromes und damit des Kollektorstromes führt, bis der Transistor durch die induzierte positive Spannung gesperrt wird. Nun kann der Vorgang durch einen weiteren Triggerimpuls erneut ausgelöst werden.

Ist der Widerstand R_2 vorhanden, dann kann sich der Kondensator C_2 bis zu einer negativen Spannung umladen, und der oben beschriebene Vorgang beginnt selbsttätig von neuem. Die Diode D verhindert die sich normalerweise ergebende negative Überschwingung, die ein Vielfaches der Batteriespannung betragen und den Transistor zerstören kann.

Da die Transistor- und Übertragerdaten nichtlinear sind, läßt sich der Sperrschwinger nur schwer vorausberechnen. Eine genauere Analyse der Vorgänge ist in der Veröffentlichung von LINVILL [8] zu finden. Für die freilaufende Schaltung können die Impulszeit T_i nach Gl. (3.1.4/1) und die Sperrzeit T_{sperr} nach Gl. (3.1.4/2) angenähert errechnet werden.

$$T_i \approx 2\,\frac{r_E \cdot R_1}{r_E + R_1} \cdot C_2 \cdot \ln \frac{U_{i-}(r_E + R_1)}{r_E \cdot R_1} \cdot \frac{\beta}{I_{Cmax}}, \qquad (3.1.4/1)$$

$$T_{sperr} \approx \frac{R_1}{R_1 + R_2} \cdot R_2 \cdot C_2 \cdot \ln \left(1 + \frac{U_{i+}}{\frac{R_1}{R_1 + R_2} \cdot U_B} \right). \qquad (3.1.4/2)$$

r_E Eingangswiderstand des Transistors,
U_{i-} negative induzierte Spannung auf der Sekundärseite des Übertragers,
U_{i+} positive induzierte Spannung auf der Sekundärseite des Übertragers,
β Stromverstärkung des Transistors in Emitterschaltung,
I_{Cmax} maximal fließender Kollektorstrom,
U_B Batteriespannung.

3.2 Impulsformungsschaltungen

Unter Impulsformung versteht man die gewollte Veränderung eines Impulses im Gegensatz zu der ungewollten Veränderung, der Verzerrung. Man unterscheidet lineare und nichtlineare Formungsschaltungen. Linear bedeutet hierbei, daß bei der Schaltung zwischen Spannung und Strom ein linearer Zusammenhang besteht (Gültigkeit des Überlagerungssatzes).

3.2.1 Lineare Formungsschaltungen

Die wichtigsten linearen Formungsschaltungen [9, 10] in der digitalen Meßtechnik sind die Differentiations- und die Integrationsschaltungen, die aus passiven Zweipolen (Widerstände, Kondensatoren, Induktivitäten) realisiert werden. Allerdings können diese Schaltungen die mathematischen Funktionen nicht exakt nachbilden, sondern nur annähern. Außerdem gelten diese Näherungen nur unter bestimmten Bedingungen zwischen den Zeitkonstanten dieser Schaltungen und den zu verarbeitenden Frequenzen.

3.2.1.1 Differentiationsschaltungen. Die Abb. 3.2.1.1/1 und 3.2.1.1/2 zeigen zwei duale Differentiationsglieder. Für die Spannung $u_A(t)$ der Schaltung nach Abb. 3.2.1.1/1 gilt

$$u_A(t) = R \cdot i(t) = R \cdot C \frac{du_C(t)}{dt}. \qquad (3.2.1.1/1)$$

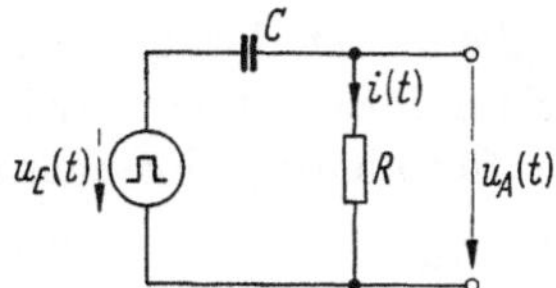

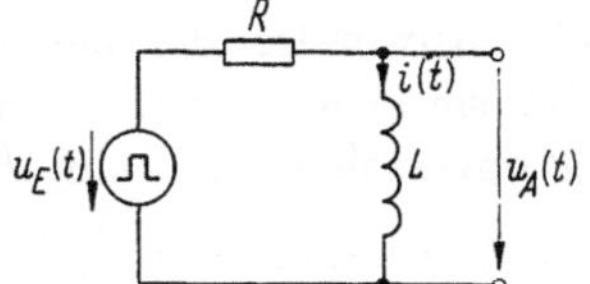

Abb. 3.2.1.1/1. Differentiation mit RC-Glied   Abb. 3.2.1.1/2. Differentiation mit RL-Glied

Ist die Periodendauer der höchsten in $u_E(t)$ vorkommenden Frequenz groß gegen die Zeitkonstante $\tau = RC$ des Differentiationsgliedes, dann fällt $u_E(t)$ fast ausschließlich am Kondensator C ab, und als Spannung $u_A(t)$ über dem Widerstand R ergibt sich näherungsweise

$$u_A(t) \approx RC \frac{du_E(t)}{dt}. \qquad (3.2.1.1/2)$$

Bei der Differentiation mit einem RL-Glied nach Abb. 3.2.1.1/2 ergibt sich für die Ausgangsspannung $u_A(t)$

$$u_A(t) = L \frac{di(t)}{dt} = \frac{L}{R} \frac{du_R(t)}{dt}. \qquad (3.2.1.1/3)$$

Ist die Periodendauer der höchsten in $u_E(t)$ vorkommenden Frequenz groß gegen die Zeitkonstante $\tau = L/R$ des Differentiationsgliedes, dann fällt $u_E(t)$ fast ausschließlich am Widerstand R ab, und es gilt für die Ausgangsspannung $u_A(t)$ näherungsweise

$$u_A(t) \approx \frac{L}{R} \cdot \frac{du_E(t)}{dt}. \qquad (3.2.1.1/4)$$

Bei der mathematischen Differentiation der sog. Sprungfunktion mit der Amplitude U_0 (unendlich steiler Anstieg) ergibt sich zum Zeitpunkt des Anstiegs eine unendlich große Amplitude. Mit den beschriebenen

Differentiationsgliedern läßt sich das nicht nachbilden. Die Ausgangsspannung $u_A(t)$ kann zu diesem Zeitpunkt höchstens gleich der Eingangsspannung $u_E(t = 0) = U_0$ werden.

Nach dem Sprung fällt die Ausgangsspannung exponentiell auf Null
ab und gehorcht der Gleichung

$$u_A(t > 0) = U_0 \cdot e^{-\frac{t}{\tau}}. \qquad (3.2.1.1/5)$$

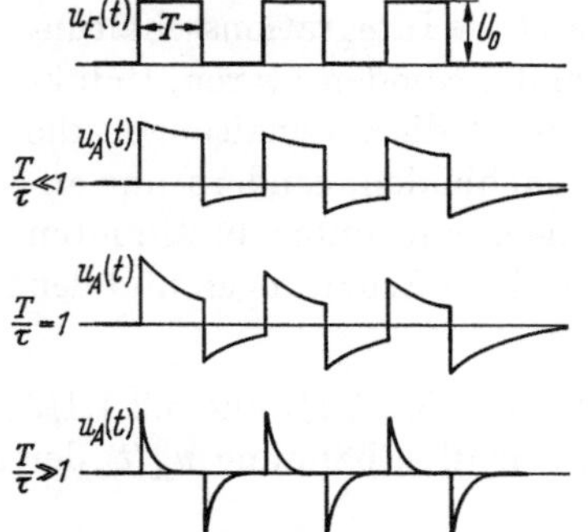

Abb. 3.2.1.1/3. Differentiation einer Rechteckspannung bei verschiedenen Verhältnissen T/τ

Abb. 3.2.1.1/3 zeigt die Ausgangsspannung $u_A(t)$ eines Differenziergliedes als Funktion einer periodischen rechteckigen Eingangsspannung $u_E(t)$ bei drei verschiedenen
Zeitkonstanten.

Beim Anwenden der beiden Differenzierglieder ist darauf zu achten, daß sie sich wesentlich durch den Verlauf ihrer Eingangswiderstände unterscheiden. Beim RC-Glied ist er für niedrige Frequenzen
überwiegend kapazitiv $\left(\dfrac{1}{j\omega C}\right)$ und für hohe Frequenzen etwa reell (R);
beim RL-Glied ist er für niedrige Frequenzen angenähert reell (R) und
für hohe Frequenzen überwiegend induktiv ($j\omega L$).

3.2.1.2 Integrationsschaltungen. Die Abb. 3.2.1.2/1 und 3.2.1.2/2
zeigen zwei duale Integrationsglieder. Für die Spannung $u_A(t)$ der
Schaltung nach Abb. 3.2.1.2/1 gilt

$$u_A(t) = \frac{1}{C}\int i(t)\,dt = \frac{1}{RC}\int u_R(t)\,dt. \qquad (3.2.1.2/1)$$

Ist die Periodendauer der niedrigsten in $u_E(t)$ vorkommenden Frequenz
klein gegen die Zeitkonstante $\tau = RC$ des Integriergliedes, dann fällt

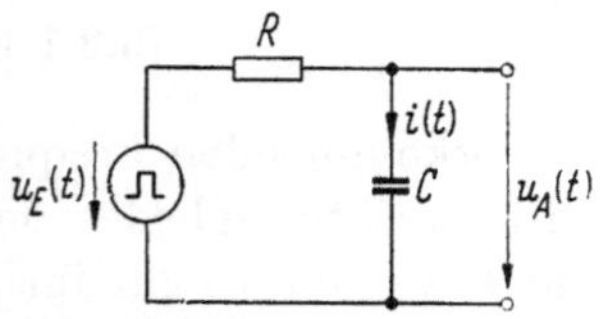

Abb. 3.2.1.2/1. Integration mit RC-Glied

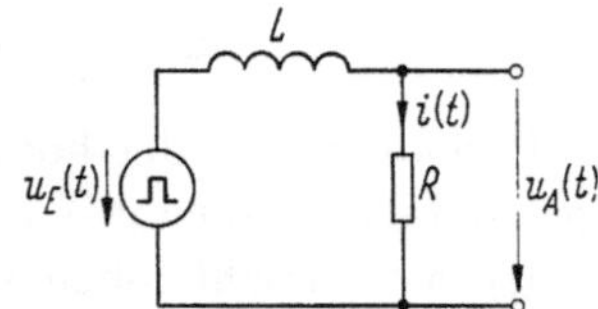

Abb. 3.2.1.2/2. Integration mit RL-Glied

$u_E(t)$ fast ausschließlich am Widerstand R ab. Als Spannung $u_A(t)$
über dem Kondensator C ergibt sich dann näherungsweise

$$u_A(t) \approx \frac{1}{RC}\int u_E(t)\,dt. \qquad (3.2.1.2/2)$$

Bei einem RL-Glied nach Abb. 3.2.1.2/2 errechnet sich die Ausgangsspannung $u_\mathrm{A}(t)$ zu

$$u_\mathrm{A}(t) = Ri(t) = \frac{R}{L}\int u_L(t)\,\mathrm{d}t. \qquad (3.2.1.2/3)$$

Ist die Periodendauer der niedrigsten in $u_\mathrm{E}(t)$ vorkommenden Frequenz klein gegen die Zeitkonstante $\tau = L/R$ des Integriergliedes, dann fällt $u_\mathrm{E}(t)$ fast ausschließlich an der Induktivität L ab. Für die Spannung $u_\mathrm{A}(t)$ über dem Widerstand R gilt dann näherungsweise

$$u_\mathrm{A}(t) \approx \frac{R}{L}\int u_\mathrm{E}(t)\,\mathrm{d}t. \qquad (3.2.1.2/4)$$

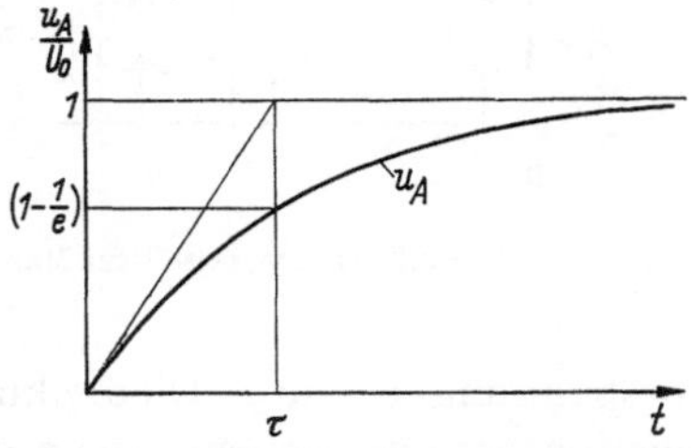

Abb. 3.2.1.2/3. Integration eines Spannungssprunges

RC- und RL-Integrierglieder unterscheiden sich durch den Verlauf ihrer Eingangswiderstände genau so wie die entsprechenden Differenzierglieder.

Gibt man auf den Eingang eines Integriergliedes einen Spannungssprung mit der Amplitude U_0, so baut sich die Spannung am Ausgang nach Gl. (3.2.1.2/5) auf (s. Abb. 3.2.1.2/3)

$$u_\mathrm{A}(t > 0) = U_0\left(1 - e^{-\frac{t}{\tau}}\right). \qquad (3.2.1.2/5)$$

3.2.2 Nichtlineare Formungsschaltungen

Nichtlineare Formungsschaltungen werden aus nichtlinearen Bauelementen wie Dioden, Varistoren, Gasentladungsröhren, Spulen mit ferromagnetischem Kern und aktiven Elementen aufgebaut. Im Gegensatz zu den linearen Formungsschaltungen lassen sich die nichtlinearen mathematisch nur sehr schwer erfassen. Hier greift man im allgemeinen auf graphische Methoden und vereinfachte Ersatzschaltbilder zurück. Im folgenden sollen nur die in der digitalen Technik häufig vorkommenden Schaltungen — Begrenzer und Schmitt-Trigger — behandelt werden.

3.2.2.1 Begrenzerschaltungen. Begrenzer — auch Amplitudenfilter genannt [10, 11] — werden dazu verwendet, um aus dem gesamten Amplitudenspektrum einen bestimmten Teilbereich auszusondern. Ein Maximumbegrenzer (Amplitudentiefpaß) läßt alle Amplituden, die kleiner sind als die Grenzamplitude, unverändert passieren, während alle Amplituden, die größer sind als die Grenzamplitude, auf deren Wert begrenzt werden. Ein Minimumbegrenzer (Amplitudenhochpaß) läßt nur die Amplituden passieren, die größer als die Grenzamplitude sind; alle anderen Amplituden werden unterdrückt.

Abb. 3.2.2.1/1a zeigt einen doppelseitigen Maximumbegrenzer mit vorgespannten Dioden. Der Zusammenhang zwischen der Eingangsspannung $u_E(t)$ und der Ausgangsspannung $u_A(t)$ ist in Abb. 3.2.2.1/1b wiedergegeben. Als Begrenzerspannungen wirkt jeweils die Summe aus

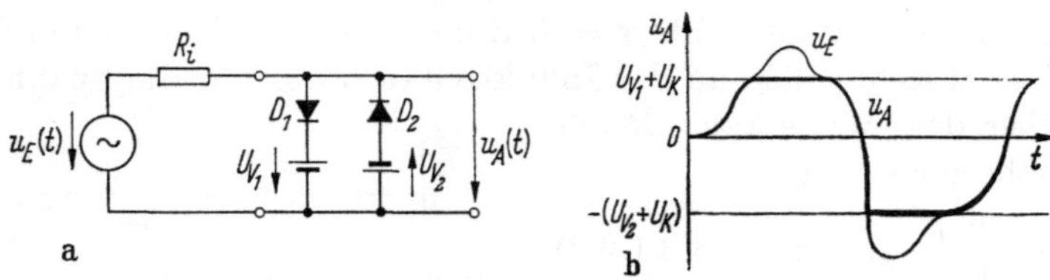

Abb. 3.2.2.1/1. Doppelseitiger Maximumbegrenzer mit vorgespannten Dioden

Vorspannung U_V und Diodenknickspannung U_K. Diodenschaltungen arbeiten am günstigsten, wenn der Innenwiderstand R_i der Eingangsspannungsquelle gleich dem Diodenkennwiderstand $Z = \sqrt{R_D \cdot R_{Sp}}$ ist

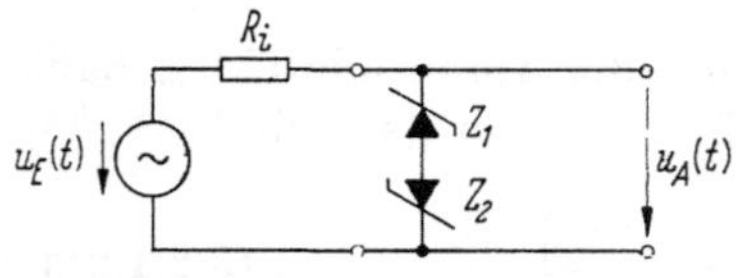

Abb. 3.2.2.1/2. Doppelseitiger Maximumbegrenzer mit Z-Dioden

(R_D = Durchlaßwiderstand, R_{Sp} = Sperrwiderstand). Ein doppelseitiger Maximumbegrenzer, der mit Z-Dioden arbeitet, ist in Abb. 3.2.2.1/2 dargestellt. Hierbei können die zusätzlichen Spannungsquellen eingespart werden, da als Grenzwerte jeweils die Summe aus Z-Spannung der einen Diode und Knickspannung der anderen Diode wirkt.

Abb. 3.2.2.1/3 zeigt einen doppelseitigen Maximumbegrenzer mit einer Transistorstufe. Die Begrenzung wird hier einmal durch den stromlosen, zum anderen durch den Sättigungszustand verursacht.

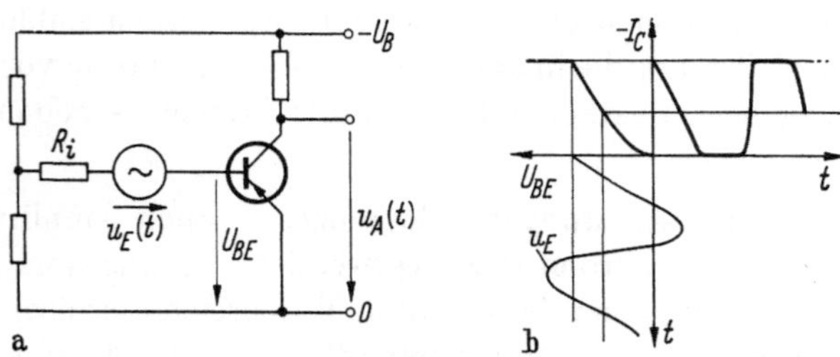

Abb. 3.2.2.1/3. Doppelseitiger Maximumbegrenzer mit Transistorstufe

Ein emittergekoppelter Transistorbegrenzer nach Abb. 3.2.2.1/4 bietet den Vorteil eines hohen Eingangswiderstandes und einer zusätzlichen Verstärkung (Flankenversteilerung) des zu begrenzenden Signals.

Aus den Schaltungen der Abb. 3.2.2.1/1 und 3.2.2.1/2 erhält man die entsprechenden Minimumbegrenzer, wenn die Begrenzerschaltelemente in Reihe zu der Eingangsspannung gelegt werden. Abb. 3.2.2.1/5 zeigt die Schaltung (a) und den Zusammenhang (b) zwischen Eingangs- und Ausgangsspannung bei einer Schalung mit Z-Dioden.

3.2.2.2 Der Schmitt-Trigger. Der Schmitt-Trigger [12—14] ist ein zweistufiger rückgekoppelter Gleichspannungsverstärker (Abb. 3.2.2.2/1a) der, durch die Rückkopplung bedingt, ein so starkes nichtlineares Verhalten zeigt, daß die Ausgangsspannung bi-

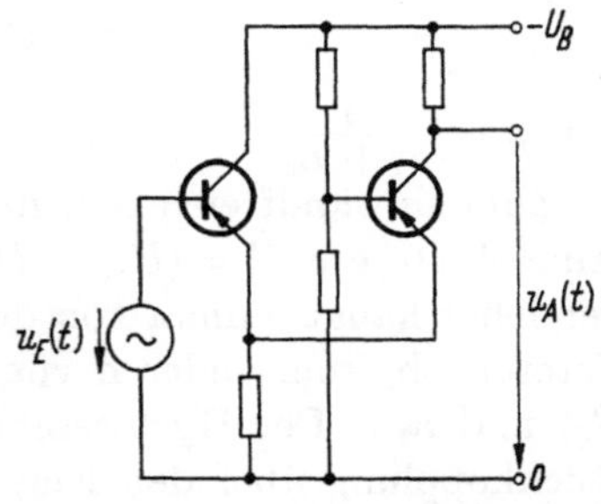

Abb. 3.2.2.1/4. Emittergekoppelter Transistorbegrenzer

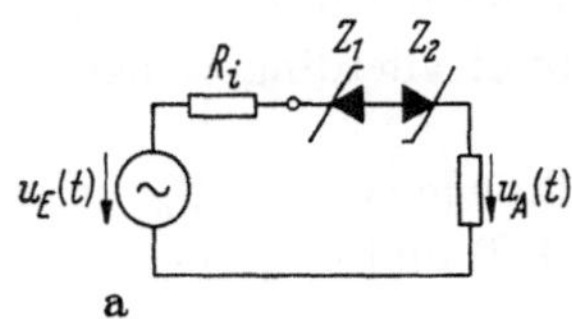

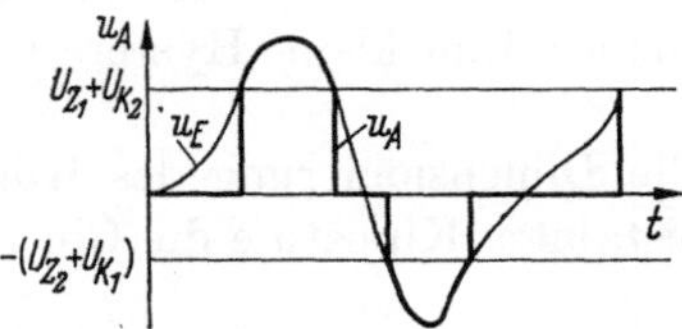

Abb. 3.2.2.1/5. Doppelseitiger Minimumbegrenzer mit Z-Dioden

nären Charakter hat. Übersteigt die Eingangsspannung von Null kommend den oberen Schwellwert U_{So} (s. Abb. 3.2.2.2/1 b), so kippt die Ausgangsspannung von dem einen binären Wert auf den anderen um und behält ihn so lange bei, bis die Eingangsspannung unter den unteren

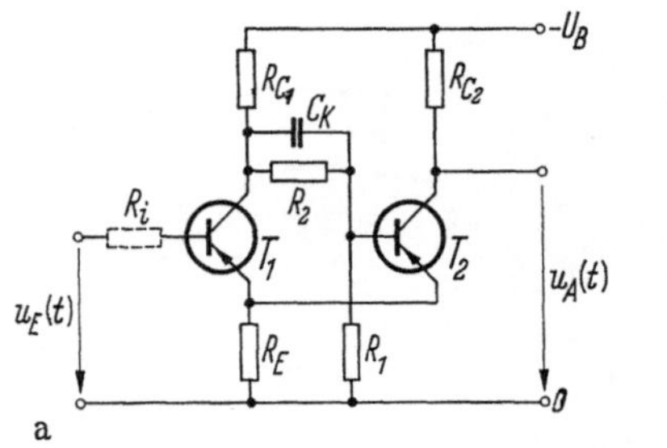

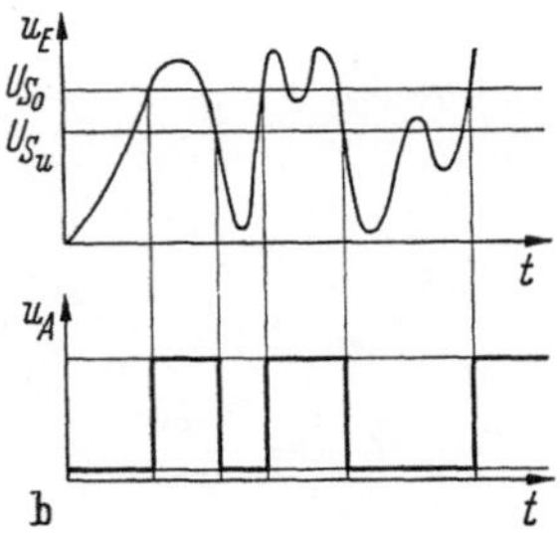

Abb. 3.2.2.2/1. Schmitt-Trigger
a) Schaltung; b) Zusammenhang zwischen Eingangs- und Ausgangsspannung

Schwellwert U_{Su} absinkt. Die Geschwindigkeit des Kippvorgangs hängt dabei wesentlich von der Dimensionierung der Schaltung ab, und zwar von der Größe des zur Rückkopplung dienenden Emitterwiderstandes R_E und von der Ankopplung des zweiten Transistors an den ersten.

Der Emitterwiderstand muß eine Mindestgröße aufweisen, damit der Kippvorgang einsetzt. Nimmt man die mittleren Steilheiten der Transistoren als gleich an, so gilt für den Emitterwiderstand

$$R_\mathrm{E} \geqq \frac{1}{S(p \cdot S \cdot R_{\mathrm{C_1}} - 2)} \qquad (3.2.2.2/1)$$

mit $p = \dfrac{R_1}{R_1 + R_2}$.

Zum einwandfreien Arbeiten des Schmitt-Triggers ist es nötig, daß seine Hysterese $H = (U_\mathrm{So} - U_\mathrm{Su}) > 0$ ist. Die Größe dieses Hysteresebereiches hängt einmal von der Kopplung zwischen den beiden Transistoren ab, zum anderen vom Unterschied der Kollektorwiderstände R_C1 und R_C2. Der Hysteresebereich wird um so größer, je stärker die Rückkopplung über den Emitterwiderstand R_E, je stärker die Kopplung über R_2 und C_K und je kleiner R_C2 im Verhältnis zu R_C1 ist. Wird die Eingangsspannung U_E über einen Widerstand R_i (in Abb. 3.2.2.2/1 gestrichelt gezeichnet) zugeführt, so wird die Hysterese mit wachsendem R_i kleiner. Eine kleine Hysterese bedingt allerdings längere Kippzeiten.

Für die Dimensionierung des Koppelkondensators C_K gelten wie bei der bistabilen Kippstufe die Gln. (3.1.1/2) und (3.1.1/3).

3.3 Der Transistor als elektronischer Schalter

Das Verhalten des Transistors als elektronischer Schalter läßt sich am besten an Hand seines Ausgangskennlinienfeldes erklären. Abb. 3.3./1 zeigt einen npn-Transistor in Emitterschaltung mit seinem zugehörigen $I_\mathrm{C} - U_\mathrm{CE}$-Ausgangskennlinienfeld in qualitativer Darstellung. Das Kennlinienfeld ist in drei Bereiche aufgeteilt [15]. Der

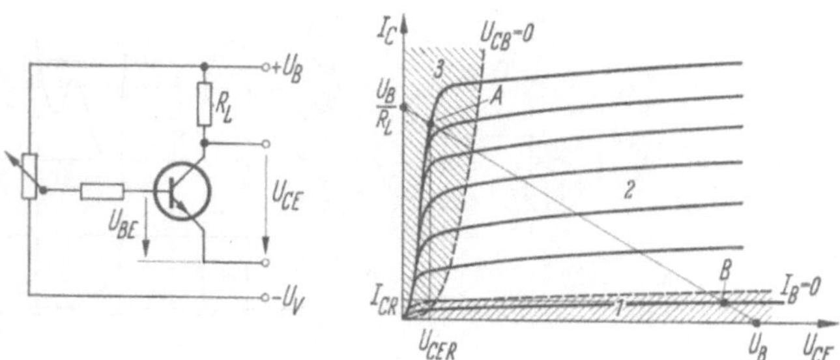

Abb. 3.3.1/ Transistor in Emitterschaltung mit zugehörigem Ausgangskennlinienfeld

Bereich *1* ist dadurch gekennzeichnet, daß sowohl die Basis–Emitter- als auch die Basis–Kollektor-Strecke in Sperrichtung betrieben werden. Man nennt diesen Bereich den Sperrbereich. Im Bereich *2* wird die Basis–Emitter-Strecke in Durchlaßrichtung und die Basis–Kollektor-

Strecke in Sperrichtung betrieben. Dies ist der aktive Bereich, der bei Kleinsignalsteuerung ausschließlich interessiert. Im Bereich *3* werden beide Strecken in Durchlaßrichtung betrieben; er wird Sättigungsbereich genannt. Die Grenzkennlinie $I_B = 0$ trennt die Bereiche *1* und *2*, und die Grenzkennlinie $U_{CB} = 0$ die Bereiche *2* und *3*.

Die Kollektor–Emitter-Strecke soll auf ihr Schaltvermögen betrachtet werden. Durch einen entsprechenden Basisstrom (oder eine entsprechende Basisspannung) kann die Kollektor–Emitter-Strecke geöffnet oder geschlossen werden. Im Punkt *A* ist der Transistor völlig durchgesteuert und am besten leitend, im Punkt *B* ist er gesperrt. Beide Punkte liegen nun nicht auf den Koordinatenachsen, wie es bei einem idealen Schalter der Fall sein müßte. Ein Transistor ist also kein idealer Schalter. Im durchgesteuerten Zustand des Transistors liegt über seiner Kollektor–Emitter-Strecke die Restspannung U_{CER}, im gesperrten Zustand hingegen fließt noch der Reststrom I_{CR}.

Das Verhalten der einzelnen Transistorströme in Abhängigkeit von der Basis-Emitter-Spannung U_{BE} für einen npn-Transistor ist in Abb. 3.3/2 wiedergegeben. Der Basisstrom I_B wird bereits bei einer positiven Basis–Emitter-Spannung zu Null, wenn zwischen Kollektor und Emitter eine positive Betriebsspannung anliegt. Im Transistor fließt dann der Kollektorreststrom I_{CEO} in Emitterschaltung, der für

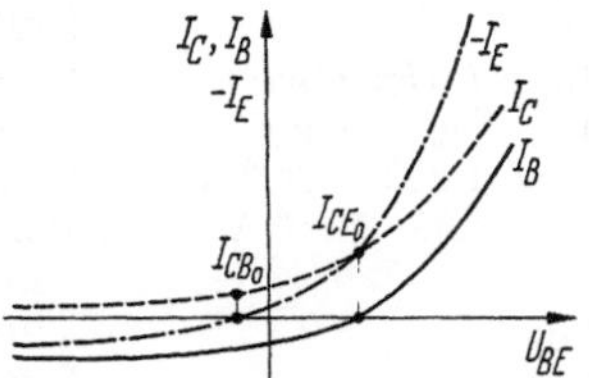

Abb. 3.3/2. Abhängigkeit der Transistorströme von der Basis-Emitterspannung U_{BE}

$I_B = 0$ definiert ist. Bei einer leicht negativen Basis–Emitter-Spannung verschwindet der Emitterstrom I_E. Hier fließt der Kollektorreststrom I_{CB0} in Basisschaltung. Wird die Basis–Emitter-Spannung noch negativer gemacht, so strebt der Kollektorreststrom seinem Grenzwert zu. (Dieser Grenzwert wird z.B. bei den Transistoren 2 N 1613 bei $U_{BE} = -10$ mV erreicht und hat eine Größe von etwa 20 nA.) Bei noch größeren negativen Basis–Emitter-Spannungen erfolgt in der Basis–Emitter-Strecke der Z-Durchbruch, der ein sprunghaftes Ansteigen des Reststromes zur Folge hat.

Der Kollektorreststrom eines Transistors weist eine beachtliche Temperaturabhängigkeit auf. Sie läßt sich in guter Näherung durch Gl. (3.3/1) darstellen.

$$I_{CR}(\vartheta) = I_{CR}(\vartheta_0) \cdot e^{K(\vartheta - \vartheta_0)}. \tag{3.3/1}$$

Die Konstante K hängt im wesentlichen vom Halbleitermaterial ab und beträgt bei Germanium etwa $0{,}086/°C$ und bei Silizium etwa $0{,}1/°C$, so daß eine Verdoppelung des Reststromes bei 8 bzw. 7 Grad Temperaturanstieg eintritt.

Die über der Kollektor-Emitter-Strecke eines Transistors liegende Restspannung U_{CER} bei bis in die Sättigung durchgesteuertem Transistor weist ebenfalls eine Temperaturabhängigkeit auf. Sie läßt sich aus den von EBERS und MOLL [16] angegebenen Transistorgleichungen berechnen:

$$I_E = \frac{I_{EO}}{1 - A_n \cdot A_i} \cdot e^{\frac{e' \Phi_E}{kT} - 1} - \frac{A_i \cdot I_{CO}}{1 - A_n \cdot A_i} \cdot e^{\frac{e' \Phi_C}{kT} - 1}, \qquad (3.3/2)$$

$$I_C = \frac{A_n I_{EO}}{1 - A_n \cdot A_i} \cdot e^{\frac{e' \Phi_E}{kT} - 1} - \frac{I_{CO}}{1 - A_n \cdot A_i} \cdot e^{\frac{e' \Phi_C}{kT} - 1}. \qquad (3.3/3)$$

Hierin bedeuten (vgl. auch Abb. 3.3/3)

I_C	Kollektorstrom,
I_E	Emitterstrom,
I_B	Basisstrom,
I_{EO}	Emitterreststrom ($I_C = 0$),
I_{CO}	Kollektorreststrom ($I_E = 0$),
$A_n = I_C/I_E(U_{B'C} = 0)$	Gleichstromverstärkung für normale Basisschaltung,
$A_i = I_E/I_C(U_{B'E} = 0)$	Gleichstromverstärkung für inverse Basisschaltung,
$e' = 1{,}602 \cdot 10^{-19}$ As	Elementarladung,
$k = 1{,}38 \cdot 10^{-23}$ VAs/°K	Boltzmann-Konstante,
T	absolute Temperatur,
Φ_{DE}	Diffusionsspannung an der Emittersperrschicht,
Φ_{DC}	Diffusionsspannung an der Kollektorsperrschicht,
$U_{B'E}$	zwischen innerem Basispunkt B' und Emitter wirkender Teil der außen anliegenden Basis-Emitter-Spannung U_{BE},
U_{CE}	außen angelegte Spannung zwischen Kollektor und Emitter,
$U_{B'C}$	zwischen innerem Basispunkt B' und Kollektor wirkender Teil der außen anliegenden Basis-Kollektor-Spannung U_{BC},
Φ_E	Spannung über der Emittersperrschicht,
Φ_C	Spannung über der Kollektorsperrschicht.

Es gelten ferner die folgenden Gleichungen:

$$\Phi_E = U_{B'E} - \Phi_{DE}, \qquad (3.3/4)$$

$$\Phi_C = U_{B'C} - \Phi_{DC}, \qquad (3.3/5)$$

$$U_{CE} = U_{B'E} - U_{B'C}. \qquad (3.3/6)$$

Gl. (3.3/4) und Gl. (3.3/5) in Gl. (3.3/6) eingesetzt, ergibt

$$U_{CE} = \Phi_E + \Phi_{DE} - \Phi_C - \Phi_{DC}. \qquad (3.3/7)$$

Setzt man voraus, daß die Emitter- und die Kollektorzone gleich dotiert sind, so ist $\Phi_{DE} = \Phi_{DC}$, und Gl. (3.3/7) geht über in

$$U_{CE} = \Phi_E - \Phi_C. \qquad (3.3/8)$$

Die Gln. (3.3/2) und (3.3/3) von EBERS und MOLL setzen voraus, daß

1. die Widerstände der Halbleitergebiete klein sind,

2. die Emitter- und Kollektorsperrschicht die Strom–Spannungscharakteristik einer idealen Diode nach Gl. (3.3/9) besitzen

$$I = I_\mathrm{S}\left(e^{\frac{e' \cdot \Phi}{k \cdot T}} - 1\right). \qquad (3.3/9)$$

I_S Sättigungsstrom der gesperrten Diode,
Φ Spannung über der p—n-Zone.

Löst man die Ebers- und Moll-Gleichungen nach Φ_E und Φ_C auf, so erhält man

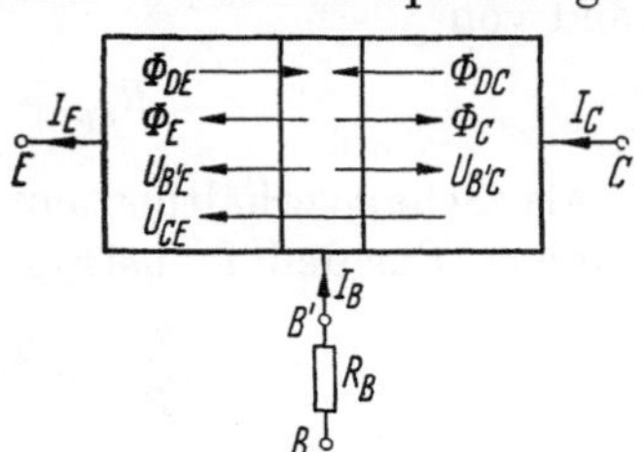

Abb. 3.3/3. Spannungen und Ströme in einem npn-Transistor

$$\Phi_\mathrm{E} = \frac{K \cdot T}{e'} \ln \frac{A_\mathrm{i} I_\mathrm{C} - I_\mathrm{E} - I_\mathrm{EO}}{- I_\mathrm{EO}}, \qquad (3.3/10)$$

$$\Phi_\mathrm{C} = \frac{K \cdot T}{e'} \ln \frac{I_\mathrm{C} - A_\mathrm{n} I_\mathrm{E} - I_\mathrm{CO}}{- I_\mathrm{CO}}. \qquad (3.3/11)$$

Gln. (3.3/10) und (3.3/11) in Gl. (3.3/8) eingesetzt, ergibt

$$U_\mathrm{CE} = \frac{K \cdot T}{e'} \ln \frac{A_\mathrm{i} I_\mathrm{C} - I_\mathrm{E} - I_\mathrm{CO}}{I_\mathrm{C} - A_\mathrm{n} I_\mathrm{E} - I_\mathrm{CO}} \cdot \frac{I_\mathrm{OC}}{I_\mathrm{EO}}. \qquad (3.3/12)$$

Mit $I_\mathrm{E} = I_\mathrm{C} + I_\mathrm{B}$ und der ebenfalls von EBERS und MOLL angegebenen Gleichung

$$A_\mathrm{i} I_\mathrm{CO} = A_\mathrm{n} I_\mathrm{EO}, \qquad (3.3/13)$$

erhält man die Gleichung

$$U_\mathrm{CER} = \frac{K \cdot T}{e'} \ln \frac{(A_\mathrm{i} - 1) I_\mathrm{C} - I_\mathrm{B} - \dfrac{A_\mathrm{i}}{A_\mathrm{n}} I_\mathrm{CO}}{(1 - A_\mathrm{n}) I_\mathrm{C} - A_\mathrm{n} I_\mathrm{B} - I_\mathrm{CO}} \cdot \frac{A_\mathrm{n}}{A_\mathrm{i}} \qquad (3.3/14)$$

für die Temperaturabhängigkeit der Kollektor–Emitter-Restspannung U_CER, die einen linearen Zusammenhang mit der Temperatur wiedergibt. Im Temperaturbereich von $0-60\,°\mathrm{C}$ ergibt sich nach Gl. (3.3/14) eine durchschnittliche Änderung der Kollektor–Emitter-Restspannung von etwa $0{,}35\%/°\mathrm{C}$. Die Gleichung gilt für einen in normaler Emitterschaltung betriebenen Transistor. Bei der Rechnung wurden die Temperaturabhängigkeiten von I_C, I_B, I_CO, A_i und A_n nicht berücksichtigt, was allerdings keinen wesentlichen Fehler ausmacht.

Der Durchlaßwiderstand R_D eines Transistors ist der Quotient $U_\mathrm{CER}/I_\mathrm{C}$. Für Transistoren der Type 2 N 1613 beträgt die Kollektor-Emitter-Restspannung U_CER bei $22\,°\mathrm{C}$ und einem Kollektorstrom von $10\,\mathrm{mA}$ etwa $120\,\mathrm{mV}$. Das ergibt einen Durchlaßwiderstand R_D von $12\,\Omega$.

Der Sperrwiderstand R_{Sp} eines Transistors ist der Quotient $U_{\mathrm{CE}}/I_{\mathrm{CR}}$. Für den oben genannten Transistor der Type 2 N 1613 ergibt sich bei 24 V Kollektor–Emitter-Spannung und $I_{\mathrm{CR}} = 20$ nA ein Sperrwiderstand von

$$R_{\mathrm{Sp}} = \frac{24\ \mathrm{V}}{20\ \mathrm{nA}} = 1{,}2 \cdot 10^9\ \Omega .$$

Als Schaltverhältnis eines Transistors ist der Quotient $R_{\mathrm{Sp}}/R_{\mathrm{D}}$ definiert. Für den Transistor 2 N 1613 beträgt es

$$\frac{R_{\mathrm{Sp}}}{R_{\mathrm{D}}} = \frac{1{,}2 \cdot 10^9\ \Omega}{12\ \Omega} = 1 \cdot 10^8 .$$

Soll der Transistor mit hoher Schaltfrequenz betrieben werden, so interessiert sein dynamisches Übergangsverhalten. Man kann es recht gut am Auf- bzw. Abbau der Ladungen im Basisraum betrachten [17]. (Bei den folgenden Berechnungen werden die Umladungen der Sperr-schichtkapazitäten und eventueller Lastkapazitäten außer acht gelassen.)

Wird auf einen gesperrten Transistor ein Basisstrom I_{B1} geschaltet, so baut sich im Basisraum eine Ladung Q auf, und der Kollektorstrom I_{C} beginnt zu fließen. Der Maximalwert des Kollektorstromes hängt nach Gl. (3.3/15) von der Batteriespannung U_{B} und dem Lastwiderstand R_{L} ab.

$$I_{\mathrm{Cmax}} = \frac{U_{\mathrm{B}} - U_{\mathrm{CER}}}{R_{\mathrm{L}}} . \tag{3.3/15}$$

Damit dieser maximale Kollektorstrom fließen kann, muß ein Basismindeststrom I_{Bmin} fließen, der sich nach Gl. (3.3/16) errechnet.

$$I_{\mathrm{Bmin}} = I_{\mathrm{Cmax}}(1 - A_{\mathrm{n}}) . \tag{3.3/16}$$

Außerdem muß für den maximalen Kollektorstrom I_{Cmax} in den Basisraum eine Ladung Q_1 gebracht werden, die sich nach Gl. (3.3/17) errechnet

$$Q_1 \approx \frac{I_{\mathrm{Cmax}}}{2\pi f_{\alpha\mathrm{n}}} . \tag{3.3/17}$$

$f_{\alpha\mathrm{n}}$ Grenzfrequenz für normale Basisschaltung.

Diese Ladung Q_1 muß nun während der Einschaltzeit t_{E} vom Basisstrom I_{Bmin} aufgebracht werden. Damit errechnet sich t_{E} nach Gl. (3.3/18) zu:

$$t_{\mathrm{E}} = \frac{Q_1}{I_{\mathrm{Bmin}}} = \frac{I_{\mathrm{Cmax}}}{I_{\mathrm{Bmin}}} \cdot \frac{1}{2\pi f_{\alpha\mathrm{n}}} . \tag{3.3/18}$$

Ist der tatsächliche Basisstrom I_{B1} größer als I_{Bmin} (Übersteuerung), so wird im Basisraum außer der Ladung Q_1 noch eine Zusatzladung Q_2

erzeugt und die Einschaltzeit t_E verkürzt. [In Gl. (3.3/18) wird I_B1 für I_Bmin eingesetzt.] Diese Zusatzladung muß nach der Umkehr des Basisstromes auf den Wert I_B2 beim Abschalten zunächst abgebaut werden, bevor der Kollektorstrom absinken kann. Sie bewirkt also eine Speicherzeit t_Sp, die den gewünschten Abschaltvorgang verzögert.

Zur Berechnung der Zusatzladung Q_2 bei Übersteuerung wird die gesamte Basisladung zunächst in zwei andere Ladungen Q_E und Q_C aufgeteilt, die durch einen Diffusionsstrom I_ED vom Emitter zum Kollektor und einen Diffusionsstrom I_CD vom Kollektor zum Emitter verursacht sind. Für diese Ladungen gelten die Gleichungen

$$Q_\mathrm{E} = \frac{I_\mathrm{ED}}{2\pi f_{\alpha\mathrm{n}}}, \tag{3.3/19}$$

$$Q_\mathrm{C} = \frac{I_\mathrm{CD}}{2\pi f_{\alpha\mathrm{i}}}. \tag{3.3/20}$$

$f_{\alpha\mathrm{i}}$ Grenzfrequenz für inverse Basisschaltung.

Den Zusammenhang zwischen den Diffusionsströmen I_ED und I_CD, dem maximalen Kollektorstrom I_Cmax und dem Emitterstrom I_E geben die folgenden Gleichungen:

$$I_\mathrm{Cmax} = A_\mathrm{n} I_\mathrm{ED} - I_\mathrm{CD}, \tag{3.3/21}$$

$$I_\mathrm{E} = I_\mathrm{ED} - A_\mathrm{i} I_\mathrm{CD}. \tag{3.3/22}$$

Aus diesen beiden Gleichungen errechnen sich die Diffusionsströme zu

$$I_\mathrm{ED} = \frac{I_\mathrm{E} - A_\mathrm{i} I_\mathrm{Cmax}}{1 - A_\mathrm{n} A_\mathrm{i}}, \tag{3.3/23}$$

$$I_\mathrm{CD} = \frac{A_\mathrm{n} I_\mathrm{E} - I_\mathrm{Cmax}}{1 - A_\mathrm{n} A_\mathrm{i}}. \tag{3.3/24}$$

Mit diesen Werten und den Gln. (3.3/19) und (3.3/20) ergibt sich die gesamte Basisladung zu:

$$Q_1 + Q_2 = Q_\mathrm{E} + Q_\mathrm{C} = \frac{1}{2\pi f_{\alpha\mathrm{n}}} \cdot \frac{I_\mathrm{E} - A_\mathrm{i} I_\mathrm{Cmax}}{1 - A_\mathrm{n} A_\mathrm{i}} + \frac{1}{2\pi f_{\alpha\mathrm{i}}} \cdot \frac{A_\mathrm{n} I_\mathrm{E} - I_\mathrm{Cmax}}{1 - A_\mathrm{n} A_\mathrm{i}}$$

$$\approx \frac{I_\mathrm{E} - I_\mathrm{Cmax}}{2\pi f_{\alpha\mathrm{n}}} \cdot \frac{1 + f_{\alpha\mathrm{n}}/f_{\alpha\mathrm{i}}}{1 - A_\mathrm{n} A_\mathrm{i}} + \frac{I_\mathrm{Cmax}}{2\pi f_{\alpha\mathrm{n}}}. \tag{3.3/25}$$

Da der letzte Ausdruck der Gl. (3.3/25) die Ladung Q_1 darstellt [s. Gl. (3.3/17)], wird die Zusatzladung Q_2 durch Gl. (3.3/26) wiedergegeben.

$$Q_2 \approx \frac{I_\mathrm{E} - I_\mathrm{Cmax}}{2\pi f_{\alpha\mathrm{n}}} \cdot \frac{1 + f_{\alpha\mathrm{n}}/f_{\alpha\mathrm{i}}}{1 - A_\mathrm{n} A_\mathrm{i}}. \tag{3.3/26}$$

$I_E - I_{C\max}$ entspricht nun bei Übersteuerung dem überschüssigen Basisstrom $\Delta I_B = I_{B1} - I_{B\min}$, der die Zusatzladung Q_2 erzeugt. Mit Gl. (3.3/16) für $I_{B\min}$ ergibt sich die Speicherzeit zu:

$$t_{Sp} = \frac{Q_2}{I_{B2}} = \frac{I_{B1} - (1 - A_n)\,I_{C\max}}{I_{B2} \cdot 2\pi f_{\alpha n}} \cdot \frac{1 + f_{\alpha n}/f_{\alpha i}}{1 - A_n A_i}. \qquad (3.3/27)$$

Die Abschaltzeit t_A errechnet sich analog zur Einschaltzeit.

$$t_A = \frac{I_{C\max}}{I_{B2}} \cdot \frac{1}{2\pi f_{\alpha n}}. \qquad (3.3/28)$$

Für die Silizium-Planar-Transistoren der Type 2 N 1613 ergeben sich mit $I_{C\max} = 10$ mA, $I_{B1} = I_{B2} = 2$ mA, $A_n = 0{,}97$, $A_i = 0{,}2$, $f_{\alpha n} = 50$ MHz und $f_{\alpha i} = 10$ MHz

$$t_E = t_A = 16 \text{ ns},$$

$$t_{Sp} = 20 \text{ ns}.$$

In der Praxis ergeben sich größere Zeiten als nach den Gln. (3.3/18), (3.3/27) und (3.3/28), da die gemachten Voraussetzungen ungenau sind, jedoch erhält man mit den Gleichungen eine brauchbare Näherung.

Die Gln. (3.3/18) und (3.3/28) besagen, daß für kurze Ein- und Abschaltzeiten der Basisstrom möglichst groß sein muß. Ein großer stationärer Basisstrom für den „eingeschalteten Zustand" verursacht aber gleichzeitig eine große Speicherzeit, die oft unerwünscht ist. Abhilfe

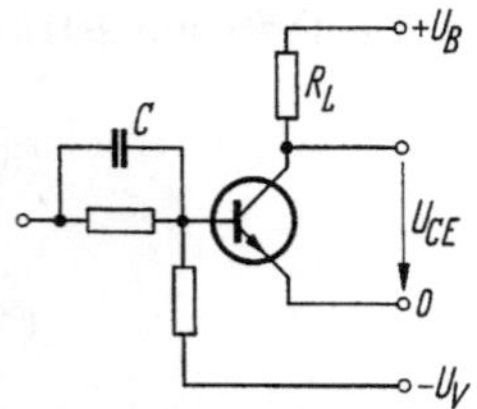

Abb. 3.3/4. Verkürzung der Schaltzeiten eines Transistorschalters durch einen Koppelkondensator (C)

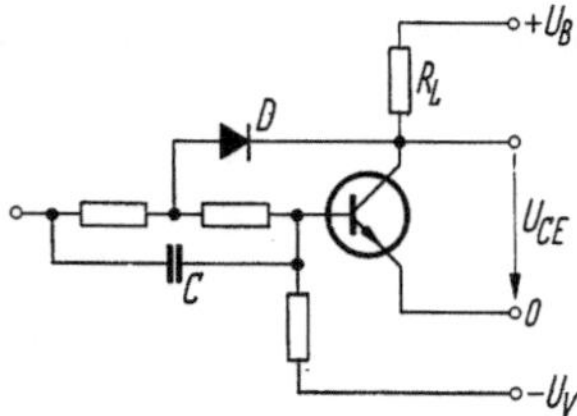

Abb. 3.3/5. Verhinderung der Übersteuerung bei einem Transistorschalter durch eine Diode (D)

kann dadurch geschaffen werden, daß der stationäre Basisstrom nur wenig größer als $I_{B\min}$ gewählt wird und die für kurze Schaltzeiten erforderlichen Spitzenströme über einen zusätzlichen Kondensator C aufgebracht werden (s. Abb. 3.3/4).

Soll eine Übersteuerung auf jeden Fall vermieden werden, so darf der Basisstrom nicht über $I_{B\min}$ ansteigen, sondern muß auf diesen Wert begrenzt bleiben, sobald sich der maximale Kollektorstrom $I_{C\max}$ eingestellt hat. Man erreicht dies mit einer Diode D als nichtlineare Gegenkopplung vom Kollektor zur Basis (s. Abb. 3.3/5).

3.4 Torschaltungen

Torschaltungen sind Netzwerke, die in Abhängigkeit von einer Steuerspannung U_{St} für ein Eingangssignal u_E durchlässig oder gesperrt sind [18].

Abb. 3.4/1 zeigt eine einfache Diodentorschaltung für Impulse positiver Polarität. Das Sperren bzw. Öffnen des Tores wird durch entsprechende Wahl der Steuerspannung U_{St} erreicht, die als Vorspannung für die Diode wirkt. Beträgt die Steuerspannung z. B. -20 V, so ist die Torschaltung für alle Eingangssignale gesperrt, die kleiner als

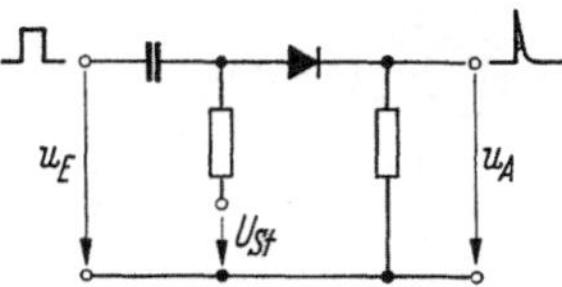

Abb. 3.4/1. Diodentorschaltung
für positive Impulse

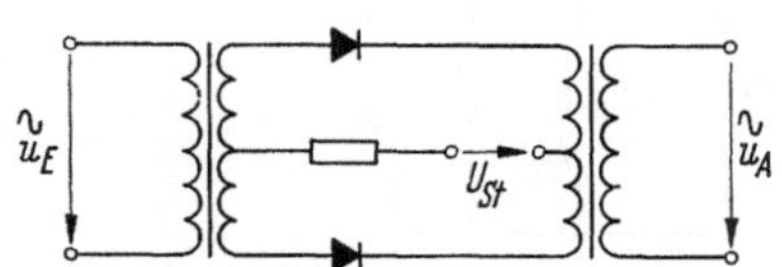

Abb. 3.4/2. Diodentorschaltung für Signale
beider Polarität

$+20$ V sind. Ist das Eingangssignal größer als $+20$ V, so wird der Anteil des Signals übertragen, der $+20$ V übersteigt. Ist die Steuerspannung 0 V, so wird das gesamte Eingangssignal übertragen.

Eine Schaltung für Signale beider Polarität zeigt Abb. 3.4/2. Hier sind im Sperrbetrieb (U_{St} negativ) beide Dioden gesperrt und gegeneinander geschaltet, so daß kein Stromfluß zustande kommen kann. Im Öffnungszustand (U_{St} positiv) fließt durch beide Dioden Strom, dem sich der Signalstrom überlagert. Diese Schaltung wird in der Trägerfrequenztechnik als Modulator benutzt.

Abb. 3.4/3 zeigt eine Torschaltung für positive Impulse, die erst dann öffnet, wenn alle drei Steuerspannungen 0 V betragen. Ist auch nur eine der Steuerspannungen negativ, so ist die Anodenseite A der Tordiode D_T negativ und die Diode gesperrt. Nachteilig wirkt sich bei dieser Schaltung die Belastung des Eingangssignals durch die zusätzlichen Steuerspannungen aus. Ver-

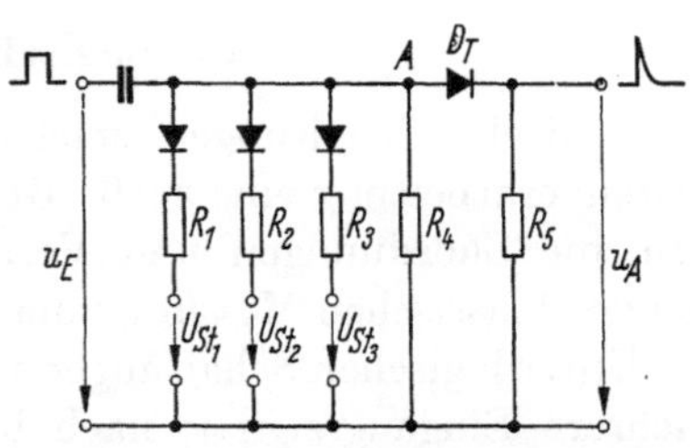

Abb. 3.4/3.   Diodentorschaltung für positive
Impulse, die erst öffnet, wenn alle Steuerspannungen 0 V betragen

ringert man die Belastung durch Vergrößern der Widerstände $R_1 - R_4$, so wird dadurch auch die Schaltzeit des Tores vergrößert.

Für eine gute Torwirkung bei Diodentorschaltung ist das Schaltverhältnis R_{Sp}/R_D der Dioden wichtig. Typische Werte sind: Germaniumdioden 10^4, Siliziumdioden 10^8 (R_{Sp} Sperrwiderstand, R_D Durchlaßwiderstand).

4*

Eine mit einem Transistor aufgebaute Torschaltung für negative Impulse zeigt Abb. 3.4/4. Das Eingangssignal kann wie im Bild gezeichnet über dem Emitterwiderstand abgenommen werden; man kann aber auch einen Kollektorwiderstand einfügen und an ihm das Signal abnehmen, das hierbei verstärkt wird (u. U. steilere Flanken) und sein Vorzeichen umkehrt. Das Tor ist geschlossen, wenn die Steuerspannung positiv ist, und offen, wenn die Steuerspannung 0 V beträgt.

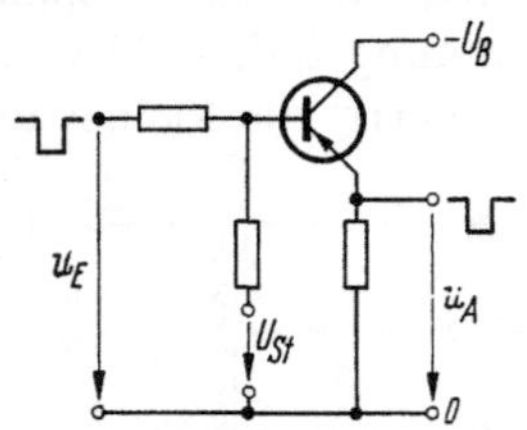

Abb. 3.4/4. Transistortorschaltung

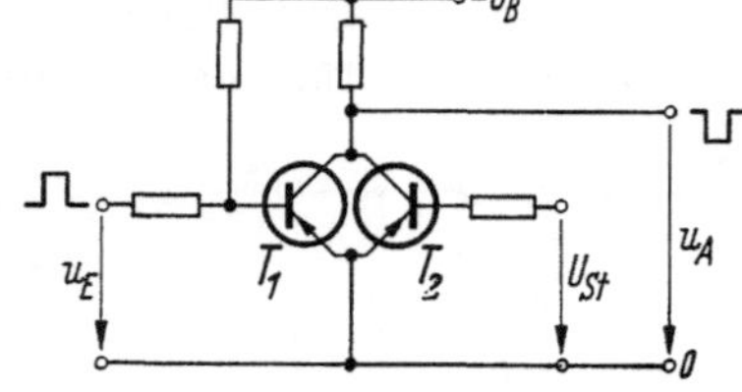

Abb. 3.4/5. Transistortorschaltung mit Steuertransistor

Zu beachten ist, daß die Sperrspannung die zulässige Basis-Emitterspannung nicht überschreitet. Verwendet man npn-Transistoren, so ist die Schaltung für positive Impulse verwendbar.

Eine Torschaltung für positive Impulse, bei der die Steuerung durch einen zweiten Transistor übernommen wird, zeigt Abb. 3.4/5. Das Tor ist gesperrt, wenn die Steuerspannung soweit negativ ist, daß der Transistor T_2 völlig durchgesteuert ist und offen, wenn die Steuerspannung Null bzw. leicht positiv ist. Natürlich kann die Schaltung auch wie in Abb. 3.4/4 als Emitterfolger aufgebaut sein, so daß zwischen Eingangs- und Ausgangssignal das Vorzeichen erhalten bleibt.

3.5 Logische Schaltungen

Logische Schaltungen spielen in der digitalen Meßtechnik und Datenverarbeitung eine große Rolle beim Aufbau von Steuerschaltungen, die Zuordnungen und Verknüpfungen vornehmen müssen, die bei der klassischen Messung vom Meßpersonal ausgeführt werden.

Unter logischen Schaltungen versteht man Schaltkreise, die ein oder mehrere Eingangssignale nach bestimmten Beziehungen in ein Ausgangssignal überführen (umformen). Diese Beziehungen lassen sich mit der mathematischen Logik (Logistik) erfassen und mit der Schaltalgebra (nach dem Engländer GEORG BOOLE, 1815—1864, auch BOOLEsche Algebra genannt) in Form von Funktionsgleichungen niederschreiben.

3.5.1 Verknüpfungsfunktionen zweier Eingangsvariabler

Betrachtet man die Verknüpfung von zwei Eingangssignalen x_1 und x_2 zu einem Ausgangssignal y [19—21], wobei alle Signale nur die

Werte 0 oder 1 annehmen können, so ergeben sich die in der Tab. 3.5.1/1 aufgeführten 16 verschiedenen Funktionen. Die Funktionen y_0 und y_{15} sind ohne Bedeutung, da sie konstante Werte sind. y_3, y_5, y_{10} und y_{12} sind eigentlich Funktionen nur einer Veränderlichen und bilden die Eingangsvariable direkt (y_3, y_5) oder negiert (y_{10}, y_{12}) ab. Die Negation wird dabei durch einen Strich über der Eingangsvariablen (x) dargestellt. Es bleiben nunmehr 10 echte Verknüpfungen der beiden Eingangsvariablen übrig, und zwar:

vier Konjunktionen ($\cdot$) y_1, y_2, y_4, y_8,

vier Disjunktionen ($\vee$) y_7, y_{11}, y_{13}, y_{14},

eine Äquivalenz   ($\equiv$) y_9,

eine Antivalenz   ($\not\equiv$) y_6.

Tabelle 3.5.1/1. *Verknüpfungsfunktionen von zwei Eingangsvariablen*

Signal	Wert				Symbol	Name	Bedeutung	Relaisschaltung	Funktionsschaltbild
x_1	0	1	0	1					
x_2	0	0	1	1					
y_0	0	0	0	0	0	Nullfunktion	nie		
y_1	0	0	0	1	$x_1 \cdot x_2$	Konjunktion	und; sowohl–als auch		
y_2	0	0	1	0	$\bar{x}_1 \cdot x_2$	Konjunktion	nicht-und		
y_3	0	0	1	1	x_2	Variable	—		
y_4	0	1	0	0	$x_1 \cdot \bar{x}_2$	Konjunktion	und nicht		
y_5	0	1	0	1	x_1	Variable	—		
y_6	0	1	1	0	$x_1 \not\equiv x_2$	Antivalenz; exklusives Oder	ungleich; oder		
y_7	0	1	1	1	$x_1 \vee x_2$	Disjunktion; inklusives Oder	oder		
y_8	1	0	0	0	$\bar{x}_1 \cdot \bar{x}_2$	Peircefunktion	weder–noch		
y_9	1	0	0	1	$x_1 \equiv x_2$	Äquivalenz	gleich		
y_{10}	1	0	1	0	$\bar{x}_1$	Negation	nicht		
y_{11}	1	0	1	1	$\bar{x}_1 \vee x_2$	Implikation	wenn-dann		
y_{12}	1	1	0	0	$\bar{x}_2$	Negation	nicht		
y_{13}	1	1	0	1	$x_1 \vee \bar{x}_2$	Implikation	wenn-dann		
y_{14}	1	1	1	0	$\bar{x}_1 \vee \bar{x}_2$	Shefferfunktion	—		
y_{15}	1	1	1	1	1	Einsfunktion	immer		

Bei den Konjunktionen ($\cdot$) wird die Funktion dann und nur dann 1, wenn alle miteinander verbundenen Größen (also auch negierte Variable) 1 werden; bei den Disjunktionen ($\vee$) wird die Funktion immer dann 1, wenn eine der miteinander verbundenen Größen (also auch negierte Variable) 1 wird; bei der Äquivalenz ($\equiv$) wird die Funktion nur dann 1, wenn alle Variablen denselben Wert haben; bei der Antivalenz ($\not\equiv$) wird die Funktion nur dann 1, wenn die Variablen ungleiche Werte haben.

Bei genauer Betrachtung der Tabelle sieht man, daß die Funktionen y_8 bis y_{15} die negierten Funktionen y_7 bis y_0 sind bzw. umgekehrt:

$$\overline{y}_1 = y_{14} \quad \text{bzw.} \quad y_1 = \overline{y}_{14},$$

$$y_1 = \overline{y}_{14} \curvearrowright x_1 \cdot x_2 = \overline{(\overline{x}_1 \vee \overline{x}_2)},$$

$$y_7 = \overline{y}_3 \curvearrowright x_1 \vee x_2 = \overline{\overline{x}_1 \cdot \overline{x}_2}.$$

Hieraus kann das DE MORGANsche Theorem ersehen werden (AUGUSTUS DE MORGAN, 1806—1871, England):

$$\overline{f(x_\mathrm{n}, \overline{x}_\mathrm{m}, \cdot, \vee, \equiv, \not\equiv)} = f(\overline{x}_\mathrm{n}, x_\mathrm{m}, \vee, \cdot, \not\equiv, \equiv).$$

Es besagt, daß man die Negation einer Funktion dadurch erhält, daß man die Variablen negiert, Negationen aufhebt, Konjunktionen in Disjunktionen und Äquivalenzen in Antivalenzen umwandelt und umgekehrt. Das bedeutet zum Beispiel, daß eine Konjunktionsschaltung für positiven Signalhub gleichzeitig eine Disjunktionsschaltung für negativen Signalhub ist und umgekehrt.

Eine Sonderstellung nehmen die Peircefunktion y_8 (auch NOR-Funktion genannt) und die Shefferfunktion y_{14} (auch NAND-Funktion genannt) ein, weil man mit jeder dieser beiden Funktionen allein sämtliche anderen Funktionen darstellen kann. Es ergeben sich dann allerdings unübersichtliche Schreibweisen und aufwendigere Netzwerke. In der Praxis wird daher oft noch mit Negationen, Konjunktionen und Disjunktionen gearbeitet. Die Äquivalenz läßt sich dabei z. B. nach Gl. (3.5.1/1) darstellen:

$$y = (x_1 \cdot x_2) \vee (\overline{x}_1 \cdot \overline{x}_2). \tag{3.5.1/1}$$

Es ist selbstverständlich möglich, mehr als zwei Eingangsvariable zu einer Ausgangsgröße zu verknüpfen. Die Zahl Z der Verknüpfungsfunktionen steigt mit der Zahl n der Eingangsvariablen ungeheuer schnell an. Allgemein gilt

$$Z = 2^{(2^n)}. \tag{3.5.1/2}$$

Für $n = 4$ wird Z bereits 65536.

3.5.2 Halbleiterschaltkreise für Verknüpfungsfunktionen

Im folgenden sollen Halbleiterschaltkreise für die wichtigsten Verknüpfungsfunktionen gebracht werden [22—25]. Alle Schaltkreise sind für positiven Signalhub ausgelegt, d. h., die binäre 1 entspricht 0 V und die binäre 0 der negativen Spannung $-U_\mathrm{B}$. Die Spannungen $+U_\mathrm{V}$

und $-U_V$ sind auf 0 bzw. $-U_B$ bezogene positive bzw. negative Vorspannungen, die ein sicheres Sperren der Transistoren bewirken sollen.

Die Wiederholung der Variablen selbst $y = x$ kann außer durch eine direkte Verbindung auch durch eine Kollektorstufe nach Abb. 3.5.2/1 dargestellt werden. Dies ist immer von Vorteil, wenn die Variable nur an einem hochohmigen Ausgang vorliegt, aber niederohmig gebraucht wird.

Aus der Schaltung nach Abb. 3.5.2/1 erhält man die Negation der Variablen $y = x$ dadurch, daß man die Kollektorstufe in eine Emitter-

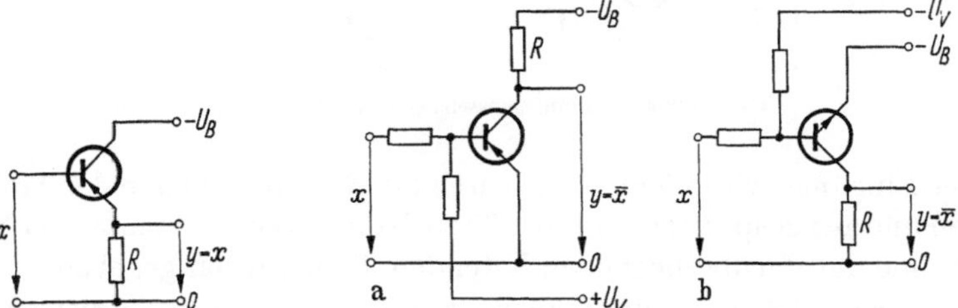

Abb. 3.5.2/1. Wiederholung der Variablen

Abb. 3.5.2/2. Negationsschaltung
a) mit pnp-Transistor; b) mit npn-Transistor

stufe umwandelt. Die Abb. 3.5.2/2a und b zeigen die entsprechenden Schaltungen mit pnp- bzw. npn-Transistoren. Liegt am Eingang der Schaltung nach Abb. 3.5.2/2a das 1-Signal $\widehat{=} 0$ V, so ist der Transistor gesperrt, und an seinem Kollektor fällt die Spannung $-U_B \widehat{=} 0$ ab; beim 0-Signal $\widehat{=} -U_B$ liegen am Kollektor 0 V $\widehat{=} 1$, da der Transistor leitend ist. Die Schaltung nach Abb. 3.5.2/2 b unterscheidet sich gegenüber der Schaltung a dadurch, daß der Tran

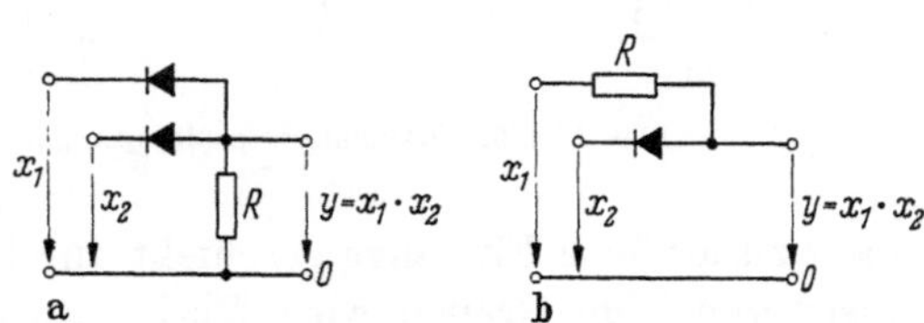

Abb. 3.5.2/3. Konjunktionsschaltungen mit Dioden

sistor bei $y = 0$ leitend und bei $y = 1$ gesperrt ist. Die Negation liefert also an einer sehr niederohmigen Quelle das 1-Signal bei Verwendung eines pnp-Transistors und das 0-Signal bei Verwendung eines npn-Transistors.

Für die Konjunktionsschaltung $y = x_1 \cdot x_2$ gibt es eine Reihe von Realisierungsmöglichkeiten. Abb. 3.5.2/3 zeigt zwei Schaltungen mit Dioden. Beide sind durch Hinzufügen weiterer Dioden leicht für zusätzliche Eingangsvariable zu ergänzen. Eine Grenze wird der Zahl der Eingänge durch die Sperrwiderstände der Dioden gesetzt. Die Parallelschaltung aller Sperrwiderstände soll nicht kleiner werden als $10\,R$.

Zwei Schaltungsanordnungen mit npn-Transistoren zeigt die Abb. 3.5.2/4. Hier geschieht die Ergänzung auf zusätzliche Eingänge durch die Reihenschaltung weiterer Transistoren. Die Grenze für die Zahl

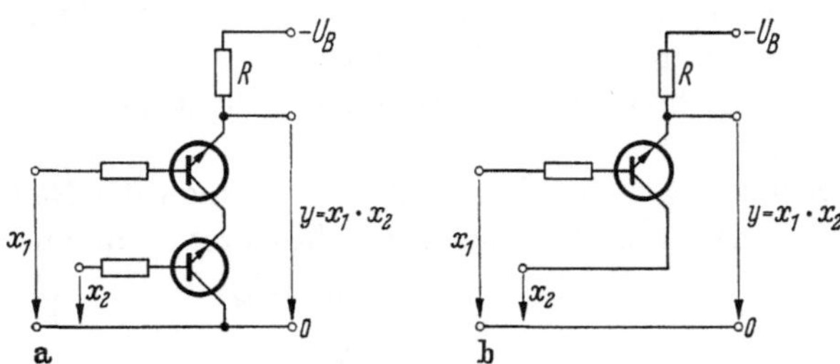

Abb. 3.5.2/4. Konjunktionsschaltungen mit npn-Transistoren

der Eingänge wird hier einmal durch die Restspannungen der Transistoren und bei gesperrtem unteren Transistor durch die Summe der Steuerströme der darüberliegenden leitenden Transistoren gegeben.

Verwendet man pnp-Transistoren, so wird aus der Serienschaltung der Abb. 3.5.2/4a eine Parallelschaltung in Abb. 3.5.2/5a. Das Ergän-

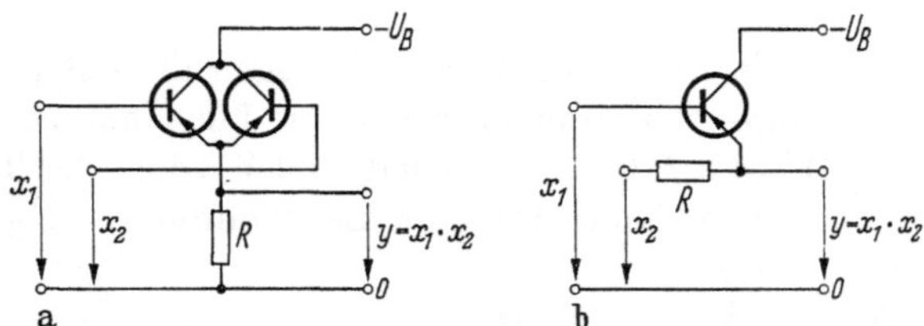

Abb. 3.5.2/5. Konjunktionsschaltungen mit pnp-Transistoren

zen auf zusätzliche Eingänge geschieht durch Parallelschalten weiterer Transistoren. Die Grenze wird hierbei durch die Summe der Restströme gegeben, die höchstens 10% vom Nutzstrom betragen soll.

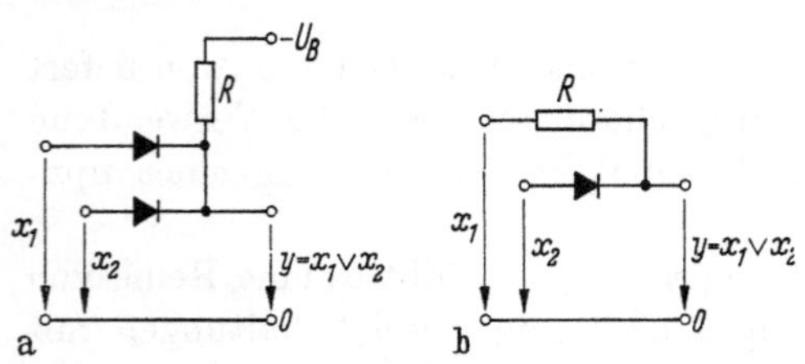

Abb. 3.5.2/6. Disjunktionsschaltungen mit Dioden

Disjunktionsschaltungen $y = x_1 \vee x_2$ für positiven Signalhub erhält man, wenn man die eben geschilderten Konjunktionsschaltungen so abändert, daß sie mit negativem Signalhub arbeiten. Dazu muß man alle Dioden umpolen und die Transistoren durch die komplementären Typen ersetzen. Die Abb. 3.5.2/6 bis 3.5.2/8 bringen die entsprechenden Schaltungen.

Mit den beschriebenen Schaltungen für die Negation, Konjunktion und Disjunktion lassen sich auch alle anderen Verknüpfungsfunktionen darstellen. Es seien als Beispiel in den Abb. 3.5.2/9 bis 3.5.2/12 die Funktionen $y_4 = x_1 \cdot \bar{x}_2$, $y_{13} = x_1 \vee \bar{x}_2$, $y_6 = x_1 \not\equiv x_2$ und $y_9 = x_1 \equiv x_2$ gebracht.

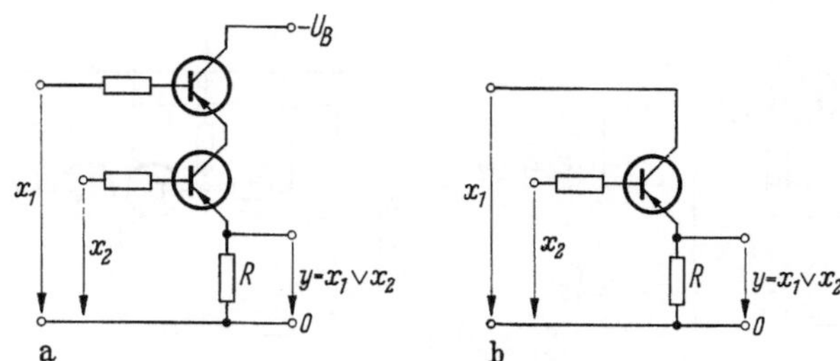

Abb. 3.5.2/7. Disjunktionsschaltungen mit pnp-Transistoren

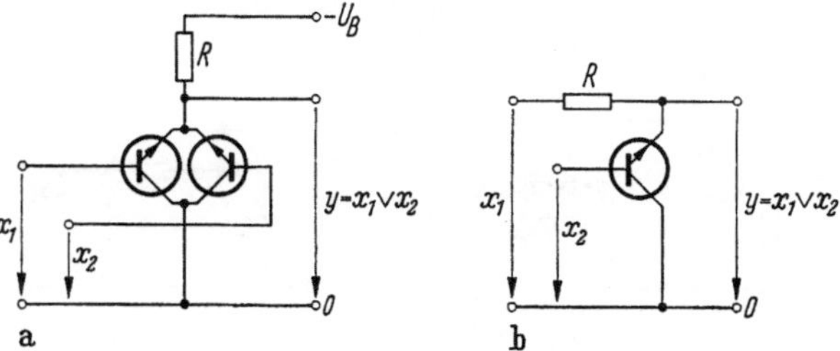

Abb. 3.5.2/8. Disjunktionsschaltungen mit npn-Transistoren

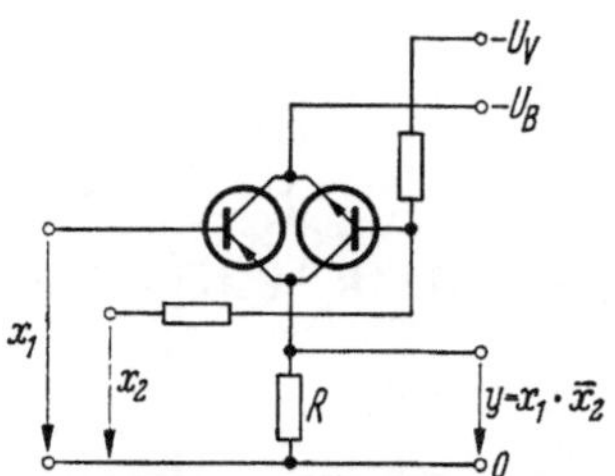

Abb. 3.5.2/9. Konjunktionsschaltungen für eine bejahte und eine verneinte Variable

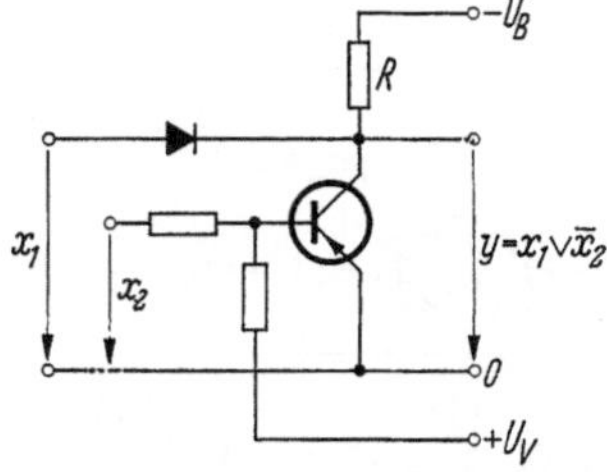

Abb. 3.2.5/10. Implikationsschaltung

Besonders einfache Schaltungen ergeben sich für die Peircefunktion, das Norgatter (Abb. 3.5.2/13), und die Shefferfunktion, das Nandgatter (Abb. 3.5.2/14). Sie entstehen durch eine Negation nach einer Disjunktions- bzw. Konjunktionsschaltung bzw. durch Parallelschalten zweier Transistorschalter (Abb. 3.5.2/15 und Abb. 3.5.2/16).

Zu bemerken ist noch, daß bei den Diodenschaltungen die Quellen, an denen die Variablen anstehen, niederohmig gegen den Lastwiderstand R sein müssen, damit ein genügend großer Spannungshub am Ausgang entsteht. Das gleiche gilt für die Transistorschaltungen nach den Abb. 3.5.2/4b, 3.5.2/5b, 3.5.2/7b, 3.5.2/8b, 3.5.2/11 und 3.5.2/12, wo die Versorgungsspannungen zum Teil durch die Variablen ersetzt werden.

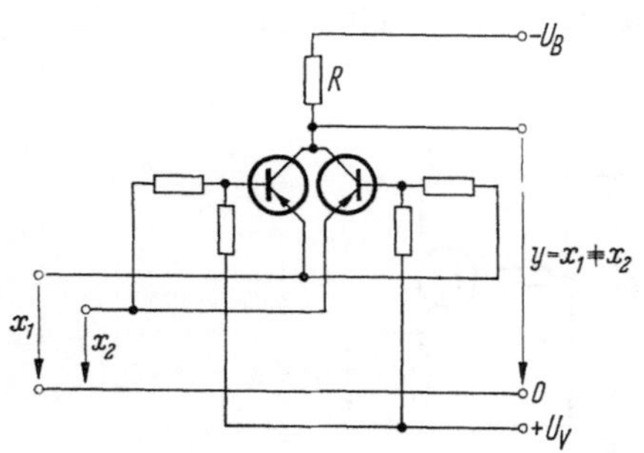

Abb. 3.5.2/11. Antivalenzschaltung

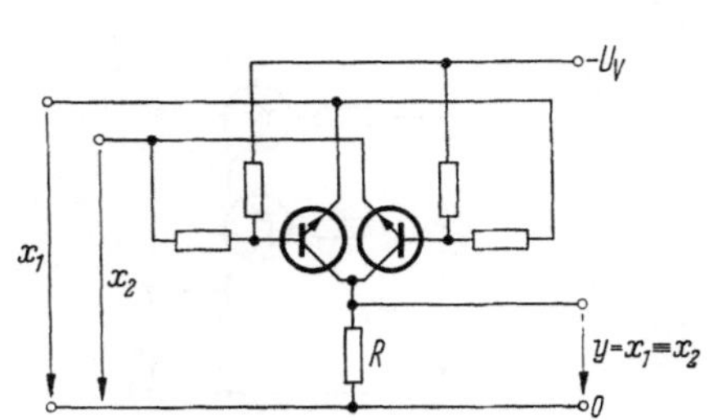

Abb. 3.5.2/12. Äquivalenzschaltung

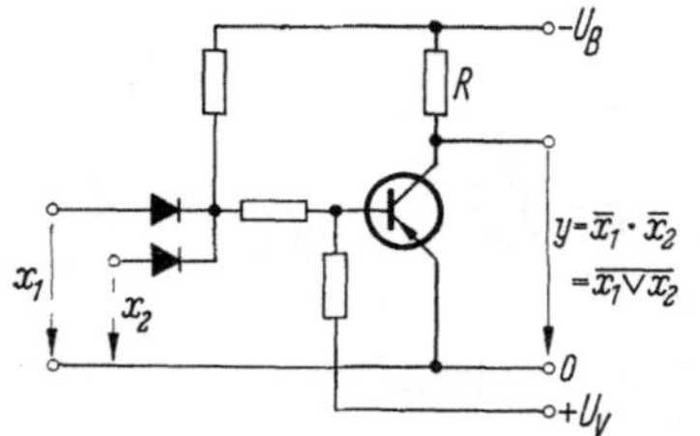

Abb. 3.5.2/13. Norgatter (Peircefunktion)

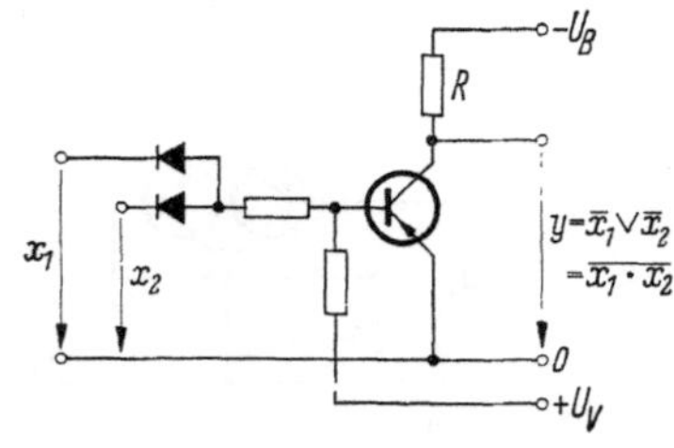

Abb. 3.5.2/14. Nandgatter (Shefferfunktion)

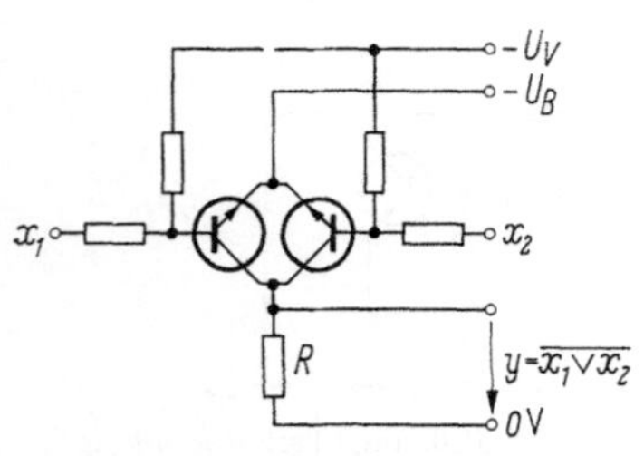

Abb. 3.5.2/15. Norgatter

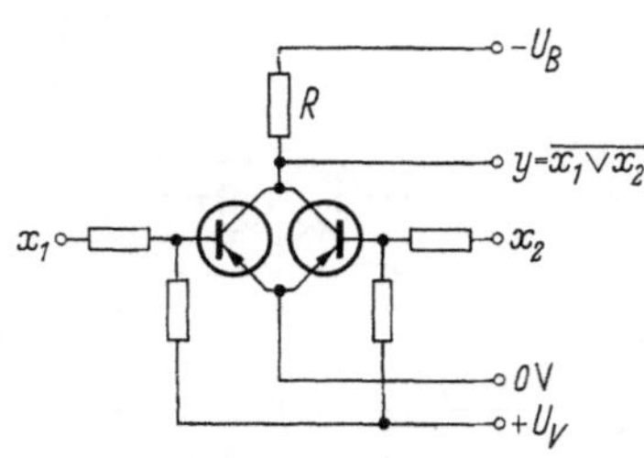

Abb. 3.5.2/16. Nandgatter

3.5.3 Integrierte Schaltungen

Die im vorigen Punkt angegebenen Schaltungen werden normalerweise aus einzelnen Bauelementen hergestellt. Im Gegensatz hierzu versteht man unter einer integrierten Schaltung eine Schaltung, deren einzelne Bauelemente bzw. auch nur ein Teil von ihnen gleichzeitig mit der Gesamtschaltung entstehen. So werden bei der Siebdrucktechnik (auch Dickfilmtechnik genannt) die Widerstände, Kondensatoren und Leiterbahnen auf eine Keramikplatte gedruckt. Aktive Bauelemente und Dioden werden nachträglich in die passive Schaltung eingesetzt. Auf 1 cm² Flächen haben 5 bis 10 Bauelemente Platz. Die Schichtstärke beträgt etwa 10 µm.

Bei der Dünnfilmtechnik werden die passiven Bauelemente durch Bedampfen einer Glasplatte hergestellt. Die Schichtstärke beträgt hier nur noch etwa 1 µm. Es lassen sich etwas feinere Strukturen als bei der Siebdrucktechnik realisieren, wodurch die doppelte Anzahl von Bauelementen auf derselben Fläche untergebracht werden kann.

Bei der monolithischen Technik werden sowohl aktive als auch passive Bauelemente gleichzeitig hergestellt. Das heiß aber, daß eine monolithische integrierte Schaltung aus Halbleitermaterial besteht. Die monolithische Integration wurde erst durch die Planartechnik mit ihrer flächenhaften Struktur möglich. Zum Herstellen der Schaltungen werden Photoätzverfahren angewendet, die ein Auflösungsvermögen bis hinunter zu etwa 1 µm ermöglichen, so daß Schaltungen von 20 und mehr Bauelementen nur noch 1 mm² Fläche benötigen. Die Oberfläche der Monolithe ist durch eine isolierende Siliziumoxydschicht von etwa 0,5 µm bedeckt, auf die in Dünnfilmtechnik die Leiterbahnen und z. T. noch Widerstände und Kondensatoren aufgebracht werden.

Es wäre falsch, aus dem Vorhergehenden zu folgern, daß das Hauptziel der Integration das Verkleinern der Baueinheiten ist, obwohl dieser Gesichtspunkt auch eine Rolle spielt. Entscheidender ist, daß durch die Integration aus vielen konventionellen Bauelementen eine neue Baueinheit entsteht, ohne daß eine Lötverbindung hergestellt werden muß. Die Zuverlässigkeit einer integrierten Schaltung gegenüber einer konventionellen ist dadurch wesentlich höher. Mit steigenden Anforderungen und größer werdenden Anlagen bzw. Geräten wird man immer größere Baueinheiten integrieren. Man spricht dann von der Large-Scale-Integration.

Im Laufe der Zeit haben sich verschiedene logische Systeme bei der Integration entwickelt, die sich in bezug auf Geschwindigkeit, Verlustleistung und Sicherheitsabstand zwischen 0 und 1 unterscheiden [52, 53]. So ist z. B. die DCT-Logik (Direct-Coupled-Transistor), die für die Satelliten- und Raumfahrttechnik entwickelt wurde, zwar relativ langsam und hat den geringsten Sicherheitsabstand, dafür verbraucht sie aber auch die geringste Verlustleistung.

Während Schaltkreissysteme herkömmlicher Technik eine ganze Reihe verschiedener logischer Schaltungen besitzen, verwendet man bei integrierten Schaltungen nur noch eine Einheitsschaltung, das NOR bzw. NAND, das je nach logischem System verschieden realisiert wird. Für die DCT-Logik ist diese Schaltung in Abb. 3.5.3/1a gezeigt. Die binären Werte 0 und 1 unterscheiden sich nur durch den Umschaltspannungsbereich, der aber temperaturabhängig ist (Abb. 3.5.3/1b).

Wegen dieser Temperaturabhängigkeit ist darauf zu achten, daß alle Schaltungen gleiche Temperatur haben.

Die ECT-Logik (Emitter-Coupled-Transistor) hat sich aus der DCT-Logik entwickelt (Abb. 3.5.3/2). Die Temperaturabhängigkeit der Umschaltspannung wird durch den gemeinsamen Emitterwiderstand vermieden, der über eine Diode von einer Konstantspannung gespeist wird.

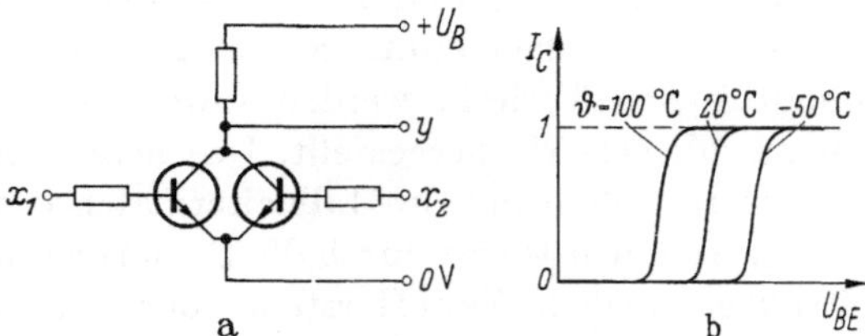

Abb. 3.5.3/1. DCT-Logik-Baustein

Steigt die Temperatur und sinkt damit die Basis-Emitter-Spannung der Transistoren, so sinkt ebenfalls die Knickspannung der Diode, wodurch die Emitterspannung der Transistoren steigt, so daß die Umschaltspannung praktisch konstant bleibt. Wegen des Emitterwider-

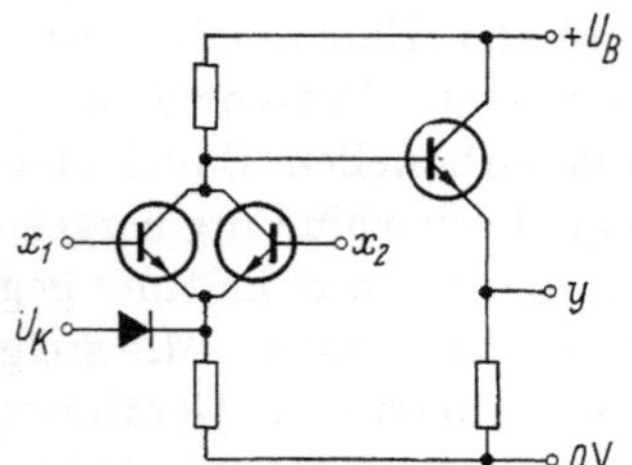

Abb. 3.5.3/2. ECT-Logik-Baustein

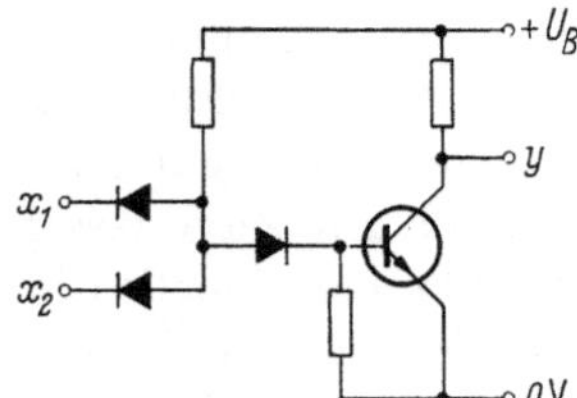

Abb. 3.5.3/3. DT-Logik-Baustein

standes werden die Transistoren auch nicht in die Sättigung gesteuert, wie es bei der DCT-Logik der Fall ist. Da aber die in der Basis gespeicherte Ladung der Summe aus Kollektor- und Basisstrom entspricht, ist die Basisladung bei ECTL geringer, so daß diese Logik sehr schnell ist. Wegen der fehlenden Sättigung muß aber eine zusätzliche Kollektorstufe verwendet werden, die das Ausgangspotential um den Betrag wieder absenkt, um den es zum Vermeiden der Sättigung angehoben werden mußte.

Die DT-Logik (Dioden-Transistor) baut auf der herkömmlichen NOR- bzw. NAND-Schaltung auf (Abb. 3.5.3/3), bei der zunächst mit Dioden das Oder bzw. das Und gebildet wird, das anschließend negiert wird. An Stelle des bei einem normalen Negator am Eingang liegenden Widerstandes befindet sich hier eine Diode (bei einigen Herstellern auch zwei). Außerdem führt der zweite Widerstand nicht zu einer Vorspannung sondern nach Masse. In Anlehnung an die DCT-Logik könnte man meinen, daß dieser Widerstand entbehrlich ist. Wird aber der Eingang, nachdem er auf positiver Spannung war, auf Null gelegt, so sperrt die Koppeldiode sofort, und die Basisladung könnte bei fehlendem Widerstand nur über den Transistor selbst abfließen. Dadurch würde diese Logik sehr langsam. Bisweilen wird bei der DT-Logik mit zwei Koppeldioden die erste durch einen Transistor ersetzt (Abb. 3.5.3/4). Er hat gegenüber der Diode den Vorteil, daß er für den folgenden Transistor einen höheren Basisstrom liefert.

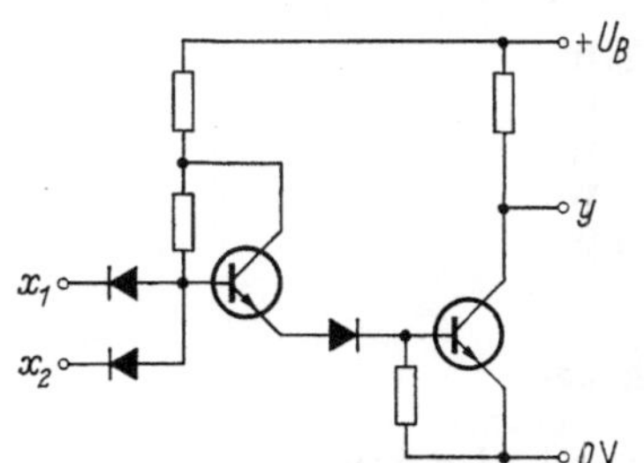

Abb. 3.5.3/4. DT-Logik-Baustein mit Koppeltransistor

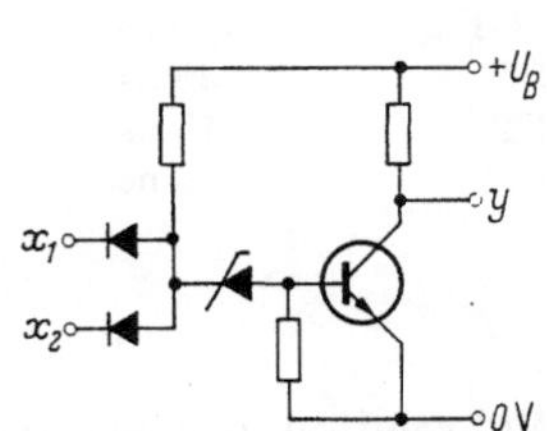

Abb. 3.5.3/5. DTZ-Logik-Baustein

Eine Abart der DT-Logik wurde von Telefunken entwickelt. Hier wurde die Koppeldiode zum Erreichen einer großen Störsicherheit durch eine Z-Diode ersetzt (DTZ-Logik, Abb. 3.5.3/5). Die durch die Z-Diode bedingte hohe Schaltzeit von etwa 1 µs kommt der Störsicherheit noch entgegen. Mit der DTZ-Logik können wohl erstmalig ohne allzu große Schutzmaßnahmen integrierte Schaltungen in der Industrieelektronik verwendet werden.

Bei der TT-Logik (Abb. 3.5.3/6) werden sowohl die Eingangs- als auch die Koppeldiode durch einen Transistor ersetzt, der in diesem Falle mehrere Emitter haben muß. Man spricht daher z. T. auch von der Multi-Emitter-Logik (MEL). Eine echte Transistorwirkung des Multiemittertransistors tritt nicht auf, da die Koppeldiode immer leitend ist und der Transistor bei hochliegenden Eingängen nur invers betrieben wird, wobei seine Stromverstärkung sehr klein ist. Das statische Verhalten ist also dasselbe wie bei

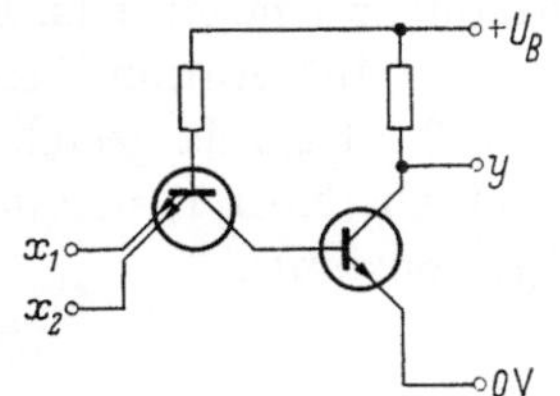

Abb. 3.5.3/6. TT-Logik-Baustein

der DT-Logik; dynamisch ist die TT-Logik jedoch schneller als die DT-Logik.

In der Tabelle 3.5.3/1 sind die Verzögerungszeit, die Verlustleistung und der Sicherheitsabstand der einzelnen Logiken gegenüber gestellt.

Im Zusammenhang mit integrierten Schaltungen spricht man oft vom
„fan in" (Eingangsfächer) und vom „fan out" (Ausgangsfächer). Der
„fan in" ist die Anzahl der Eingänge der Schaltung, während der „fan
out" die Anzahl der Eingänge angibt, die vom Ausgang der Schaltung
gespeist werden können. Natürlich müssen beim „fan out" alle gespeisten
Eingänge in bezug auf statische und dynamische Last gleich sein.

Tabelle 3.5.3/1

Logik	Verzögerungszeit	Verlustleistung	Sicherheitsabstand
DTZ	1000 ns	40 mW	5 V
DCT	150 ns	0,5 mW	0,2 V
DT	25 ns	5 mW	0,7 V
TT	15 ns	15 mW	1 V
ECT	6 ns	35 mW	0,3 V

3.6 Verstärker

Während in der analogen Meßtechnik der Linearverstärker eine
große Rolle spielt, ist er für die digitale Meßtechnik nur insofern von
Bedeutung, als er analoge Signale an die eigentlichen digitalen Geräte
anpaßt. Eine wesentlich größere Rolle spielen in der digitalen Technik
Integrations- und Nullverstärker. Daher sollen im folgenden lediglich
diese beiden Verstärkerarten behandelt werden.

3.6.1 Integrationsverstärker

Integrationsverstärker, oft als Sägezahngeneratoren bezeichnet,
werden hauptsächlich dazu benutzt, zeit-linear ansteigende Spannungen zu erzeugen, wie man sie z.B. beim Sägezahn- oder Spannungs-
Frequenz-Umsetzer (s. Kap. 6.3) benötigt.

Zur Integration benutzt man allgemein ein RC-Glied, wie es in
Abb. 3.2.1.2/1 dargestellt ist. Für die Kondensatorspannung ergibt sich
nach Gl. (3.6.1/1) nur dann ein zeit-linearer Anstieg, wenn der Strom
$i(t)$ konstant ist.

$$u_C(t) = \frac{1}{C} \int i(t)\, dt. \qquad (3.6.1/1)$$

Bei der Verwendung einer festen Ladespannung U_L ist dies jedoch
nicht der Fall, weil die effektiv zur Ladung des Kondensators dienende
Spannung $u_{Leff}(t)$ stets um die bereits am Kondensator liegende Spannung $u_C(t)$ kleiner ist als die feste Ladespannung U_L:

$$u_{Leff}(t) = U_L - u_C(t). \qquad (3.6.1/2)$$

Fügt man nun in den Ladekreis eine Hilfsspannung $u_\mathrm{H}(t)$ ein [26] (s. Abb. 3.6.1/1), die immer gleich der Kondensatorspannung $u_\mathrm{C}(t)$ ist, dann wird der Kondensator mit einer konstanten effektiven Ladespannung aufgeladen. Dadurch wird der Anstieg der Kondensatorspannung exakt zeit-linear. Diese Möglichkeit benutzt man sowohl beim Miller- als auch beim Bootstrap-Integrator. Die beiden Integratoren unterscheiden sich lediglich in der Art der Erzeugung der Hilfsspannung.

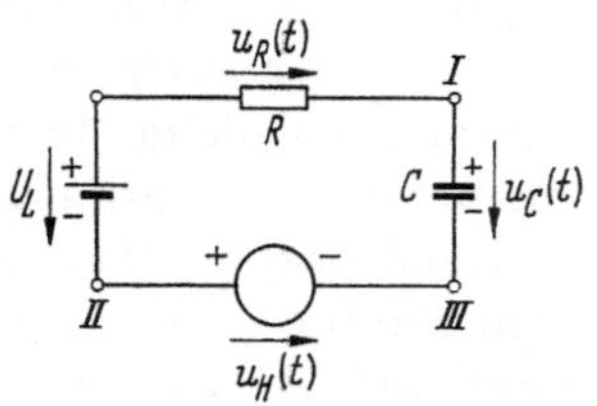

Abb. 3.6.1/1. Kondensatoraufladung
mit ladungsabhängiger Hilfsspannung

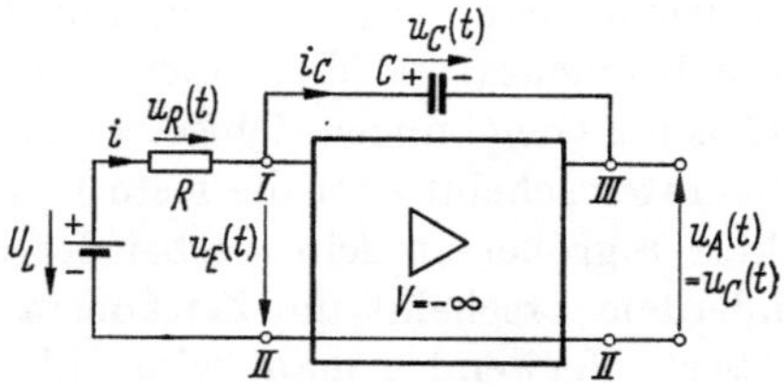

Abb. 3.6.1.1/1. Prinzip des Miller-Integrators

3.6.1.1 Der Miller-Integrator. Ersetzt man in Abb. 3.6.1/1 die Hilfsspannung $u_\mathrm{H}(t)$ durch einen Verstärker mit den Eingangsklemmen I/II und den Ausgangsklemmen III/II, so erhält man den Miller-Integrator (s. Abb. 3.6.1.1/1). Da die Ausgangsspannung $u_\mathrm{A}(t)$ gleich der Kondensatorspannung $u_\mathrm{C}(t)$ sein soll, muß die an den Klemmen I/II des Verstärkers liegende Eingangsspannung $u_\mathrm{E}(t)$ Null sein. Um dabei noch eine Ausgangsspannung zu erhalten, muß die Verstärkung v des Verstärkers theoretisch unendlich sein. Sie muß außerdem negativ sein, weil die Ausgangsspannung $u_\mathrm{A}(t)$ gegenphasig zu $u_\mathrm{E}(t)$ ist.

Da man in der Praxis keine unendlich große Verstärkung erzielen kann, weist die Ausgangsspannung $u_\mathrm{E}(t)$ keinen exakt zeit-linearen Verlauf auf, sondern folgt einer Exponentialfunktion.

Für Abb. 3.6.1.1/1 gilt

$$U_\mathrm{L} = u_\mathrm{R}(t) + u_\mathrm{E}(t) = i(t)\,R + \frac{u_\mathrm{A}(tu)}{v}. \qquad (3.6.1.1/1)$$

Hat der Verstärker einen so hohen Eingangswiderstand, daß sein Eingangsstrom vernachlässigbar ist, so kann man ansetzen:

$$i(t) = i_\mathrm{C}(t) = C\,\frac{du_\mathrm{C}(t)}{dt}. \qquad (3.6.1.1/2)$$

Ferner gilt

$$u_\mathrm{C}(t) = u_\mathrm{A}(t) + u_\mathrm{E}(t) = u_\mathrm{A}(t)\left(1 + \frac{1}{v}\right) \qquad (3.6.1.1/3)$$

und

$$\frac{du_\mathrm{C}(t)}{dt} = \left(1 + \frac{1}{v}\right)\frac{du_\mathrm{A}(t)}{dt}. \qquad (3.6.1.1/4)$$

Gln. (3.6.1.1/2) und (3.6.1.1/4) in Gl. (3.6.1.1/1) eingesetzt, ergibt die Differentialgleichung (3.6.1.1/5) des Miller-Integrators (mit $\tau = RC$).

$$U_{\mathrm{L}} = \tau \left(1 + \frac{1}{v} \right) \frac{d u_{\mathrm{A}}(t)}{dt} + \frac{u_{\mathrm{A}}(t)}{v} \, . \qquad (3.6.1.1/5)$$

Die Lösung lautet:

$$u_{\mathrm{A}}(t) = v U_{\mathrm{L}} \left(1 - e^{-\frac{t}{\tau(v+1)}} \right) . \qquad (3.6.1.1/6)$$

Vergleicht man Gl. (3.6.1.1/6) mit Gl. (3.2.1.2/5), die die Aufladung eines Kondensators über einen Widerstand beschreibt, so sieht man, daß beide Gleichungen demselben Zeitgesetz unterliegen. Beim Miller-Integrator scheint aber die feste Ladespannung um den Verstärkungsfaktor v größer zu sein als bei der einfachen Kondensatoraufladung. Außerdem erscheint die Zeitkonstante um den Faktor $(v + 1)$ vergrößert. Verwendet man beim Miller-Integrator und beim normalen RC-Integrationsglied dieselben Werte für R, C und U_{L}, so wird zum Erreichen derselben Ausgangsspannung beim Miller-Integrator ein sehr viel kürzeres Stück der e-Funktion durchlaufen als beim RC-Integrationsglied.

Um die Abweichung der Ausgangsspannung des Miller-Integrators von der exakt zeit-linear ansteigenden Spannung zu berechnen, wird Gl. (3.6.1.1/6) als Reihenentwicklung angesetzt [mit $v U_{\mathrm{L}} = U'_{\mathrm{L}}$ und $\tau (v + 1) = \tau'$]:

$$u_{\mathrm{A}}(t) = U'_{\mathrm{L}} \left(1 - e^{-\frac{t}{\tau'}} \right) , \qquad (3.6.1.1/6\,\mathrm{a})$$

$$u_{\mathrm{A}}(t) = U'_{\mathrm{L}} \left[\frac{1}{1} \left(\frac{t}{\tau'} \right) - \frac{1}{2} \left(\frac{t}{\tau'} \right)^2 + \frac{1}{6} \left(\frac{t}{\tau'} \right)^3 - \frac{1}{24} \left(\frac{t}{\tau'} \right)^4 + - \cdots \right] . \qquad (3.6.1.1/7)$$

Das erste Glied der Klammer gibt die exakt zeit-linear ansteigende Spannung $u_{\mathrm{AO}}(t)$ nach Gl. (3.6.1.1/8) wieder, während der Rest der Klammer die Abweichung darstellt. Bezieht man die Abweichung auf das erste Klammerglied, so ergibt sich der relative Fehler F_{rel}, der durch Gl. (3.6.1.1/9) beschrieben wird.

$$u_{\mathrm{AO}}(t) = U'_{\mathrm{L}} \cdot \frac{t}{\tau'} \, , \qquad (3.6.1.1/8)$$

$$F_{\mathrm{rel}} = \frac{u_{\mathrm{AO}}(t) - u_{\mathrm{A}}(t)}{u_{\mathrm{AO}}(t)} = \frac{1}{2} \left(\frac{t}{\tau'} \right)^2 - \frac{1}{6} \left(\frac{t}{\tau'} \right)^2 + \frac{1}{24} \left(\frac{t}{\tau'} \right)^3 - + \cdots . \qquad (3.6.1.1/9)$$

Die Abweichung wird also um so kleiner, je kleiner das Verhältnis t/τ' bzw. je größer v wird. Soll der Miller-Integrator als Sägezahngenerator mit möglichst zeit-linearem Anstieg verwendet werden, so muß die Ladespannung U_{L} sehr gut stabilisiert werden, da eine Änderung der Ladespannung mit dem Faktor v multipliziert als Fehler eingeht.

Abb. 3.6.1.1/2 zeigt einen mit Transistoren aufgebauten Miller-Integrator für negative Spannungen [27]. Da bei Transistoren die Steuerströme nicht vernachlässigt werden können, ist die für Gl. (3.6.1/1.2) gemachte Bedingung des sehr hohen Eingangswiderstandes nicht mehr gegeben; jedoch ändert sich dadurch grundsätzlich nichts gegenüber der idealen Schaltung. Gl. (3.6.1.1/6) geht dann allerdings in Gl. (3.6.1.1/10) über, wobei r_E der Eingangswiderstand des Verstärkers ist.

$$u_A(t) = \frac{r_E}{R + r_E} v U_L \left(1 - e^{-\frac{t}{\frac{r_E}{R + r_E}(v+1)\tau}} \right). \qquad (3.6.1.1/10)$$

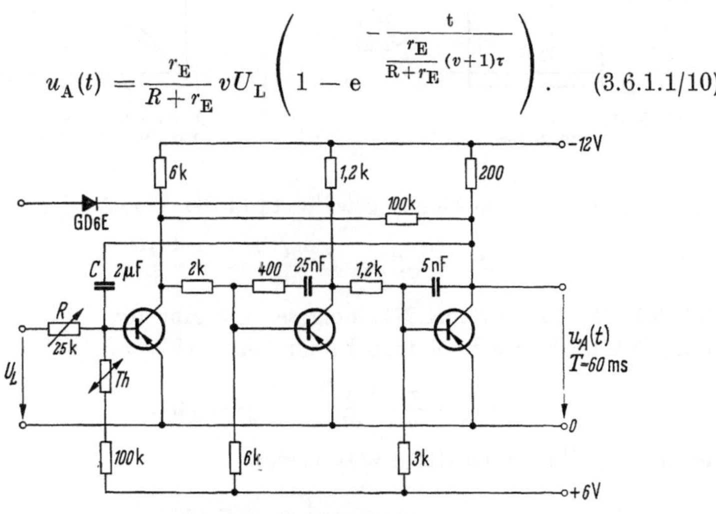

Abb. 3.6.1.1/2. Miller-Integrator

Die scheinbare Ladespannung und die scheinbare Zeitkonstante werden also um das Spannungsteilerverhältnis $\frac{r_E}{R + r_E}$ verkleinert. (Es muß jedoch darauf geachtet werden, daß sich der Eingangswiderstand r_E während der Aussteuerung des Verstärkers nicht ändert.)

Wird an den Steuereingang (Diode GD6E) 0-Potential gelegt, so wird die Schaltung in die Wartestellung gebracht; am Ausgang liegen dann $-12\,\mathrm{V}$. Wird das Steuerpotential auf mindestens $-12\,\mathrm{V}$ umgeschaltet, so beginnt die Integration. Man erreicht mit der Schaltung nach Abb. 3.6.1.1/2 eine Linearität von etwa 0,1%.

3.6.1.2 Der Bootstrap-Integrator. Wird in Abb. 3.6.1/1 die Hilfsspannung $u_H(t)$ durch einen Verstärker mit den Eingangsklemmen I/III und den Ausgangsklemmen II/III ersetzt, so erhält man den Boostrap-Integrator (s. Abb. 3.6.1.2/1) [28, 29]. Da die Ausgangsspannung gleich der Kondensatorspannung sein soll und die gleiche Phaselage hat, muß der Verstärker eine Verstärkung von exakt 1 haben. Ist dies nicht der Fall, so folgt die Ausgangsspannung einer Exponentialfunktion.

Für Abb. 3.6.1.2/1 gilt

$$U_{\mathrm{L}} = u_{\mathrm{R}}(t) + u_{\mathrm{C}}(t) - u_{\mathrm{A}}(t) = i(t)\,R + \frac{u_{\mathrm{A}}(t)}{v} - u_{\mathrm{A}}(t). \qquad (3.6.1.2/1)$$

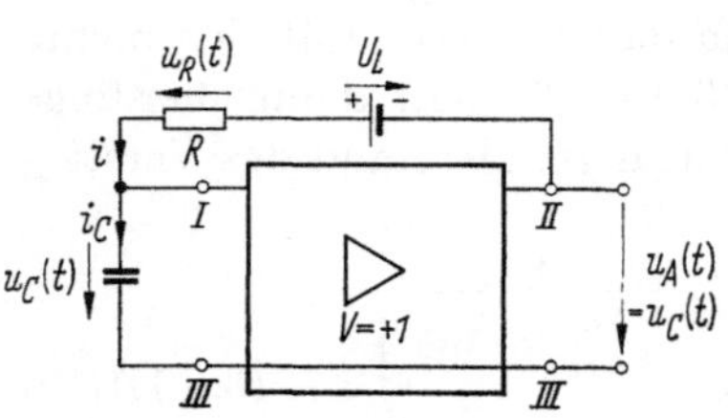

Abb. 3.6.1.2/1. Prinzip des Bootstrap-
Integrators

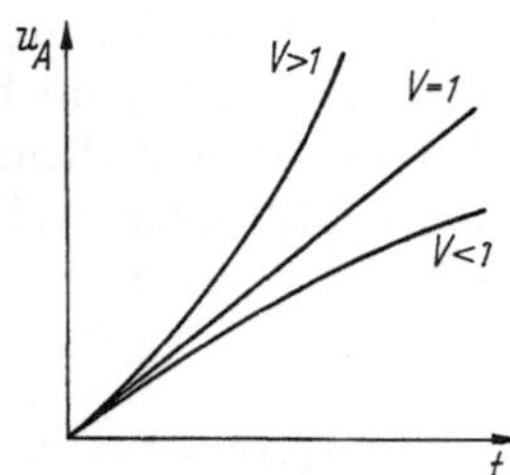

Abb. 3.6.1.2/2. Linearitätsfehler
beim Bootstrap-Integrator

Bei einem sehr großen Eingangswiderstand des Verstärkers gilt

$$i(t) = i_{\mathrm{C}}(t) = C\,\frac{du_{\mathrm{C}}(t)}{dt} = \frac{C}{v}\,\frac{du_{\mathrm{A}}(t)}{dt}. \qquad (3.6.1.2/2)$$

Gl. (3.6.1.2/2) in Gl. (3.6.1.2/1) eingesetzt ergibt die Differentialgleichung (3.6.1.2/3) des Bootstrap-Integrators (mit $\tau = R \cdot C$).

$$U_{\mathrm{L}} = \frac{\tau}{v} \cdot \frac{du_{\mathrm{A}}(t)}{dt} + \frac{1-v}{v}\,u_{\mathrm{A}}(t). \qquad (3.6.1.2/3)$$

Die Lösung gibt die Gl. (3.6.1.2/4) wieder:

$$u_{\mathrm{A}}(t) = \frac{v}{1-v} \cdot U_{\mathrm{L}}\left(1 - e^{-\frac{t}{\tau/(1-v)}}\right). \qquad (3.6.1.2/4)$$

Zum Errechnen der Abweichung der Ausgangsspannung des Bootstrap-Integrators von der exakt zeit-linear ansteigenden Spannung gelten wie beim Miller-Integrator die Gln. (3.6.1.1/7) und (3.6.1.1/9), wobei in diesem Fall $U_{\mathrm{L}}' = \frac{v}{1-v}\,U_{\mathrm{L}}$ und $\tau' = \frac{\tau}{1-v}$ ist. Im Gegensatz zum Miller-Integrator, bei dem der Fehler nur negativ ist, kann er beim Bootstrap-Integrator sowohl negativ als auch positiv sein (s. Abb. 3.6.1.2/2).

Für die Praxis ist beim Bootstrap-Integrator nach Abb. 3.6.1.2/1 sehr nachteilig, daß entweder die Ladespannung U_{L} oder die Versorgungsspannung des Verstärkers erdfrei sein muß. Das ist hierbei besonders störend, da die Bootstrap-Schaltung auf das Integrierglied so wirkt, als sei der Widerstand um den Faktor $\frac{1}{1-v}$ vergrößert worden, wodurch die Schaltung empfindlicher gegen Einstreuungen wird als die einfache RC-Schaltung. Sind jedoch Ladespannung und Versorgungsspannung gleich, so kann durch eine geeignete Schaltungsanordnung die Ladespannungsquelle eingespart und durch die Versorgungsspannungsquelle ersetzt werden. Der Bootstrap-Integrator kann dann allerdings nur als Sägezahngenerator und nicht mehr als universeller Integrator benutzt werden.

Abb. 3.6.1.2/3 zeigt einen Bootstrap-Integrator [30]. Die Ladespannung U_L ist durch die Spannung am Kondensator C_{UL} ersetzt worden. Sein Energieinhalt muß so groß sein, daß er während der Integrations-

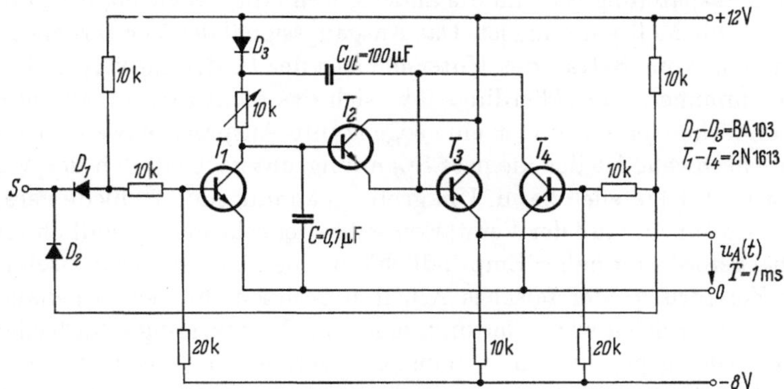

Abb. 3.6.1.2/3. Bootstrap-Integrator zur Erzeugung einer Sägezahnspannung

zeit praktisch nicht abnimmt; es muß also gelten: $C_{UL} \gg C$. In der Wartestellung liegen am Steuereingang $S + 12$ V. Dadurch ist der Transistor T_4 leitend, und der Kondensator C_{UL} wird über ihn und die Diode D_3 auf die Spannung $U_C = 12$ V $- U_{DK} - U_{CER}$ aufgeladen ($U_{DK} =$ Diodenknickspannung; $U_{CER} =$ Kollektor-Emitter-Restspannung). Gleichzeitig ist der Transistor T_1 leitend und hält den Integrationskondensator C auf nahezu 0 V (genau $U_C = U_{CER}$). Wird der Steuereingang auf 0 V geschaltet, so sperren die Transistoren T_1 und T_4. Nun wird über den Ladewiderstand R der Integrationskondensator C aufgeladen. Die an ihm liegende Spannung wird von dem aus den Transistoren T_2 und T_3 gebildeten Emitterfolger über den Ladespannungskondensator C_{UL} auf den Ladekreis zurückgeführt. Durch das Ansteigen der Spannung im Ladekreis wird die Kathodenseite der Diode D_3 positiver als ihre Anodenseite, und die Diode sperrt. Erreicht die Ausgangsspannung $+12$ V, so ist die Integration beendet. Man erreicht mit der angegebenen Schaltung eine Linearität von etwa 0,1 %. Voraussetzung dafür ist natürlich, daß die Versorgungsspannungen gut stabilisiert sind.

3.6.2 Nullverstärker

Nullverstärker werden in der digitalen Meßtechnik benutzt, um zwei Spannungen miteinander zu vergleichen, z.B. eine unbekannte

Meßspannung und eine im Meßgerät gebildete bekannte Vergleichsspannung. (Wegen dieser Anwendung werden sie oft als Vergleicher
oder Komparatoren bezeichnet.) Nullverstärker sollen den Vergleich
der beiden Spannungen so ausführen, daß sie entweder bei Gleichheit
der beiden Spannungen einen Impuls abgeben oder nur zwei Ausgangs-
spannungen liefern, und zwar eine, wenn die Vergleichsspannung kleiner
als die Meßspannung ist, und die andere, wenn die Vergleichsspannung
größer als die Meßspannung ist. Das Ausgangssignal des Verstärkers soll
unabhängig vom Betrag des Unterschiedes der beiden zu vergleichen-
den Spannungen sein. Allerdings läßt sich das nicht exakt realisieren;
Nullverstärker haben immer eine sogenannte Ansprechschwelle. Diese
Ansprechschwelle ist der kleinste Spannungsunterschied, den der Verstärker noch feststellen kann. Um große Spannungsunterschiede verar-
beiten zu können, muß der Verstärker entweder sehr unempfindlich sein
oder bei geforderter hoher Empfindlichkeit einen Übersteuerungsschutz
gegen Zerstörung oder falsches Arbeiten besitzen. Für einen genauen
Spannungsvergleich wird allerdings eine hohe Verstärkung erforderlich.
Werden Gleichspannungen miteinander verglichen (was fast immer
der Fall ist), so braucht man einen Gleichspannungsverstärker. Die
Nullpunktstabilität solcher Verstärker ist allerdings recht problema-
tisch, so daß man ihre Drift kompensieren oder zu Zerhackerverstärkern greifen muß. Normalerweise wird man bestrebt sein, mehrere zu
einer Messung gehörende Vergleiche möglichst schnell hintereinander
ausführen zu können. Daher muß der Nullverstärker eine hohe obere
Grenzfrequenz besitzen. Diese wird aber meist durch die erforderliche
Erholungszeit nach einer Übersteuerung herabgesetzt. Oft wird auch
verlangt, daß der Verstärker den Vergleich auf einen äußeren Anreiz
ausführt, so daß das Ausgangssignal nur für eine bestimmte Zeit vorliegt. Je nach den durch die Meßaufgabe gestellten Anforderungen
kommt man mit einem einfachen oder aufwendigeren Nullverstärker
zum Ziel. Man kann Nullverstärker auf Grund ihres Arbeitsprinzips in
drei Gruppen aufteilen:

1. Rückgekoppelte Schaltungen als Nullverstärker,
2. Direkt gekoppelte Gleichspannungsverstärker mit nachgeschalteter Entscheidungsstufe als Nullverstärker,
3. Zerhackerverstärker als Nullverstärker.

3.6.2.1 Rückgekoppelte Schaltungen als Nullverstärker. Sehr einfache und doch recht wirksame Nullverstärker lassen sich mit rückgekoppelten Schaltungen realisieren [31]. Die Dimensionierung wird
so gewählt, daß der Rückkopplungsvorgang ausgelöst wird, wenn die
zu messende Spannung und die Vergleichsspannung gleich sind. Dieser
Vergleich läßt sich je nach Schaltung mit einer Genauigkeit von etwa

10 bis 100 mV ausführen; d. h. also, daß sich höhere Spannungen relativ genauer vergleichen lassen als niedrigere.

Der Sperrschwinger ist ein Beispiel für einen rückgekoppelten Nullverstärker. Abb. 3.6.2.1/1 zeigt ein Ausführungsbeispiel. Abweichend zu Abb. 3.1.4/1 ist hier der Transistor T_2, der Emitterwiderstand R_E und der Kondensator C_E eingeführt. An T_2 wird die Meßspannung U_M angelegt, wodurch der Transistor T_1 über R_E eine positive Vorspannung erhält. Wird die Vergleichsspannung U_V gleich der Vorspannung (= Meßspannung) bzw. einige mV größer, dann setzt der Schwingungsvorgang

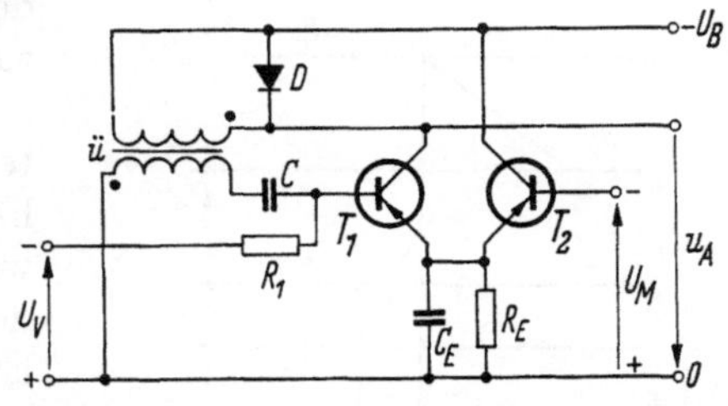

Abb. 3.6.2.1/1. Sperrschwinger als Nullverstärker

ein. Bleibt die Vergleichsspannung gleich bzw. größer als die Meßspannung, dann ergibt sich eine periodische Schwingung. Wird hingegen durch den ersten Impuls die Vergleichsspannung abgeschaltet, so erhält man am Ausgang nur einen Impuls. Der Kondensator C_E dient als Wechselstromkurzschluß beim Schwingvorgang.

Eine dem Sperrschwinger sehr ähnliche Schaltung ist die Multiar-Schaltung. (Der Name ist eine Abkürzung aus: multi-range. Er wurde geprägt, weil mit einer Sägezahnspannung und mehreren solcher Vergleichsschaltungen, von denen jede mit einer verschiedenen Bezugsspannung arbeitet, mehrere Entfernungsmarken für Radar-Sichtgeräte gebildet wurden.) Abb. 3.6.2.1/2 zeigt ein Beispiel. Ist die Vergleichsspannung U_V kleiner als die Meßspannung U_M, so ist die Diode D_1 gesperrt, der Kondensator C_1 etwa mit der Meß-

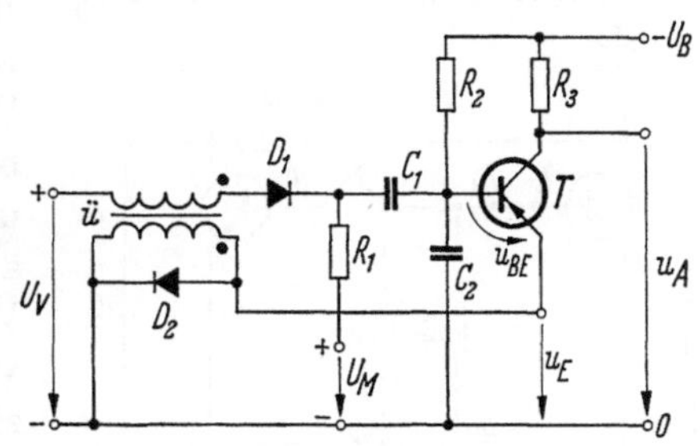

Abb. 3.6.2.1/2. Multiar-Schaltung

spannung U_M aufgeladen und der Transistor stromführend. Steigt die Vergleichsspannung über die Meßspannung, so wird die Diode D_1 leitend und ihr Kathodenpotential positiver als die Meßspannung. Diese positive Änderung wird über den Kondensator C_1 auf die Basis des Transistors geführt, wodurch dessen Kollektorstrom absinkt und der Rückkopplungsvorgang einsetzt. Nun fließt über die Diode D_1 ein kräftiger Strom, der den Transistor völlig sperrt und den Kondensator C_2 positiv auflädt. Ist $C_1 \gg C_2$, dann lädt sich C_2 mit der Zeitkonstanten $\tau_2 = C_2 R_2 R_1/(R_1 + R_2)$ in Richtung auf die Spannung U_B um.

Beim Erreichen von 0 V beginnt der Transistor wieder Strom zu führen. Ist die Vergleichsspannung größer als die Meßspannung geblieben, dann ergibt sich eine periodische Schwingung, ist sie hingegen durch den ersten Impuls abgeschaltet worden, so erhält man am Ausgang nur einen Impuls. Abb. 3.6.2.1/3 zeigt den Spannungsverlauf an verschiedenen Punkten der Multiar-Schaltung.

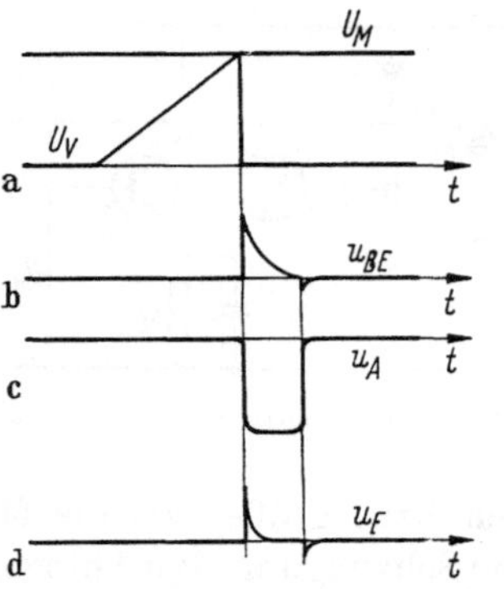

Abb. 3.6.2.1/3. Spannungsverlauf an verschiedenen Punkten der Multiar-Schaltung
a) Vergleichsspannung U_V; b) Basis–Emitter-Spannung U_{BE} des Transistors T; c) Kollektorspannung = Ausgangs-Spannung U_A; d) Emitterspannung U_E des Transistors T

Beim Übertrager ist zu beachten, daß sein Übersetzungsverhältnis größer als Eins sein muß, weil die Spannungsverstärkung des Emitterfolgers kleiner als Eins ist und somit auch die Schleifenverstärkung des Kreises D_1, C_1, T und $ü$ unter Eins bleibt.

Einen Nullverstärker mit galvanischer Rückkopplung und binärem Ausgangssignal zeigt Abb. 3.6.2.1/4 [27]. Über den Spannungsteiler $R_3 - R_4$ erhält der Emitter des linken Transistors eine positive Vorspannung. Dadurch wird erreicht, daß der Transistor auch dann Strom führt, wenn die Meßspannung U_M Null Volt beträgt. Allerdings muß dabei die Vergleichsspannung stets um diese Vorspannung größer sein als die Meßspannung, damit der Verstärker anspricht. Dieser Nullverstärker beruht auf dem Prinzip der Stromkompensation. Die Meßspannung U_M erzeugt in der Basis des linken Transistors den Strom I_M, der den Transistor aufsteuert. Dadurch wird der rechte Transistor gesperrt, und an seinem

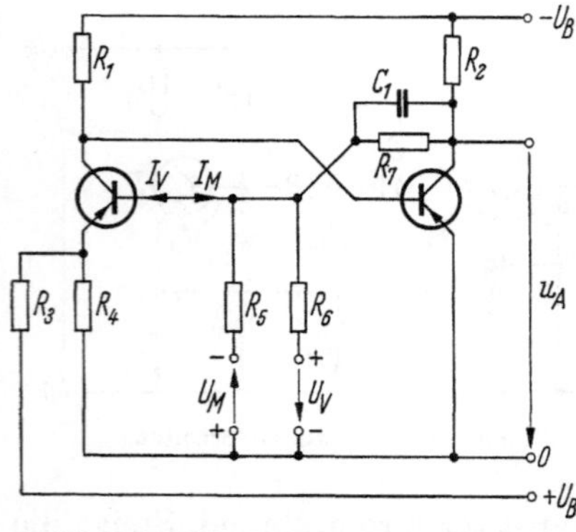

Abb. 3.6.2.1/4. Einfacher Nullverstärker mit galvanischer Rückkopplung

Kollektor liegt etwa die Spannung $-U_B$. Die Vergleichsspannung U_V erzeugt in der Basis des linken Transistors den Strom I_V, der I_M entgegengerichtet ist. Wird $I_V = -I_M$, so wird der Transistor gesperrt, weil sein Basisstrom zu Null wird. Dadurch wird der rechte Transistor aufgesteuert, und sein Kollektorpotential wird etwa Null Volt. Man erhält also im Zeitpunkt der Spannungsgleichheit einen positiven Impuls am Ausgang der Schaltung. Der Widerstand R_6 und der Kondensator C_1 bilden eine Rückkopplung zur Flankenversteilerung des Ausgangsimpulses. Bleibt die Vergleichsspannung gleich oder größer als die Meßspannung, so bleibt auch die Ausgangsspannung 0 V, anderenfalls geht sie nach dem positiven Impuls wieder auf $-U_B$ zurück.

3.6.2.2 Direkt gekoppelte Gleichspannungsverstärker mit nachgeschalteter Entscheidungsstufe als Nullverstärker. Die zweite Gruppe der Nullverstärker bilden direkt gekoppelte Gleichspannungsverstärker mit einer nachgeschalteten Entscheidungsstufe. Diese Entscheidungsstufe kann ein Schmitt-Trigger oder einer der in Kap. 3.6.2.1 beschriebenen einfachen Nullverstärker sein. Der Gleichspannungsverstärker hat also die Funktion eines Vorverstärkers zur Steigerung der Empfindlichkeit.

Die nutzbare Empfindlichkeit direkt gekoppelter Gleichspannungsverstärker wird durch ihre Nullpunkts-Drift begrenzt. Unter der Nullpunkts-Drift versteht man die Änderung der Ausgangsspannung ohne eine entsprechende Änderung der angelegten Eingangsspannung. Für eine gegebene Schaltung kann man errechnen, welche Eingangsspannungsänderung dieselbe Ausgangsspannungsänderung hervorruft. Diese Eingangsspannungsänderung wird dann als Drift der Schaltung angegeben.

Bei der Drift muß man prinzipiell zwei Arten unterscheiden:

1. die Langzeitdrift,
2. die Temperaturdrift.

Die Langzeitdrift rührt von der zeitlichen Inkonstanz der Bauelemente der Verstärker her, und zwar besonders von den Röhren- bzw. Transistorparametern. Ein krasses Beispiel dafür sind die sog. Läufer bei Transistoren. Da die Änderung der Parameter beliebig ist, kann man sie nicht kompensieren. Verstärker können aber durch eine Gegenkopplung unabhängiger von den Röhren- bzw. Transistorparametern gemacht werden.

Die Temperaturdrift hängt bei Transistorschaltungen hauptsächlich von der Temperaturabhängigkeit des Kollektorreststromes I_{CR}, der Basis–Emitter-Spannung U_{BE} und der Stromverstärkung β ab. Der Kollektorreststrom steigt entsprechend der Ladungsträgerdichte mit wachsender Temperatur nach einer e-Funktion an [s. Gl. (3.3/1)]. Die absolute Größe der Restströme beträgt bei 25 °C für Siliziumtransistoren etwa 1 bis 100 nA, für Germaniumtransistoren kleiner Leistung etwa 1 bis 10 µA. Die Temperaturabhängigkeit dieser Restströme beträgt bei Silizium etwa 8% je °C, bei Germanium 7% je °C. Um einen hohen Eingangswiderstand und bei Aussteuerung eine kleine Änderung der Verlustleistung und damit der Eigenerwärmung der Eingangstransistoren zu erhalten, ist es vorteilhaft, diese mit niedrigen Kollektorruheströmen zu betreiben (10 bis 20 μA). Germaniumtransistoren scheiden daher wegen ihrer hohen Kollektorrestströme aus.

Die Basis–Emitter-Spannung hat bei 20 °C einen Absolutwert von etwa 0,3 V bei Germaniumtransistoren und von etwa 0,6 V bei Siliziumtransistoren. Ihr Temperaturkoeffizient ist in weiten Temperaturbereichen konstant und beträgt etwa -2 bis -3 mV je °C. Mit wachsendem Kollektorstrom wird er jedoch kleiner.

Die Stromverstärkung von Siliziumtransistoren hat einen positiven

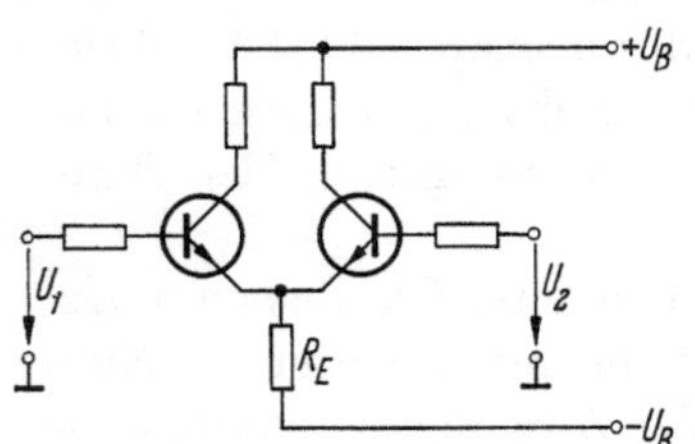

Abb. 3.6.2.2/1. Emittergekoppelte Differenzverstärkerstufe

Temperaturkoeffizienten von etwa 1 % je °C, der in weiten Temperaturbereichen konstant ist. Allerdings hängt die Stromverstärkung auch von der Größe des Kollektorstromes ab. Speziell bei niedrigen Kollektorströmen (< 1 mA) haben Planartransistoren eine größere Stromverstärkung als Mesatransistoren (z. B. $I_C = 1$ μA: $\beta_{\mathrm{Planar}} = 100, \beta_{\mathrm{Mesa}} = 1$).

Mit emitter- bzw. kathoden-gekoppelten Differenzverstärkern (s. Abb. 3.6.2.2/1) [32—34] läßt sich die Temperaturdrift so verringern, daß als Restdrift nur noch die Differenz der Driftspannungen der beiden Stufen auftritt. Gleiche Driftspannungen wirken auf den Verstärkereingang nämlich als Gleichtaktsignale. Darunter versteht man Signalspannungen, die sowohl gleichen Betrag als auch gleiche Phase haben. Für einen unendlich großen Emitterwiderstand wird die Verstärkung für Gleichtaktsignale zu Null. Man strebt daher möglichst große Emitterwiderstände an, bzw. einen großen Gleichtaktunterdrückungsfaktor (common mode rejection ratio). Für ihn gilt:

$$\gamma = \frac{\text{Gegentaktverstärkung}}{\text{Gleichtaktverstärkung}}.$$

Große Emitterwiderstände bedingen allerdings große Versorgungsspannungen. Man kann sie dadurch umgehen, daß man an Stelle des Emitterwiderstandes R_E einen Transistor verwendet, der als Stromgenerator mit sehr großem Innenwiderstand geschaltet ist. Man erreicht so Widerstandswerte von einigen Megohm. Abb. 3.6.2.2/2 zeigt die prinzipielle Schaltung eines dreistufigen Differenzverstärkers mit einem Stromgenerator in der Emitterleitung der Eingangsstufe [32]. Da als Bezugsgröße eine dem Emittersummenstrom der zweiten Stufe entsprechende Spannung dient, ergibt sich nicht nur eine gute Unterdrückung von Gleichtaktsignalen thermischer Natur, sondern auch solcher infolge von Schwankungen der Speisespannung. Um die Vorteile

der Differenzverstärkerschaltung in bezug auf die Temperaturdrift voll
auszunutzen, ist es erforderlich, die beiden Transistoren der einzelnen
Verstärkerstufen, mindestens aber die der Eingangsstufe, auf gleicher
Temperatur zu halten. Wie bereits oben erwähnt, liegt der Temperaturkoeffizient der Basis–Emitter-Spannung zwischen -2 und -3 mV je
°C, so daß hier ein Temperaturunterschied der beiden Transistoren von
nur $1/10$ °C bereits eine Drift von 200 bis 300 µV verursacht. Tempera-
turunterschiede der Transistoren lassen sich z.B. dadurch vermeiden,
daß sie in einem Kupfer- oder Aluminiumblock hoher Wärmeleitfähigkeit untergebracht werden. Neuerdings gibt es auch, speziell für Gleichspannungsverstärker gedacht, zwei Transistoren in einem Gehäuse, die
eine ausgezeichnete thermische Kopplung haben.

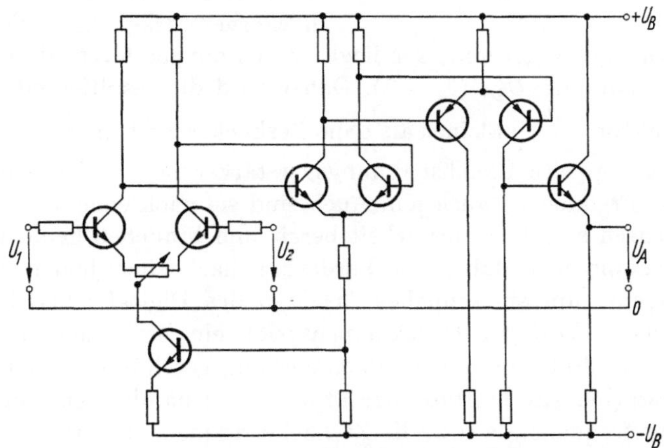

Abb. 3.6.2.2/2. Dreistufiger Differenzverstärker

Mit einem Verstärker nach Abb. 3.6.2.2/2 wurde bei einem Eingangswiderstand von 100 KΩ mit nicht ausgesuchten Eingangstransistoren eine Temperaturdrift von etwa 40 µV/°C erreicht. Sucht man
die Eingangstransistoren auf gleichen Temperaturgang aus, so lassen
sich Driftwerte von etwa 5 µV/°C erzielen. Da die Langzeitdrift dabei
etwa 200 µV/8 h beträgt, erreicht man für diese Zeit und einen Temperaturbereich von -10 bis $+60$ °C eine Ansprechschwelle von etwa
800 µV.

Will man noch niedrigere Ansprechschwellen erreichen, so muß
man beim Verstärker den Verstärkungsgrad erhöhen und die störende
Nullpunkts-Drift kompensieren. Man bedient sich dazu eines zusätzlichen Zerhackerverstärkers und einer Gegenkopplung über beide Verstärker [33, 35]. In Abb. 3.6.2.2/3 ist der prinzipielle Aufbau einer solchen Anordnung gezeigt. Der Gleichspannungsverstärker GV ist als

Differenzverstärker ausgebildet. An einem Eingang liegt die Spannung U'_E und am anderen der Ausgang des Zerhackerverstärkers ZV, der ein praktisch driftfreier Trägerfrequenzverstärker ist. Der Eingang des Zerhackerverstärkers liegt ebenfalls an U'_E. Der Widerstand R_2 bewirkt eine Spannungsgegenkopplung über beide Verstärker. Tritt am Ausgang des Gleichspannungsverstärkers GV eine Driftspannung U_{D1} auf, so wird über R_2 der Anteil $U'_{D1} = K U_{D1}$ auf die Eingänge beider Verstärker geführt. Da der Zerhackerverstärker in Reihe mit

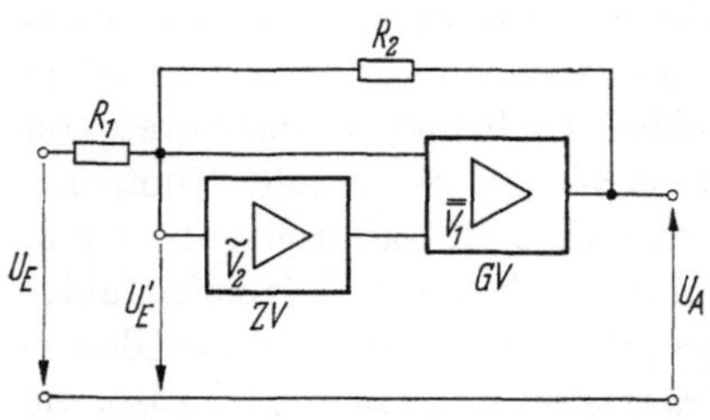

Abb. 3.6.2.2/3. Driftkompensation bei einem direktgekoppelten Gleichspannungsverstärker mittels Zerhackerverstärker

dem Gleichspannungsverstärker liegt, wirkt auf letzteren die Gegenkopplungsspannung $U_{D1} (v_2 - 1)$. Daher wird die resultierende Drift um den Faktor $\dfrac{1}{v_2 - 1}$ kleiner als ohne Zerhackerverstärker.

Direktgekoppelte Gleichspannungsverstärker lassen sich noch für recht hohe Frequenzen auslegen. Auch sind sie nach einer Übersteuerung praktisch sofort wieder arbeitsbereit und brauchen keine Erholzeit. Sie entsprechen daher der Forderung nach einer hohen oberen Grenzfrequenz, um ein schnelles Arbeiten des Digitalmeßgerätes zu gewährleisten. Wird zur Driftkompensation ein Zerhackerverstärker verwendet, so muß dieser vor Übersteuerung geschützt werden. Zerhackerverstärker zur Driftkompensation haben nämlich eine niedrige obere Grenzfrequenz, da u.a. die Zerhackerfrequenz am Ausgang wieder ausgesiebt werden muß, und brauchen daher nach einer Übersteuerung eine recht beachtliche Erholzeit.

3.6.2.3 Zerhackerverstärker als Nullverstärker. Normale Zerhackerverstärker [36] haben eine niedrige obere Grenzfrequenz, weil der Träger (Zerhackerfrequenz) am Ausgang des Verstärkers wieder ausgesiebt werden muß. Die obere Grenzfrequenz beträgt etwa 1/10 der Trägerfrequenz. Verwendet man mechanische Zerhacker, die mit der 50 Hz-Netzfrequenz betrieben werden, so ist die obere Grenzfrequenz der Verstärker nur etwa 5 Hz. Mit solchen Verstärkern ließe sich also keine schnelle Entscheidungsfolge erzielen und damit auch kein schnell arbeitendes Digitalmeßgerät herstellen. Eine getreue Widergabe des Eingangssignals ist jedoch bei einem Nullverstärker nicht erforderlich, da es lediglich auf die Aussage ankommt, ob die Vergleichsspannung größer oder kleiner als die Meßspannung ist. Diese Entscheidung wird aber durch jeden einzelnen vom Zerhacker gebildeten Impuls geliefert. Daher kann die ausgangsseitige Unterdrückung des Trägers entfallen, und man erhält eine Entscheidungsfolge, die gleich der Zerhackerfrequenz ist.

Zerhackerverstärker werden als Trägerfrequenzverstärker ausgebildet. Daher lassen sich hohe Verstärkungsgrade relativ leicht erzielen. Außerdem verursachen Arbeitspunktänderungen der einzelnen Verstärkerstufen am Ausgang keine Nullpunkts-Drift. Ein Nullpunktsfehler kann lediglich durch den Eingangszerhacker verursacht werden. Verwendet man Transistoren als Zerhackerelemente [37—39], so ergibt sich auf den Eingang bezogen als Drift je nach Eingangswiderstand etwa

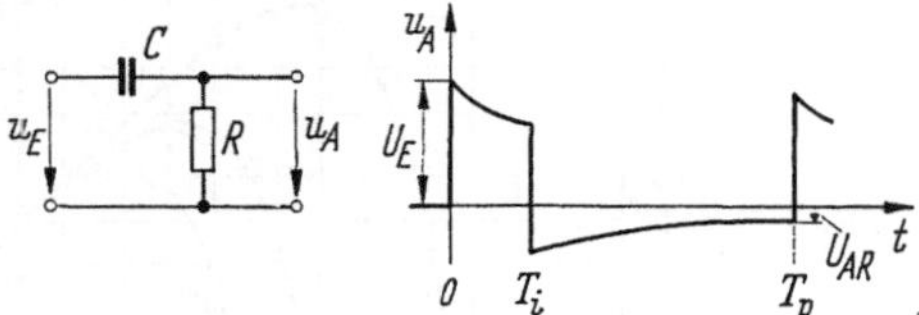

Abb. 3.6.2.3/1. Spannungsverlauf am Ausgang eines RC-Gliedes bei rechteckförmiger Eingangsspannung

20 μV bei 2 KΩ bis 1 mV bei 100 KΩ; mit mechanischen Zerhackern erreicht man 1 bis 20 μV. Man kann also mit Zerhackerverstärkern Ansprechschwellen von 50 μV und kleiner erreichen.

Ansprechschwelle und Entscheidungsfolge eines Zerhackerverstärkers als Nullindikator hängen von den im Verstärker vorkommenden RC-Gliedern ab. Schaltet man auf ein RC-Glied nach Abb. 3.6.2.3/1 einen Rechteckimpuls mit der zeitlichen Dauer T_i und der Amplitude U_E, so klingt die Ausgangsspannung $u_A(t)$ nach Beendigung des Impulses $(t \geqq T_i)$ nach Gl. (3.6.2.3/1) ab $(\tau = RC)$.

$$u_A(t) = U_E\left(e^{-\frac{t}{\tau}} - e^{-\frac{t-T_i}{\tau}}\right). \qquad (3.6.2.3/1)$$

Zu Beginn eines neuen Impulses $(t = T_p)$ muß jedes im Verstärker vorkommende RC-Glied auf seine maximal zulässige Restspannung U_{AR} entladen sein. Soll zum Beispiel die Ansprechschwelle des Verstärkers bei 100 μV liegen, so darf die zulässige Restspannung U_{AR} des ersten RC-Gliedes höchstens 10 μV, also 10% der Ansprechschwelle betragen. Die Entladung dauert um so länger, je größer der auf das RC-Glied geschaltete Rechteckimpuls war. Um diese Zeit nicht unnötig zu verlängern, wird man die maximale Eingangsspannung $U_{E\,max}$ durch eine Begrenzerschaltung auf einen möglichst kleinen Wert reduzieren. Abb. 3.6.2.3/2 zeigt für verschiedene Tastverhältnisse T_p/T_i die Lösungskurven der Gl. (3.6.2.3/1) normiert über τ/T_i aufgetragen. Für ein gefordertes Spannungsverhältnis $U_{AR}/U_{E\,max}$ ergeben sich jeweils zwei Lösungen. Die Lösung mit großer Zeitkonstante, bei der der Impuls praktisch nicht verformt wird, ist mit Transistorverstärkern kaum zu verwirklichen. Man wird daher die Lösung mit kleiner Zeitkonstante anstreben. Abb. 3.6.2.3/2 zeigt, daß hierbei ein großes Verhältnis T_p/T_i günstig ist. Dies kann jedoch nicht mit mechanischen, sondern nur mit elektronischen Zerhackern realisiert werden. Mit mechanischen Zerhackern läßt sich nur ein Verhältnis T_p/T_i von 2 erreichen. Bei großem T_p/T_i wird der Rechteckimpuls stark differenziert, so daß der Verstärker besonders anfällig für hochfrequente Störspannungen wird. Man

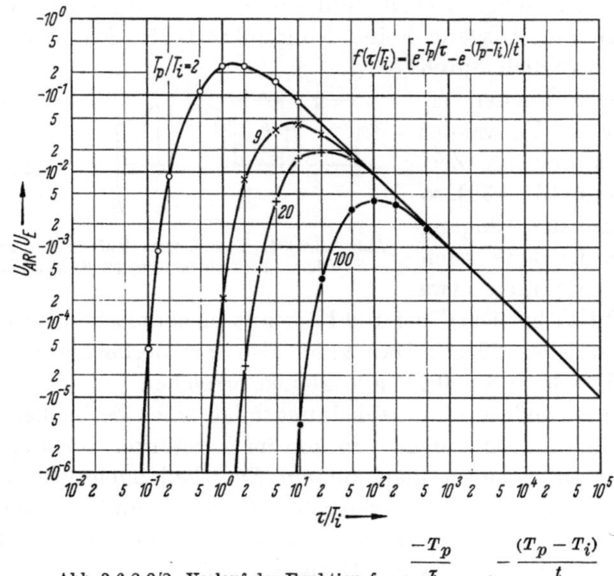

Abb. 3.6.2.3/2. Verlauf der Funktion $f = e^{\dfrac{-T_p}{\tau}} - e^{-\dfrac{(T_p - T_i)}{t}}$

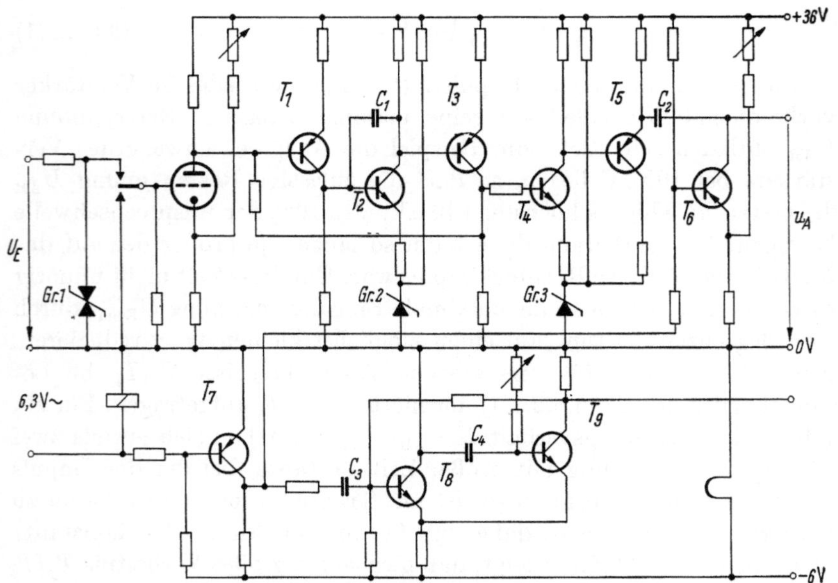

Abb. 3.6.2.3/3. Zerhackervorverstärker

kann nun diese Schwierigkeiten bei der Dimensionierung der RC-Glieder umgehen, indem man sie auf ein Mindestmaß reduziert, das heißt, daß man einen Gleichspannungsverstärker baut, dessen Ausgangsspannung kapazitiv ausgekoppelt wird. Die störende Restspannung wird dadurch beseitigt, daß der Kondensator in den Impulspausen durch einen Schalter entladen wird.

Abb. 3.6.2.3/3 zeigt einen Zerhackervorverstärker [40] mit einer Ansprechschwelle von 100 μV, einem Eingangswiderstand von 220 KΩ und einer Verstärkung von 50. Er ist als Gleichspannungsverstärker ausgelegt, dessen Ausgangsspannung kapazitiv über C_2 ausgekoppelt wird. Die an C_2 entstehende Restspannung nach einem Impuls wird in den Tastpausen durch den Transistor T_6 entladen. Der Eingangszerhacker ist mechanisch und wird mit 50 Hz betrieben. Vor ihm liegt ein Begrenzer $Gr.\ 1$, der die effektiven Eingangsspannungen auf 0,7 V begrenzt. Durch die monostabile Kippstufe (T_8 und T_9) wird ein Impuls zum Steuern eines nachgeschalteten Hauptverstärkers gebildet.

3.7 Spannungs-, Frequenz- und Zeitnormale

Bei der Analog–Digital-Umsetzung ist ein wesentlicher Vorgang die Quantisierung der unbekannten Meßgröße, d.h. ihre Nachbildung aus einer entsprechenden Anzahl kleinster „Normaleinheiten". Bei der Spannungsmessung werden diese „Normaleinheiten" aus einer Normalspannungsquelle gewonnen, bei der Zeitmessung aus einer Normalfrequenz. Auch die bei der Drehzahl- oder Frequenzmessung benötigte Zeitbasis wird aus einem Normalgenerator gewonnen, dessen Frequenz untersetzt wird.

3.7.1 Spannungsnormale

Als Spannungsnormal wurde früher fast ausschließlich das Weston-Normalelement verwendet. Es ist ein galvanisches Element, dessen Spannung sehr konstant ist und das einen kleinen Temperaturkoeffizienten (etwa $5 \cdot 10^{-5}/°C$) hat. Es besitzt jedoch den Nachteil, daß es nur sehr schwach belastbar ist (≤ 1 μA). Eine längere starke Überlastung führt zu seiner Zerstörung, und selbst nach einer kurzzeitigen geringeren Überlastung braucht es eine Erholzeit von mehreren Stunden, um seinen alten Spannungswert wieder zu erreichen. Heute werden in steigendem Maße Schaltungen mit Z-Dioden als Normalspannungsquellen (auch Referenzspannungsquellen genannt) verwendet. Die zeitliche Spannungskonstanz dieser Schaltungen ist zwar noch nicht so hoch wie die des Weston-Elementes, jedoch selbst für ausgesprochene Präzisionsmessungen völlig ausreichend [54]. Der Tempe-

raturkoeffizient kann je nach der gewählten Spannung des Referenz-
elementes sogar besser als der des Weston-Elementes sein. Eindeutig
überlegen sind diese Schaltungen den Weston-Elementen durch ihre
höhere zulässige Stromentnahme, ihre Unempfindlichkeit gegen Überlastungen (sogar Kurzschluß) und die mögliche Dimensionierung für
höhere Referenzspannungen.

Für den Entwurf von Normalspannungsquellen mit Z-Dioden sind
einige ihrer Kenngrößen von besonderer Bedeutung. Es wird deshalb
an dieser Stelle zunächst kurz auf die Z-Diode eingegangen.

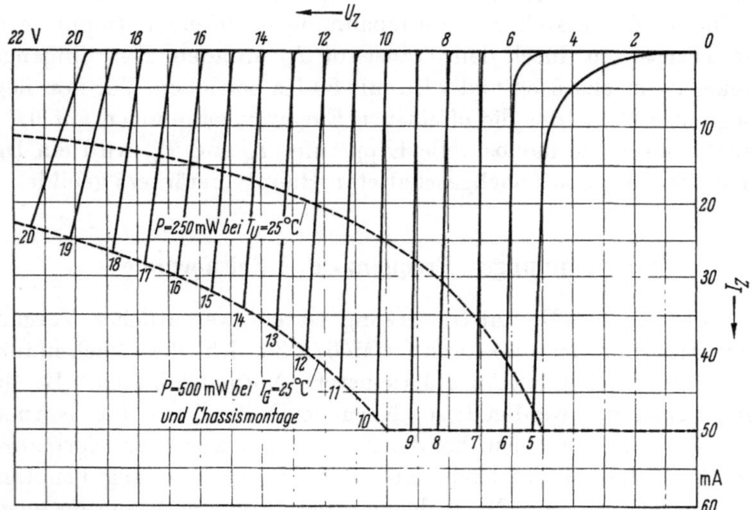

Abb. 3.7.1/1. Kennlinien von Z-Dioden der Type BZY 83/C (Nach Siemens Halbleiter-Datenbuch
1969 — Industrietypen)

Die Z-Diode ist eine Siliziumdiode [41—43], die in Durchlaßrichtung die normale Strom-Spannungs-Charakteristik einer Diode aufweist. In Sperrichtung hingegen tritt bei der Z-Spannung ein recht
scharfer Knick der Kennlinie auf (s. Abb. 3.7.1/1). Oberhalb dieses
Knickes hat die Z-Diode einen kleinen differenziellen Widerstand
$r_Z = \mathrm{d}U_Z/\mathrm{d}I_Z$, der Z-Widerstand genannt wird. Die Höhe der Z-Spannung wird durch die Dotierung des Siliziums, also durch seine Leit-
fähigkeit bestimmt. Je höher die Dotierung, um so niedriger ist die
Z-Spannung. In gleicher Weise hängt auch der Z-Widerstand r_Z einer
Z-Diode von der Dotierung ab. Abb. 3.7.1/2 zeigt den Zusammenhang
zwischen dem Z-Widerstand r_Z, der Z-Spannung U_Z und dem Z-Strom
I_Z. Aus Abb. 3.7.1/2 ist auch zu ersehen, daß sich eine Reihenschaltung von Z-Dioden mit einer Z-Spannung von 6 bis 8 V hinsichtlich des
Z-Widerstandes wesentlich günstiger verhält als eine Z-Diode hoher

Z-Spannung. Hierbei ist außerdem vorteilhaft, daß der zulässige Z-Strom steigt und damit der Z-Widerstand nochmals sinkt.

Auch der Temperaturkoeffizient der Z-Spannung weist eine Besonderheit auf. Für Z-Spannungen unter 6 V ist er negativ, für Spannungen über 6 V positiv. Abb. 3.7.1/3 zeigt den typischen Verlauf. Wird eine möglichst geringe Temperaturabhängigkeit bei hohen Z-Spannungen gewünscht, so gibt es drei Möglichkeiten zu deren Realisierung:

1. Reihenschaltung von Z-Dioden mit Z-Spannungen von 5 bis 6 V,

2. Reihenschaltung von Z-Dioden mit negativen und mit positiven Temperaturkoeffizienten (hierbei ist von

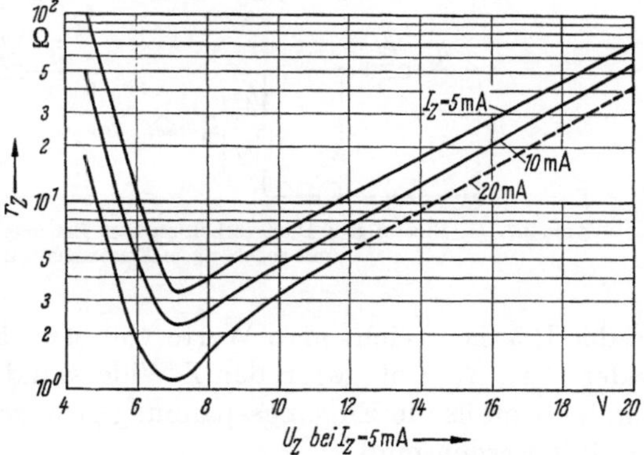

Abb. 3.7.1/2. Abhängigkeit des Z-Widerstandes r_Z von der Z-Spannung U_Z und vom Z-Strom I_Z

Nachteil, daß Z-Dioden mit negativem TK einen verhältnismäßig großen Wechselstromwiderstand haben),

3. Reihenschaltung einer Z-Diode mit positivem TK mit einer Diode in Durchlaßrichtung. Dioden in Durchlaßrichtung haben nämlich (bei relativ kleinen Durchlaßströmen) einen negativen TK. Bei dieser Methode erhält man allerdings die Temperaturkompensation nur für einen engen Strombereich.

Abb. 3.7.1/4 zeigt eine einfache Anordnung zum Erzeugen einer Normalspannung mit einer Z-Diode. Mit dem Überlagerungssatz ergibt sich der Zusammenhang zwischen der Eingangsspannung U_E und der Ausgangsspannung U_A nach Gl. (3.7.1/1)

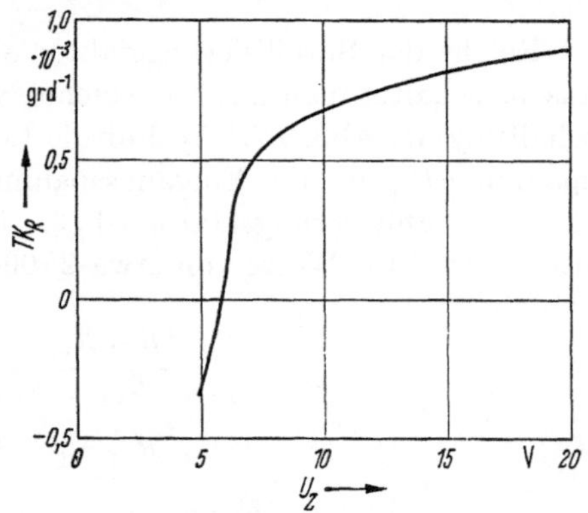

Abb. 3.7.1/3. Relativer Temperaturkoeffizient TK_R von Z-Dioden in Abhängigkeit von der Z-Spannung U_Z

$$U_A = \frac{U_E \cdot r_Z + U_Z \cdot R_V}{r_Z\left(1 + \dfrac{R_V}{R_A}\right) + R_V}. \qquad (3.7.1/1)$$

Das Verhältnis der relativen Änderung der Eingangsspannung zur relativen Änderung der Ausgangsspannung wird als Stabilisierungsfaktor S bezeichnet und errechnet sich nach Gl. (3.7.1/2).

$$S = \frac{\mathrm{d}U_\mathrm{E}}{U_\mathrm{E}} : \frac{\mathrm{d}U_\mathrm{A}}{U_\mathrm{A}} = \frac{U_\mathrm{A}}{U_\mathrm{E}}\left(1 + \frac{R_\mathrm{V}}{r_\mathrm{Z}} + \frac{R_\mathrm{V}}{R_\mathrm{A}}\right). \tag{3.7.1/2}$$

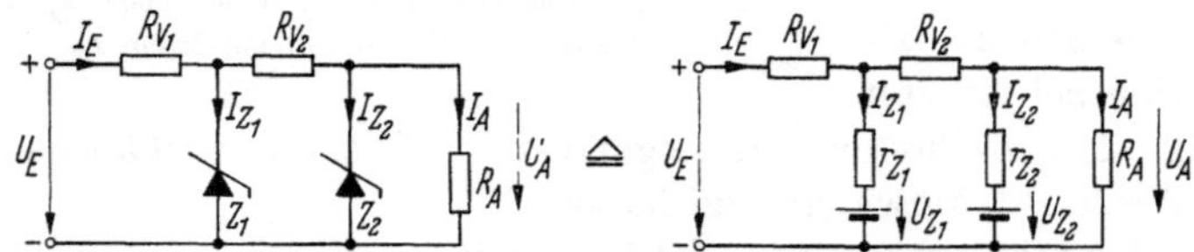

Abb. 3.7.1/4. Einstufige Z-Diodenschaltung zum Erzeugen einer konstanten Spannung mit zugehörigem Ersatzschaltbild

In der Praxis erreicht man Werte von etwa 500. Dabei muß der Vorwiderstand R_V groß gegen den Z-Widerstand r_Z gemacht werden, wodurch ebenfalls die Eingangsspannung groß gegenüber der Z-Spannung gewählt werden muß.

Abb. 3.7.1/5. Zweistufige Z-Diodenschaltung zur Erhöhung des Stabilisierungsfaktors

Reicht der Stabilisierungsfaktor einer einstufigen Schaltung nicht aus, so schaltet man mehrere solcher Schaltungen in Reihe (Kaskadenschaltung) (s. Abb. 3.7.1/5). Für die Beziehung zwischen der Ausgangsspannung U_A und der Eingangsspannung U_E gilt jetzt Gl. (3.7.1/3) und für den Stabilisierungsfaktor Gl. (3.7.1/4). Man erreicht für den Stabilisierungsfaktor Werte von etwa 25 000.

$$U_\mathrm{A} = \frac{U_\mathrm{Z2}\left[R_\mathrm{V1}R_\mathrm{V2} + (R_\mathrm{V1} + R_\mathrm{V2})r_\mathrm{Z1}\right]}{R_\mathrm{V1}R_\mathrm{V2} + (R_\mathrm{V1} + R_\mathrm{V2})r_\mathrm{Z1} + (R_\mathrm{V1} + r_\mathrm{Z1})r_\mathrm{Z2}}$$

$$\frac{+\, U_\mathrm{Z1}R_\mathrm{V1}r_\mathrm{Z2} + U_\mathrm{E}r_\mathrm{Z1}r_\mathrm{Z2}}{+\, \dfrac{r_\mathrm{Z2}}{R_\mathrm{A}}\left[R_\mathrm{V1}R_\mathrm{V2} + (R_\mathrm{V1} + R_\mathrm{V2})r_\mathrm{Z1}\right]}, \tag{3.7.1/3}$$

$$S = \frac{U_\mathrm{A}}{U_\mathrm{E}}\left[\left(1 + \frac{R_\mathrm{V1}}{r_\mathrm{Z1}}\right)\left(1 + \frac{R_\mathrm{V2}}{r_\mathrm{Z2}}\right) + \frac{R_\mathrm{V1}}{r_\mathrm{Z2}}\right.$$

$$\left. + \frac{R_\mathrm{V1}R_\mathrm{V2}}{R_\mathrm{A}}\left(\frac{1}{r_\mathrm{Z1}} + \frac{1}{R_\mathrm{V2}} + \frac{1}{R_\mathrm{V1}}\right)\right]. \tag{3.7.1/4}$$

Werden noch höhere Ansprüche an die Konstanz gestellt, so ordnet man die Z-Dioden, wie in Abb. 3.7.1/6 gezeigt, in einer Brücke an [44]. Die Ausgangsspannung errechnet sich nach der Gleichung (3.7.1/5)

$$U_A = U_{Z1} \frac{R_1}{R_1 + r_{Z1}} + U_{Z2} \frac{R_2}{R_2 + r_{Z2}} + U_E \left(\frac{r_{Z2}}{R_2 + r_{Z2}} - \frac{R_1}{R_1 + r_{Z1}} \right)$$

$$- I_A \left(\frac{R_1 r_{Z1}}{R_1 + r_{Z1}} + \frac{R_2 r_{Z2}}{R_2 + r_{Z2}} \right). \tag{3.7.1/5}$$

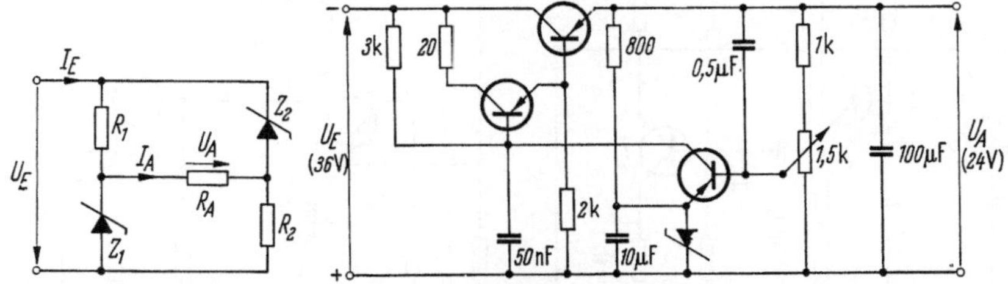

Abb. 3.7.1/6. Brückenschaltung mit Z-Dioden   Abb. 3.7.1/7. Regelschaltung mit Z-Dioden als Bezugsgröße

Werden gleiche Z-Dioden verwendet, was wegen der gleichartigen Abhängigkeit der Einflußgrößen besonders vorteilhaft ist, und wählt man

$$R_1 = R_2 = r_{Z1} = r_{Z2},$$

so geht Gl. (3.7.1/5) in Gl. (3.7.1/6) über.

$$U_A = \frac{U_{Z1} + U_{Z2}}{2} \cdot \frac{R_A}{R_A + r_{Z1}}. \tag{3.7.1/6}$$

Die Ausgangsspannung U_A ist also unabhängig von der Eingangsspannung U_E (was allerdings nicht exakt stimmt, da der Z-Widerstand r_Z eine Funktion des Z-Stromes ist — vgl. Abb. 3.7.1/2). Schaltet man vor die Brücke nach Abb. 3.7.1/6 eine Vorstufe nach Abb. 3.7.1/4, so läßt sich ein Stabilisierungsfaktor von etwa 100 000 erreichen.

Werden wie z. B. bei Digital–Analog-Umsetzern Normalspannungsquellen hoher Konstanz bei großer Last und großen Laständerungen benötigt, so bedient man sich Regelverstärker, die als Bezugsgröße eine der oben beschriebenen Normalspannungsquellen verwenden. Abb. 3.7.1/7 zeigt eine Schaltung mit einem Stabilisierungsfaktor S von etwa 650 und einem Innenwiderstand R_i von etwa 25 mΩ (Berechnungsunterlagen s. [45, 46]).

3.7.2 Frequenz- und Zeitnormale

Zum Erzeugen von Normalfrequenzen werden fast ausschließlich quarzgesteuerte Oszillatoren verwendet. LC-Schwingkreise aus keramischen Spulen mit eingebrannten Silberwindungen und hochwertigen

Glimmerkondensatoren mit aufgedampften Silberbelägen erreichen eine Konstanz der Eigenfrequenz von etwa $1 \cdot 10^{-4}$. Da jedoch der Temperaturkoeffizient bei etwa $1 \cdot 10^{-5}/°C$ liegt, muß eine solche Schaltungsanordnung bei höheren Anforderungen in einem Thermostaten betrieben werden.

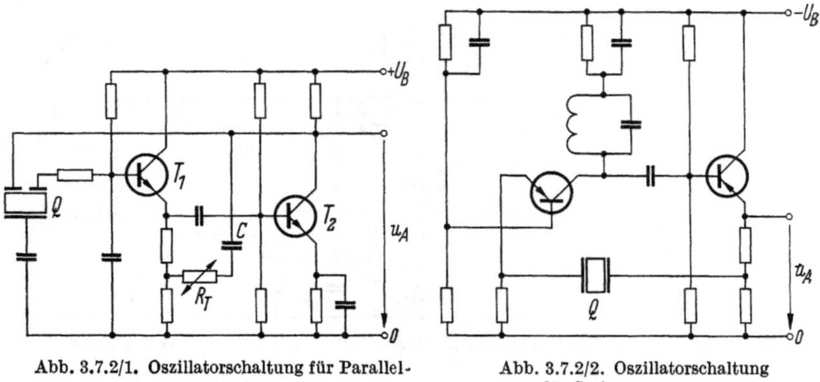

Abb. 3.7.2/1. Oszillatorschaltung für Parallel-resonanzquarz

Abb. 3.7.2/2. Oszillatorschaltung für Serienresonanzquarz

Quarze hingegen lassen sich durch entsprechendes Herausschneiden aus dem Naturkristall so herstellen, daß man eine sehr hohe Konstanz der Eigenfrequenz (bis etwa $1 \cdot 10^{-9}$) und einem Temperaturkoeffizienten kleiner als $1 \cdot 10^{-6}/°C$) erreicht [47]. Mit Quarzoszillatoren und Thermostaten lassen sich also Normalfrequenzen hoher Konstanz herstellen [48, 49].

Eine einfache Oszillatorschaltung mit einem dreipoligen Biege-schwingerquarz ist in Abb. 3.7.2/1 wiedergegeben. Der Transistor T_1 dient lediglich als Impedanzwandler zur Anpassung des hochohmigen Quarzes an den relativ niederohmigen Eingang des Transistors T_2. Die Schwingung wird dadurch angefacht, daß der Quarz durch das Rauschen in seiner Parallelresonanz angeregt wird. Die Schwingung wird um 180° phasenverschoben der Basis des Transistors T_1 zugeführt, wodurch die Rückkopplungsbedingung gegeben ist. Der Kondensator C und der Regelheißleiter R_T bewirken eine amplitudenabhängige Gegenkopplung, die den Quarz vor Überlastungen schützt. Der Oszillator braucht recht lange (etwa 1 Minute), bis die Schwingung ihre volle Amplitude erreicht hat. Die Schaltung ist geeignet für Frequenzen von etwa 1 bis 50 KHz.

Abb. 3.7.2/2 zeigt einen anderen Quarzoszillator. Der Quarz Q liegt hier als Koppelglied in der Rückkopplungsschleife und wird in seiner Serienresonanz erregt, wodurch sich Schaltkapazitäten praktisch nicht auswirken können. Diese Oszillatorschaltung eignet sich für Frequenzen von 20 KHz bis 100 MHz.

Grundfrequenz und Periodendauer eines periodischen Vorgangs sind einander umgekehrt proportional. Ein Impulsgenerator — aufgebaut auf einem Sinusoszillator mit nachgeschaltetem Impulsformen und Differenzierglied — kann daher aufgefaßt werden als Generator, der Impulse einer bestimmten Folgefrequenz abgibt, oder als Generator, der äquivalente Zeitabschnitte liefert, die durch Impulse voneinander getrennt sind. Längere Zeitabschnitte erhält man durch einfaches Aufsummieren. Mit einem Quarzoszillator lassen sich also hochkonstante Zeitnormale schaffen.

Da Quarze niedriger Eigenfrequenz (lange Periodendauer) recht groß und auch teuer sind, wird man zum Erzeugen längerer konstanter Zeitabschnitte Quarze höherer Eigenfrequenz verwenden und eine bestimmte Zahl von Perioden ausnutzen. Abb. 3.7.2/3 zeigt das Prinzip einer solchen Normalzeitgewinnung. Es soll z. B. mit einem 10 KHz-Generator G ein Zeitabschnitt von 25 ms gebildet werden. Das Startsignal für den Beginn der 25 ms wird auf das Flipflop FF gegeben. Es kippt und öffnet dadurch das Tor T zwischen dem Impulsgenerator G

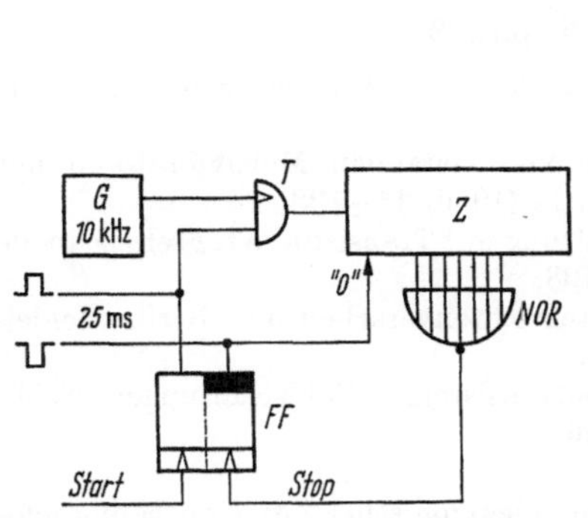

Abb. 3.7.2/3. Prinzip einer Normalzeitgewinnung

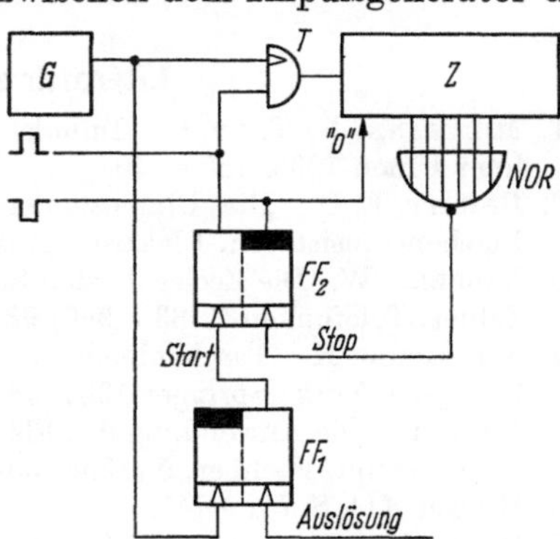

Abb. 3.7.2/4. Normalzeitgewinnung
mit synchronisiertem Start

und dem Zähler Z. Nun zählt der Generator G in den Zähler Z, der vorher auf Null stand, Impulse ein. Sind in den Zähler 250 Impulse eingezählt, so spricht die NOR-Schaltung an und gibt auf das Flipflop FF das Stoppsignal. Das Flipflop kippt in seine Anfangslage zurück, schließt das Tor T und setzt den Zähler Z auf Null. Das Flipflop hatte also für $250 \cdot 0,1$ ms $= 25$ ms seinen Zustand verändert, so daß an seinen Kollektoren ein Signal dieser Dauer abgenommen werden kann.

Liefert der Generator G eine Frequenz von 40 KHz, so kann man die NOR-Schaltung einsparen, wenn der Zähler Z drei Dekaden, also eine Untersetzung von 1/1000 hat. In diesem Fall wird der vom Zähler nach einem Durchlauf abgegebene Übertragsimpuls als Stoppsignal benutzt. Zu beachten ist bei dieser Methode, daß der Übertragsimpuls

6*

bei asynchronen Zählern mit einer gewissen Verzögerung abgegeben wird, die daher rührt, daß jede Kippstufe des Zählers eine Kippzeit benötigt (s. auch Kap. 3.1.1).

Bei der Schaltung nach Abb. 3.7.2/3 tritt ein Fehler auf, der dadurch bedingt ist, daß der Startimpuls zu einem beliebigen Zeitpunkt zwischen zwei Impulsen des Generators gegeben werden kann. Der Fehler ist am größten, wenn der Startimpuls zeitlich unmittelbar vor einem Generatorimpuls gegeben wird. Die Normalzeit wird dann um eine volle Periodendauer der Generatorfrequenz zu kurz. Dieser Fehler kann durch eine Schaltung nach Abb. 3.7.2/4 vermieden werden. Hier wird der Auslöseimpuls auf das Flipflop FF_1 gegeben, der es kippt. Der nächste Generatorimpuls wirft das Flipflop FF_1 zurück, das seinerseits dadurch den Startimpuls für das Flipflop FF_2 liefert, wodurch das Tor geöffnet wird. Der erste Generatorimpuls kommt nun praktisch eine volle Periode nach Öffnen des Tores in den Zähler. Alles andere ist analog zu Abb. 3.7.2/3. Das Wesentliche dieser Schaltung ist also, daß der Beginn der Zeitgewinnung mit der Generatorfrequenz synchronisiert ist.

Literatur zu Kapitel 3

1. MILLMANN, J., TAUB, H.: Impuls- und Digitalschaltungen, Stuttgart: Berliner Union 1963, 735—740.
2. PHILIPP, E. O.: Die Dimensionierung von bistabilen Multivibratoren mit Flächentransistoren. Elektron. Rdsch. 14 (1960) 98—108.
3. HILBERG, W.: Die Eccles-Jordan-Schaltung mit Transistoren für sehr schnelle Zähler. Telefunken-Z. 33 (1960) 98—108.
4. STEINBUCH, K.: Taschenbuch der Nachrichtenverarbeitung, Berlin/Heidelberg/New York: Springer 1967, 483ff.
5. RALL, B.: Die Anwendung des Flächentransistors in Zählschaltungen. Nachrichtentechn. Fachber. 5 (1958) 50—56.
6. Hinweis [1], S. 741—745.
7. HAAS, G.: Grundlagen und Bauelemente elektronischer Ziffernrechenmaschinen. Valvo-Ber. IV (1958) 181—183.
8. LINVILL, J. G.: Junction Transistor Blocking Oscillators. Proc. IRE 43 (1955) 1632—1639.
9. Hinweis [1], S. 49ff.
10. HÖLZLER, E., HOLZWARTH, H.: Theorie und Technik der Pulsmodulation, Berlin/Göttingen/Heidelberg: Springer 1957, 171ff.
11. Hinweis [1], S. 148ff.
12. MÖHRING, R.: Zur Dimensionierung des transistorisierten Schmitt-Triggers. Nachrichtentechnik 11 (1961) 186—188.
13. THIELE, G.: Ein hochempfindlicher Gleichstromtrigger. Elektron. Rdsch. 15 (1961) 96—98.
14. N. N.: Verbesserungen an Triggerschaltungen. Siemens Techn. Mitt. Best.-Nr. 1-6300-057.
15. WAGNER, K.: Die grundlegenden Eigenschaften des Flächentransistors im Impuls- und Schalterbetrieb. Valvo-Ber. V (1959) 86—97.
16. EBERS, J. J., MOLL, J. L.: Large-Signal Behavior of Junction Transistors. Proc. IRE 42 (1954) 1761—1772.

17. MEYER-BRÖTZ, G.: Eigenschaften und Anwendungen von Flächentransistoren als Schalter. Telefunken-Z. 33 (1960) 85—98.
18. Hinweis [1], S. 540ff.
19. ZEMANEK, H.: Schaltalgebra. Nachrichtentechn. Fachber. 3 (1956) 93—113.
20. Hinweis [4], S. 86ff.
21. HAHN, R.: Digitale Steuerungstechnik, Stuttgart: Franckh 1961, 46ff. u. 90ff.
22. Hinweis [1], S. 488ff.
23. HAAS, G.: Grundlagen und Bauelemente elektronischer Ziffern-Rechenmaschinen. Valvo-Ber. IV (1958) 157—166.
24. GÖTZ, E., HEINZERLING, H. CH., LOTT, H. G.: Transistoren in Steuerungen mit logischen Schaltelementen. ETZ-A 80 (1959) 487—492.
25. Hinweis [4], S. 389ff.
26. Hinweis [1], S. 275ff.
27. KRÄGELOH, W., KROOS, F.-K., SCHMID, E.: Ein Analog-Digital-Umsetzer mit Transistoren. Regelungstechnik 7 (1959) 168—172.
28. KRANERT, K.: Die Erzeugung linearer Sägezahnspannungen mit der Bootstrap-Schaltung. Elektron. Rdsch. 14 (1960) 181—183.
29. NAMBIAR, K. P. P., BOOTHROYD, A. R.: Junction Transistor Bootstrap Linear Sweep Circuit. Proc. I.E.E. 104B (1957) 293ff.
30. GUMOWSKI, I., LAGASSE, I., MIRA, C.: Étude d'un Intégrateur Parallèle. L'Onde Électrique XLI (1961) 647—655.
31. Hinweis [1], S. 588ff.
32. KIELGAS, H.: Direkt gekoppelte Transistor-Gleichstromverstärker mit geringer Drift für Regel- und Rechenzwecke. BBC-Nachr. (1963) 340—347.
33. OKADA, R.: Stable Transistor Wide-Band D–C Amplifiers. AIEE Transactions Commun. and Electronics 79 (1960) 26—33.
34. EARLE, W. E.: Designing Zero-Drift D–C Differential Amplifiers. Electronics 36 (1963) 66—70.
35. HACKEL, I., HAGEMANN, H.: Prinzipielle Probleme der Zerhacker-Hilfsverstärker in Operationsverstärkerschaltungen. Elektron. Rdsch. 16 (1962) 408—412.
36. HACKEL, I., HAGEMANN, H.: Auslegung von Zerhackerverstärkern. Elektron. Rdsch. 16 (1962) 509—512.
37. HACKEL, I., HAGEMANN, H.: Anwendung von Transistoren als Präzisionszerhacker. Elektron. Rdsch. 17 (1963) 122—132.
38. LADEWIG, W.: Transistorzerhacker für kleine Gleichspannungen. Zmsr (1961) 209—212.
39. EKISS, I. A., HALLIGAN, J. W.: The Application, Characterisation, and Performance of the SPAT as a Transistor Chopper. Instrument Practice 17 (1963) 387—399.
40. FRITZE, G.: Ein Nullindikator-Verstärker für Digital-Meßgeräte. Z. Instrumentenkde. 72 (1964) 108—112.
41. MEYER-BRÖTZ, G.: Eigenschaften von Zener-Dioden und ihre Anwendung als Spannungsnormal. Elektron. Rdsch. 11 (1957) 376—377.
42. N. N.: Spannungsstabilisierung, Teil 1. Siemens Techn. Mitt. Best.-Nr. 1-6300-050.
43. NIEGEL, W.: Die Zenerdiode und ihre Anwendung in der Meßtechnik. ATM-Blatt J821–2, Oktober 1962.
44. MELCHER, F.: Brückenschaltungen mit Zenerdioden zur Erzeugung von Gleichspannungen hoher Konstanz. ETZ-A 84 (1963) 277—280.

45. N. N.: Spannungsstabilisierung, Teil 2 und 3. Siemens Techn.Mitt. Best.-Nr. 1-6300-053 und 1-6300-054.
46. N. N.: Transistor-geregelte Netzgeräte, Valvo Technische Information für die Industrie, 18 H.
47. MEINKE, H., GUNDLACH, F. W.: Taschenbuch der Hochfrequenztechnik, 3. Aufl., Berlin/Heidelberg/New York: Springer 1968, 147—151.
48. KETTEL, E.: Zur Stabilität von Quarzgeneratoren, Telefunken-Z. (1952) 246—256.
49. HERZOG, W.: Oszillatorschaltungen hoher Frequenzkonstanz. AEÜ 3 (1949) 203.
50. FLEISCHHAMMER, W.: Eine Systematik der zusammengesetzten Kippstufen. Elektron. Rechenanlagen 10 (1968) 34—40.
51. PHISTER, M.: Logical Design of Digital Computers, New York: Wiley 1958, 112ff.
52. ENGBERT, D.: Integrierte Schaltungen — Weg und Ziel. Telefunken Röhren- und Halbleitermitteilungen 6510125.
53. THORKELSON, T.: The Evolution of TTL Integrated Circuits. Ind. Electronics 5 (1967) 59—66. Deutsche Übersetzungen in: Int. Elektron. Rdsch. 21 (1967) 81—86; Der Elektroniker 6 (1967) 78—81.
54. MEICHERT, F.: Spannungsvergleiche zwischen dem NBS und der PTB mit Hilfe von Zener-Dioden. PTB-Mitteilungen 4 (1969) 242—245.

4. Impulszählung

Die Impulszählung nimmt in der digitalen Meßtechnik einen breiten Raum ein. Von den zur Impulszählung bekannt gewordenen Schaltungen sollen hier nur diejenigen mit bistabilen Transistorkippstufen erwähnt werden, da diese gegenüber anderen Schaltungen die größere

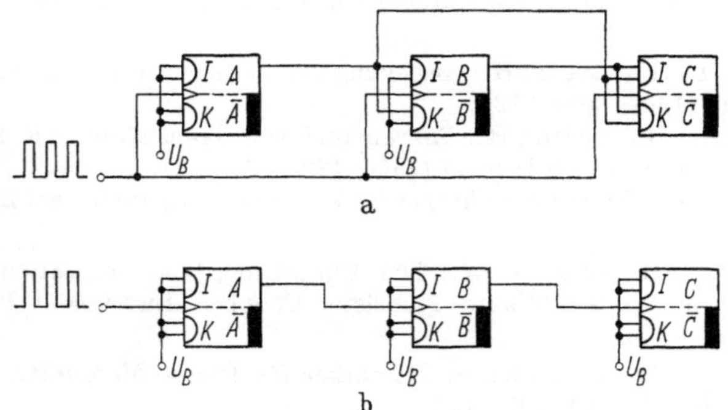

Abb. 4/1. a) Zähler mit synchroner Betriebsweise; b) mit asynchroner Betriebsweise

Bedeutung gewonnen haben. Hinsichtlich Schaltungen mit Magnetkernen, Tunneldioden, Parametrons und gasgefüllten Röhren sei auf die Spezialliteratur verwiesen [1—3].

Bei der Zusammenschaltung von bistabilen Kippstufen zu Zählschaltungen lassen sich zwei Betriebsarten unterscheiden, Zähler mit synchroner Betriebsweise und Zähler mit asynchroner Betriebsweise. In Abb. 4/1 sind beide Betriebsarten gegenübergestellt. Der asynchrone Betrieb bietet den Vorteil des geringeren Schaltungsaufwandes, ist jedoch bei hohen Frequenzen wegen der Laufzeiten der einzelnen Kippstufen nicht mehr anwendbar.

4.1 Dualzähler

Es soll hier zunächst die Wirkungsweise von Zählern mit asynchroner Betriebsweise dargestellt werden, um das Prinzipielle im Aufbau von Zählschaltungen zu zeigen. Der Entwurf von Zählern mit synchroner Betriebsweise wird im Abschnitt über dual-dekadische Zähler gezeigt.

Schaltet man mehrere Kippstufen, deren Schaltung und Dimensionierung in Kap. 3.1 angegeben wurde, in Reihe, wobei der Ansteuerimpuls jeweils als Spannungssprung vom Kollektor der vorhergehenden Stufe abgenommen wird, so erhält man einen Zähler, der die eingezählten Impulse im Dual-Code darstellt. Soll beispielsweise bis zur Zahl $15 = 1 \cdot 2^3 + 1 \cdot 2^2 + 1 \cdot 2^1 + 1 \cdot 2^0$ gezählt werden, benötigt man vier Kippstufen, denen die Wertigkeiten 2^3, 2^2, 2^1 und 2^0 zugeordnet werden. Das bedeutet, daß die vierte Stufe (2^3) mit dem 8. Impuls in die Stellung „1" kippt, die dritte (2^2) mit dem 4. Impuls usw. Jeder Impuls setzt somit die an seinem Eingang liegende Frequenz um den Faktor 2 herab. Aus diesem Grunde werden Dualzähler häufig als Impulsuntersetzer oder Frequenzteiler eingesetzt. Will man einen solchen Zähler nicht nur zum Aufsummieren von Impulsen verwenden, sondern auch zum Subtrahieren von Impulsen, so muß er durch Torschaltungen zu einem Vorwärts–Rückwärtszähler erweitert werden. Beim Vorwärtszählen wird dann durch das Umkippen einer Stufe von „1" nach „0" der Steuerimpuls für die nächste Stufe geliefert. Beim Rückwärtszählen liefert der Wechsel von „0" nach „1" den Steuerimpuls für die folgende Stufe, d. h. dieser Impuls wird von dem anderen Kollektor des Flipflops abgenommen. In Abb. 4.1/1 ist ein Vorwärts-Rückwärtszähler im Dual-Code dargestellt. Die Zählrichtung ist durch das Signal auf den Leitungen a und b bestimmt. Liegt an b Einssignal und an a Nullsignal, wird in Vorwärtsrichtung gezählt; bei der entgegengesetzten Signalverteilung ist der Zähler als Rückwärtszähler geschaltet.

An die ansteuernden Impulse werden hinsichtlich der Amplitude und der Flankensteilheit bestimmte Forderungen gestellt. Die Amplitude ist zunächst durch den Spannungssprung am Kollektor der vorhergehenden Stufe gegeben; sie ist damit normalerweise ausreichend, um die nächste Stufe umzukippen. Für die Flankensteilheit soll dagegen eine Bedingung abgeleitet werden, die erkennen läßt, ob ein sicherer Betrieb des Zählers gewährleistet ist.

Die Flankensteilheit hat stets einen endlichen Wert, so daß der ansteuernde Impuls etwa trapezförmig ist. Zur weiteren Berechnung wird der Impuls deshalb in einen linear ansteigenden Teil und einen Teil mit

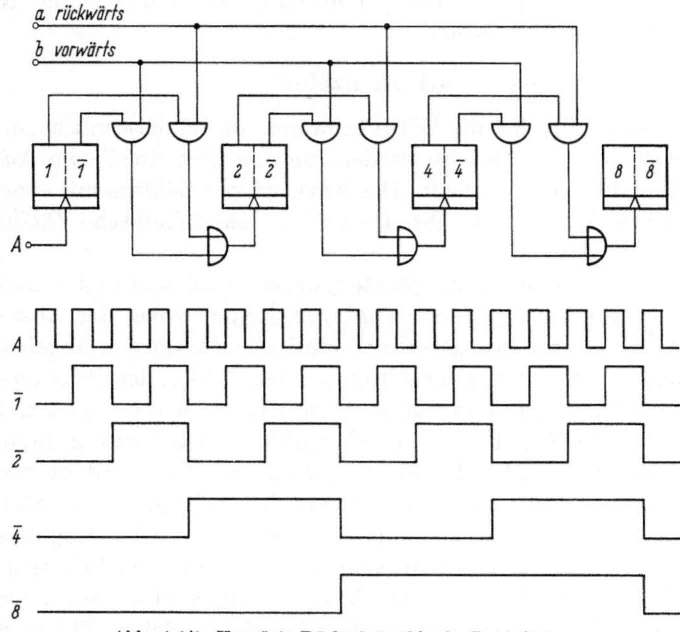

Abb. 4.1/1. Vorwärts-Rückwärtszähler im Dual-Code

konstanter Amplitude zerlegt. Die abfallende Flanke wird nicht betrachtet, da diese auf das Schaltverhalten keinen Einfluß hat. Für die Eingangsschaltung (*RC*-Glied) eines Flipflops wird die in Abb. 4.1/2 dargestellte Schaltung zugrunde gelegt.

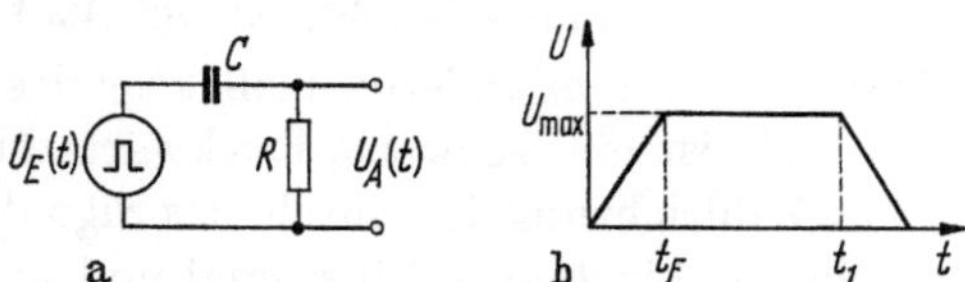

Abb. 4.1/2. Differentiation eines trapezförmigen Impulses

Nach [1] gelten folgende Beziehungen:

$$u_\mathrm{E} = \frac{Q}{C} + u_\mathrm{A}, \tag{4.1/1}$$

$$\frac{\mathrm{d}u_\mathrm{E}}{\mathrm{d}t} = \frac{1}{C}\frac{\mathrm{d}Q}{\mathrm{d}t} + \frac{\mathrm{d}u_\mathrm{A}}{\mathrm{d}t}, \tag{4.1/2}$$

$$\frac{\mathrm{d}u_\mathrm{E}}{\mathrm{d}t} = \frac{1}{RC}u_\mathrm{A} + \frac{\mathrm{d}u_\mathrm{A}}{\mathrm{d}t}. \tag{4.1/3}$$

Vom Zeitpunkt $t = 0$ bis $t = t_\mathrm{F}$ gilt

$$u_\mathrm{E} = \alpha \cdot t = \frac{u_{\max}}{t_\mathrm{F}} \cdot t. \qquad (4.1/4)$$

Aus Gln. (4.1/3) und (4.1/4) erhält man

$$\alpha = \frac{1}{RC} u_\mathrm{A} + \frac{du_\mathrm{A}}{dt}, \qquad (4.1/5)$$

$$u_\mathrm{A} = \alpha RC (1 - e^{-t/RC}) \qquad (4.1/6)$$

und mit $\tau = RC$ und $q = \dfrac{t_\mathrm{F}}{\tau}$

$$\frac{u_\mathrm{A}}{u_{\max}} = \frac{1}{q} (1 - e^{-t/\tau}). \qquad (4.1/7)$$

Für die Zeit $t = t_\mathrm{F}$ bis $t = t_1$ gilt

$$u_\mathrm{E} = u_{\max}. \qquad (4.1/8)$$

Damit erhält man aus Gl. (4.1/3)

$$0 = \frac{u_\mathrm{A}}{\tau} + \frac{du_\mathrm{A}}{dt}, \qquad (4.1/9)$$

$$u_\mathrm{A} = u_{\max} e^{-t/\tau}. \qquad (4.1/10)$$

Die Ausgangsspannung des RC-Gliedes bei einer trapezförmigen Eingangsspannung setzt sich demnach aus zwei

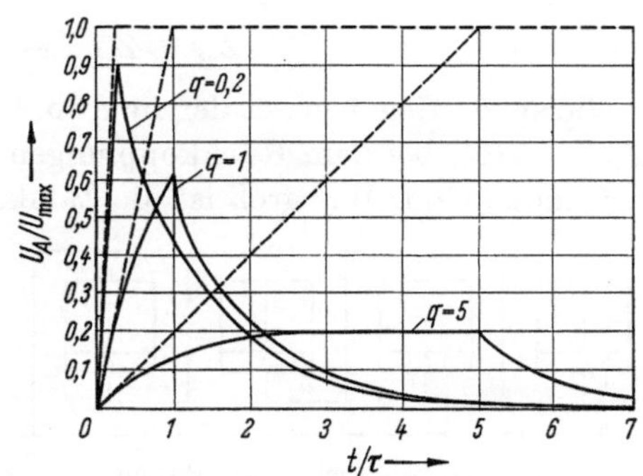

Abb. 4.1./3 Kurvenformen bei der Differentiation trapezförmiger Impulse [2]

Exponentialkurven zusammen [2]. In Abb. 4.1/3 ist diese Kurvendarstellung gezeigt, wobei $q = t_\mathrm{F}/\tau$ als Parameter gewählt wurde. Man erkennt daraus, daß bei nicht genügender Flankensteilheit die ansteuernde Impulsamplitude soweit reduziert wird, daß sie nicht mehr zum Umwerfen des Flipflops ausreicht.

Jedes Flipflop benötigt zum Umkippen eine endliche Zeit t_k [3]. Im ungünstigsten Fall addieren sich diese Zeiten, und zwar dann, wenn bei einem ansteuernden Impuls alle Flipflops der Reihe nach schalten müssen, wie es in Abb. 4.1/1 beim Übergang von Stellung 15 auf 0 dargestellt ist. Beim Dualzähler macht sich dieser Vorgang im allgemeinen nicht störend bemerkbar, da keine Verknüpfungen von den letzten Stufen auf vorhergehende vorhanden sind.

4.2 Dual-dekadische Zähler

Dualzähler lassen sich durch Rückkopplungen von Stufen mit höherer Wertigkeit auf vorhergehende Stufen so abwandeln, daß damit alle ganzzahligen Teilerverhältnisse ausgeführt werden können. Mit vier

Kippstufen sind dann die folgenden Teilerverhältnisse möglich: 1:16, 1:15, 1:14, 1:13, 1:12, 1:11, 1:10 und 1:9. Um festzustellen, welche Stufen bei einem bestimmten Teilerverhältnis zurückgesetzt werden müssen, läßt sich eine einfache Regel angeben. Dazu mögen zunächst folgende Bezeichnungen festgelegt werden:

Z_{max} — maximale Zählkapazität des Zählers,

$T_{max} = 1/Z_{max}$ — maximales Teilerverhältnis,

Z_R — Zählkapazität des rückgekoppelten Zählers,

$T_R = 1/Z_R$ — Teilerverhältnis des rückgekoppelten Zählers,

W — Wertigkeiten der rückgekoppelten Stufen ($v = 2^0$, $v = 2^1$ usw.).

Dann gilt die Beziehung

$$Z_R = Z_{max} - \Sigma W_v.$$

Beispiel: Gegeben sei der in Abb. 4.2/1 gezeigte vierstellige Zähler ($Z_{max} = 16$), bei dem Rückkopplungen auf die erste und zweite Stufe vorhanden sind. Wie groß ist die Zählkapazität dieses Zählers?

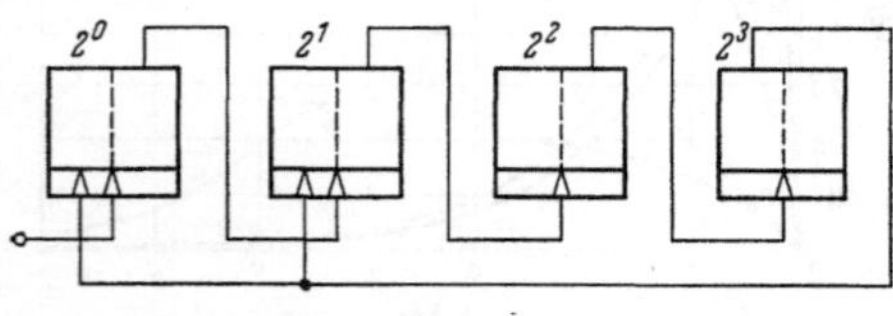

Abb. 4.2/1. Zähler mit Teilerverhältnis
$1:\{16 - (2^0 + 2^1)\} = 1:13$

$Z_R = 16 - (2^0 + 2^1) = 13,$

$T_R = 1:13.$

Besondere Bedeutung haben die Zähler, die ein Teilerverhältnis 1:10 aufweisen. Sie werden dual-dekadische Zähler genannt, da hier in jeder Dekade, die aus vier Kippstufen besteht, dual gezählt und ein Übertragsimpuls beim zehnten Eingangsimpuls an die nächste Dekade gegeben wird.

Für die Festlegung der notwendigen Rückkopplungen beim Entwurf eines dual-dekadischen Zählers ist der gewünschte Code von ausschlaggebender Bedeutung (s. Kap. 2.3). In der dort angeführten Literaturstelle [6] wird angegeben, welchen Einfluß die Rückkopplungen der einzelnen Flipflops auf die maximale Zählgeschwindig-

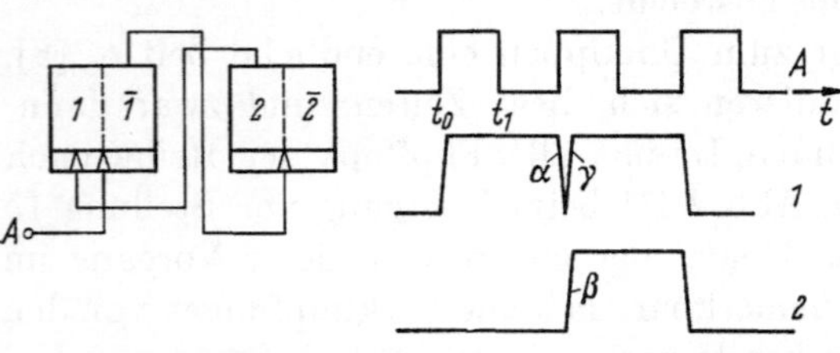

Abb. 4.2/2. Zeitverhalten bei Zählern mit Rückführung

keit des Zählers haben. Wieweit diese herabgesetzt wird, läßt sich an Hand von Abb. 4.2/2 angenähert bestimmen. Hier ist eine Schaltung mit einer Rückkopplung auf eine davor liegende Stufe und der dazugehörige Impulsplan dargestellt.

Die ansteuernden Impulse lassen zum Zeitpunkt t_0 die erste Stufe in Stellung „1" kippen. Beim nächsten Impuls wird die Stufe 2 umgeworfen und die Stufe 1 über die Rückkopplung wiederum in die Lage „1" gebracht. Es müssen nacheinander die Kippvorgänge α, β und γ ablaufen, und zwar bevor der nächste Zählimpuls an die erste Stufe gelangt ist. Wird die Auflösungszeit des Flipflops mit t_k bezeichnet, so gilt

$$T > 3 \cdot t_\mathrm{k} \qquad \left(T = \frac{1}{f_\mathrm{E}}\right),$$

d.h. die am Punkt A zulässige Eingangsfrequenz wird durch die interne Rückkopplung auf 1/3 der für ein Flipflop zulässigen Kippfrequenz reduziert. Sind die Rückkopplungen in einer anderen Form ausgeführt, gelten ähnliche Überlegungen.

Für die in Kap. 2.3 erwähnten Codes werden im folgenden die Schaltungen und Zeitdiagramme angegegeben. In Abb. 4.2/3 ist ein dual-dekadischer Zähler im Aiken-Code dargestellt. Die Rückkopplung erfolgt hier beim fünften Eingangsimpuls. Von der Stellung 0100 (entsprechend der Zahl 4) muß der Zähler beim nächsten Impuls in die Stellung 1011 ($\,\widehat{=}\,5$) geschaltet werden. Der fünfte Eingangsimpuls setzt die Stufe 1 in die Lage „1" und — abhängig von der Stellung der Stufen 4 und 2_2 — die Stufe 2_1 in Stellung „1" und die Stufe 4 in Stellung „0". Dadurch schaltet die Stufe 4 das Flipflop 2_2 nach „1" um. Bei den nächsten Eingangsimpulsen zählt der

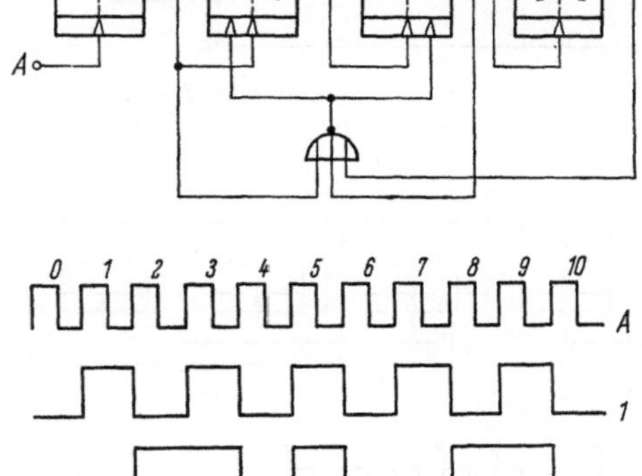

Abb. 4.2/3. Dual-dekadischer Zähler mit Aiken-Code

Zähler normal weiter und setzt beim zehnten Impuls alle Stufen auf „0". Der Übertragungsimpuls zur nächsten Dekade wird vom Kollektor 2_2 abgenommen.

Weniger Aufwand in der Rückkopplungsschaltung erfordert der in Abb. 4.2/4 angegebene Zähler. Bei diesem wird bis zum achten Eingangsimpuls wie beim Dualzähler gezählt. Der achte Impuls kippt die Stufe 2_2 nach „1". Dadurch werden die Flipflops 2_1 und 4 über die Rückkopplungsleitung in Stellung „1" gebracht.

In der Literaturstelle [6], Kap. 2.3, wird die Schaltung eines Zählers angegeben, der mit der maximal möglichen Schaltfrequenz betrieben werden kann (s. Abb. 4.2/5).

Hier sind Rückkopplungen an drei Stellen erforderlich. Die erste setzt beim Übergang von 0011 ($\hat{=}$ 3) nach 0110 ($\hat{=}$ 4) die Kippstufe 2_1 in die Lage „1". Dieser Rücksetzimpuls wird von der Stufe 2_2 abgeleitet, wenn diese auf „1" schaltet. Bei der Weiterschaltung von 0111 ($\hat{=}$ 5) nach 1010 ($\hat{=}$ 6) wird abhängig von der Stellung des Flipflops 4 die Stufe 2_1 wieder auf „1" gesetzt. Die dritte Rücksetzung erfolgt beim Wechsel von 1011 ($\hat{=}$ 7) nach 1110 ($\hat{=}$ 8), wobei wiederum die Stufe 2_1 von der Stufe 2_2 nach „1" geschaltet wird.

Als Beispiel für die synchrone Betriebsart wird im folgenden ein dual-dekadischer Zähler im Aiken-Code für Vorwärts- und Rückwärtszählung aus JK-Flipflops angegeben. Die Festlegung der Logik für die Aiken-Codierung läßt sich aus der Tab. 4.2/1 entnehmen. In der linken Hälfte der Tabelle ist der Zustand der Flipflops im Zeitpunkt t_n angegeben. In der rechten Hälfte ist bei den einzelnen Flipflops durch ein Kreuz angedeutet, bei welchem Zustand das jeweilige Flipflop

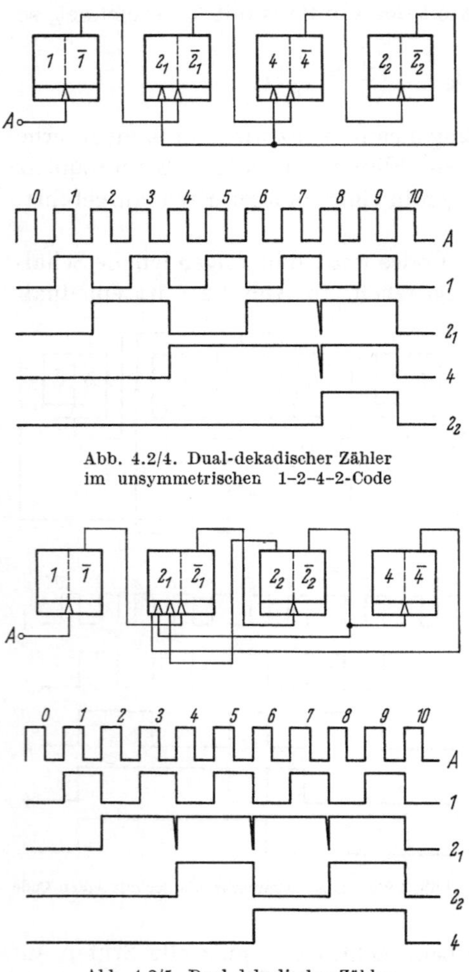

Abb. 4.2/4. Dual-dekadischer Zähler
im unsymmetrischen 1–2–4–2-Code

Abb. 4.2/5. Dual-dekadischer Zähler
im 1–2–2–4-Code

durch den nächsten Taktimpuls seine Lage wechselt. Hierbei ist mit 2_V das Flipflop mit der Wertigkeit 2 in der Vorwärtszählrichtung und mit 2_R in der Rückwärtszählrichtung bezeichnet. Die Vorwärts- bzw. Rückwärtszählrichtung wird mit Z bzw. $\overline{Z}$ bezeichnet. Damit lassen sich dann die Bedingungen für die Eingänge der Flipflops E 2, E 4 und E 2' angeben. Eine ausführliche Behandlung des Entwurfs von Zählschaltungen mit synchroner Betriebsweise findet man unter [6, 7].

Tabelle 4.2/1. *Eingangsvariablen für Vorwärts-Rückwärtszähler im Aiken-Code*

Dez.	1	2	4	2'	$E\,2$		$E\,4$		$E\,2'$	
					2_V	2_R	4_V	4_R	$2'_V$	$2'_R$
0	0	0	0	0		×		×		×
1	1	0	0	0	×					
2	0	1	0	0		×				
3	1	1	0	0	×		×			
4	0	0	1	0	×	×	×	×	×	
5	1	1	0	1	×	×	×	×		×
6	0	0	1	1		×		×		
7	1	0	1	1	×					
8	0	1	1	1		×				
9	1	1	1	1	×		×		×	

$$E\,2 = Z \cdot 1 \vee \overline{Z} \cdot \overline{1} \vee 4 \cdot \overline{2}' \vee \overline{4} \cdot 2', \qquad (4.2/1)$$

$$E\,4 = Z \cdot 1 \cdot 2 \vee \overline{Z} \cdot \overline{1} \cdot 2 \vee 4 \cdot \overline{2}' \vee \overline{4} \cdot 2', \qquad (4.2/2)$$

$$E\,2' = Z \cdot 1 \cdot 2 \cdot 4 \vee \overline{Z} \cdot \overline{1} \cdot \overline{2} \cdot \overline{4} \vee Z \cdot 4 \cdot \overline{2}' \vee \overline{Z} \cdot \overline{4} \cdot 2'. \quad (4.2/3)$$

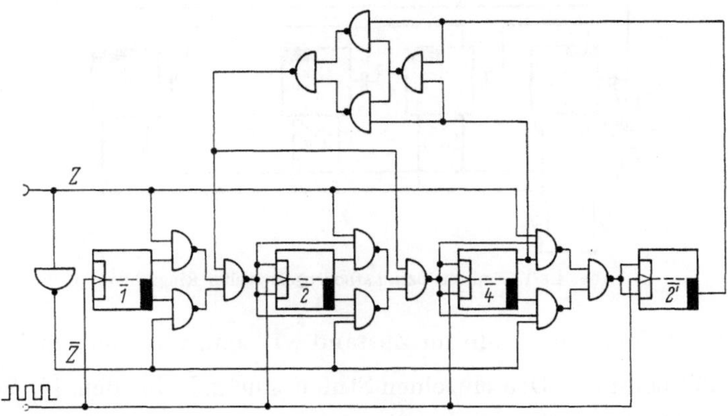

Abb. 4.2/6. Vorwärts-Rückwärtszähler im Aiken-Code mit synchroner Betriebsweise

Nimmt man an, daß nur NAND-Gatter verwendet werden sollen, so sind die Ausdrücke $E\,2$, $E\,4$ und $E\,2'$ entsprechend dem de Morganschen Theorem umzuwandeln.

$$A \vee B \vee C = \overline{\overline{A} \cdot \overline{B} \cdot \overline{C}}$$

$$E\,2 = \overline{\overline{(Z \cdot 1)} \cdot \overline{(\overline{Z} \cdot \overline{1})} \cdot \overline{(4 \cdot \overline{2}' \vee \overline{4} \cdot 2')}} \qquad (4.2/4)$$

$Z \cdot 1$ und $\overline{Z} \cdot \overline{1}$ lassen sich unmittelbar mit NAND-Gattern darstellen, der Ausdruck $\overline{4 \cdot \overline{2}'} \vee \overline{\overline{4} \cdot 2'}$ wird umgeformt:

$$\overline{4 \cdot \overline{2}'} \vee \overline{\overline{4} \cdot 2'} = (\overline{4} \vee \overline{2}') \cdot (4 \vee \overline{2}') = 4 \cdot (\overline{4} \vee 2') \vee \overline{2}' \cdot (\overline{4} \vee 2')$$

$$= 4 \cdot \overline{(4 \cdot \overline{2}')} \vee 2' \cdot \overline{(4 \cdot \overline{2}')} = \overline{4 \cdot \overline{(4 \cdot \overline{2}')} \cdot \overline{2}' \cdot \overline{(4 \cdot \overline{2}')}}. \qquad (4.2/5)$$

Dieser Ausdruck läßt sich nun ebenfalls aus NAND-Gattern aufbauen. Für die anderen Ausdrücke sind ähnliche Umformungen möglich. Man kommt damit zu der in Abb. 4.2/6 dargestellten Schaltung eines Zählers im Aiken-Code mit synchroner Betriebsweise.

Damit möge die Beschreibung der dual-dekadischen Schaltungen abgeschlossen werden. Es wurden hier nur die gebräuchlichsten Schaltungen angegeben. Weitere Schaltungen und eine umfangreiche Literaturangabe findet man in [3].

4.3 Ringzähler

Neben den bisher beschriebenen Zählschaltungen wird in der digitalen Technik eine weitere Art verwendet: die Ringzähler. Diese zählen im $\binom{n}{1}$-Code, d. h. nach n Eingangsimpulsen wird ein Ausgangsimpuls abgegeben. Ringzähler bestehen aus n bistabilen Stufen, wobei sich

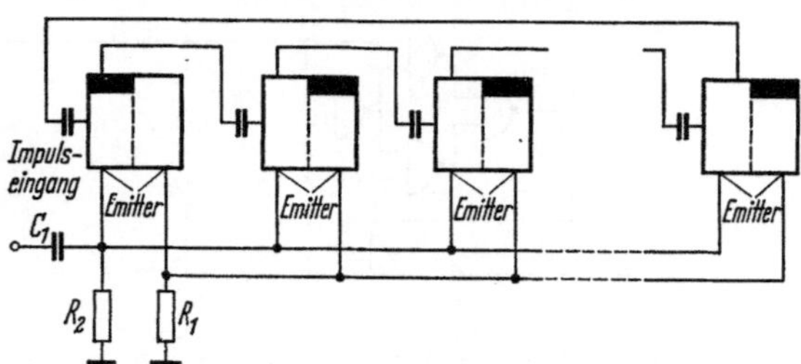

Abb. 4.3/1. Emitter- bzw. kathodengekoppelter Ringzähler

jedoch stets nur eine Stufe im Zustand „1" und alle anderen im Zustand „0" befinden. Den einzelnen Stufen sind z. B. bei dem $\binom{10}{1}$-Code die Wertigkeiten 0 bis 9 zugeordnet. Zu Beginn ist die Stufe mit der Wertigkeit Null mit „1" markiert. Durch die an allen Stufen liegenden Impulse wird die „1"-Markierung von Stufe zu Stufe weitergegeben und gelangt beim zehnten Impuls wieder an die erste Stelle.

Die einfachste Form eines Ringzählers ist die nach Abb. 4.3/1. Hierbei werden die linken und rechten Seiten der Flipflops über je einen gemeinsamen Kathoden- bzw. Emitterwiderstand geführt. Wenn, wie bei den bisherigen Schaltungen, der Zustand „1" eines Flipflops dadurch gekennzeichnet ist, daß die linke Seite stromführend ist, so muß zur Erzeugung der Vorspannung der Widerstand $R_2 = (n - 1)\,R_1$ betragen, falls der Ringzähler aus n Stufen besteht. Die Zählimpulse gelangen über den Kondensator C_1 (Abb. 4.3/1) an den Widerstand R_2 und müssen negatives Potential haben, wenn pnp-Transistoren verwendet werden. Springt die erste Stufe mit der Wertigkeit Null, die beim Einschalten mit „1" markiert war, auf „0", so wird damit die zweite Stufe über einen Kondensator auf „1" gesetzt. Bei den nächsten Zählimpulsen wiederholt sich dieser Vorgang für die folgenden Stufen, bis die markierte „1" zur n-ten Stufe gelangt ist. Nach $n + 1$ Impulsen schaltet die erste Stufe auf „1" und gibt einen Übertragsimpuls für nachfolgende Schaltungen ab.

In der in Abb. 4.3/1 dargestellten Ringzählerschaltung sind die rechten und linken Emitter bzw. Kathoden der Flipflops herausgeführt und liegen jeweils an einem gemeinsamen Widerstand. Sind mehrere Flipflops für eine möglichst universelle Verwendung auf Flachbaugruppen angeordnet, dann sind meist aus schaltungstechnischen Gründen alle Emitter bzw. Kathoden gemeinsam an eine Leitung (0 V) gelegt. Die Schaltung in Abb. 4.3/1 ist dann nicht anwendbar, und so findet man häufig Ringzählerschaltungen nach Abb. 4.3/2.

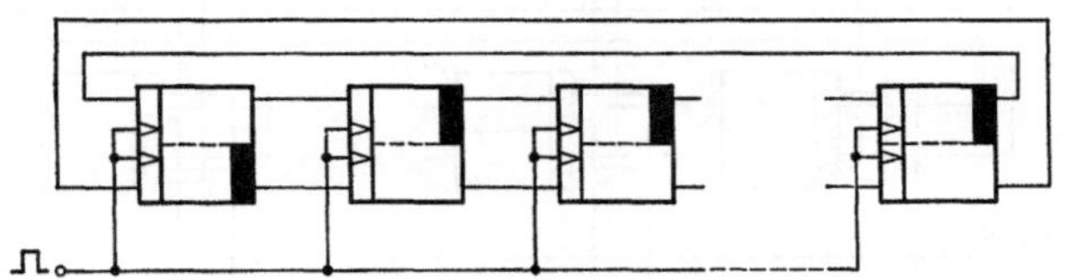

Abb. 4.3/2. Ringzähler mit Zwischenspeicherung in den dynamischen Eingängen

Hier können normale Flipflops eingesetzt werden. Den einzelnen Stufen sind auch hier wieder die Wertigkeiten 0 bis 9 zugeordnet. Ist bei Beginn der Zählung die erste Stufe auf „1" gesetzt, so ist damit das Potential der Kollektoren dieses Flipflops (s. Abb. 3.1.1/2) in den Eingangskondensatoren des folgenden Flipflops gespeichert. Dadurch ist z. B. in diesem Flipflop die Diode D_4 geöffnet, und der nächste Zählimpuls kann die zweite Stufe in die Lage „1" kippen. Die Ladungsspeicherung in den übrigen Kondensatoren ist dann derart, daß bei allen übrigen Kippstufen die linken Dioden leitend sind und der Zählimpuls bei diesen Stufen nicht wirksam wird. Für die maximale Frequenz der Schiebeimpulse ergibt sich dann die Bedingung

$$\frac{1}{f_E} > t_k + \tau,$$

wenn man mit t_k die Kippzeit eines Flipflops und mit τ die Zeitkonstante der Eingangs-RC-Kombination dieses Flipflops bezeichnet. Eine abgewandelte Ringzählerschaltung in Form eines „Möbius-Zählers" zur Zählung schnell aufeinander folgender Impulse wird in [8] beschrieben.

4.4 Schieberegister

Schieberegister werden für eine Serien-Parallelumsetzung, für eine Parallel-Serienumsetzung, für Rechenoperationen, zur Prüfzahlbestimmung bei zyklischen Codes [9, 10] und als digitale Rauschgeneratoren [11] eingesetzt. Schaltungstechnisch sind sie meist so aufgebaut wie der in Abb. 4.3/2 dargestellte Ringzähler. Soll der im Schieberegister enthaltene Wert als zeitliche Impulsfolge weitergegeben werden und am Ende der Verschiebung im Schieberegister der Wert „0" stehen, so wird die Kopplung von der letzten Stufe auf die erste unterbunden. Die Wirkungsweise des Schieberegisters ist die gleiche wie die des Ringzählers, nur wird im Schieberegister nicht nur eine „1" wie beim Ringzähler durch den Zähler geschoben, sondern dem darzustellenden Wert entsprechend mehrere Einsen. Abb. 4.4/1 zeigt ein Schieberegister, das als Parallel-Serienwandler eingesetzt wird.

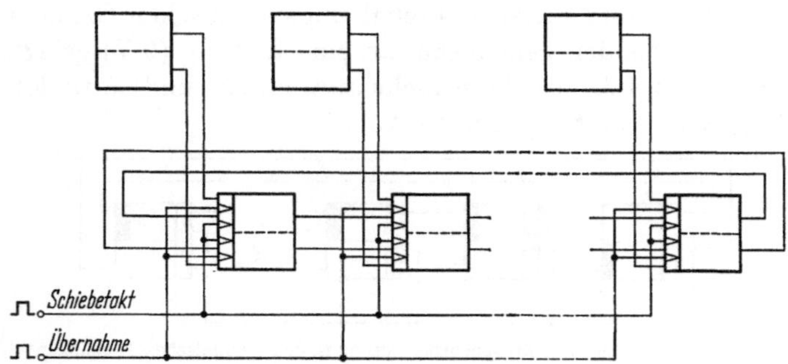

Abb. 4.4/1. Schieberegister als Parallel-Serienwandler

Nachdem im oberen Speicher beispielsweise der Wert 1011 gespeichert ist, wird dieser Wert durch den Übernahmeimpuls (Abb. 4.4/1) parallel in das Schieberegister übernommen und mittels der Schiebeimpulse durch das Register geschoben. Am Kollektor der letzten Kippstufe dieses Registers erhält man dann den im Register gespeicherten Wert in Serienimpulsdarstellung.

Literatur zu Kapitel 4

1. MILLMANN, J., TAUB, H.: Pulse and Digital Circuits, New York: McGraw-Hill 1956, 34.
2. HÖLZER, E., HOLZWARTH, A.: Theorie und Technik der Pulsmodulation, Berlin/Göttingen/Heidelberg: Springer 1957, 173.
3. STEINBUCH, K.: Taschenbuch der Nachrichtenverarbeitung, Berlin/Heidelberg/New York: Springer 1967, 501ff.
4. FLEISCHHAMMER, W.: Eine Systematik der zusammengesetzten bistabilen Kippstufen. Elektron. Rechenanl. 10 (1968) 34—40.

5. LAGEMANN, K.: Ein Vorschlag zur Darstellung asynchron betriebener JK-Flipflops. Elektron. Rechenanl. 10 (1968) 171—176.
6. PHISTER, M.: Logical Design of Digital Computers, New York: Wiley 1958.
7. WEBER, W.: Einführung in die Methoden der Digitaltechnik. AEG Handbuch Nr. 6 (1968) 130—139.
8. HILLBERG, W.: Das Zählen sehr schnell aufeinanderfolgender Impulse. NTZ 1 (1964) 24—34.
9. HAFT, G.: Maschinelle Prüfzahlbestimmung. Elektronik 6 (1964) 167—170.
10. OHNSORGE, H.: Durch Schieberegister realisierbare redundante systematische Codes. Telefunken-Z. 40 (1967) 62—69.
11. MARTIN, A. J.: Pseudo-random Binary Sequences Can Fool the System. Electronics 42 (1969) 82—87.

5. Digitales Messen auf Zählbasis

Eine Reihe von Meßaufgaben lassen sich digital mit Hilfe der Zähltechnik lösen. Zu diesen Meßaufgaben gehören die Festmengenmessung, die Frequenz- bzw. Drehzahlmessung und die Zeitmessung. Bei allen drei Messungen wird dieselbe Grundschaltung verwendet: ein Zähler, vor dessen Eingang eine Torschaltung liegt.

5.1 Die Festmengenmessung (Festmengenumsetzung)

Der digitale Festmengenmesser, meist Festmengenumsetzer oder Festmengenverschlüßler genannt, ist ein Impulszähler mit einer davorliegenden Torschaltung, die für einen bestimmten vorgewählten Zeitabschnitt geöffnet wird. Da hierbei die Zählung auf einen Zeitabschnitt bezogen wird, bildet der Festmengenumsetzer das zeitliche Integral der Meßgröße. Abb. 5.1/1 zeigt den typischen Verlauf des Zählerinhalts in Abhängigkeit von der Meßzeit. Der Festmengenumsetzer verlangt, daß die Meßgröße als Impulsfolge vorliegt, so wie es zum Beispiel bei Meßwertaufnehmern für Durchfluß oder Leistung der Fall ist (Durchfluß: Ringkolbenzähler, Woltmannzähler, Trommelzähler u.a.; Leistung: Elektrizitätszähler mit Impulsgeber, Meßmotoren). In diesem Fall übernimmt der Meßwertaufnehmer die Quantisierung, die sonst vom Analog-Digital-Umsetzer ausgeführt wird.

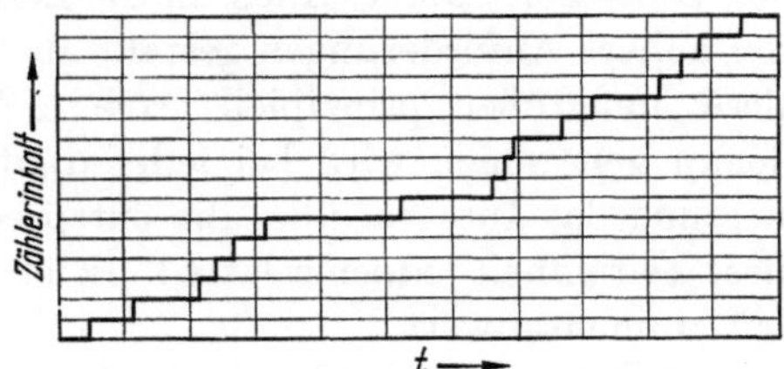

Abb. 5.1/1.   Zeitliche Änderung des Zählerinhalts bei der Festmengenumsetzung

Die Integrationszeit kann beim Festmengenumsetzer je nach Art der Meßgröße sehr unterschiedlich sein. Bei der Leistungsmessung wird meistens über 15 oder 60 Minuten integriert. Hier kann die Integrationszeit mit genügender Genauigkeit aus dem 50 Hz-Netz abgeleitet werden. Bei der Durchflußmessung werden u. U. noch wesentlich längere Integrationsintervalle gewählt, wenn z. B. der Gasverbrauch pro Tag gemessen werden soll. Hier genügt es sogar, die Torsteuerung von einer normalen Uhr vorzunehmen. Sollen hingegen Augenblickswerte gemessen werden (bei einer entsprechend schnellen Impulsfolge), so muß die Integrationszeit kurz gewählt und aus einem genaueren Normalzeitgeber gewonnen werden.

Bei sehr langsamen Impulsfolgen können mechanische Zählwerke verwendet werden, bei schnellen Impulsfolgen hingegen nur elektronische Zähler. Sollen die Ergebnisse automatisch weiterverarbeitet werden, so kommen praktisch nur elektronische Zähler in Frage.

5.2 Digitale Frequenz- und Drehzahlmessung

Frequenzen und Drehzahlen sind definiert als Schwingungen bzw. Umdrehungen pro Zeiteinheit. Entsprechend dieser physikalischen Definition muß ein digitales Meßgerät zum Erfassen dieser Größen abzählen, wieviele Schwingungen bzw. Umdrehungen auf die Zeiteinheit (Zeitbasis) entfallen. Die Meßeinrichtung besteht also wie beim Festmengenumsetzer aus einem Zähler, vor dessen Eingang eine Torschaltung liegt, die durch die gewählte Zeitbasis geöffnet wird. Während jedoch beim Festmengenumsetzer u. U. ein mechanischer Zähler verwendet werden kann, benötigt man bei der Frequenz- und Drehzahlmessung wegen der raschen Folge der Zählimpulse fast immer einen elektronischen Zähler. Auch an die Zeitbasis zur Torsteuerung werden viel höhere Anforderungen gestellt als beim Festmengenumsetzer, weil diese Meßgrößen prinzipiell größere Meßgenauigkeiten ermöglichen. Genau genommen wird bei jeder digitalen Frequenz- und Drehzahlmessung das Integral über die entsprechende Zeiteinheit gebildet; da diese Zeiteinheit jedoch relativ kurz ist, erhält man mit guter Näherung den Momentanwert.

Die Frage nach der Dauer der Zeitbasis T_M muß im Zusammenhang mit der zu messenden Frequenz f bzw. Umdrehungszahl n und dem zulässigen Fehler $\frac{\Delta f}{f}$ $\left(\text{bzw. } \frac{\Delta n}{n}\right)$ gestellt werden. Die drei Größen hängen nach Gln. (5.2/1a) und (5.2/1b) miteinander zusammen. [In den Gln. (5.2/1a) und (5.2/1b) sind die Fehler der Zeitbasis und der Laufzeit bei der Torsteuerung außer acht gelassen. Sie sind in der Regel so klein, daß sie vernachlässigt werden können.] Die Gleichungen besagen, daß z. B. eine Frequenz f nur dann mit einem Fehler $\frac{\Delta f}{f}$ von 10^{-5} gemessen werden kann, wenn der Zähler mindestens 10^5 Perioden abgezählt hat. Bei der Frequenz- und bei der Drehzahlmessung ist also bei gleichem

Fehler die Meßzeit der Frequenz bzw. der Drehzahl umgekehrt proportional.

$$\frac{\Delta f}{f} \geqq \frac{1}{f \cdot T_{\mathrm{M}}}, \qquad (5.2/1\,\mathrm{a})$$

$$\frac{\Delta n}{n} \geqq \frac{1}{n \cdot T_{\mathrm{M}}}. \qquad (5.2/1\,\mathrm{b})$$

Bei einem universellen Frequenz- bzw. Drehzahlmeßgerät wird man daher stets eine umschaltbare Zeitbasis verwenden [1].

Das Zählergebnis einer Frequenzmessung ist prinzipiell um ± 1 Einheit in der letzten Stelle unsicher; d. h. die wahre Frequenz kann sich ergeben zu

$$\frac{n-1}{T_{\mathrm{M}}}, \quad \frac{n}{T_{\mathrm{M}}} \quad \text{oder} \quad \frac{n+1}{T_{\mathrm{M}}}.$$

n Zählerstand,

T_{M} Zeitbasis.

Diese Unsicherheit rührt daher, daß der Beginn der Zeitbasis keine feste Phasenlage zu der Zählfrequenz hat. Öffnet das Tor zum Ergebniszähler, nachdem gerade ein Impuls abgeklungen ist, und schließt es, kurz bevor ein neuer Impuls kommt, so ist das Ergebnis um eine Einheit zu klein (s. Abb. 5.2/1a). Öffnet das Tor, kurz bevor ein Impuls ankommt, und schließt es, kurz nachdem ein Impuls abgeklungen ist, so ist das Ergebnis um eine Einheit zu groß (s. Abb. 5.2/1b). Öffnet und schließt das Tor jeweils

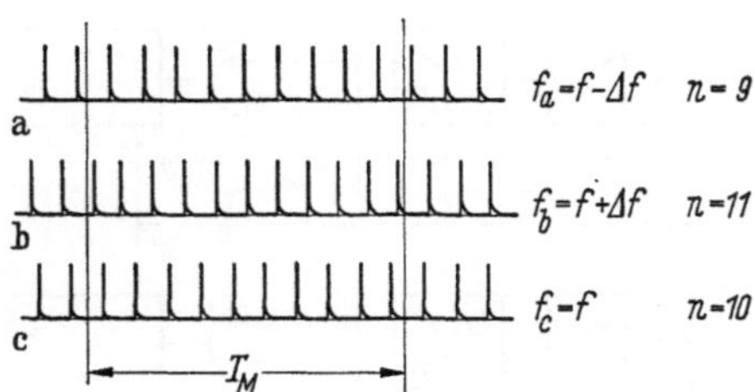

Abb. 5.2/1. Unsicherheit des Zählergebnisses
bei der Frequenzmessung

mit derselben Phasenlage zum vorherigen Impuls, dann ist das Ergebnis exakt (s. Abb. 5.2/1c). Die drei in Abb. 5.2/1 skizzierten Fälle bringen drei verschiedene Zählergebnisse, obwohl sich die Frequenzen bei a und b nur um kleine Beträge Δf von f im Fall c unterscheiden.

Periodische Vorgänge haben oft eine Kurvenform, auf die bistabile Kippstufen, wie sie in elektronischen Zählern verwendet werden, nicht ansprechen. Daher muß man in einem digitalen Frequenzmesser die unbekannte Frequenz über einen Pulsformer (s. Kap. 3.2.2.2) führen, der eine beliebige Kurvenform in Rechteckkurven großer Flankensteilheit umwandelt. Außerdem wird man einen Verstärker vorsehen, damit die Ansprechempfindlichkeit vergrößert wird.

Bei der Drehzahlmessung kommt als zusätzliche Aufgabe hinzu, daß die Meßgröße, also die Drehzahl, quantisiert werden muß. Mit dem sich

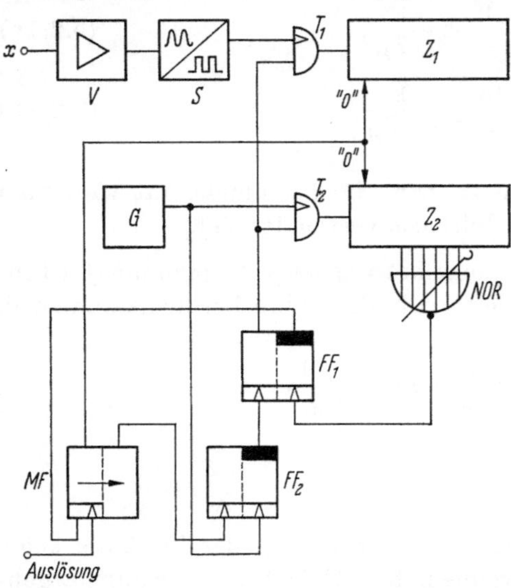

Abb. 5.2/2. Prinzipschaltbild einer digitalen Frequenz-
bzw. Drehzahlmessung

drehenden Teil muß eine Abtasteinrichtung verbunden werden, die für jede Umdrehung mindestens einen elektrischen Impuls liefert. Oft werden Einrichtungen verwendet, die bis zu 5000 Impulse je Umdrehung liefern. Die Abtastung kann mechanisch durch Betätigen eines Kontaktes, lichtelektrisch mittels Photohalbleitern, magnetisch mit Induktionsspulen und Hallsonden sowie durch Steuerung der Rückkopplung eines Oszillators erfolgen.

Abb. 5.2/2 zeigt das Prinzipschaltbild für eine Frequenz- bzw. Drehzahlmessung. Die Meßgröße x wird im Verstärker V verstärkt, im Schmitt-Trigger S pulsgeformt und über das Tor T_1 auf den Ergebniszähler Z_1 geschaltet. Das Tor T_1 wird von einer Zeitbasisschaltung nach Abb. 3.7.2/4 gesteuert. Für die Anpassung der Zeitbasis an die zu messende Frequenz bzw. Drehzahl wird die NOR-Schaltung veränderlich

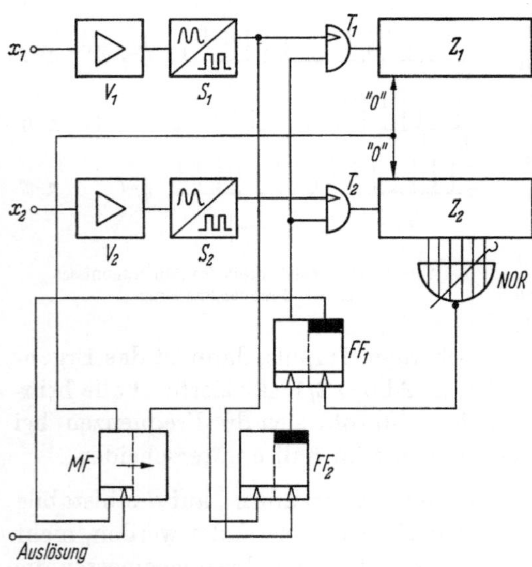

Abb. 5.2/3. Prinzipschaltbild einer digitalen Frequenz-
bzw. Drehzahlverhältnismessung

ausgelegt. Das Auslösesignal für eine Messung wird auf das Monoflop MF geführt. Von diesem wird unverzögert der Ergebniszähler Z_1

sowie der Zeitzähler Z_2 auf Null gesetzt und verzögert der Start für die Zeitbasis gegeben. Damit der Ergebniszähler während einer laufenden Messung nicht gelöscht werden kann, ist die Eingangstorschaltung des Monoflops für die Dauer der Messung durch das Flipflop FF_1 verriegelt.

Mit einer Schaltung nach Abb. 5.2/2 können Frequenzen bis etwa 100 MHz gemessen werden. Diese Grenze wird durch die elektronischen Zähler gesetzt. Sollen höhere Frequenzen digital gemessen werden, so bedient man sich der aus der analogen Technik bekannten Umsetzverfahren [2], bei denen die Mischfrequenz digital erfaßt wird.

Mit einer Schaltung, die im wesentlichen Abb. 5.2/2 entspricht, lassen sich auch Verhältnisse von Frequenzen oder Drehzahlen messen. Abb. 5.2/3 zeigt das abgeänderte Schaltbild. Der Generator G ist durch einen Verstärker V_2 und einen Schmitt-Trigger S_2 ersetzt. Die Zeitbasis, während der die Meßgröße x_1 gemessen wird, ist jetzt von der Meßgröße x_2 abgeleitet. Die im Zähler Z_1 stehende Zahl n_1 errechnet sich nach Gl. (5.2/2) aus der unbekannten Frequenz f_{x1} und der Meßzeit T_M.

$$n_1 = f_{x1} \cdot T_M . \tag{5.2/2}$$

Für die Meßzeit T_M gilt aber

$$T_M = \frac{n_2}{f_{x1}} . \tag{5.2/3}$$

Gl. (5.2/3) in Gl. (5.2/2) eingesetzt ergibt

$$n_1 = \frac{f_{x1}}{f_{x2}} \cdot n_2 . \tag{5.2/4}$$

Der Faktor n_2 in Gl. (5.2/4) wird an dem die NOR-Schaltung beeinflussenden Schalter eingestellt und kann dort abgelesen oder durch eine entsprechende Kommastellung in das Ergebnis des Zählers Z_1 eingeblendet werden. Die im Zähler Z_1 stehende Zahl n_1 ist damit der Quotient der beiden Frequenzen f_{x1} und f_{x2}. Bei der Schaltung nach Abb. 5.2/3 ist es sinnvoll, von den beiden Frequenzen bzw. Drehzahlen die niedrigere an den Eingang x_1 zu legen und von der höheren die Zeitbasis abzuleiten. Dadurch verringert sich die Meßzeit, und das Ergebnis erhält keine unnötigen Stellen. Aus diesem Grunde ist auch der Synchronisiereingang des Flipflops FF_2 an den oberen Meßkreis angeschlossen.

5.3 Digitale Zeit- und Periodendauermessung

Bei der digitalen Periodendauermessung sind gegenüber der digitalen Frequenzmessung die Rollen der unbekannten zu messenden Frequenz und der konstanten Quarzfrequenz miteinander vertauscht (s. Abb. 5.2/2). Im Gegensatz zu der Frequenzmessung wird bei der Periodendauermessung die Zeitbasis, während der das Tor zum Ergebniszähler geöffnet ist, von der unbekannten Periodendauer abgeleitet und die Frequenz des konstanten Quarzgenerators mit dem Ergebniszähler ausgezählt. Um eine optimale Stellenzahl des Meßergebnisses zu erhalten, wird man je nach der zeitlichen Dauer der zu messenden Periode die Impulse des Quarzgenerators während einer oder mehrerer Perioden in den Ergebniszähler einzählen.

Abb. 5.3/1 zeigt das Prinzipschaltbild für eine digitale Periodendauermessung. Auf den von außen gegebenen Auslöseimpuls kippt das Monoflop MF in den quasistabilen Zustand. Dabei wird der Ergebniszähler Z_1 sowie der Zeitzähler Z_2 auf Null gesetzt. Beim Zurück-

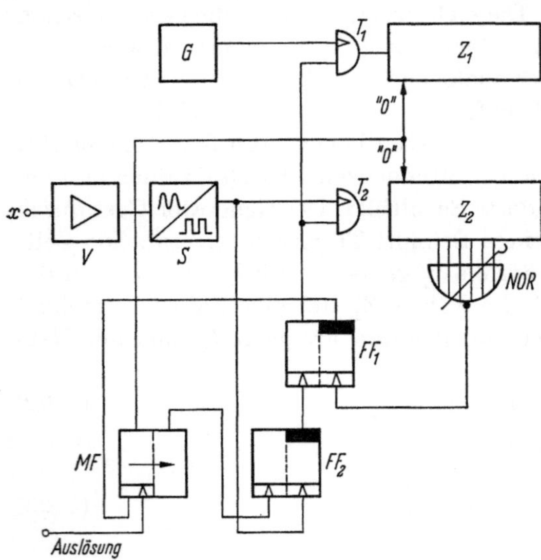

Abb. 5.3/1. Prinzipschaltbild einer digitalen Periodendauermessung

kippen des Monoflops wird das Flipflop FF_2 markiert. Der nächste aus der zu messenden Periodendauer abgeleitete Impuls des Schmitt-Triggers S wirft das Flipflop FF_2 zurück, wodurch das Flipflop FF_1 gekippt wird. Dadurch werden die Tore T_1 und T_2 geöffnet und das Monoflop gegen ein erneutes Auslösen verriegelt. Nun zählen der Generator G in den Ergebniszähler Z_1 und die unbekannte Frequenz in den Zeitzähler Z_2 ein. Sobald im Zähler Z_2 die mit der NOR-Schaltung vorgewählte Impulszahl eingezählt ist, gibt diese einen Impuls ab, der das Flipflop FF_1 zurücksetzt. Hierdurch werden die Tore T_1 und T_2 geschlossen und das Monoflop für den nächsten Anreiz freigegeben. Für die Periodendauer gilt nun

$$T_P = \frac{1}{f_G}\left(\frac{n_1}{n_2} \pm 1\right). \tag{5.3/1}$$

n_1　Stand des Zählers Z_1,

n_2　Stand des Zählers Z_2,

f_G　Frequenz des Generators G.

Soll mit einem Gerät die Periodendauer hoher bis sehr niedriger Frequenzen oder Drehzahlen gemessen werden, so wird man in Abb. 5.3/1 zwischen dem Generator G und dem Tor T_1 zusätzlich einen umschaltbaren Untersetzer anbringen, mit dem man bei sehr niedrigen Frequenzen die Zählfrequenz der Periodendauer anpassen kann.

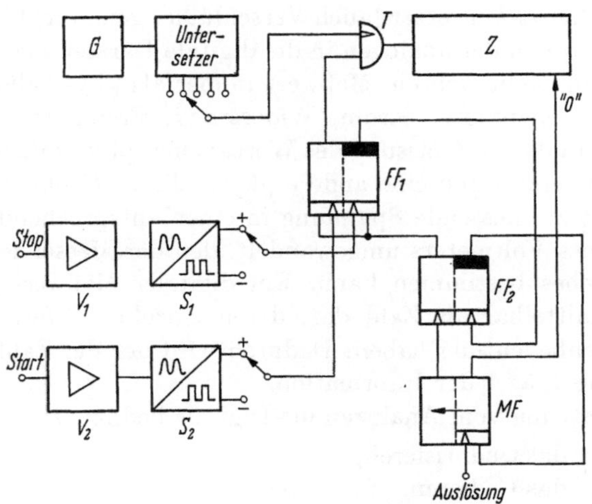

Abb. 5.3/2. Prinzipschaltbild einer digitalen Zeitmessung

Ein digitaler Zeitmesser unterscheidet sich von einem digitalen Periodendauermesser dadurch, daß Start und Stop für das Einzählen der Quarzfrequenz in den Ergebniszähler von zwei verschiedenen Kanälen abgeleitet werden. Dadurch wird der Zeitzähler überflüssig. Die Anpassung der Meßanordnung an die Länge des zu messenden Zeitintervalles wird über einen Untersetzer für die Quarzoszillatorfrequenz erreicht. Abb. 5.3/2 zeigt das Prinzipschaltbild. Durch den auf die monostabile Kippstufe MF gegebenen Auslöseimpuls wird unverzögert der Ergebniszähler Z auf Null gesetzt und verzögert das Flipflop FF_2 gekippt. Dadurch werden die Eingangstorschaltungen der bistabilen Kippstufe FF_1 geöffnet, so daß die von den Start- und Stoppkanälen kommenden Impulse diese Kippstufe einmal hin- und zurückkippen können. Zwischen dem Hin- und Zurückkippen ist das Tor T geöffnet, und der Generator G zählt über den Untersetzer in den Ergebniszähler ein. Wenn das Flipflop FF_1 zurückkippt, wird ebenfalls FF_2 zurückgeworfen, wodurch die Eingangstorschaltungen von FF_1 wieder verriegelt werden. Solange FF_2 gekippt ist, ist die Eingangstorschaltung der monostabilen Kippstufe MF gegen ein erneutes Auslösen verriegelt.

Literatur zu Kapitel 5

1. HAEFELE, G.: Elektronische Universalzähler. ATM-Blatt J 071-9, Juli 1964.
2. KLOSE, M.: Digitale Zeit-, Frequenz- und Drehzahlmeßgeräte. VDI-Ber. 78 (1964) 63—69.

6. Analog–Digital-Umsetzer

Analog-Digital-Umsetzer (auch Verschlüßler genannt) [1, 2] dienen zum Umsetzen von der analogen in die digitale Darstellung eines Meßwertes. Analog stellt sich ein Meßwert immer als physikalische Größe dar, z.B. als Spannung, Strom, Widerstand, Frequenz, Zeit, Weg, Winkel. Zur analogen Erfassung des Wertes einer physikalischen Größe wird diese oft erst gegen eine andere physikalische Größe vertauscht; z.B. wird die zu messende Spannung in einen entsprechenden Zeigerausschlag eines Voltmeters umgewandelt, den der Messende mit Hilfe eines Maßstabes bestimmen kann. Ein digitaler Meßwert stellt sich dagegen unmittelbar als Zahl dar, deren einzelne Ziffern eine festgelegte Stellenbedeutung haben. Dadurch wird der der Zahl zugrunde liegende Code Träger der Information.

Die Umsetzung vom Analogen ins Digitale bedingt zwei Vorgänge:

 1. das Quantisieren,
 2. das Codieren.

Quantisieren heißt, daß der Amplitudenbereich einer Meßgröße in eine endliche Anzahl meist gleicher Teilbereiche (Quanten) unterteilt wird. Einem bestimmten Meßwert entspricht immer eine ganz bestimmte Anzahl dieser Quanten. Da durch die Quantisierung nur eine endliche Anzahl von Werten gebildet werden kann, die analoge Meßgröße innerhalb ihres Amplitudenbereiches aber unendlich viele Werte annehmen kann, ist die Quantisierung meist mit einem Fehler, dem Quantisierungsfehler F_Q verbunden. Die Größe dieses Quantisierungsfehlers bezogen auf den Analogwert hängt von der Anzahl n der Teilbereiche, in die der Amplitudenbereich unterteilt wird, und von der Auslegung des Analog-Digital-Umsetzers ab und schwankt zwischen den durch Gl. (6/1) gegebenen Grenzen.

$$\pm \frac{1}{n} \geqq F_Q \geqq \pm \frac{1}{2} \cdot \frac{1}{n}\,.$$

Codieren heißt, daß die dem Meßwert entsprechende Zahl der Quanten in einem bestimmten Code dargestellt wird (s. Kap. 2).

Maßgebend für die Beurteilung und die zweckmäßige Auswahl eines A/D-Umsetzers sind folgende Gesichtspunkte:

 a) Meßungenauigkeit,
 b) Eingangswiderstand,
 c) Öffnungszeit, Umsetzungszeit.

Diese Reihenfolge stellt keine Rangordnung dar, da beispielsweise die Umsetzungszeit bei bestimmten Meßaufgaben wichtiger sein kann als die erreichbare Meßungenauigkeit. Die Hersteller von Digital-Voltmetern bieten aus diesem Grunde ein großes Spektrum an, um die Auswahl eines für die jeweilige Meßaufgabe zweckmäßigen Gerätes zu ermöglichen.

Im folgenden sollen die obigen Gesichtspunkte eingehender untersucht werden:

a) Meßungenauigkeit. Während in der analogen elektrischen Meßtechnik Meßungenauigkeiten von $\pm 0,1\%$ vom Endwert erreicht werden, brachte die digitale Meßtechnik eine Genauigkeitssteigerung um etwa zwei Zehnerpotenzen. Dadurch entstand jedoch der Wunsch der Herstellerfirmen nach höheren Genauigkeiten der zur Eichung der Digital-Meßgeräte benötigten Grundnormalien, wie Normalelement und Normalwiderstand [29, 30]. Da es sich bei den Digital-Meßgeräten nicht um Geräte für den eichpflichtigen Verkehr handelt, muß bei den Grundnormalien nicht mit den von der Physikalisch-Technischen-Bundesanstalt (PTB) bescheinigten Gewährleistungsfehlergrenzen gerechnet werden. Wenn die Herstellerfirmen je einen Satz von Normalelementen und Normalwiderständen bereithalten, so ist es möglich, für diese „Normalien" bei entsprechender Wartung und Vergleichsmessungen Genauigkeiten von $\pm 1 \cdot 10^{-6}$ zu erreichen [34, 35, 37]. Da die Meßunsicherheit des Prüfverfahrens nach DIN 1319 höchstens $^1/_5$ der Fehlergrenze des Prüflings betragen soll [28], erhält man für die Fehlergrenzen von Meßgeräten ohne Eingangsspannungsteiler im günstigsten Fall einen Wert $F = \pm 5 \cdot 10^{-6}$. Für Meßgeräte mit Eingangsspannungsteiler kommt ein Fehler in der gleichen Größenordnung hinzu. Damit beträgt die bei der Eichung von Digitalvoltmetern maximal zu erreichende Meßungenauigkeit $\pm 1 \cdot 10^{-5}$. Angeboten werden heute Digital-Meßgeräte mit Meßungenauigkeiten von $\pm 5 \cdot 10^{-5}$.

Die Genauigkeitsangaben bei A/D-Umsetzern und Digital-Voltmetern (A/D-Umsetzer mit Ziffernanzeiger) sind durchaus nicht einheitlich. In [9] wird eine Definition der verwendeten Genauigkeitsangaben gegeben, auf die näher eingegangen werden soll.

Einmal wird die Bezeichnung „$X\%$ vom Endwert" in jedem Bereich (full scale of range in use) verwendet. Bei einer Meßbereichsumschaltung gilt dieser Fehler in jedem Bereich und ist über diesen konstant, wobei er bei einer Polaritätsumschaltung nur auf eine Polarität bezogen wird.

Bei einer zweiten Bezeichnung wird der Fehler auf den Meßwert bezogen und als „$Y\%$ vom Meßwert" (of reading) angegeben.

Zusätzlich ist bei beiden Angaben noch der Quantisierungsfehler zu berücksichtigen, der bei allen digitalen Geräten grundsätzlich gegeben ist. Die Entstehung dieses Quantisierungsfehlers kann mit Abb. 6.1 wie folgt erklärt werden: Der Meßbereich möge in n Stufen quantisiert sein. Die Eichung des Gerätes wird dann so vorgenommen, daß ein

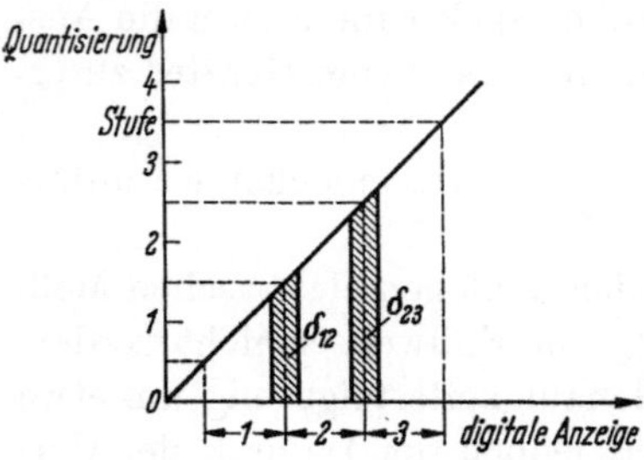

Abb. 6/1. Der Quantisierungsfehler bei digitalen Meßgeräten

Wechsel in der Anzeige von 0 nach 1 bei 1/2 Quantisierungsstufe, der Wechsel von 1 nach 2 bei 3/2 Quantisierungsstufen erfolgt. Jeder Übergang von einer Stufe zur nächsten ist infolge der endlichen Ansprechschwelle des Entscheidungsgliedes (Nullverstärker) mit einem Unsicherheitsbereich δ behaftet. So kann z. B. bei einer Anzeige 2 der wirkliche Meßwert auch in δ_{12} oder δ_{23} liegen, d. h. er kann 1, 2 oder 3 betragen. Bedingt durch die Quantisierung muß also eine digitale Anzeige Z stets in der Form $Z \pm 1$ angegeben werden, wenn man den Quantisierungsfehler auf den Digitalwert bezieht.

Damit wird die Angabe des Gesamtfehlers für einen A/D-Umsetzer noch unübersichtlicher. Es sollen deshalb die oben genannten Fehlerangaben an zwei Beispielen erläutert werden.

Beispiel 1: Ein vierstelliges Digital-Voltmeter habe eine Meßungenauigkeit von $\pm 0,01\%$ vom Endwert ± 1 Einheit. Wie groß ist der Gesamtfehler in mV bei einem Meßbereich von 9,999 V ? Wie man aus Abb. 6/2 erkennt, ist der Fehler konstant über den ganzen Bereich und setzt sich aus $9,9 \cdot 10^{-4}$ V $+ 1 \cdot 10^{-3}$ V zusammen. (Bei einem fünfstelligen DVM würde der Fehler $9,9 \cdot 10^{-4}$ V $+ 0,1 \cdot 10^{-3}$ V betragen.)

Beispiel 2: Bei einem fünfstelligen DVM mit der Angabe $\pm 0,01\%$ vom Meßwert ± 1 Einheit ergibt sich dagegen die in Abb. 6/3 gezeigte Fehlerkurve.

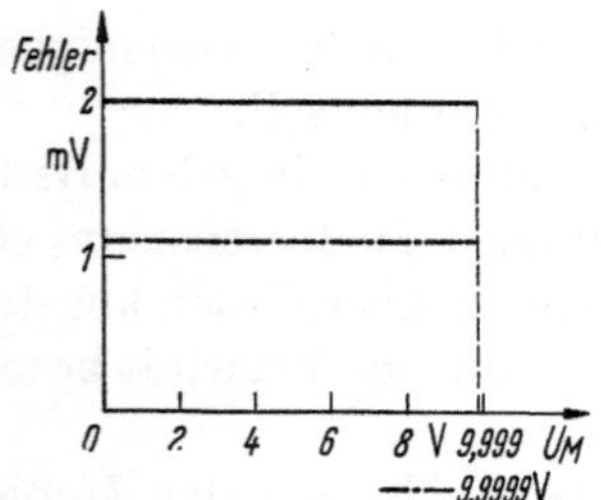

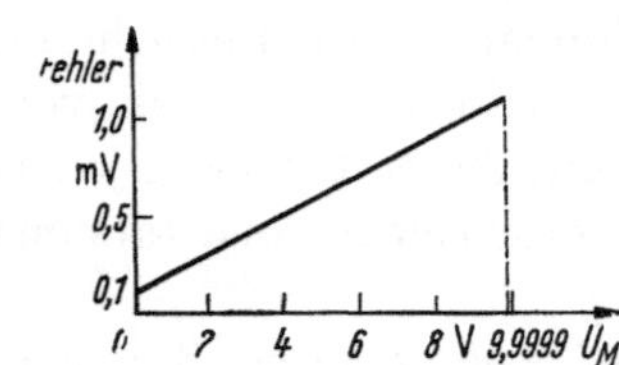

Abb. 6/2. Fehlanzeige eines Digitalvoltmeters bei einer Meßungenauigkeit von $\pm 0,01\%$ v. E. ± 1 Einheit (— vierstelliges DVM; — · — fünfstelliges DVM) [9]

Abb. 6/3. Fehlanzeige eines fünfstelligen Digital-Voltmeters bei einer Meßungenauigkeit von $\pm 0,01\%$ v. M. ± 1 Einheit [9]

Die Empfindlichkeit E des DVM ist nach [10] durch folgenden Ausdruck gegeben:

$$E = \frac{\text{beobachtete Änderung der Anzeige}}{\text{verursachende Änderung der Meßgröße}}.$$

Wenn die kleinste Änderung der Anzeige eine Einheit ist, wird somit die Empfindlichkeit gleich dem Quantisierungsfehler.

b) Eingangswiderstand. Mißt man mit einem Spannungsmesser (Eingangswiderstand R_E) eine EMK E_X (Innenwiderstand R_I), so ergibt die Messung nicht die EMK, sondern die Klemmenspannung U_X gemäß der Beziehung (6/1) aus [8]

$$U_\mathrm{X} = E_\mathrm{X} \frac{R_\mathrm{E}}{R_\mathrm{I} + R_\mathrm{E}}, \tag{6/1}$$

$$U_\mathrm{X} = E_\mathrm{X}(1 - F_\mathrm{K}),$$

wobei F_K den prozentualen Fehler darstellt:

$$F_\mathrm{K} = \frac{E_\mathrm{X} - U_\mathrm{X}}{E_\mathrm{X}}.$$

Aus Gl. (6/1) erhält man

$$F_\mathrm{K} = \frac{R_\mathrm{I}}{R_\mathrm{I} + R_\mathrm{E}}. \tag{6/2}$$

Mißt man mit einem A/D-Umsetzer, der stets ebenfalls einen endlichen Eingangswiderstand R_E besitzt, eine EMK, so muß man den gemessenen Wert nach Gl. (6/2) korrigieren. Für einen Umsetzer läßt sich der Eingangswiderstand angenähert berechnen, wenn man folgendes Ersatzschaltbild zugrunde legt (Abb. 6/4):

$$U_\mathrm{X} = I_\mathrm{E}R_\mathrm{G} + (I_\mathrm{E} + \Sigma I) R_\mathrm{K}, \tag{6/3}$$

$$\Sigma I = \ddot{u}U_\mathrm{X} \tag{6/4}$$

$\ddot{u}$ Übersetzungsfaktor,

$$U_\mathrm{X} = I_\mathrm{E}(R_\mathrm{G} + R_\mathrm{K}) + \ddot{u}U_\mathrm{X} \cdot R_\mathrm{K} \tag{6/5}$$

R_G Eingangswiderstand des Nullverstärkers,

$$U_\mathrm{X} = I_\mathrm{E} \frac{R_\mathrm{G} + R_\mathrm{K}}{1 - \ddot{u}R_\mathrm{K}}, \tag{6/6}$$

$$\frac{U_\mathrm{X}}{I_\mathrm{E}} = R_\mathrm{E} = \frac{R_\mathrm{G} + R_\mathrm{K}}{1 - \ddot{u}R_\mathrm{K}} \tag{6/7}$$

und mit Gl. (6/5)

$$R_\mathrm{E} = \frac{R_\mathrm{G} + R_\mathrm{K}}{U_\mathrm{X} - \Sigma I R_\mathrm{K}} U_\mathrm{X}. \tag{6/8}$$

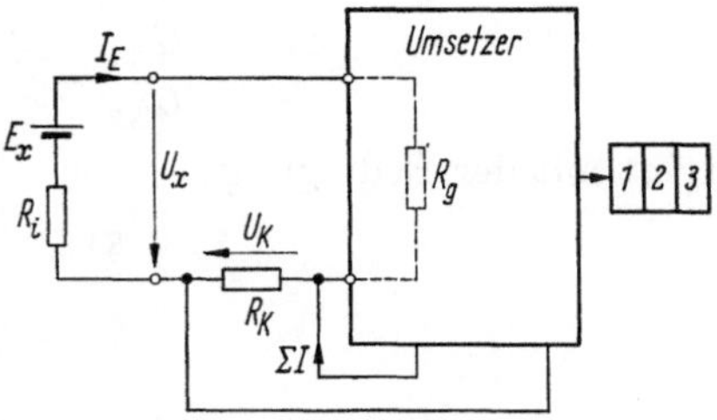

Abb. 6/4. Ersatzschaltbild eines A/D-Umsetzers mit Stromsummierung

Bezeichnet man mit F_K den für das Gerät angegebenen prozentualen

Fehler und mit $U_{\max}$ den Meßbereichsendwert, so erhält man

$$U_{\mathrm{X}} - \Sigma I \cdot R_{\mathrm{K}} = F_{\mathrm{K}} \cdot U_{\max}, \tag{6/9}$$

$$R_{\mathrm{E}} = \frac{R_{\mathrm{G}} + R_{\mathrm{K}}}{F_{\mathrm{K}} \cdot U_{\max}}\, U_{\mathrm{X}}. \tag{6/10}$$

Nach Gl.(6/7) kann der Eingangswiderstand variieren, und zwar im Abgleichsfall, wenn die Bedingung $üR_{\mathrm{K}} \approx 1$ erfüllt ist, erreicht R_{E} seinen Maximalwert. Im ungünstigsten Fall wird $F_{\mathrm{K}} U_{\max} = U_{\mathrm{X}}$, und nach Gl.(6/10) erhält man $R_{\mathrm{E}} = R_{\mathrm{G}} + R_{\mathrm{K}}$.

Den Eingangswiderstand R_{E} eines A/D-Umsetzers kann man wie folgt ermitteln: Eine passend gewählte Spannungsquelle mit dem In-

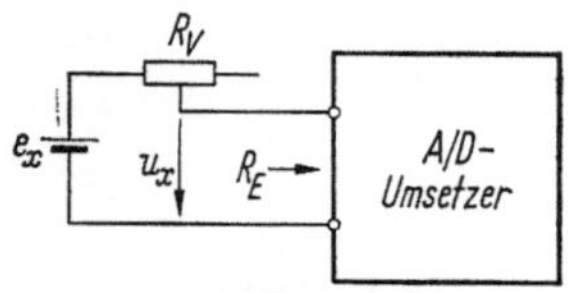

Abb. 6/5. Ermittlung des Eingangswiderstandes R_{E} eines A/D-Umsetzers

nenwiderstand $R_{\mathrm{I}} \approx 0$ wird über einen Vorwiderstand R_{V} an den A/D-Umsetzer angeschlossen. Zunächst wird der bei $R_{\mathrm{V}} = 0$ angezeigte Meßwert des Umsetzers notiert. Dann wird R_{V} auf einen festen Wert, z. B. $5\,\mathrm{k}\Omega$, eingestellt und der dabei angezeigte Wert ebenfalls notiert (Abb. 6/5).

Aus diesen beiden Werten ist es möglich, R_{E} wie folgt zu bestimmen (unter Vernachlässigung des Störstromes des Umsetzers):

Nach Gl.(6/1) gilt

$$E_{\mathrm{X}} = \frac{U_{\mathrm{X1}}}{1 - F_{\mathrm{K1}}} = \frac{U_{\mathrm{X2}}}{1 - F_{\mathrm{K2}}}, \tag{6/11}$$

$$\frac{U_{\mathrm{X1}}}{U_{\mathrm{X2}}} = \frac{1 - F_{\mathrm{K1}}}{1 - F_{\mathrm{K2}}} \tag{6/12}$$

und nach Gl.(6/2)

$$F_{\mathrm{K2}} = \frac{R_{\mathrm{V}}}{R_{\mathrm{V}} + R_{\mathrm{E}}}. \tag{6/13}$$

Gl.(6/13) in Gl.(6/12) eingesetzt

$$\frac{U_{\mathrm{X1}}}{U_{\mathrm{X2}}} = \frac{R_{\mathrm{V}} + R_{\mathrm{E}}}{R_{\mathrm{E}}} \tag{6/14}$$

ergibt mit der Bedingung

$$F_{\mathrm{K1}} \to 0 \tag{6/15}$$

$$R_{\mathrm{E}} = \frac{R_{\mathrm{V}}}{\dfrac{U_{\mathrm{X1}}}{U_{\mathrm{X2}}} - 1}. \tag{6/16}$$

Mit den gemessenen Werten U_{X1}, U_{X2} und dem bekannten Wert von R_{V} kann R_{E} aus Gl.(6/16) berechnet werden.

c) Öffnungszeit, Umsetzungszeit. Das dynamische Verhalten eines Meßgerätes wird in der analogen elektrischen Meßtechnik durch die Einstellzeit beschrieben. In der digitalen Meßtechnik hat man dagegen eine andere Einteilung zu wählen, da der Meßvorgang häufig automatisch abläuft und die Ausgabe des Meßwertes vom eigentlichen Meßvorgang getrennt erfolgt.

Die Einstellzeit setzt sich damit aus der Öffnungszeit und der Ausgabezeit zusammen (Abb. 6/6).

Die Öffnungszeit ist die Zeit, die benötigt wird, um eine vollständige Analog–Digital-Umsetzung zu ermöglichen. Sie beginnt mit dem Start des Triggersignals zur Umsetzung und endet mit dem Anstehen des digitalen Ausgangssignals unter Berücksichtigung der geforderten Genauigkeit. Bei Digitalvoltmetern mit automatischer Bereichs- und Polaritätswahl setzt sich die Öffnungszeit aus der Anpassungszeit und der Umsetzungszeit zusammen.

Abb. 6/6.   Öffnungszeit und Umsetzungszeit beim A/D-Umsetzer

Verläuft die Meßgröße sinusförmig, so läßt sich eine Beziehung zwischen der Auflösung ΔE, der Öffnungszeit $t_ö$ und der maximalen Frequenz der Meßgröße ableiten [31].

$$e(t) = \hat{E} \sin \omega t,$$

$$\frac{de(t)}{dt} = \omega \hat{E} \cos \omega t,$$

für $t = 0$

$$\frac{de(t)}{dt} = \hat{E} \omega,$$

$de(t) = \Delta E$ und $dt = t_ö$ gesetzt, ergibt:

$$t_ö = \frac{\Delta E}{2 \pi f \hat{E}}.$$

Beispiel: Ein A/D-Umsetzer mit einer Auflösung ΔE von 0,1% und einer Öffnungszeit $t_ö$ von 10^{-6} s wird bei einer maximalen Amplitude der Meßgröße von 10 V noch richtige Ergebnisse liefern, sofern die Frequenz der Meßgröße $<$15,92 Hz ist.

Diese Beziehung liefert zwar einen Zusammenhang zwischen der maximalen Frequenz der Meßgröße und der Auflösung des A/D-Umsetzers, nicht berücksichtigt bleibt dagegen die Tatsache, daß bei fortlaufender A/D-Umsetzung einer sich ändernden Meßgröße eine Treppenkurve gebildet wird, die gegenüber der Eingangsmeßgröße eine Amplitudenverzerrung aufweist, ähnlich wie bei der Verwendung von Filtern, die, bedingt durch ihren Frequenzgang, eine Amplitudenverzerrung bewirken. Speziell bei Meßwertverarbeitungsanlagen und digitalen Fernmeßsystemen, bei denen eine größere Anzahl von Meßwerten zyklisch abgetastet wird, ist eine Betrachtung über die auftretenden Amplitudenverzerrungen von Bedeutung. Daher soll der Frequenzgang des Haltekreises und die sich daraus ergebende Amplitudenverzerrung abgeleitet werden.

Die Messung einer Funktion $e(t)$ durch fortlaufende (intern oder extern getriggerte) A/D-Umsetzungen entspricht der Abtastung von $e(t)$ durch einen nach der Funktion $u(t)$ betätigten Schalter (Abb. 6/7).

Dieser Zusammenhang läßt sich wie folgt darstellen:

$$e^*(t) = e(t) \cdot u(t). \tag{6/17}$$

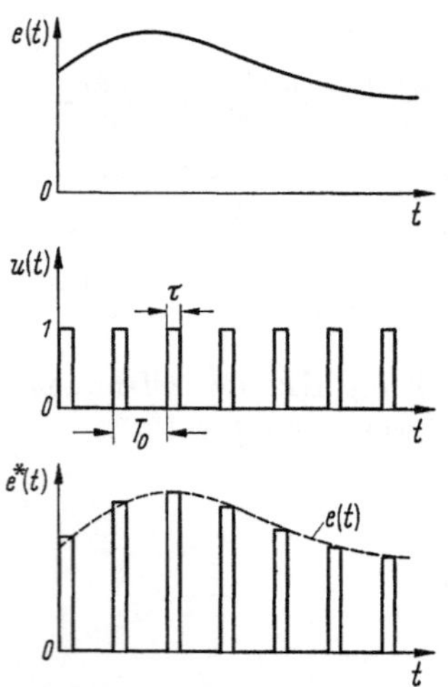

Abb. 6/7. Abtastung einer Funktion $e(t)$ durch einen nach einer Funktion $u(t)$ betätigten Schalter [13]

Danach wird aus der ursprünglich zu messenden Funktion $e(t)$ die abgetastete Funktion $e^*(t)$, die aus den Abtastimpulsen mit den Amplituden $e(nT_0)$ und den zeitlichen Abständen T_0 besteht. Die Berechtigung der Darstellung einer Funktion $e(t)$ durch die Abtastimpulse ist durch das Abtasttheorem von SHANNON gegeben, das nach [12] wie folgt formuliert werden kann:

Eine Signalfunktion, die nur Frequenzen in einem beschränkten Frequenzband von B Hz enthält, wobei B gleichzeitig die höchste Signalfrequenz ist, wird vollständig bestimmt durch ihre diskreten Ordinaten im Abstand von $< 1/2B$ Sekunden.

Der mathematische Beweis ist im Anhang 2 dargestellt. In der Nachrichtentechnik gewinnt man die ursprüngliche Funktion $e(t)$ aus der abgetasteten Funktion $e^*(t)$ dadurch wieder zurück, daß man sie über ein Tiefpaßfilter mit dem Frequenzband $0 \cdots B$ Hz schickt und anschließend um T_0/τ verstärkt. In der Regelungstechnik [13] und in der Meßtechnik [14] verwendet man statt dessen häufig eine Anordnung, die als Haltekreis bezeichnet wird; in der Regelungstechnik, z. B. bei Abtastregelungen, deshalb, weil ein Tiefpaßfilter unzulässige Laufzeiten in das System einführen würde, und in der Meßtechnik wegen der Ungenauigkeit der benötigten Verstärker, die die Dämpfung des Tiefpasses wieder aufheben sollen. Ein Haltekreis kann in einer einfachen Anordnung aus einem digitalen Speicher bestehen, bei Abtastregelungen können die abgetasteten Werte in einen Digitalrechner eingegeben werden, der sie für Berechnungen während der Zeit T_0 speichert.

Bei den oben erwähnten A/D-Umsetzern ergibt sich die Wirkung des Haltekreises durch die interne Speicherung des Meßwertes. Ein solcher Haltekreis hat einen Frequenzgang, der im folgenden berechnet werden soll, um dessen Einfluß auf die Meßgröße beurteilen zu können. Für die Meßtechnik ist hauptsächlich der Verlauf der Dämpfung des Haltekreises von Interesse, da diese wie in der analogen Meßtechnik die Anwendung begrenzt. Der Rechnungsgang wurde in Anlehnung an [13] durchgeführt.

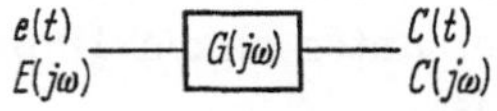

Abb. 6.8. Bezeichnung der Ein- und Ausgangsgrößen bei Netzwerken

Am Eingang eines Netzwerks, beispielsweise eines A/D-Umsetzers, wirke eine Eingangsgröße $e(t)$. Diese besitzt eine spektrale Amplitudendichte $E(j\omega)$. Der Frequenzgang des Netzwerkes werde mit $G(j\omega)$ bezeichnet. Für die Ausgangsgröße $C(j\omega)$ des Netzwerkes gilt

$$C(j\omega) = E(j\omega)\, G(j\omega). \tag{6/18}$$

Das Spektrum $E(j\omega)$ der Funktion $e(t)$ ist durch die Fourier-Transformation bestimmt,

$$E(j\omega) = \int\limits_{-\infty}^{+\infty} e(t)\, e^{-j\omega t}\, dt, \tag{6/19}$$

während sich andererseits aus einem Spektrum $E(j\omega)$ die Funktion $e(t)$ berechnen läßt.

$$e(t) = \frac{1}{2\pi} \int\limits_{-\infty}^{+\infty} E(j\omega)\, e^{j\omega t}\, d\omega. \tag{6/20}$$

Bei der Berechnung von dynamischen Vorgängen in Netzwerken hat es sich als zweckmäßig erwiesen, eine Normalerregung als Eingangsgröße des Netzwerks einzuführen. Diese kann entweder als Sprungerregung oder als Impulserregung definiert werden. Für die Sprungerregung (Abb. 6/9) gilt

$$e(t) = \begin{cases} 0 & \text{für } t < 0 \\ A & \text{für } t > 0. \end{cases} \tag{6/21}$$

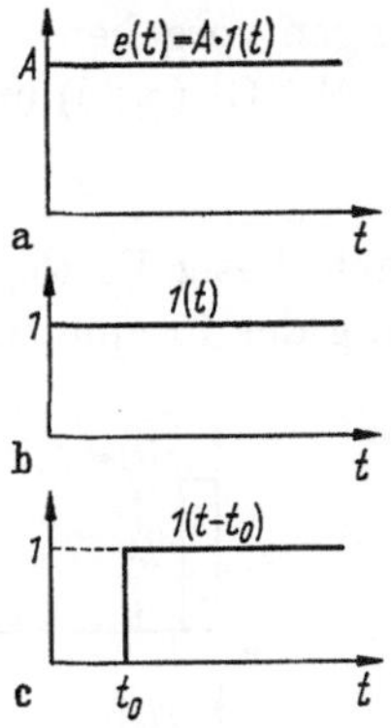

Abb. 6/9. a) Sprungfunktion; b), c) Sprungerregung [13]

Führt man die Sprungfunktion $1(t)$ ein,

$$1(t) = \begin{cases} 0 & \text{für } t < 0 \\ 1 & \text{für } t > 0, \end{cases} \tag{6/22}$$

so kann man statt Gl. (6.21) schreiben

$$e(t) = A \cdot 1(t) \tag{6/23}$$

oder, wenn die Sprungerregung verzögert zum Zeitpunkt t_0 den Wert A annimmt,

$$e(t) = A \cdot 1(t - t_0).\tag{6/24}$$

In vielen Fällen ist es günstiger, eine Impulserregung einzuführen, wobei unter einem Impuls das Produkt Amplitude $\times$ Zeit zu verstehen ist.

Die Impulserregung ist dann folgendermaßen definiert:

$$e(t) = \begin{cases} 0 & \text{für } t < 0 \\ I/\tau & \text{für } 0 < t < \tau \\ 0 & \text{für } t > \tau \end{cases}\tag{6/25}$$

und die Impulsfunktion $1'(t)$

$$1'(t) = \begin{cases} 0 & \text{für } t < 0 \\ 1/\tau & \text{für } 0 < t < \tau \\ 0 & \text{für } t > \tau. \end{cases}\tag{6/26}$$

Die Impulsfunktion $1'(t)$ kann andererseits dargestellt werden

$$1'(t) = \text{,,lim''} \frac{1(t) - 1(t - \tau)}{\tau}.\tag{6/27}$$
$$\text{\scriptsize } \tau \to 0$$

Die Grenzwertbildung ,,$\lim_{\tau \to 0}$'' soll dabei andeuten, daß es sich nicht um einen Grenzwert im mathematischen Sinne handelt. Vielmehr ist τ so zu wählen, daß in $e(t)$ während dieser Zeit keine meßbaren Veränderungen vorgehen.

Mit Gl. (6/25) und Gl. (6/26) erhält man

$$e(t) = I \cdot 1'(t).\tag{6/28}$$

Nach dieser Festlegung der eben abgeleiteten Begriffe soll die Berechnung des Frequenzganges des Haltekreises fortgesetzt werden.

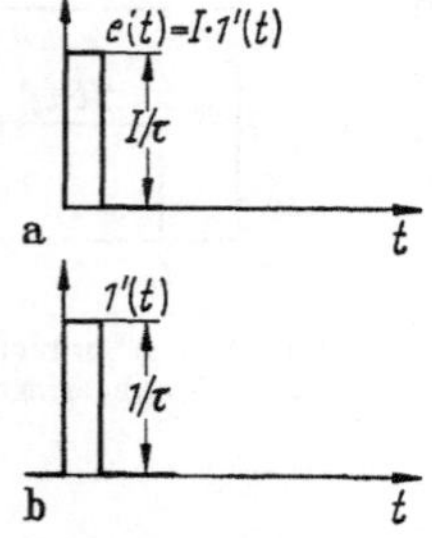

Abb. 6/10. a) Impulserregung; b) Impulsfunktion [13]

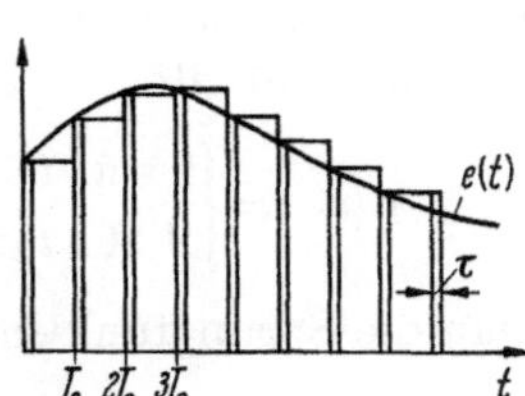

Abb. 6/11. Haltekreiskurve

Durch die A/D-Umsetzung und interne Speicherung des abgetasteten Wertes ergibt sich eine treppenförmige Kurve, die Haltekreiskurve.

Die Wirkung des Haltekreises läßt sich folgendermaßen beschreiben: Der am Eingang des Haltekreises liegende Impuls mit der Dauer τ und der Amplitude $e(nT_0)$ bewirkt durch die Speicherung am Ausgang des Haltekreises einen Impuls von der Dauer T_0 und der Größe $e(nT_0')$.

Für den Impuls am Eingang des Haltekreises gilt:

$$I = e(nT_0)\,\tau \tag{6/29}$$

und für die Impulserregung nach Gl. (6/28)

$$e(t) = e(nT_0)\,\tau\,1'(t). \tag{6/30}$$

Das Amplitudenspektrum von $e(t)$ lautet dann nach Gl. (6/19)

$$E(\mathrm{j}\omega) = \int_0^\tau e(nT_0)\,\tau\,1'(t)\,e^{-\mathrm{j}\omega t}\,\mathrm{d}t. \tag{6/31}$$

Da voraussetzungsgemäß $e(nT_0)$ während der Zeit τ konstant ist, erhält man unter Berücksichtigung von Gl. (6/27)

$$E(\mathrm{j}\omega) = e(nT_0)\,\tau\,\text{„lim"}_{\tau\to 0}\,e^{\frac{\mathrm{j}\omega\tau}{2}}\,\frac{\sin\frac{\omega\tau}{2}}{\frac{\omega\tau}{2}}, \tag{6/32}$$

$$E(\mathrm{j}\omega) = e(nT_0)\,\tau.$$

Die Ausgangsgröße des Haltekreises wird

$$c(t) = e(nT_0)\,\tau\,1'(t-nT_0). \tag{6/33}$$

Damit erhält man das Amplitudenspektrum $C(\mathrm{j}\omega)$ der Funktion $c(t)$

$$C(\mathrm{j}\omega) = \int_0^{T_0} c(t)\,e^{-\mathrm{j}\omega t}\,\mathrm{d}t$$

$$= \int_0^{T_0} e(nT_0)\,\tau\cdot 1'(t-nT_0)\,e^{-\mathrm{j}\omega t}\,\mathrm{d}t, \tag{6/34}$$

$$C(\mathrm{j}\omega) = e(nT_0)\,\text{„lim"}_{\tau\to 0}\int_0^{T_0}\frac{1(t-nT_0)-1(t-nT_0-\tau)}{\tau}\,e^{-\mathrm{j}\omega t}\,\mathrm{d}t.$$

Da $1(t-nT_0)$ definitionsgemäß gleich Eins und $1(t-nT_0-\tau)$ zu Null wird, läßt sich das Integral in Gl. (6/34) berechnen.

$$C(\mathrm{j}\omega) = e(nT_0)\,T_0\,e^{-\frac{\mathrm{j}\omega T_0}{2}}\frac{\left\{e^{\frac{\mathrm{j}\omega T_0}{2}}-e^{-\frac{\mathrm{j}\omega T_0}{2}}\right\}}{\mathrm{j}}$$

$$= e(nT_0)\,T_0\,e^{-\frac{\mathrm{j}\pi\omega}{\omega_0}}\frac{\sin\frac{\pi\omega}{\omega_0}}{\frac{\pi\omega}{\omega_0}}, \tag{6/35}$$

und nach Gl. (6/18) wird der Frequenzgang des Haltekreises

$$G(\mathrm{j}\omega) = \frac{C(\mathrm{j}\omega)}{E(\mathrm{j}\omega)} = \frac{T_0}{\tau}\, \mathrm{e}^{-\frac{\mathrm{j}\pi\omega}{\omega_0}}\, \frac{\sin\frac{\pi\omega}{\omega_0}}{\frac{\pi\omega}{\omega_0}}. \tag{6/36}$$

Die Dämpfung des Haltekreises ergibt sich daraus zu:

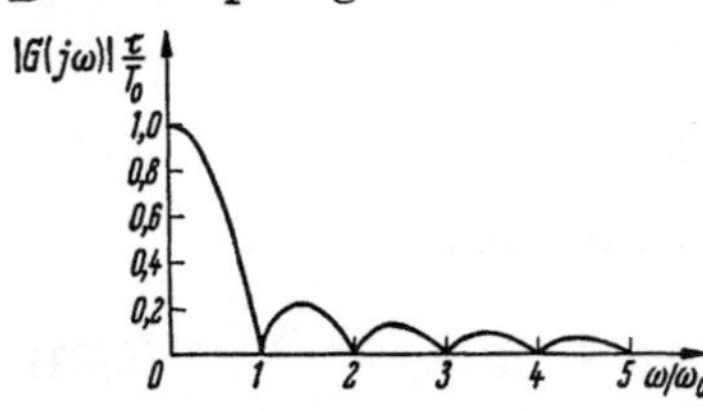

Abb. 6/12.　Frequenzgang des Haltekreises

$$\frac{\tau}{T_0}\left| G(\mathrm{j}\omega)\right| = \frac{\sin\frac{\pi\omega}{\omega_0}}{\frac{\pi\omega}{\omega_0}}. \tag{6/37}$$

Dieser Kurvenverlauf ist in Abb. 6/12 dargestellt. Für kleine Argumente $x = \frac{\pi\omega}{\omega_0}$ sind die Funktionswerte $\frac{\sin x}{x}$ im Anhang 1 dargestellt.

Mit Hilfe dieser Tabelle (Anhang 1) läßt sich jetzt die eingangs gestellte Frage beantworten: wie groß darf die in $e(t)$ vorkommende maximale Frequenz sein, wenn die Meßgröße $e(t)$ durch fortlaufende, getriggerte A/D-Umsetzungen (mit der Frequenz $f_0 = 1/T_0$) gemessen und die angegebene Meßungenauigkeit F in % eingehalten werden soll?

Aus Gl. (6/37) läßt sich folgende Beziehung aufstellen:

$$1 - F \,\widehat{=}\, \frac{\sin\frac{\pi \cdot f_\mathrm{m}}{f_0}}{\frac{\pi \cdot f_\mathrm{m}}{f_0}}. \tag{6/38}$$

Mit $F = 0{,}01\%$ und maximal 10 000 Umsetzungen pro Sekunde erhält man aus der Tabelle den Wert

$$x = \frac{\pi \cdot f_\mathrm{m}}{f_0} = 0{,}0245$$

und damit $f_\mathrm{m} = 78$ Hz.

Es ist damit gezeigt worden, daß die Angabe der maximal möglichen Umsetzungen pro Sekunde und der Meßungenauigkeit F erst über die Beziehung (6/38) konkrete Angaben über die Verwendung schneller A/D-Umsetzer liefert. Während in dem obigen Beispiel die in einer abzutastenden Funktion $e(t)$ maximal vorkommende Frequenz f_m berechnet wurde, läßt sich andererseits aus Gl. (6/38) bei einer gegebenen höchsten Frequenz f_m die notwendige Abtastfrequenz bestimmen, wenn eine bestimmte Meßungenauigkeit gefordert ist.

6.1 Analog–Digital-Umsetzer nach dem Ausschlagverfahren

Analog-Digital-Umsetzer nach dem Ausschlagverfahren werden hauptsächlich in der Werkzeugmaschinensteuerung zur Lagemessung rotatorisch oder translatorisch bewegter Teile verwendet, bisweilen aber auch bei Kompensatoren zur Abtastung von Potentiometerstellungen. Hier bedient man sich gerasterter oder codierter Stäbe und Scheiben. Mit dem Skalenstreckenumsetzer hingegen wird der Ausschlag eines Zeigerinstrumentes digitalisiert.

6.1.1 Analog–Digital-Umsetzer nach dem Code- oder Abtastverfahren

Analog–Digital-Umsetzer nach dem Code- oder Abtastverfahren [3] arbeiten mit codierten Stäben oder Scheiben (Scheibenumsetzer), mit denen jedes Wegelement oder jede Winkelstellung eindeutig bewertet wird. Abb. 6.1.1/1 zeigt z.B. eine dual codierte Umsetzerscheibe, mit der 128 verschiedene Winkelstellungen erfaßt werden können. Die Abtastung solcher Codestäbe oder -scheiben kann galvanisch, magnetisch oder optisch erfolgen.

Die galvanische Abtastung ist wohl die einfachste. Sie hat jedoch den Nachteil, daß die Abtastbürsten oder Kontaktbahnen verschmutzen und sich abnutzen können und dadurch eine einwandfreie Abtastung gefährdet ist. Außerdem ist das Auflösungsvermögen (Quantisierung) auf etwa 0,5 mm be-

Abb. 6.1.1/1.   Dual codierte Umsetzerscheibe

schränkt, da sich feinere Codesegmente kaum herstellen lassen.

Die magnetische Abtastung hat den Vorteil, daß sie berührungslos vor sich geht und daher weder Verschmutzung noch Verschleiß unterliegt. Platten mit magnetisch aufgebrachtem Code bestehen aus einem Träger mit Magnetpulverschicht. Die Abtastung erfolgt meist mit Hallgeneratoren, weil sie eine statische Abfrage zulassen. Das Auflösungsvermögen ist auf etwa 0,1 mm beschränkt.

Am häufigsten wird eine optische Abtastung verwendet. Sie hat wie die magnetische den Vorteil der Verschmutzungs- und Verschleißfreiheit. Hinzu kommt noch ihr sehr hohes Auflösungsvermögen.

Das Ablesen von Coderastern beim Übergang von einer Zahl zur anderen bereitet Schwierigkeiten, wenn sich benachbarte Zahlen in mehr als einem Codeelement unterscheiden, weil die Abtastelemente eine endliche Breite haben und sich kaum exakt justieren lassen. Diese Schwierigkeiten lassen sich vermeiden, wenn eine der drei folgenden Vorkehrungen getroffen wird:

8*

1. Anbringen einer mechanischen Rasterung,

2. Anwenden von einschrittigen Codes (auch progressive, zyklische oder reflektierte Codes genannt),

3. Anwenden der V-Abtastung (V-brush reading method) [4].

Bei der ersten Methode mit der mechanischen Rasterung muß diese mindestens so fein wie das Auflösungsvermögen des Codes sein. Sie wird meist am Rand der codierten Scheiben oder Stäbe angebracht (s. Abb. 6.1.1/1). Vor jedem Ablesen muß die Scheibe bzw. der Stab oder die Ableseeinheit in die nächstgelegene Raststellung einrasten.

Bei der Verwendung von einschrittigen Codes wird eine falsche Abtastung dadurch vermieden, daß einschrittige Codes sich von Zahl zu Zahl nur in einem Codeelement unterscheiden (s. S. 13 ff.), so daß sich beim Übergang von einer Zahl auf die nächste nur entweder die alte oder die neue Zahl ergibt. Der bekannteste einschrittige Code ist der Gray-Code (s. S. 14). Er entspricht in seinem Aufbauschema etwa dem Dualcode. Da bei

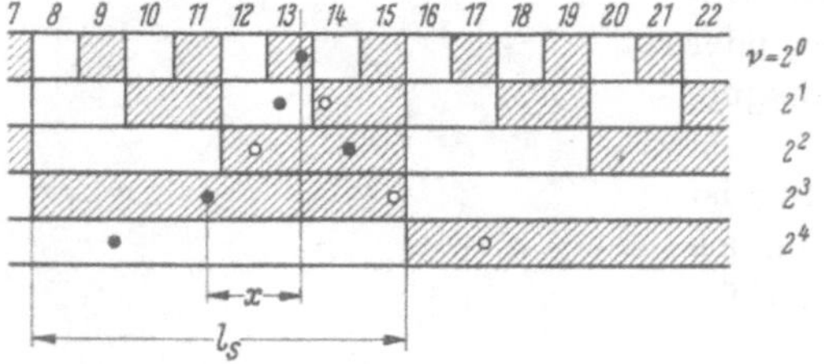

Abb. 6.1.1/2. Anordnung der Abtaststellen bei der V-Abtastung des Dualcodes

ihm allerdings die 9 und die 0 nicht benachbart sind (sie unterscheiden sich in 3 Codeelementen), ist er zur binär-dekadischen Darstellung ungeeignet. Für die binär-dekadische Codierung sind die Codes nach GLIXON, O'BRIEN und TOMPKINS geeignet.

Die V-Abtastung (auch Positionsablesung mit Zonenumschaltung genannt) vermeidet ein falsches Abtasten dadurch, daß für jedes Codeelement mit Ausnahme des niedrigstwertigen 2 Abtaststellen (Zonen) vorhanden sind. Eine der Abtaststellen wird vor, die andere hinter der eigentlichen Ableselinie angebracht (s. Abb. 6.1.1/2). Beim Dualcode liegen die beiden Abtaststellen um $^1/_4$ der jeweiligen Segmentlänge vor oder hinter der Ableselinie. Natürlich können die Abtaststellen wegen der Periodizität der Codeteilungen auch jeweils um ± 2 Segmentlängen oder ein vielfaches davon versetzt sein, so daß allgemein gilt:

$$x_{\text{Abt.}\nu} = \pm \frac{1}{4} l_{s\nu} \pm 2n l_{s\nu}, \qquad n = 0, 1, 2, \ldots \qquad (6.1.1/1)$$

$l_{s\nu}$ Länge des „1"-Elementes der Spur ν.

Je nachdem, welchen Wert (0 oder 1) die Spur mit der niedrigeren

Wertigkeit liest, muß die vor- oder die nacheilende Ablesestelle der nächsten Spur benutzt werden. Beim Wert 0 muß voreilend, beim Wert 1 nacheilend abgelesen werden. Wird z. B. in Abb. 6.1.1/2 in der Spur 2^0 der Wert 1 gelesen, dann muß an allen Stellen mit vollen Kreisen abgelesen werden.

Bei einem binär-dekadischen Code ist die V-Abtastung nicht ohne weiteres möglich, da diese die Eigenart des fächerartigen Aufbaues des Dualcodes voraussetzt. Beim dual-dekadischen Code läßt sie sich allerdings auch anwenden, wenn die Abtaststellen etwas anders angeordnet werden (s. Abb. 6.1.1/3).

Für die Spuren mit den Wertigkeiten 2^1, 2^2 und 2^3 liegen die Abtaststellen wiederum um $^1/_4$ der Länge des „1“-Elementes vor oder hinter der Ableselinie; für die Spuren mit den Wertigkeiten $10^n \cdot 2^0 (n = 1, 2, 3, \ldots)$

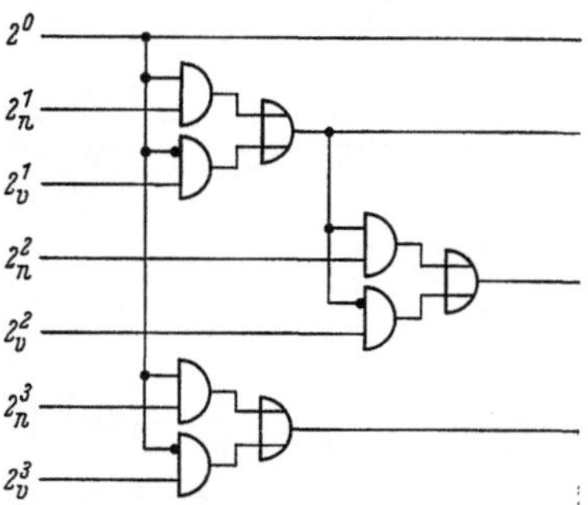

Abb. 6.1.1/3. Anordnung der Abtaststellen bei der V-Abtastung des dual-dekadischen Codes

betragen die Entfernungen $^1/_{10}$ der Länge ihrer „1“-Elemente.

Abweichend von der V-Abtastung beim Dualcode steuert beim dual-dekadischen Code jeweils die 2^0-Spur einer Dekade die 2^1- und die 2^3-Spur. Liest in Abb. 6.1.1/3 der $10^0 \cdot 2^0$-Abtaster 1 (entsprechend der Zahl 19), so liest 2^1 nacheilend, 2^2 voreilend (weil 2^1 eine 0 liest) und 2^3 wie 2^1 nacheilend. Hätte die Spur 2^2 die Spur 2^3 gesteuert, so wäre dort voreilend gelesen worden, so daß sich statt der Zahl 19 die Zahl 1 ergeben hätte. Die Steuerung der vor- bzw. nacheilenden Abtastelektroden kann wie in Abb. 6.1.1/4 ausgeführt werden.

Während bei den ersten beiden Methoden zum Vermeiden einer falschen Abtastung (mechanische Rasterung, einschrittige Codes) alle Abtastelemente mit gleicher absoluter Genauigkeit justiert werden müssen, werden bei der V-Abtastung die Anforderungen mit steigender Spurzahl geringer, da nur gleiche auf die Länge der 1-Elemente bezogene Genauigkeiten erforderlich sind. Dadurch ist es möglich, z. B. mehrere Codescheiben durch Untersetzergetriebe miteinander zu koppeln, um Drehwinkel über 360° zu erfassen.

Abb. 6.1.1/4. Steuerung der Abtastelektroden bei der V-Abtastung des dual-dekadischen Codes

6.1.2 Analog–Digital-Umsetzer nach dem Inkremental-
oder Zählverfahren

Analog–Digital-Umsetzer nach dem Inkremental- oder Zählverfahren arbeiten mit Strichrastern, auf die in stets wechselnder Folge Ja- und Nein-Elemente (Inkremente) aufgebracht sind. Diese Ja- und Nein-Elemente bestimmen die Quantisierung, haben aber keinerlei Bewertung. Die Meßwerte der umzusetzenden Größen ergeben sich vielmehr durch Abzählen der auf die Meßgröße entfallenden Zahl von Ja–Nein-Elementen. Die Codierung der Meßwerte wird durch die zur Zählung verwendeten Zähler ausgeführt.

6.1.2.1 Rasterstäbe und Rasterscheiben. Bei der Verwendung von Rasterstäben und Rasterscheiben zur translatorischen oder rotatorischen Lagemessung [3] werden die Ja- und die Nein-Elemente der Raster gleich groß ausgeführt. Die Größe eines Ja- und eines Nein-Elementes ergibt die Quantisierungseinheit Q. Die Lage l_1 eines Punktes P_1 bezogen auf einen anderen (frei wählbaren) Punkt P_0 ergibt sich als Summe der zwischen beiden Punkten liegenden Ja-Elemente (s. Abb. 6.1.2.1/1),

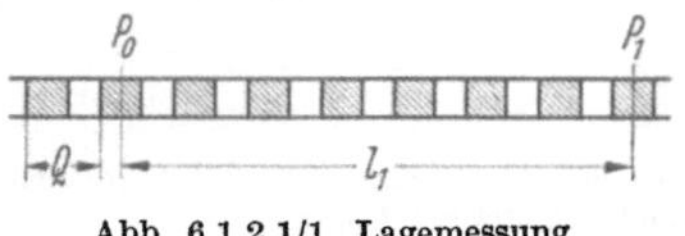

Abb. 6.1.2.1/1. Lagemessung
nach dem Inkrementalverfahren

die durch Vorbeiführen des Rasters an einem Ableseelement oder umgekehrt gezählt werden. Die Abtastung der Raster kann wie beim Codeverfahren galvanisch, magnetisch oder optisch erfolgen. Die optische Abtastung erlaubt hier eine sehr feine Rasterung. Es werden Raster bis zu 200 Strichen pro Millimeter verwendet.

Verwendet man zur Abtastung nur ein Abtastelement (z. B. Kontaktbürste), so kann nicht zwischen Vorwärts- und Rückwärtsbewegungen unterschieden werden; es muß also stets in derselben Richtung vom Bezugspunkt weg gemessen werden, bzw. bei Rasterscheiben in derselben Drehrichtung. Werden dagegen zwei um $^1/_4$ Quant (und wahlweise ein beliebiges Vielfaches des Quants) versetzte Abtastelemente mit einer entsprechenden als Richtungsdiskriminator wirkenden logischen Schaltung verwendet, so lassen sich Vorwärts- und Rückwärtsbewe-

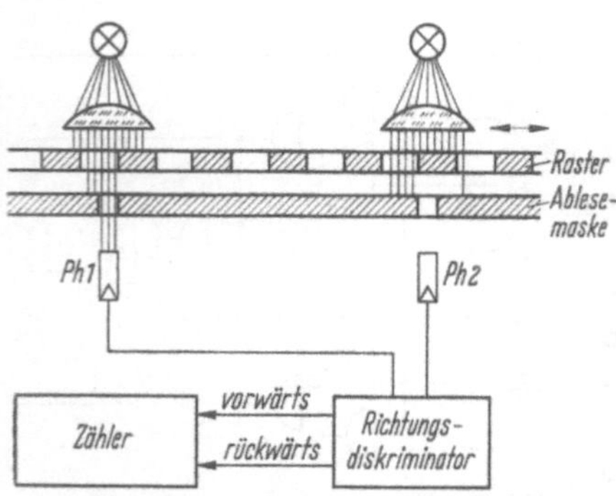

Abb. 6.1.2.1/2. Anordnung zur Lagemessung
nach dem Inkrementalverfahren
mit Berücksichtigung der Bewegungsrichtung

gungen erfassen (s. Abb. 6.1.2.1/2). Vom Richtungsdiskriminator wird verlangt, daß er die über Raster und Ableseelemente gebildeten Zähl-

impulse je nach der Bewegungsrichtung des Rasters über den Vorwärts-
oder den Rückwärtszählausgang abgibt.

Dies läßt sich leicht erreichen, wenn sich die beiden Abtastzweige
gegenseitig steuern. Bei einer Rechtsbewegung des Rasters in Abb.
6.1.2.1/2 bekommt das Photoelement *1* vor dem Photoelement *2* Licht.
Bei einer Linksbewegung des Rasters ist es genau umgekehrt. Wird
nun von jedem Abtastzweig dann ein Nadelimpuls erzeugt, wenn sein
Photoelement beleuchtet wird, und ist dieser Impuls völlig abgeklungen, wenn das Photoelement des anderen Abtastzweiges beleuchtet wird,
so erhält man die gewünschte richtungsabhängige Impulsverteilung,
indem die Nadelimpulse (zum Zähler) über Torschaltungen geführt
werden, die nur offen sind, sofern die andere Abtaststelle dunkel ist.
Abb. 6.1.2.1/3 zeigt das Prinzipschaltbild eines solchen Richtungs-
diskriminators. Die Torsteuerung wird durch die Schmitt-Trigger

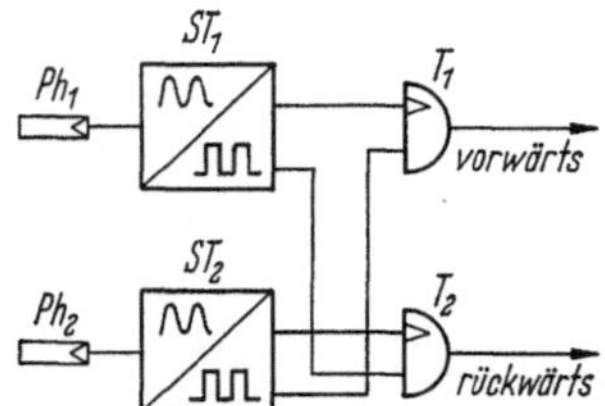

Abb. 6.1.2.1/3. Richtungsdiskriminator

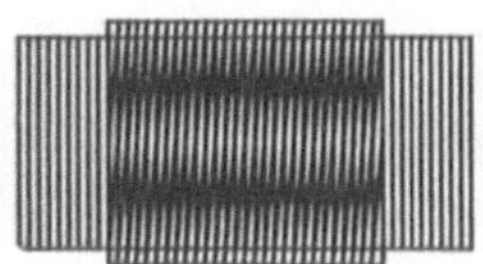

Abb. 6.1.2.1/4. Moiré-Streifen bei schräg
zum Raster gestelltem Ablesegitter

(ST_1 und ST_2) übernommen, die die sägezahnförmigen Photozellenspan-
nungen in Rechteckspannungen umwandeln. Die Torschaltungen (T_1
und T_2) bilden gleichzeitig aus den Rechteckspannungen Nadelimpulse.

Um bei sehr feinen optischen Rastern ein genügend breites Hell-
bzw. Dunkelsegment zum richtungsabhängigen Ablesen zu erhalten,
verwendet man schräg zum Raster gestellte Ablesegitter, wodurch sich
Moiré-Streifen ergeben (s. Abb. 6.1.2.1/4). Die Moiré-Streifen liegen
senkrecht zur Strichführung des Rasters und bewegen sich bei einer
Rechtsbewegung des Rasters von unten nach oben und bei einer Linksbewegung von oben nach unten.

Das Inkrementalverfahren hat gegenüber dem Codeverfahren den
Nachteil, daß ein absoluter Maßstab fehlt. Ein einmal aufgetretener
Fehler (Störimpuls) verfälscht alle folgenden Messungen, wenn nicht
zwischendurch der Zähler nullgesetzt oder voreingestellt wird. Die letzte
Möglichkeit erreicht man dadurch, daß man auf den Rasterträgern zusätzliche Bahnen mit Markierungspunkten zum Voreinstellen des Zählers anbringt.

6.1.2.2 Der Skalenstreckenumsetzer. Ebenfalls nach dem Inkrementalverfahren arbeitet der Skalenstreckenumsetzer, mit dem der Aus-

schlag eines Zeigerinstrumentes digitalisiert wird. Seinen Namen hat
dieser Umsetzer daher, daß beim Anzeigeninstrument ein Meßwert
durch eine bestimmte Strecke auf der Skala dargestellt wird.

Als Ausschlaginstrument des Skalenstreckenumsetzers wird ein
Lichtmarkeninstrument mit balkenförmiger Lichtmarke verwendet
[5, 6]. Im Innern des Instrumentes (s. Abb. 6.1.2.2/1) ist oberhalb der
Analogskala ein gerasteter Zylinderspiegel angebracht in dessen
Brennlinie sich der Meßwerksspiegel befindet. Bei einem ausgeführten
Gerät der Siemens AG ist der Zylinderspiegel mit zwei gegeneinander
versetzten Rastern aus reflektierenden und nicht reflektierenden Stellen

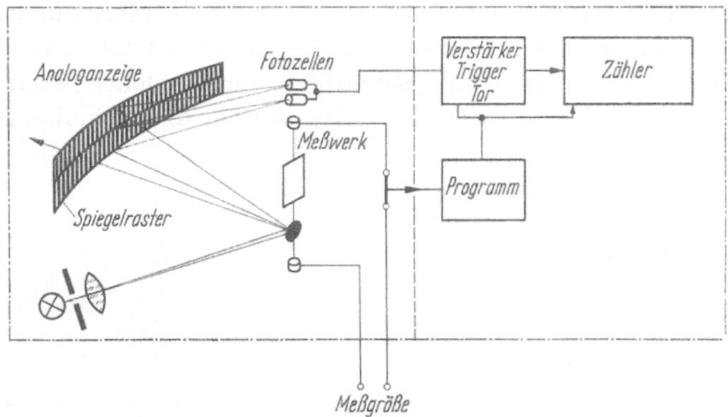

Abb. 6.1.2.2/1. Prinzip des Skalenstreckenumsetzers

versehen. Den Rastern sind zwei Photozellen zugeordnet, die sich ebenfalls in der Brennlinie des Zylinderspiegels, und zwar über dem Meßwerksspiegel, befinden. Sie sind parallel geschaltet, jedoch entgegengesetzt gepolt. (Die Verwendung des Doppelrasters hat den Vorteil, daß
die einzelne Hellstelle doppelt so breit sein kann wie bei einem Einfach-
raster und die Photozellen besser ausgeleuchtet werden. Die entgegen-
gesetzte Polung der parallelgeschalteten Photozellen bewirkt eine Kompensation der Photospannungen, die vom Fremdlicht herrühren könn-
ten, das möglicherweise durch die transparente Analogskala einfällt.)
Die Lichtmarke fällt auf die Analogskala und auf den Zylinderspiegel,
von wo sie auf die Photozellen reflektiert wird.

Bildet man die Rasterung des Zylinderspiegels dem Verlauf der analogen Meßgröße nach und überstreicht die Lichtmarke eine Skalen-
strecke vom Nullpunkt bis zum Meßwert hin (wo das Raster aufhört),
so erzeugt sie über das Raster auf den Photozellen eine diesem Meßwert
proportionale Impulszahl. Diese Photozellenimpulse werden mit einem
Verstärker, Doppelweggleichrichter (wegen des Doppelrasters) und
Schmitt-Trigger aufbereitet und über eine Torschaltung in einen Zähler
eingezählt. Um beim Erzeugen der Impulse vom Einschwingvorgang

des Meßwerks unabhängig zu sein, wird bei dem ausgeführten Gerät die Umsetzung vom Analogen ins Digitale während des Zurücklaufens der Lichtmarke vom Meßwert auf Null durchgeführt, was durch eine kurzzeitiges Abtrennen der Meßstelle vom Lichtmarkeninstrument erreicht wird. Dies ist leicht möglich, da die Rücklaufzeit der Lichtmarke vom vorausgegangenen Ausschlag unabhängig und stets gleich lang ist. So kann als Programmgeber eine einfache monostabile Kippstufe wirken, die während ihres quasistabilen Zustands das Abtrennen der Meßstelle vom Lichtmarkeninstrument und das Öffnen der Torschaltung vor dem Zähler übernimmt. Zu Beginn des quasistabilen Zustands setzt sie außerdem den Zähler auf Null.

Die mit diesem A/D-Umsetzer erzielbare Meßgenauigkeit kann höchstens gleich der Klassengenauigkeit des verwendeten Instrumentes sein. Beeinträchtigt wird sie natürlich durch den Quantisierungsfehler, den man etwa halb so groß wie den Klassenfehler werden läßt.

Die Umsetzzeit dieses Verfahrens richtet sich nach der Eigenschwingungsdauer des verwendeten Meßwerks und ist demnach bei empfindlichen Meßwerken groß (etwa 2 s), bei unempfindlichen niedrig (etwa 0,2 s).

Während man zur Lagemessung nach dem Inkrementalverfahren die Rasterung der Stäbe oder Scheiben linear ausführen muß, kann man beim Skalenstreckenumsetzer in gewissen Grenzen durch nichtlineare Rasterung auch nichtlineare Größen direkt ins Digitale umsetzen (z. B. Wechselspannungen mittels Dreheiseninstrumenten). Auch ist es möglich, bei entsprechender Programmierung ballistische Stöße digital zu messen.

Für das Auslegen der elektronischen Schaltungen (Verstärker, Schmitt-Trigger, Tor, Zählkette und Programmgeber) ist es nötig, die Meßzeit T_M, die kleinstmögliche Meßfolgezeit T_F und die maximale Impulsfolgefrequenz f_{max} zu kennen. Aus der Bewegungsgleichung für das schwingende Organ eines Galvanometers folgen die entsprechenden Beziehungen [7], die in Abb. 6.1.2.2/2 auf die Eigenschwingungsdauer T_0 des ungedämpften Systems normiert über dem Dämpfungsgrad α aufgetragen sind.

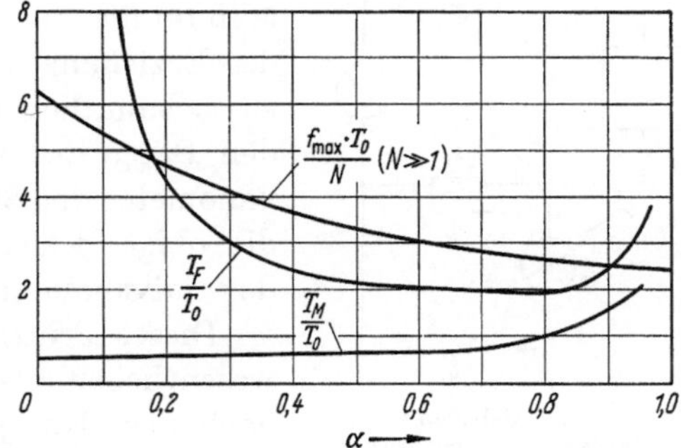

Abb. 6.1.2.2/2. Kenngrößen des Skalenstreckenumsetzers als Funktion des Dämpfungsgrades α. T_M Meßzeit; T_F kleinstmögliche Meßfolgezeit; f_{max} maximale Impulsfolgefrequenz; N Zahl der Rasterhellstellen; T_0 Eigenschwingungsdauer des ungedämpften Systems

6.2 Analog–Digital-Umsetzer nach dem Kompensatorprinzip

Für Spannungsmessungen mit möglichst kleinen Meßungenauigkeiten kommen hauptsächlich Kompensationsverfahren in Frage. Dabei wird die zu messende Spannung U_X durch eine bekannte Spannung

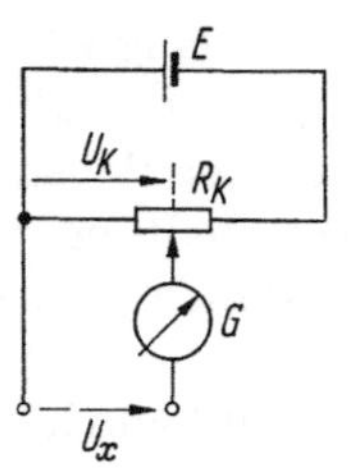

Abb. 6.2/1. Kompensationsschaltung nach POGGENDORFF

U_K kompensiert. Die erste bekannt gewordene Kompensationsschaltung ist die von POGGENDORFF (Abb. 6.2/1). Bei Spannungsgleichheit ($U_X = U_K$) ist das Galvanometer G stromlos, und die Spannungsmessung erfolgt praktisch leistungslos. Das gleiche Prinzip wird noch heute bei den Kompensatoren angewendet, wobei der Widerstand R_K in Dekaden unterteilt und eine unmittelbare Ablesung im Dezimalwert nach erfolgtem Nullabgleich möglich ist.

Eine konsequente Erweiterung des Kompensationsprinzips war der Gedanke, die Einregelung der Kompensationsspannung U_K vom Nullgalvanometer selbsttätig vornehmen zu lassen. Diese Aufgabe erfüllen die von L. MERZ [8] beschriebenen Galvanometerverstärker mit mechanischer Steuerung. Bei diesen beeinflußt das Nullgalvanometer einen Verstärker, und zwar entweder mit Hilfe von Fotozellen, oder, bei einer anderen Ausführung, durch den veränderlichen Rückkopplungsfaktor einer Hochfrequenzschwingschaltung. Der Ausgangsstrom I dieses Verstärkers erzeugt die Kompensationsspannung U_K am Kompensa-

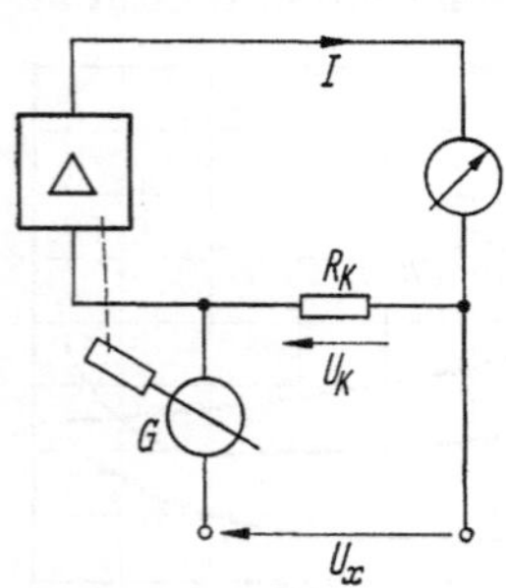

Abb. 6.2/2. Galvanometerverstärker mit mechanischer Steuerung

tionswiderstand R_K. Der Strom I ist dann ein Maß für die zu messende Spannung U_X gemäß der Beziehung $U_X = I \cdot R_K$. Die Schaltung ist bekanntlich weitgehend unabhängig von den Daten des Verstärkers, da das Nullgalvanometer den Strom I so lange einregelt, bis die obige Beziehung für U_X erfüllt ist und das Galvanometer stromlos wird (Abb. 6.2/2).

Dieses Prinzip des Nullabgleichs liegt im wesentlichen allen Analog–Digital-Umsetzern nach dem Kompensatorverfahren zugrunde. Die Erzeugung der Kompensationsspannung kann dabei auf verschiedene Weise vorgenommen werden. Bei Umsetzern, die mit elektro-mechanischen Bauteilen wie Schrittschaltwerken, Reed-Relais usw. arbeiten, wird die Kompensationsspannung häufig durch geschaltete Spannungsteiler erzeugt [9]. Werden dagegen nur elektronische Bauteile verwendet, ist es mitunter günstiger, dual-dekadisch abgestufte Ströme zu schalten, die an einem Widerstand R_K die Kompensationsspannung U_K erzeugen.

Ist ein A/D-Umsetzer mit Selbstanreiz versehen, d.h. wird vom Nullverstärker selbsttätig bei einer Änderung der Meßspannung U_X, die größer ist als die kleinste Einheit des Meßbereiches, ein neuer Verschlüßlungsvorgang eingeleitet, so besteht eine weitgehende Übereinstimmung mit dem in Abb. 6.2/2 gezeigten selbstkompensierenden Verstärker. Der Strom I des Umsetzers in Abb. 6.2/3, dem die Ziffern des Ziffernanzeigers eindeutig zugeordnet sind, entspricht dem Strom I des Verstärkers in Abb. 6.2/2.

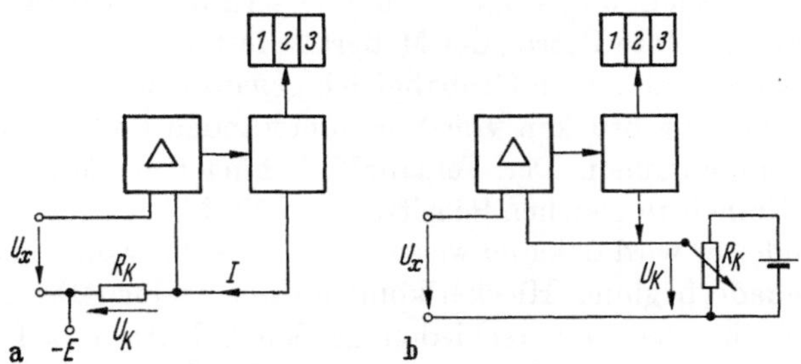

Abb. 6.2/3. Analog–Digital-Umsetzer
a) mit Stromsummierung; b) mit veränderlichem Spannungsteiler

Viele der heute hergestellten A/D-Umsetzer, die als Digital-Voltmeter verwendet werden, arbeiten nach dem Kompensatorprinzip, wobei zusätzlich noch eine Polaritätsanzeige und eine automatische Meßbereichsanzeige vorgesehen sind. Ein Digital-Voltmeter mit diesen Schaltungseigenschaften ist nach Unterlagen von [9] in Abb. 6.2/4 dargestellt.

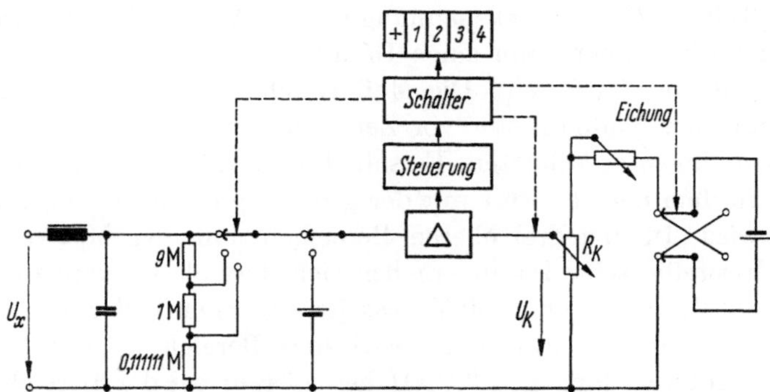

Abb. 6.2/4. Prinzipschaltbild eines Digitalvoltmeters mit automatischer Meßbereichsumschaltung [9]

Die Polarität wird häufig vor Beginn der eigentlichen Messung derart ermittelt, daß die Kompensationsspannung zu Null gemacht und vom Nullverstärker das Kriterium für positive oder negative Eingangsspannung festgestellt wird. Für die Meßbereichsumschaltung liegt am

Eingang des A/D-Umsetzers ein Spannungsteiler, der von der Steuerung beim Überschreiten des jeweiligen Meßbereichs auf die nächste Stellung geschaltet wird. Ein LC-Filter vor dem Spannungsteiler dient der Unterdrückung von Störwechselspannungen.

6.2.1 Abgleichprinzip

Der Abgleichvorgang beim Stufenumsetzer vollzieht sich wie bei den klassischen Brücken- und Kompensatoren. Zunächst wird der Meßbereich und bei Spannungs- oder Strommessern die Polarität und anschließend der absolute Betrag der Meßgröße festgestellt. Die Bereichs- und die Polaritätswahl, auch Grobabgleich genannt, werden in Zehnerschritten durch Überbrücken von Vorwiderständen und Umpolen der Meßgröße vorgenommen. Der Feinabgleich hingegen steigt entweder Einheit für Einheit in gleichen Schritten von Null bis zur tatsächlichen Meßgröße, oder er wird dekadenweise vorgenommen, wobei man in der obersten Dekade beginnt. Hierbei können die einzelnen Dekaden entweder in gleich oder in verschieden großen Schritten (z. B. $4 \cdot 10^{\nu}$, $2 \cdot 10^{\nu}$, $2 \cdot 10^{\nu}$, $1 \cdot 10^{\nu}$) durchlaufen werden. Der Durchlauf kann steigend oder fallend sein. Das Gewinnen der Vergleichsgröße geschieht mittels Digital–Analog-Umsetzern, die in Kap. 7.4 beschrieben sind. Die Steuerung der einzelnen Abgleichsschritte wird von einem Programmgeber in Verbindung mit einem Nullindikator übernommen.

Im folgenden wird eine Ausführung für die Bereichs- und Polaritätswahl am Beispiel eines dreidekadigen Stufenumsetzers mit den Bereichen ± 999 mV, $\pm 9{,}99$ V, $\pm 99{,}9$ V, und ± 999 V beschrieben. Der Stufenumsetzer besitzt zur Entscheidung einen Nullindikator, an dem der Teil $m \cdot U_\mathrm{X}$ der Meßspannung und die Vergleichsspannung U_V liegen. Er gibt immer dann einen Impuls ab, wenn die folgende Beziehung gilt: $m \cdot U_\mathrm{X} \geqq U_\mathrm{V}$. Die Meßbereiche werden fallend durchlaufen, um den Nullindikator vor Zerstörungen durch zu große Eingangsspannungen zu schützen. Es soll stets in dem Bereich gemessen werden, in dem der Meßwert mit der größtmöglichen Stellenzahl dargestellt wird. In den drei oberen Bereichen muß der Meßwert also immer dreistellig sein. Damit ergeben sich dort als kleinste zulässige Werte 1,00 V, 10,0 V und 100 V, was jeweils 100 mV der Vergleichsspannung entspricht. Für den niedrigsten Bereich ist der kleinste mögliche Meßwert hingegen 0 V. Daher müssen bei der Bereichswahl im ± 999 V-, $\pm 99{,}9$ V- und $\pm 9{,}99$ V-Bereich 100 mV der Vergleichsspannung am Nullindikator liegen, im ± 999 mV-Bereich hingegen 0 V. Würde man jeweils die gesamte Vergleichsspannung benutzen, so käme das Signal vom Nullindikator erst bei Anwahl des Bereiches, der unter dem richtigen liegt und in dem der Meßwert nicht mehr dargestellt werden kann. Der letzte Schritt müßte dann zurückgenommen werden.

Der Abgleichvorgang sei an folgendem Zahlenbeispiel erläutert: Die Meßspannung U_X betrage $-7{,}86$ V. Zu Beginn des Abgleichs liegen am Nullindikator 100 mV Vergleichsspannung. Die Meßspannung wird zunächst im $+999$ V-Bereich angeschaltet; am Eingang des Nullindikators liegen dann $-7{,}86$ mV. Damit ist $m \cdot U_X$ kleiner als U_V. Danach wird auf den -999 V-Bereich umgeschaltet. Auch hier ist $m \cdot U_X$ kleiner als U_V. Dasselbe gilt im $+99{,}9$ V-, $-99{,}9$ V- und $+9{,}99$ V-Bereich. Im $-9{,}99$ V-Bereich liegen $+786$ mV am Nullindikatoreingang. Jetzt ist $m \cdot U_X$ größer als U_V, und der Nullindikator gibt einen Impuls ab, der die Bereichs- und Polaritätswahl abbricht und auf den Feinabgleich umschaltet.

Beim Feinabgleich beträgt die Vergleichsspannung zunächst 0 mV. Nun wird in der obersten Dekade mit dem Abgleich begonnen, indem nacheinander die Werte 900 mV, 800 mV usw. gebildet werden, bis $m \cdot U_X$ wieder größer als U_V ist. Bei $U_V = 700$ mV gibt der Nullindikator einen Impuls ab, der den Feinabgleich auf die nächste Dekade

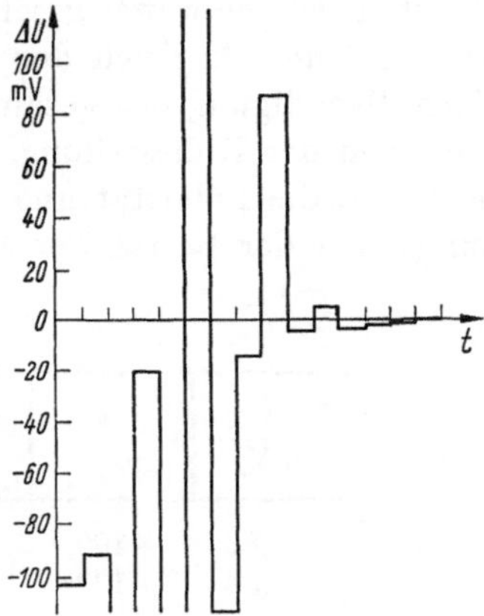

Abb. 6.2.1/1. Spannungsdifferenz $\varDelta U = mU_X - U_V$ am Nullindikator während des Abgleichs

schaltet. Nun werden die U_V-Werte 790 mV, 780 mV usw. gebildet, bis auf die niedrigste Dekade umgeschaltet wird. Hat auch diese Dekade den richtigen Wert, so dient der letzte Impuls des Nullindikators dazu, den Abgleich zu beenden. Abb. 6.2.1/1 zeigt die während des gesamten Abgleichs am Nullindikator liegende Spannungsdifferenz $\varDelta U = mU_X - U_V$; Tab. 6.2.1/1 gibt die entsprechenden Zahlenwerte der einzelnen Spannungen und die Nullindikatorimpulse wieder.

In Abb. 6.2.1/2 ist die Ansteuerschaltung für den oben beschriebenen Umsetzer gezeigt. Der Startimpuls kippt das Monoflop MF in die Arbeitslage. Hierdurch werden die Ansteuerdekaden für den Vergleichsspannungsteiler auf 100 und der aus den Flipflops FF_7 bis FF_{14} bestehende und der Bereichs- und Polaritätswahl dienende Ringzähler in die Ruhelage gesetzt. Beim Zurückkippen des Monoflops wird der aus den Flipflops FF_1 bis FF_7 bestehende Ringzähler von der Ruhelage (in der FF_1 markiert ist), um eine Stelle weitergeschaltet, so daß FF_2 markiert ist. Nun kann der 50 Hz-Taktgeber TG über das Tor T_2 diesen Ringzähler um eine weitere Stelle fortschalten. (Dies geschieht, um die richtige Reihenfolge zwischen den Taktimpulsen und den Entscheidungsimpulsen des Nullindikators sicherzustellen.) Ist FF_3 markiert, so kann der Taktgeber TG in den der Bereichs- und Polaritätswahl dienenden Ringzähler einzählen. FF_7 und FF_8 steuern den ± 999 V-, FF_9 und FF_{10} den $\pm 99{,}9$ V-, FF_{11} und FF_{12} den $\pm 9{,}99$ V- und FF_{13} und FF_{14} den ± 999 mV-Bereich an. Von den Flipflops FF_8, FF_{10}, FF_{12} und FF_{14} wird dazu das Polaritätsrelais A erregt. Gibt der Nullindikator einen Entscheidungsimpuls ab, so wird der erste Ringzähler um eine Stelle vom Grobabgleich auf den Feinabgleich in der obersten Dekade weiter geschaltet. Beim nächsten Nullindikatorimpuls wird auf den Abgleich der mittleren Dekade weitergeschaltet usw. Nach Beendigung des gesamten Abgleichs steht der erste Ringzähler wieder in der Ruhestellung, während am zweiten Ringzähler der Bereich und die Polarität und an den Dekaden für den Vergleichsspannungsteiler der Betrag der Meßgröße U_X abgenommen werden kann.

Tabelle 6.2.1/1

$\dfrac{m \cdot U_X}{mV}$	$\dfrac{U_V}{mV}$	$\dfrac{\Delta U = m U_X - U_V}{mV}$	Nullindikator-impuls
$-7{,}86$	$+100$	$-107{,}68$	
$+7{,}86$	$+100$	$-\ 92{,}14$	
$-78{,}6$	$+100$	$-178{,}6$	
$+78{,}6$	$+100$	$-\ 21{,}4$	
-786	$+100$	-886	
$+786$	$+100$	$+686$	$+$
$+786$	$+900$	-114	
$+786$	$+800$	$-\ 14$	
$+786$	$+700$	$+\ 86$	$+$
$+786$	$+790$	$-\ 4$	
$+786$	$+780$	$+\ 6$	$+$
$+786$	$+789$	$-\ 3$	
$+786$	$+788$	$-\ 2$	
$+786$	$+787$	$-\ 1$	
$+786$	$+786$	$\pm\ 0$	$+$

Eine andere Möglichkeit, den Feinabgleich auszuführen, besteht darin, daß die Vergleichsspannung kontinuierlich Einheit für Einheit verändert wird. Es werden dann im obigen Beispiel die Werte 999, 998, 997 ... bis 786 mV gebildet. Die einzelnen Dekaden müssen dann miteinander verbunden sein, so daß der erste Ringzähler nur noch aus drei Flipflops besteht. Nachteilig ist bei diesem Verfahren, daß sich sehr viele Abgleichschritte ergeben, im Extremfall für den Meßwert 0 V 8 Grobabgleich- und 1000 Feingleichschritte, während es beim

oben geschilderten Verfahren hingegen nur 30 Feinabgleichschritte
sind. Man wird daher das zweite Verfahren in dieser Form nur dann
anwenden, wenn die lange Abgleichzeit nicht stört.

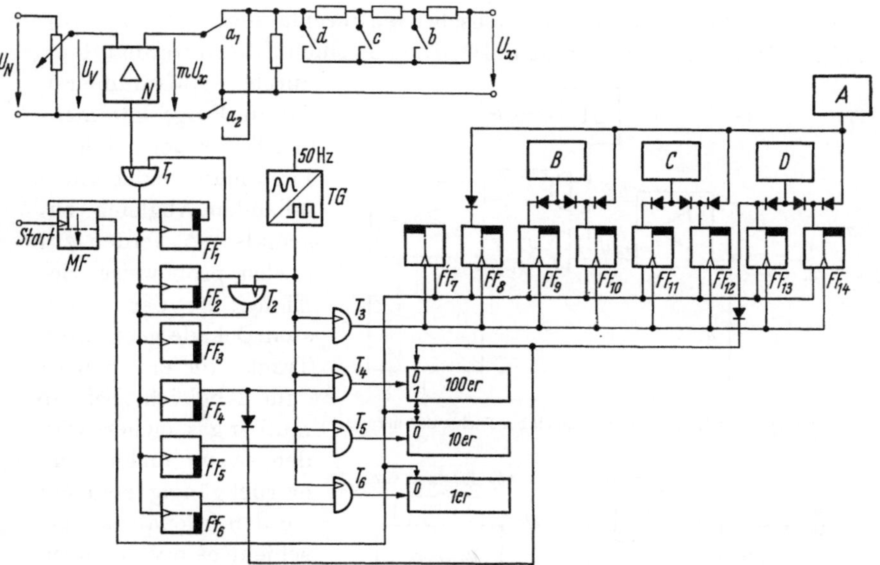

Abb. 6.2.1/2. Ansteuerschaltung für 3-dekadigen Stufenumsetzer mit Bereichs- und Polaritätswahl

Eine interessante Anwendungsmöglichkeit für den kontinuierlichen
Abgleich ergibt sich im Zusammenhang mit einer Nachlaufsteuerung
(Selbstanreiz). Bei einer Nachlaufsteuerung setzt der Abgleich in dem
Augenblick wieder ein, in dem die Meßgröße und die Vergleichsgröße
nicht mehr übereinstimmen. Da man bei einer Nachlaufsteuerung möglichst schnell den neuen Meßwert erhalten will, ist es sinnvoll, dafür
so wenig neue Abgleichschritte wie möglich zu verwenden. Man erreicht
dies z. B. dadurch, daß in Abhängigkeit vom Vorzeichen der Differenz
zwischen Meßspannung und Vergleichsspannung ein Generator in den
Vergleichsspannungszähler vorwärts bzw. rückwärts einzählt, so daß
nur eine Korrektur des alten Wertes erfolgt. Abb. 6.2.1/3 zeigt ein entsprechendes Schaltbild. Ist die Differenz $mU_X - U_V = \Delta U$ negativ,
dann ist die Vergleichsspannung zu klein; der Zählerstand muß also
erhöht und daher in den Vorwärtseingang eingezählt werden. Ist ΔU
positiv, dann muß der Zählerstand erniedrigt also rückwärts gezählt
werden. Die Vergleichsspannung wird hier über einen Digital–Analog-
Umsetzer mit gestuften Teilströmen (s. Kap. 7.4.2) erzeugt.

Eine andere Möglichkeit ist die, daß von der Differenz ΔU zwei
Spannungs-Frequenz-Wandler U/f_1 und U/f_2 gesteuert werden (Abbil-

dung 6.2.1/4). Man erreicht dadurch, daß bei großer Abweichung die Zählfrequenz höher ist als bei kleiner Abweichung, so daß sich der Angleichvorgang rascher abspielt.

Bei einer anderen Ausführung für den Feinabgleich werden die Dekaden in verschieden großen Abgleichschritten durchlaufen (s. Abb. 6.2.1/5), z. B. $4 \cdot 10^\nu$, $2 \cdot 10^\nu$, $2 \cdot 10^\nu$ und $1 \cdot 10^\nu$. Die einzelnen Ziffern werden dann durch Aufsummieren der in Frage kommenden Teilgrößen gebildet. Legt man wieder einen fallenden Abgleich zugrunde, so werden zunächst probeweise vier Einheiten der obersten Dekade geschaltet. Trägt dieser Schritt zum Abgleich bei, so muß er gespeichert werden, wenn nicht, muß er rückgängig gemacht werden. Genau so geschieht es mit den übrigen Schritten der obersten und aller weiteren Dekaden. Man erhält so lediglich vier Abgleich-

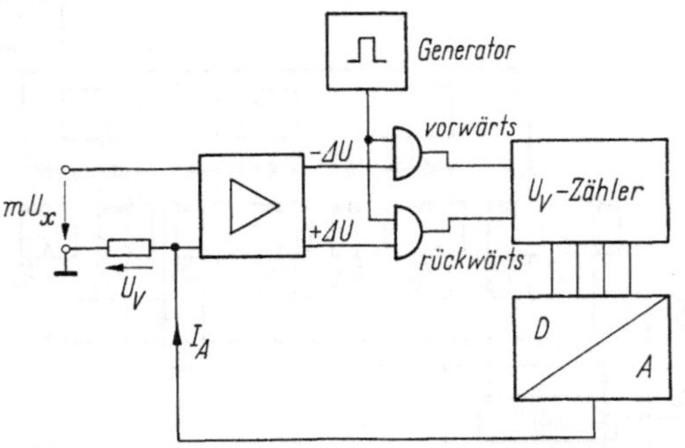

Abb. 6.2.1/3. Kontinuierlicher Abgleich bei Nachlaufsteuerung

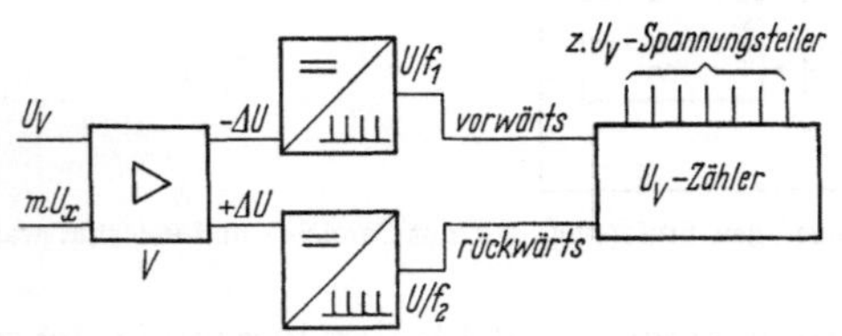

Abb. 6.2.1/4. Nachlaufssteuerung mit Spannungs-Frequenzwandlern

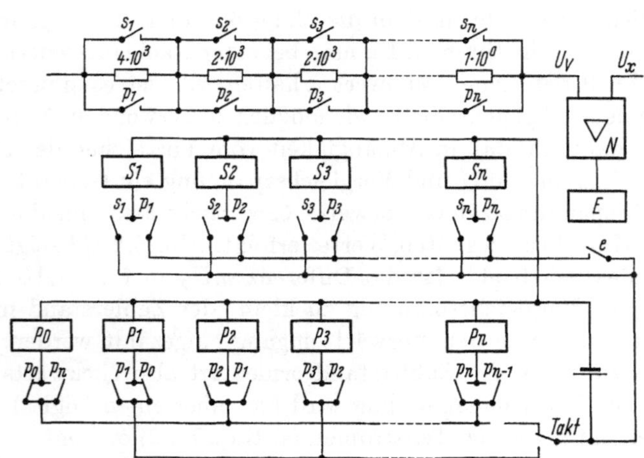

Abb. 6.2.1/5. Ansteuerschaltung für Stufenumsetzer mit Abgleichschritten $4 \cdot 10^\nu$, $2 \cdot 10^\nu$, $2 \cdot 10^\nu$, $1 \cdot 10^\nu$

schritte je Dekade, die allerdings alle durchgeführt werden müssen. (Bei den oben beschriebenen Verfahren ist die Anzahl der Abgleichschritte von der Meßgröße abhängig.) Jeder Abgleichschritt muß in eine Probier- und eine Speicherphase unterteilt werden.

Die Tab. 6.2.1/2 gibt die Zahlenwerte der einzelnen Spannungen sowie die Nullindikatorimpulse während des Feinabgleichs für die Meßspannung $U_X = 752$ mV wieder. Der Nullindikator arbeitet in diesem

Tabelle 6.2.1/2

$\dfrac{U_X}{\text{mV}}$	$\dfrac{U_V}{\text{mV}}$	$\dfrac{\Delta U = U_V - U_X}{\text{mV}}$	Nullindikatorimpuls
752	999		
752	599	−153	
752	999		
752	799	+ 47	+
752	799		
752	599	−153	
752	799		
752	699	− 53	
752	799		
752	759	+ 7	+
752	759		
752	739	− 13	
752	759		
752	739	− 13	
752	759		
752	749	− 3	
752	759		
752	755	+ 3	+
752	755		
752	753	+ 1	+
752	753		
752	751	− 1	
752	753		
752	752	± 0	+
752	752		

Fall so, daß er immer dann einen Impuls abgibt, wenn die Beziehung gilt: $U_\mathrm{V} \geqq U_\mathrm{X}$. Die Vergleichsspannung wird in den oben angegebenen Schritten von $4 \cdot 10^\nu$, $2 \cdot 10^\nu$, $2 \cdot 10^\nu$ und $1 \cdot 10^\nu$ geschaltet.

Abb. 6.2.1/5 zeigt den entsprechenden Teil der Ansteuerschaltung für diesen Abgleich. Die Schaltung ist in Relaistechnik ausgeführt. Jedem Schritt sind zwei Relais zugeordnet. Jeweils das erste, Probierrelais P_ν genannt, liegt in der Kette eines kontinuierlich durchlaufenden Ringzählers, während das zweite, Speicherrelais S_ν genannt, nur dann erregt wird und in Selbsthaltung übergeht, wenn der Nullindikator den Entscheidungsimpuls liefert.

6.2.2 Stufenumsetzer mit elektro-mechanischen Schaltern

Elektro-mechanische Schalter werden bei Stufenumsetzern häufig angewandt, weil sich mit ihnen Umsetzer aufbauen lassen, die weitgehend mit den klassischen Verfahren übereinstimmen und daher leicht zu überschauen sind. Es lassen sich fast alle Schaltungen verwenden, die mit handbetätigten Schaltern ausgeführt werden (Schalten von Ohmschen, induktiven und kapazitiven Widerständen, von Spannungen und von Strömen). Als Schalter für Stufenumsetzer kommen hauptsächlich Relais, Drehwähler und Schrittschaltwerke in Frage. Zu beachten ist allerdings, daß diese elektro-mechanischen Schalter ein schlechteres Schaltverhalten $R_\mathrm{Isol.}/R_\mathrm{Überg.}$ als die üblichen handbetätigten Drehschalter haben. Während handbetätigte Präzisions-Drehschalter Übergangswiderstände von 0,2 bis 0,5 mΩ und Isolationswiderstände von $>10^{13}\ \Omega$ haben, betragen die entsprechenden Werte bei elektro-mechanischen Schaltern etwa 50 bis 100 mΩ und $>10^{11}\ \Omega$ [15]. Hiermit ergibt sich im ersten Fall ein Schaltverhalten von $2 \cdot 10^{16}$ und im zweiten ein solches von nur $1 \cdot 10^{12}$. Das bedeutet, daß bei einem Stufenumsetzer die niedrigsten Widerstände höher und die höchsten niedriger als bei einer handbetätigten Schaltung sein müssen (Schaltungen s. Kap. 7.4). Der Einfluß der Übergangswiderstände läßt sich dadurch verringern, daß mehrere Kontakte parallel geschaltet werden.

Beim Auslegen von Stufenumsetzern mit elektro-mechanischen Schaltern ist auf die Thermospannungen der Lötanschlüsse der Kontakte zu achten. Es dürfen daher möglichst keine unterschiedlichen Erwärmungen der Lötanschlüsse eines Kontaktes auftreten, was durch eine entsprechende räumliche Anordnung erreicht wird. Die Thermospannung an einem Kontakt läßt sich auch dadurch verringern, daß ihr die Thermospannung an einem anderen Kontakt entgegengeschaltet wird. Es bleibt dann lediglich die Differenz der beiden Spannungen übrig.

Elektro-mechanische Schalter sind im Verhältnis zu elektronischen Schaltern langsam. Die schnellsten elektro-mechanischen Schalter sind die Reed- oder Schutzgaskontakte [16]. Sie bestehen aus Chromeisen. Die sich berührenden Enden sind mit einer elektrolytischen Goldschicht versehen. Der eigentliche Kontakt ist gegen Einflüsse der umgebenden Atmosphäre hermetisch durch ein Glasröhrchen abgeschlossen, das mit einem Schutzgas gefüllt ist. Sie besitzen einen gut reproduzierbaren Übergangswiderstand von etwa 50 mΩ und einen Isolationswiderstand von $>10^{11}$ Ω. Das Betätigen der Kontakte geschieht durch ein Magnetfeld. Die Anzugszeit beträgt etwa 1 bis 2 ms. Relais mit einem beweglichen Anker, der seinerseits erst die Kontakte betätigt, haben auf Grund ihrer größeren Masse auch eine größere Anzugszeit. Sie beträgt je nach Größe des Relais 3 bis 30 ms. Die Übergangswiderstände liegen in derselben Größenordnung wie bei Schutzgaskontakten, die Isolationswiderstände sind jedoch etwa eine Zehnerpotenz schlechter. Auf Grund der relativ langen Anzugszeiten der elektro-mechanischen Schalter haben mit ihnen ausgerüstete Stufenumsetzer eine Abgleichzeit in der Größenordnung von 1 Sekunde.

Die Meßunsicherheit eines Stufenumsetzers mit elektro-mechanischen Schaltern hängt abgesehen vom Nullverstärker von der Fehlergrenze des verwendeten Digital–Analog-Umsetzers ab, d. h. von der Genauigkeit der Widerstände, der Normalspannungsquelle und vom Fehlereinfluß der Schalter. Fehlergrenzen von $<1 \cdot 10^{-4}$ sind zu erreichen.

6.2.3 Stufenumsetzer mit elektronischen Schaltern

Sollen mit einem Stufenumsetzer mehr als etwa fünf Umsetzungen pro Sekunde ausgeführt werden, so lassen sich elektro-mechanische Schalter wegen ihrer relativ langen Anzugszeiten nicht mehr verwenden. Man greift daher zu elektronischen Schaltern. Mit ihnen können Verschlüßler aufgebaut werden, die mehr als 10 000 Umsetzungen pro Sekunde ausführen. Als elektronische Schalter für Stufenumsetzer kommen Tunneldioden, Transistoren und Dioden in Frage. Im folgenden wird lediglich auf Transistoren eingegangen, weil sie von den drei genannten Bauelementen z. Z. die weitaus größte Rolle spielen.

Transistorschalter haben im Vergleich mit elektro-mechanischen Schaltern eine Reihe von Nachteilen, die beim Entwurf eines Umsetzers berücksichtigt werden müssen. Der augenfälligste Nachteil ist der, daß mit Transistoren nur Ströme geschaltet werden können. Es lassen sich daher von den in Stufenumsetzern benötigten Digital–Analog-Umsetzern (s. Kap. 7.4) nur diejenigen mit Stromsummierung verwirklichen. Das heißt aber, daß gerade die klassischen Meßbrücken und Kompensatoren nicht mit elektronischen Schaltern ausgerüstet werden können.

Außerdem besteht bei elektronischen Schaltern keine galvanische Trennung zwischen dem Steuereingang und dem Signalausgang. Die Meßspannung ist daher normalerweise einpolig mit der Versorgungs-

spannung für die Ansteuerschaltung verbunden. Hierauf ist besonders
beim Entwurf eines Umsetzers zu achten, mit dem Spannungen gemessen werden sollen, die einem Grundpotential überlagert sind. Darf
die Meßspannung nicht galvanisch mit den Versorgungsspannungen
verbunden sein, so kann man sie z. B. mit einem Zerhacker tasten und
das getastete Signal über einen Transformator auf den Eingang des
Umsetzers koppeln.

Ein weiterer Nachteil des Transistorschalters ist die starke Temperaturabhängigkeit seines Kollektorreststromes I_{CR}, der sich bei Siliziumtransistoren für 7 °C Temperatur-
anstieg etwa verdoppelt. Der Reststrom
eines Siliziumtransistors ist also bei 60 °C
etwa 53mal so groß wie bei 20 °C. Durch
diese Temperaturabhängigkeit des Kollektorreststromes bedingt ist auch das
Schaltverhalten R_{Sp}/R_D des Transistors
im Gegensatz zu dem von mechanischen
Schaltern temperaturabhängig. Während
man bei 20 °C noch ein Schaltverhältnis
von etwa $1 \cdot 10^9$ erreicht, sinkt es bei
60 °C auf etwa $2 \cdot 10^7$ ab. (Vergleichs-
werte bei handbetriebenen Präzisions-

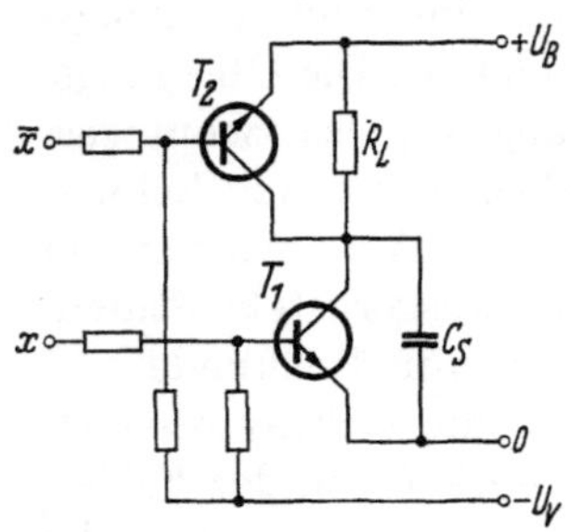

Abb. 6.2.3/1. Niederohmige Umladung
der Schaltkapazität C_S
durch zusätzlichen Transistor T_2

drehschaltern bzw. elektromechanischen Schaltern sind $2 \cdot 10^{16}$ bzw.
$1 \cdot 10^{12}$.)

Den oben genannten Nachteilen eines Stufenumsetzers mit Tran-
sistorschaltern stehen drei beachtliche Vorteile gegenüber. Der erste
ist die hohe erzielbare Abgleichgeschwindigkeit. In Kap. 3.3 wurden
Gleichungen für die Anstiegs-, die Speicher- und die Abfallzeit eines
Transistorschalters bei rein Ohmschem Kollektorwiderstand abgeleitet.
Berücksichtigt man jedoch die unvermeidbaren Schaltkapazitäten,
dann erhält man u. U. wesentlich längere Abfallzeiten. Bei 1 MΩ Kollektorwiderstand und 10 pF Schaltkapazität ist z. B. die Zeitkonstante für
das Abschalten des Kollektorstroms $\tau_A = 1\,\text{M}\Omega \cdot 10\,\text{pF} = 10\,\mu\text{s}$.
Soll der Strom auf 0,01% seines ursprünglichen Wertes abgeklungen
sein, so muß die Zeit $9{,}2\,\tau_A = 92\,\mu\text{s}$ vergehen. Das ergibt zusammen mit
der Entscheidungszeit des Nullindikators eine ausnutzbare Schritt-
schaltzeit von nur etwa 100 μs. Wesentlich kürzere Zeiten lassen sich
erzielen, wenn die Schaltkapazitäten niederohmig umgeladen werden.
Abb. 6.2.3/1 zeigt eine entsprechende Schaltung.

Weitere Vorteile des Transistorschalters sind die, daß er keinem
mechanischen Verschleiß unterliegt und daher eine viel höhere Lebens-
dauer als ein elektro-mechanischer Schalter hat; ferner, daß er ein
wesentlich geringeres Gewicht und Volumen als ein elektro-mechani-

scher Schalter aufweist und deshalb der Umsetzer kleiner und leichter gebaut werden kann.

6.3 Analog–Digital-Umsetzer mit Zwischenumwandlung der analogen Meßgröße

Es gibt eine Reihe von Analog–Digital-Umsetzern, die die analoge Meßgröße zunächst in eine andere analoge Größe umwandeln und dann diese Zwischengröße ins Digitale umsetzen. Bei diesen Umsetzern haben sich zwei Gruppen herausgebildet: die erste benutzt ein Zeitintervall als Zwischengröße, die zweite eine Frequenz. Als Eingangsgröße wird bei beiden Gruppen eine Spannung verlangt. Ströme können natürlich über den Spannungsabfall an einem bekannten Widerstand, und Widerstände über den Spannungsabfall, verursacht durch einen bekannten Strom, gemessen werden.

6.3.1 Analog–Digital-Umsetzer mit Zeitintervall als Zwischengröße

Analog–Digital-Umsetzer mit einem Zeitintervall als Zwischengröße bestehen aus einem digitalen Zeitmesser mit einem vorgeschalteten Wandler, der die analoge Meßgröße in eine analoge Zeit umwandelt. Die

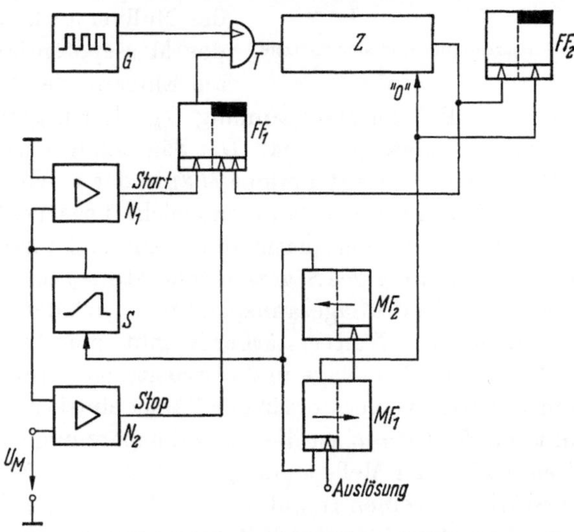

Abb. 6.3.1/1. Prinzipschaltbild eines Sägezahnumsetzers

bei der Analog–Digital-Umsetzung erforderlichen Vorgänge des Quantisierens und des Codierens werden beide von dem digitalen Zeitmesser ausgeführt.

Der Hauptvertreter dieser Umsetzergruppe ist der Sägezahnumsetzer. Er hat seinen Namen nach dem Sägezahngenerator, der zur

Zwischenumwandlung in das Zeitintervall dient. Abb. 6.3.1/1 zeigt das Prinzipschaltbild eines Sägezahnumsetzers [17]. Die beiden Nullverstärker N_1 und N_2 und der Sägezahngenerator S (ein Integrationsverstärker) dienen zum Umwandeln der analogen Meßspannung U_{M} in das analoge Zeitintervall $\varDelta t$; der Generator G, das Tor T, dessen Steuerflipflop FF_1 und der Zähler Z bilden einen Zeitmesser und die beiden monostabilen Kippstufen MF_1 und MF_2 sowie das Flipflop FF_2 den Programmgeber zum Steuern der Umwandlung und der Zeitmessung.

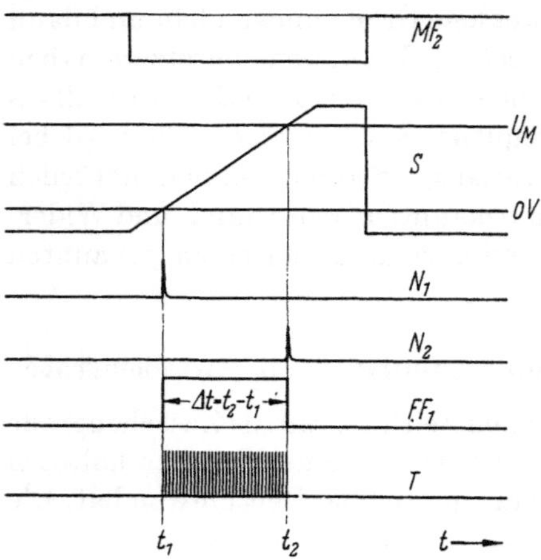

Abb. 6.3.1/2. Impulsdiagramm des Sägezahnumsetzers

Das Umwandeln der Meßspannung in ein Zeitintervall vollzieht sich folgendermaßen (s. Abb. 6.3.1/2): Der Ausgang des Sägezahngenerators S ist mit den Eingängen der beiden Nullverstärker N_1 und N_2 verbunden. Am zweiten Eingang des Nullverstärkers N_1 liegt das Massepotential von 0 V, am Eingang des Nullverstärkers N_2 der positive Pol der Meßspannung U_{M}. Der negative Pol der Meßspannung liegt auf Massepotential. Der Sägezahngenerator S wird während der Ruhestellung des Monoflops MF_2 in der Wartestellung gehalten. An seinem Ausgang liegt dann eine leicht negative Spannung. Wird das Monoflop MF_2 in den quasistabilen Zustand versetzt, so beginnt die Ausgangsspannung des Sägezahngenerators S zeitlinear anzusteigen. Zur Zeit $t = t_1$ ist die Sägezahnspannung gleich dem Nullpotential geworden, und der erste Nullverstärker N_1 gibt einen Impuls ab, der das Flipflop FF_1 von der Ruhelage in die Arbeitslage kippt. Da dieser Impuls das Einzählen des Generators in den Zähler einleitet, sei er Startimpuls genannt. Zur Zeit $t = t_2$ ist die Sägezahnspannung soweit angestiegen, daß sie gleich der Meßspannung geworden ist. Nun gibt der zweite Nullverstärker N_2 einen Impuls ab, der das Flipflop FF_1 wieder in die Ruhelage zurückwirft und den Zählvorgang beendet. Am Ausgang des Flipflops FF_1 entsteht also ein Spannungssprung der zeitlichen Dauer $\varDelta t = t_2 - t_1$. Dieses Zeitintervall entspricht der Meßspannung zur Zeit $t = t_2$, wenn die Sägezahnspannung streng zeitlinear ansteigt und der Gl. (6.3.1/1) gehorcht.

$$u_{\mathrm{S}}(t) = K\,t. \tag{6.3.1/1}$$

Ferner gilt

$$0\,\mathrm{V} = K\,t_1, \qquad\qquad (6.3.1/2)$$

$$U_\mathrm{M} = K\,t_2. \qquad\qquad (6.3.1/3)$$

Damit ergibt sich

$$U_\mathrm{M} = U_\mathrm{M} - 0\,\mathrm{V} = K\,t_2 - K\,t_1 = K\,\Delta t. \qquad\qquad (6.3.1/4)$$

Da sich die Meßspannung U_M während der Messung noch ändern kann, entspricht das Zeitintervall Δt nur der Meßspannung zum Zeitpunkt $t = t_2$ und nicht zum Zeitpunkt der Auslösung $t = t_1$.

Das Ausmessen des Zeitintervalls Δt geschieht wie in Kap. 5.3 beschrieben. Das Flipflop FF_1 steuert während des Zeitintervalls Δt das in Abb. 6.3.1/1 zwischen dem Generator G und dem Zähler Z befindliche Tor T auf, so daß der Generator für diese Zeit Impulse in den Zähler einzählt. Der Zählerstand n ergibt sich mit f_G als Generatorfrequenz nach der Gleichung

$$n = f_\mathrm{G}\,\Delta t. \qquad\qquad (6.3.1/5)$$

Setzt man in diese Gleichung Δt aus Gl. (6.3.1/4) ein, so erhält man

$$n = \frac{f_\mathrm{G}}{K}\,U_\mathrm{M}. \qquad\qquad (6.3.1/6)$$

Soll nun n direkt den Zahlenwert der Meßspannung (ohne Berücksichtigung eines etwa vorhandenen Kommas) darstellen, so muß in Gl. (6.3.1/6) der Ausdruck f_G/K gleich 1 werden. Praktisch bedeutet das, daß bei einer (durch einen Quarz) gegebenen Generatorfrequenz f_G die Anstiegsgeschwindigkeit K (in V/s) der Sägezahnspannung u_S entsprechend dem Meßbereich abgeglichen werden muß.

In Abb. 6.3.1/1 führt vom Ausgang des Zählers Z eine Leitung zum Stoppeingang des Flipflops FF_1. Dies ist nötig, damit der Zählvorgang auch dann beendet wird, wenn die Meßspannung U_M größer als die Sägezahnspannung u_S ist und daher der Nullverstärker N_2 kein Stoppsignal liefert. Das Flipflop FF_2 liefert in diesem Fall das Signal, daß der Meßbereich überschritten wurde. Das Monoflop MF_1 hat die Aufgabe, zu Beginn jeder Messung zunächst den Zähler Z und das Flipflop FF_2 auf Null zu setzen und anschließend über das Monoflop MF_2 die Analog–Digital-Umsetzung einzuleiten.

Ist die Meßspannung Null, so kommen der Start- und der Stoppimpuls für das Tor gleichzeitig, so daß das Flipflop FF_1 u. U. nicht zurückgeworfen wird. Dies läßt sich dadurch vermeiden, daß man den Stoppeingang des Flipflops mit einer wesentlich größeren Zeitkonstante versieht als den Starteingang und der Stoppimpuls dadurch in jedem Fall bevorzugt wird.

Mit dem Sägezahnumsetzer können auch Meßspannungen beliebiger Polarität gemessen werden, wenn die Sägezahnspannung einen gleichgroßen Spannungsbereich im Negativen wie im Positiven durchläuft [18]. Da hierbei jedoch die eindeutige Zuordnung des Start- bzw. Stoppsignals zu einem der beiden Nullverstärker fehlt, muß die Torsteuerung anders ausgeführt werden. Abb. 6.3.1/3 zeigt eine Realisierungsmöglich-

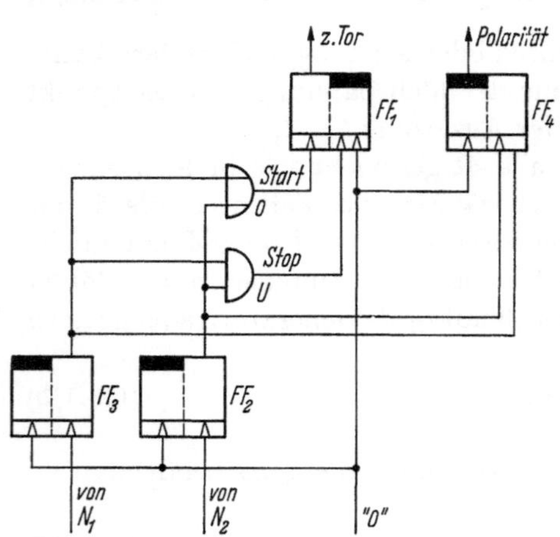

Abb. 6.3.1/3. Torsteuerung beim Sägezahnumsetzer für Meßspannungen beider Polarität

keit. Die von den Nullverstärkern N_1 und N_2 kommenden Signale werden auf die Flipflops FF_2 und FF_3 gegeben. An diese Flipflops sind eine Oder- (O) und eine Undschaltung (U) angeschlossen. Sobald eines der beiden Flipflops gekippt wird, gibt die Oderschaltung einen Impuls ab, der das Torsteuerflipflop FF_1 in die Arbeitslage kippt. Hierdurch wird das Tor geöffnet. Kippt auch das zweite der beiden Flipflops FF_2 und FF_3, so spricht die Undschaltung an und setzt das Torsteuerflipflop FF_1 in die Ruhelage zurück. Hierdurch wird das Tor wieder geschlossen. Das Flipflop FF_4 dient zur Polaritätsanzeige. Es wird vom Flipflop FF_2 in die Arbeitslage gekippt, allerdings nur dann, wenn vorher bereits das Flipflop FF_3 gekippt war.

Die mit dem Sägezahnumsetzer erzielbare Meßgenauigkeit richtet sich nach der Linearität und der zeitlichen Konstanz der Sägezahnspannung (da eine Sägezahnspannung durch Integration einer festen Spannung entsteht, muß diese eine Normalspannung hoher Konstanz sein), nach der Ansprechschwelle, Gleichheit und zeitlichen Konstanz der beiden Nullverstärker und nach der Konstanz der Generatorfrequenz. Bei der Schaltung nach Abb. 6.3.1/1 besteht kein Synchronismus zwischen dem Öffnen des Tores T und dem Eintreffen des ersten Generatorimpulses, so daß ein Rastfehler entsteht. Den Synchronismus kann man erzielen, wenn man die Auslösung wie bei der Normalzeitgewinnung nach Abb. 3.7.2/4 vom Generator G ableitet. Eine andere Methode zum Verringern des Rastfehlers besteht darin, die Generatorfrequenz um einen ganzzahligen Faktor N höher zu wählen als die gewünschte Zählfrequenz und zwischen Tor T und Zähler Z einen Untersetzer mit demselben Faktor zwischenzuschalten. Der Rastfehler beträgt dann nur noch $1/N$. Die mit ausgeführten Sägezahnumsetzern erzielten Meßgenauigkeiten liegen z. T. unter 0,1% bei einem Meßbereich von 1 V und Meßzeiten von einigen ms.

Während bei dem oben beschriebenen Sägezahngenerator die Zählimpulse von einem Quarzgenerator hoher Frequenzkonstanz erzeugt werden müssen, erfordert der im folgenden beschriebene Umsetzer eine Frequenzkonstanz nur während der Umsetzung. Eine Langzeitkonstanz ist nicht erforderlich. In Abb. 6.3.1/4 ist ein derartiger Umsetzer dargestellt [29]. Beim Drücken der Starttaste bzw. von einem äußeren Startimpuls wird das Flipflop F_1 umgeworfen und damit ein Gatter G_1 geöffnet, so daß die Impulse eines Generators G mit der Frequenz f_0 in einen Einrichtungszähler mit der Zählkapazität k gelangen können. Über den geschlossenen Schalter S_1 und den Widerstand R_1 wird der im Gegenkopplungszweig eines Operationsverstärkers liegende Kondensator C aufgeladen. Sobald die Zählkapazität k des Zählers erreicht ist, kippt das Flipflop F_2. Damit wird der Schalter S_1 geöffnet und der Schalter S_2 geschlossen. Über den Widerstand R_2 kann sich jetzt der Kondensator entladen. Die Impulse des Generators werden, vom Zählerstand Null beginnend, weiter in den Zähler eingezählt. Erreicht die Kondensatorspannung $U_c(t)$ und damit auch die Ausgangsspannung des Verstärkers den Wert Null, so kippt Flipflop F_1 zurück und beendet damit den Zählvorgang. Im Zähler steht jetzt der Digitalwert Z, der der Eingangsspannung entspricht. Es gelten die unter Zuhilfenahme von Abb. 6.3.1/5 abzuleitenden Beziehungen:

$$U_c(t) = U_1(t) + U_2(t), \qquad (6.3.1/7)$$

$$\frac{dU_1(t)}{dt} = \frac{dQ}{C} = \frac{i\,dt}{C} = \frac{U_E}{R_1 C}\,dt, \qquad (6.3.1/8)$$

$$U_1(t) = \frac{1}{R_1 C} \int_{t_0}^{t_1} U_E\,dt = \frac{U_E}{R_1 C}\,k\,T_0 \qquad (6.3.1/9)$$

$$U_2(t) = -\frac{1}{R_2 C} \int_{t_1}^{t_2} U_K\,dt = -\frac{U_K}{R_2 C}\,z\,T_0 \qquad (6.3.1/10)$$

$$0 = \frac{1}{R_1 C} \int_{t_0}^{t_1} U_E\,dt + \frac{1}{R_2 C} \int_{t_1}^{t_2} U_K\,dt, \qquad (6.3.1/11)$$

$$\frac{k T_0 U_E}{C R_1} = \frac{z T_0 U_K}{C R_2}, \qquad (6.3.1/12)$$

$$z = k\,\frac{R_2}{R_1}\,\frac{U_E}{U_K}. \qquad (6.3.1/13)$$

Weder die Generatorfrequenz $f_0 = 1/T_0$ noch die Größe des Kondensators kommen in dieser Beziehung vor, sondern lediglich die konstante Zählkapazität k, das Verhältnis der beiden Widerstände R_2/R_1

und die Kompensationsspannung U_K. Durch geeignete Dimensionierung dieser Größen lassen sich Temperatureinflüsse weitgehend kompensieren.

Kürzere Umsetzungszeiten erreicht man mit einem ähnlichen Umsetzer, bei dem jedoch die Integration der Vergleichsspannung in einen

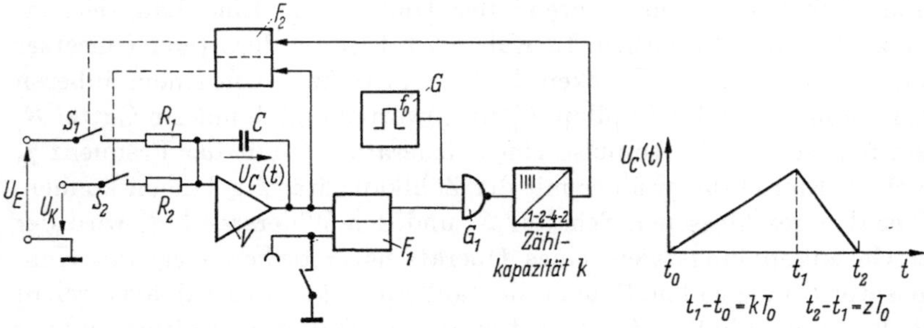

Abb. 6.3.1/4. Analog–Digital-Umsetzer mit Doppelintegration   Abb. 6.3.1/5. Verlauf
der Kondensatorspannung $U_C(t)$

Grob- und einen Feinabgleich unterteilt wird [30]. Bei einem 12-Bit-Umsetzer erreicht man bei einer Taktfrequenz von 10 MHz Umsetzungszeiten von 20 µs.

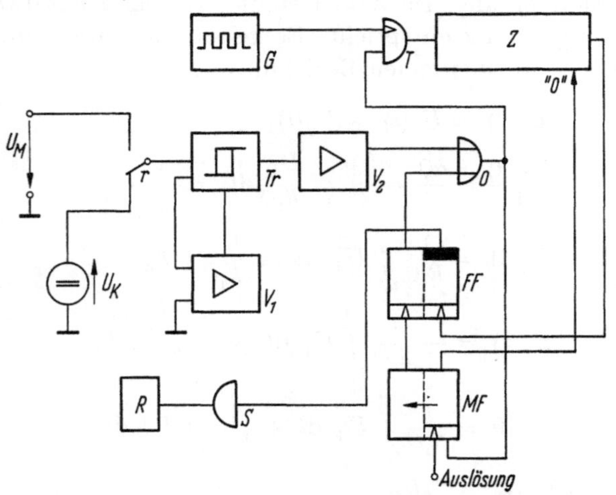

Abb. 6.3.1/6. Prinzipschaltbild der Analog–Digital-Umsetzung durch Ummagnetisieren
eines Transformatorkerns mit rechteckiger Hystereseschleife

Ein weiterer Analog–Digital-Umsetzer mit einem Zeitintervall als Zwischengröße ist ein von der AEG entwickelter Umsetzer auf magnetischer Basis [19]. Die Umwandlung der Meßspannung in das Zeitintervall geschieht durch einen Transformator mit rechteckiger Hystereseschleife (s. Abb. 6.3.1/6). Der Transformatorkern ist im Ruhezustand der Schaltung in einer seiner beiden Sättigungslagen. Zum Umwandeln der Meßspannung U_M in das Zeitintervall wird der Transformator Tr zunächst für eine über den Generator G und den Zähler Z gewonnene konstante Zeit t_K ummagnetisiert. Dabei ergibt sich eine Induktions-änderung

$$\varDelta B = \frac{1}{wQ} \int\limits_0^{t_K} U_M(t)\, \mathrm{d}t.\qquad(6.3.1/14)$$

Hierin bedeuten w die Windungszahl, über der die Meßspannung liegt, und Q den Kernquerschnitt des Transformators.

Ist die Meßspannung U_M während der Ummagnetisierungszeit t_K konstant, dann geht Gl. (6.3.1/14) in Gl. (6.3.1/15) über.

$$\varDelta B = \frac{1}{wQ} U_M t_K.\qquad(6.3.1/15)$$

Nach dem Ummagnetisieren wird der Transformator über dieselbe Wicklung mit einer konstanten Spannung U_K umgekehrter Polarität wieder in die anfängliche Sättigungslage zurückmagnetisiert. Dabei ergibt sich dieselbe Induktionsänderung wie beim Ummagnetisieren. Es gilt

$$\varDelta B = \frac{1}{w\,Q} U_M t_K.\qquad(6.3.1/16)$$

Durch Gleichsetzen von Gl. (6.3.1/15) und Gl. (6.3.1/16) erhält man nach Gl. (6.3.1/17) die der Meßspannung U_M proportionale Rückmagne-tisierungszeit

$$t_M = \frac{t_K\, U_M}{U_K}.\qquad(6.3.1/17)$$

Die Zeit t_M steht am Transformator als Spannung zur Verfügung. Diese Spannung wird in dem Verstärker V_2 verstärkt und steuert über die Oderschaltung O das Tor T zum Zähler Z auf. Liegt während der Zeit t_K die Meßspannung am Transformator, dann ist die Ausgangs-spannung des Verstärkers V_2 negativ, so daß die Oderschaltung nicht anspricht. Die Steuerung wird vielmehr vom Flipflop FF übernommen, das durch den verzögerten Auslöseimpuls (vom Monoflop MF) in die Arbeitslage gekippt wird und nach der Zeit t_K vom Zähler wieder in die Ruhelage zurückgekippt wird. Ebenfalls während der Zeit t_K wird durch das Flipflop und den Schaltverstärker S das Relais R betätigt, das den Transformator T_r auf die Meßspannung U_M umschaltet. Für die Genauigkeit der Umsetzung wirkt es sich günstig aus, daß die Genera-torfrequenz f_G sowohl das konstante Zeitintervall t_K als auch das ver-änderliche (der Meßspannung proportionale) Zeitintervall t_M auszählt. Während des Zeitintervalls t_M werden in den Zähler $n = t_M f_G$ Impulse eingezählt. Mit Gl. (6.3.1/17) erhält man

$$n = t_\mathrm{M}\, f_\mathrm{G} = \frac{t_\mathrm{K}\, U_\mathrm{M}}{U_\mathrm{K}}\, f_\mathrm{G}. \qquad (6.3.1/18)$$

Das Produkt $t_\mathrm{K}\, f_\mathrm{G} = N$ ergibt die auf das Zeitintervall t_K entfallende Zahl N von Impulsen. Damit ergibt sich die Gleichung

$$n = \frac{N}{U_\mathrm{K}}\, U_\mathrm{M}, \qquad (6.3.1/19)$$

in der die Generatorfrequenz nicht mehr vorkommt. Die Genauigkeit des Meßergebnisses hängt also nicht mehr von der Generatorfrequenz f_G ab, sondern einmal von der Konstanz der festen Rückmagnetisierungsspannung U_K und zum anderen von der Linearität der Spannungs–Zeit-Umfoimung. Diese ist aber nur gegeben, wenn die Transformatorwicklung und die Meßspannung einen vernachlässigbaren Innenwiderstand haben. Da dies in der Praxis nicht zutrifft, wird mit dem Verstärker V_1 und einer Gegenkopplungswicklung des Transformators Tr der Einfluß der Innenwiderstände kompensiert. Die mit einem ausgeführten Gerät erzielte Meßgenauigkeit beträgt etwa $0{,}5^0/_{00}$ bei einem Meßbereich von 1 V, einem Eingangswiderstand von 10 MΩ und einer maximalen Meßzeit von 255 ms ($t_\mathrm{K} = 200$ ms, $t_{\mathrm{M\,max}} = 55$ ms).

6.3.2 Analog–Digital-Umsetzer mit Frequenz als Zwischengröße

Analog–Digital-Umsetzer mit einer Frequenz als Zwischengröße bestehen aus einem digitalen Frequenzmesser, an dessen Eingang ein Wandler liegt, der die analoge Meßgröße in eine analoge Frequenz umwandelt. Der Wandler übernimmt bei der Analog–Digital-Umsetzung die Aufgabe der Quantisierung und der Frequenzmesser die Aufgabe der Codierung. Diese Umsetzer erfordern als Eingangsgröße eine Spannung und werden daher Spannungs–Frequenz-Umsetzer genannt.

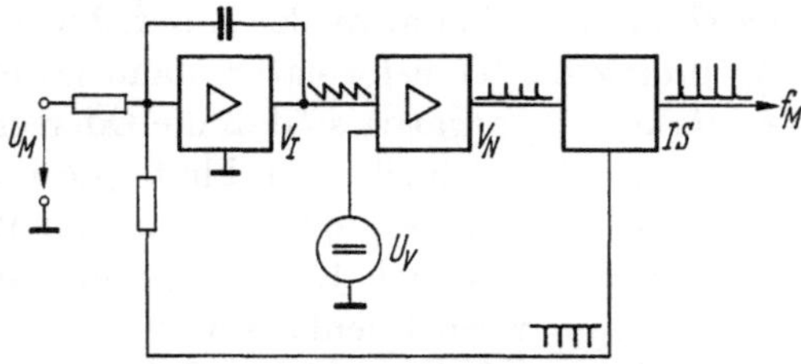

Abb. 6.3.2/1. Spannungs–Frequenz-Umwandlung mit Integrationsverstärker

Da der digitale Frequenzmesser bereits in Kap. 5.2 behandelt wurde, soll hier nur auf den Spannungs–Frequenz-Wandler eingegangen werden. Das Prinzip einer häufig verwendeten Schaltung zur Umwandlung einer Spannung in eine ihr verhältnisgleiche Frequenz zeigt Abb. 6.3.2/1

[20, 21]. Die Meßspannung U_M wird auf den Eingang eines Integrationsverstärkers V_I (s. Kap. 3.6.1) gegeben, der sie in eine Sägezahnspannung umwandelt. Die Anstiegsgeschwindigkeit der Sägezahnspannung ist der anliegenden Meßspannung in jedem Augenblick direkt proportional. In einem Nullverstärker V_N wird die Sägezahnspannung mit einer konstanten Vergleichsspannung U_V verglichen. Bei Amplitudengleichheit von Sägezahn- und Vergleichsspannung gibt der Nullverstärker einen Impuls ab. Dieser Impuls wird in der Impulsschaltung IS verstärkt und nach außen abgegeben; gleichzeitig aber wird er in der Impulsschaltung umgepolt und so geformt, daß er, auf den Eingang des Integrationsverstärkers gegeben, die Sägezahnspannung am Ausgang auf den Anfangswert der Integration absenkt. Während des Aufladens nimmt der Kondensator folgende Ladung auf:

$$Q_L = C \int\limits_{U_1}^{U_2} du_c = C(U_2 - U_1). \qquad (6.3.2/1)$$

Nimmt man den Eingangswiderstand des Integrationsverstärkers so hochohmig an, daß der Eingangsstrom vernachlässigbar klein ist, dann gilt:

$$i_c = i_e = \frac{U_M - u_e}{R}. \qquad (6.3.2/2)$$

Wegen der sehr großen Verstärkung und der Begrenzung der Ausgangsspannung auf den Wert U_2, ist u_e stets sehr klein und kann gegen U_M vernachlässigt werden. Es gilt also:

$$i_e \approx \frac{U_M}{R}. \qquad (6.3.2/3)$$

Man erhält hiermit als zweite Gleichung für die Kondensatorladung

$$Q_L = \int\limits_0^{T_L} i_e(t)\, dt = \frac{U_M}{R} T_L. \qquad (6.3.2/4)$$

Mit Gl. (6.3.2/4) ergibt sich damit als Aufladezeit T_L

$$T_L = \frac{R}{U_M} C(U_2 - U_1) = \tau \frac{U_2 - U_1}{U_M}. \qquad (6.3.2/5)$$

Nach dem Aufladen wird der Integrationskondensator von der Impulsschaltung wieder auf den Anfangswert entladen. Diese Entladung vollzieht sich natürlich nicht schlagartig, sondern benötigt wie die Aufladung eine Zeit T_R, die von der Höhe der Entladespannung und dem Innenwiderstand der Impulsschaltung abhängt. Die Periodendauer einer vollständigen Auf- und Entladung ist damit

$$T = T_L + T_R = \tau \frac{U_2 - U_1}{U_M} + T_R \qquad (6.3.2/6)$$

und als Pulsfolgefrequenz ergibt sich:

$$f_M = \frac{1}{\tau \dfrac{U_2 - U_1}{U_M} + T_R} \qquad (6.3.2/7)$$

f_M ist wegen T_R keine lineare Funktion von U_M. T_R verursacht einen Linearitätsfehler. Beträgt T_R z.B. bei der höchsten Frequenz (größte Eingangsspannung) 1% von T_L und legt man die Schaltung so aus, daß T_L allein die gewünschte Frequenz ergäbe, dann ist bei der größten Eingangsspannung die Frequenz wegen T_R um etwa 1% zu klein. Bei niedrigeren Eingangsspannungen ist der Fehler natürlich geringer; er steigt linear mit der Frequenz (Abb. 6.3.2/2). Man kann die Schaltung auch so auslegen, daß bei der größten Eingangsspannung die gewünschte Frequenz ansteht; dann ist T_L kleiner als die Periodendauer, und der Fehler ist bei der größten Eingangsspannung Null und steigt mit sinkender Spannung. In beiden Fällen erhält man einseitige Fehler;

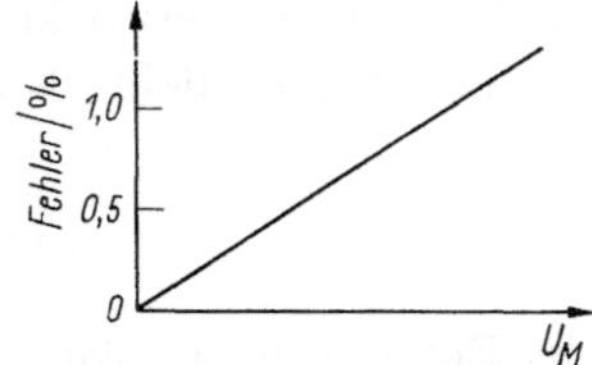

Abb. 6.3.2/2. Einseitiger Fehler

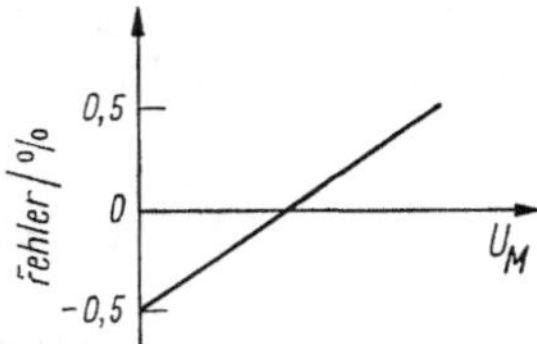

Abb. 6.3.2/3. Beidseitiger Fehler

im ersten Fall ist die Frequenz zu niedrig, im zweiten zu hoch. Ihre Maxima und Minima liegen an den Bereichsenden. Legt man die Schaltung so aus, daß in der Bereichsmitte der Fehler Null wird, dann ist er beidseitig und nur noch halb so groß wie bei einseitiger Lage (Abb. 6.3.2/3). Um einen möglichst kleinen Fehler zu erhalten, muß auch T_R bei der größten Eingangsspannung möglichst klein gegen T_L sein. Das bereitet aber bei kurzem T_L u.U. Schwierigkeiten, da der Verstärker dann sehr breitbandig sein muß. Nimmt man für die Berechnung der Grenzfrequenz das Signal als reinen Sägezahn an (abfallende Flanke unendlich steil), so liefert die Fourier-Analyse:

$$f(\omega t) = \frac{2A}{\pi}\left(\sin \omega t - \frac{1}{2}\sin 2\omega t + \frac{1}{3}\sin 3\omega t - + \cdots\right). \quad (6.3.2/8)$$

Will man als höchste Teilfrequenz diejenige nehmen, deren Amplitude noch 1% der Amplitude des Sägezahns ausmacht, so erhält man:

$$\frac{2A}{\pi}\cdot\frac{1}{n} = 0{,}01\,\text{A},$$

$$n = \frac{2A}{0{,}01\cdot\pi\cdot A} = 63{,}7. \qquad (6.3.2/9)$$

Man muß also die 64. Harmonische noch einwandfrei verstärken. Bei einer Frequenz von 10 kHz für den Meßbereichsendwert ergibt das eine erforderliche obere Grenzfrequenz von 640 kHz.

Man kann die Linearität der Umsetzung dadurch verbessern, daß in Reihe zum Integrationskondensator C noch ein Widerstand R_L geschaltet wird (Abb. 6.3.2/4) [25]. Der Verstärker zeigt dann am Ausgang PI-Verhalten. Die Ausgangsspannung berechnet sich zu:

$$u_\mathrm{a}(t) = U_\mathrm{M} \cdot v \left(1 - \frac{\tau}{\tau'} \, \mathrm{e}^{-\frac{t}{(1-v)\,\tau'}} \right) \qquad (6.3.2/10)$$

mit

$$\tau = R_\mathrm{I} \cdot C \ \text{ und } \ \tau' = C \left(R_\mathrm{I} + R_\mathrm{L} \frac{1}{1-v} \right).$$

Entwickelt man $u_\mathrm{a}(t)$ in einer Reihe, so erhält man:

$$u_\mathrm{a}(t) = \qquad\qquad\qquad\qquad\qquad\qquad\qquad (6.3.2/11)$$
$$U_\mathrm{M}v - U_\mathrm{M}v \, \frac{\tau}{\tau'} \left(1 - \frac{t}{(1-v)\,\tau'} + \frac{t^2}{(1-v^2)\,\tau'^2} - \frac{t^3}{(1-v)^3\,\tau'^3} + - \cdots \right).$$

Benutzt man nur das erste Glied (weil v sehr groß ist), so ergibt sich:

$$u_\mathrm{a}(t) \approx U_\mathrm{M}v \left(1 - \frac{\tau}{\tau'} + \frac{\tau \cdot t}{(1-v)\,\tau'^2} \right)$$
$$= \frac{U_\mathrm{M}\,v}{(1-v)\tau'} \left(R_\mathrm{L}C + \frac{\tau}{\tau'}\,t \right). \qquad (6.3.2/12)$$

Die Aufladezeit T_L erhält man, wenn $u_\mathrm{a} = U_2$ ist:

$$T_\mathrm{L} = \frac{U_2}{U_\mathrm{M}} \cdot \frac{1-v}{v} \cdot \frac{\tau'^2}{\tau} - \frac{R_\mathrm{L}}{R_\mathrm{I}} \cdot \tau'. \qquad (6.3.2/13)$$

Im Gegensatz zu Gl. (6.3.2/5), in der T_L nur aus einem von U_M abhängenden Ausdruck besteht, enthält Gl. (6.3.2/13) noch ein konstantes Glied $\frac{R_\mathrm{L}}{R_\mathrm{I}} \cdot \tau'$, um das der von U_M abhängende Ausdruck vermindert wird. Da die gesamte Periodendauer die Summe aus T_L und T_R ist,

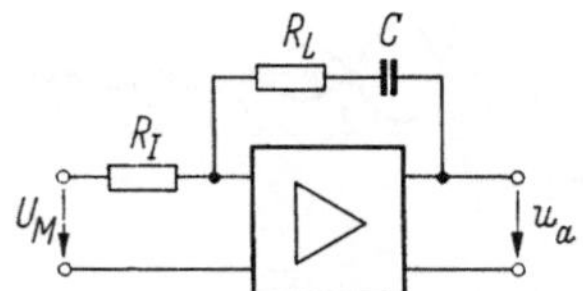

Abb. 6.3.2/4. Integrationsverstärker mit PI-Verhalten

kann bei dieser Beschaltung durch Wahl von R_L die Rückladezeit T_R kompensiert werden, so daß sich mit weniger Mitteln eine sehr gute Linearität in der Umsetzung ergibt.

Ist die Anstiegsgeschwindigkeit der Sägezahnspannung proportional zur Meßspannung U_M und ist die Meßspannung konstant, so ist die Pulsfolgefrequenz der Ausgangsimpulse ebenfalls proportional zur Meßspannung. Ändert sich jedoch die Meßspannung in der Zeit, so wird auch die Pulsfolgefrequenz eine Funktion der Zeit sein. Die Zahl der

Ausgangsimpulse während eines bestimmten Zeitintervalls entspricht dann dem Integral der Meßspannung über diesem Zeitintervall. Diese Eigenschaft macht den Spannungs–Frequenz-Wandler besonders geeignet für die digitale Meßtechnik. Denn dadurch kann man mit ihm einmal das Integral eines einmaligen Spannungsimpulses digital erfassen, zum anderen lassen sich auch Gleichspannungen messen, denen eine Störwechselspannung überlagert ist, deren Mittelwert Null ist. Im letzten Fall muß nur die Zeitbasis T_0 des Frequenzmessers ein ganzzahliges Vielfaches der Periodendauer T_x der Störwechselspannung betragen. Beträgt die Zeitbasis kein ganzzahliges Vielfaches der Periodendauer, so ergibt sich nur eine unvollkommene Störunterdrückung. Für das Verhältnis des Mittelwertes $\overline{U}$ der Störwechselspannung zur Amplitude $\widehat{U}$ der Störwechselspannung gilt folgende Beziehung:

$$\frac{\overline{U}}{\widehat{U}} = \pm \frac{\sin x}{x} \quad \text{mit} \quad x = \pi \frac{T_x}{T_0}, \qquad (6.3.2/14)$$

die in Abb. 6.3.2/5 aufgetragen ist. Man ersieht aus der Abbildung, daß $\frac{\overline{U}}{\widehat{U}}$ zu Null wird, wenn die Zeitbasis ein ganzzahliges Vielfaches der Periodendauer ist, und daß mit wachsendem Verhältnis $\frac{T_x}{T_0}$ eine Abweichung vom ganzzahligen Verhältnis einen geringeren Fehler verursacht.

Spannungs–Frequenz-Wandler mit Integrationsverstärker lassen sich so bauen, daß die Eingangsspannung eine beliebige Polarität haben kann. Der Wandler gibt dann zusätzlich zur Frequenz f_M eine Information über die Polarität der Meßspannung ab. Abb. 6.3.2/6 zeigt das

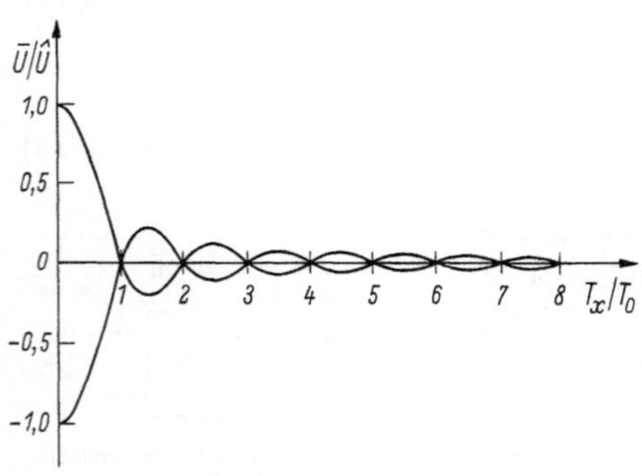

Abb. 6.3.2/5. Verlauf der Funktion $f = \pm \dfrac{\sin x}{x}$

Funktionsschaltbild des Spannungs–Frequenz-Wandlers der amerikanischen Firma Dymec (Hewlett-Packard) [22]. Die Grundschaltung entspricht der Abb. 6.3.2/1, jedoch ist je ein Kompensationszweig für eine positive und eine negative Eingangsspannung vorgesehen. Je nach der Polarität der Eingangsspannung gibt der Integrationsverstärker eine ins Positive oder ins Negative wachsende Sägezahnspannung ab. Das Diodengatter $DG+$ läßt nur eine positive Spannung auf den Emitterfolger EF_1 gelangen und das Diodengatter $DG-$ eine negative Spannung auf den Emitterfolger EF_2. Als Nullverstärker dienen die Sperrschwinger SpS_1 und SpS_2, die ihrerseits die Impulsschaltungen IS_1 und IS_2 anstoßen. Die Impulsschaltung IS_1 gibt einen positiven Kompensationsimpuls ab und die Impulsschaltung IS_2 einen negativen. Beide aber steuern über den Emitterfolger EF_3 den Sperrschwinger SpS_3 an, der eine Ausgangsfrequenz f_M liefert, die dem Betrag der Meßspannung U_M proportional ist. Die von den Sperrschwingern SpS_1 und SpS_2 abgegebenen Impulse werden zusätzlich auf die beiden Eingänge des Flipflops FF geleitet, dessen Schaltstellung die Polarität der Meßspannung U_M angibt.

Ausgeführte Spannungs–Frequenz-Wandler mit Integrationsverstärker haben einen Meßbereich von 0 bis 1 V bei einem Eingangswiderstand von 1 MΩ, einer Ausgangsfrequenz von 0 bis 100 kHz und einer Genauigkeit von 0,02 %.

Kombiniert man das Kompensationsverfahren mit dem Spannungsfrequenzverfahren, so erhält man einen Analog–Digital-Umsetzer, der sowohl den geringen Meßfehler des Kompensationsverfahrens

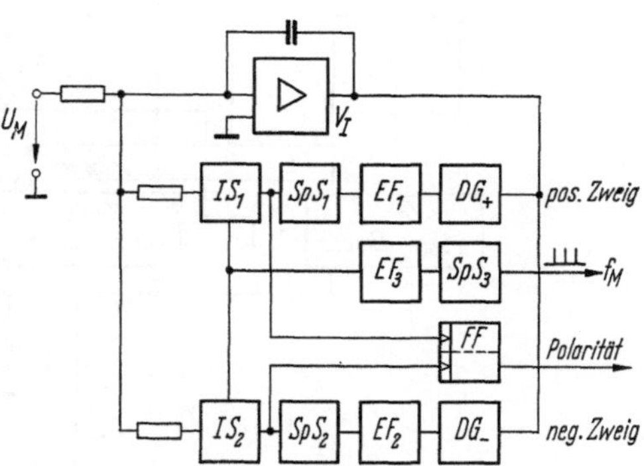

Abb. 6.3.2/6. Spannungs–Frequenz-Umwandlung mit automatischer Polaritätsanzeige für beliebig gepolte Meßspannung (nach Dymec)

als auch die integrierende Eigenschaft des Spannungsfrequenzverfahrens besitzt. Die eigentliche Umsetzung gliedert sich in zwei Teile (Abb. 6.3.2/7). Im ersten Teil, der mit der Nullsetzung des zweiteiligen Zählers und des A/D-Umsetzers beginnt, wird dem Spannungs–Frequenz-Wandler über den vom Relais E betätigten Umschaltkontakt e nur ein Bruchteil der Spannung $U_\mathrm{E} = U_\mathrm{M} - U_\mathrm{A}$ zugeführt. Der Spannungs–Frequenz-Wandler liefert über die Torschaltung T_1, die von der Zeitbasis gesteuert wird, eine dieser Spannung entsprechende Zahl von Impulsen an die oberen Dekaden des Zählers. Hierdurch werden die oberen Stellen des Meßwertes gebildet. Der Zählerstand wird vom Digital–Analog-Umsetzer in eine der Meßgröße entsprechende Spannung umgesetzt, die die Meßspannung U_M nahezu kompensiert. Im zweiten Teil der Messung wird dem Spannungs-Frequenz-Wandler die volle Spannung U_E zugeführt, so daß er jetzt lediglich die Differenz zwischen der Meßspannung U_M und der der ersten Messung entsprechenden Spannung U_A umwandelt. Die dieser Differenz entsprechende Frequenz wird über das Tor T_2 in die unteren Dekaden des Zählers eingezählt, wodurch die niedrigen Stellen des Meßwertes gebildet werden. Ist die Differenz $U_\mathrm{E} = U_\mathrm{M} - U_\mathrm{A}$ positiv, dann war nach dem ersten Teil der Messung der Zählerstand kleiner als der Wert der Meßspannung, und in den Zähler muß beim zweiten Teil der Messung vorwärts eingezählt werden. Ist die Differenz negativ, dann war der Zählerstand größer als der Wert der Meßspannung, und in den Zähler muß rückwärts eingezählt werden. Die Vorwärts-Rückwärts-Steuerung des Zählers wird daher von den

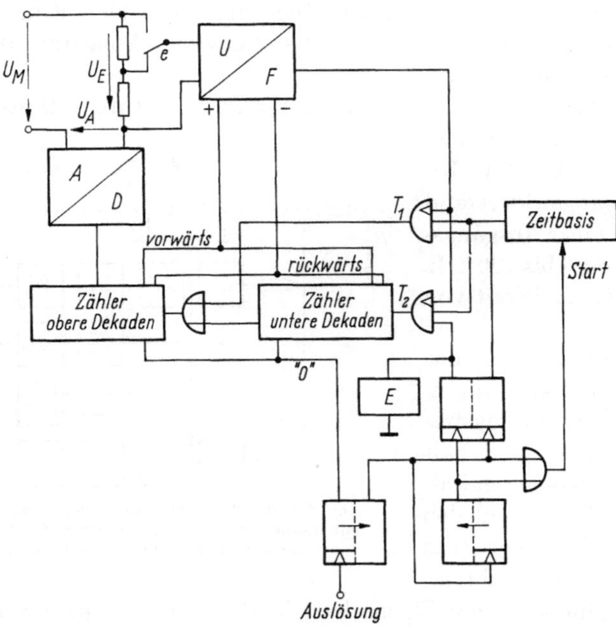

Abb. 6.3.2/7. Analog–Digital-Umsetzer mit Kompensations- und Spannungsfrequenzverfahren

Vorzeichenausgängen des Spannungs-Frequenz-Wandlers abgenommen. Dadurch, daß der Meßwert nicht durch fortlaufendes Einzählen in den Eingang der niedrigsten Dekade gebildet wird, ergibt sich bei diesem Verfahren eine kürzere Umsetzzeit als bei einem einfachen Spannungs-Frequenz-Umsetzer. Ein von der Firma Hewlett-Packard ausgeführtes Gerät dieser Art hat sechs Ziffernstellen. Der Meßfehler wird mit $5 \cdot 10^{-6}$ angegeben [26, 27].

Eine einfachere Möglichkeit der Spannungs-Frequenz-Wandlung ist in Abb. 6.3.2/8 gezeigt [23]. Die Grundschaltung ist hier eine normale astabile Kippstufe. An Stelle der sonst üblichen Widerstände an den Basen der Transistoren T_1 und T_2 (s. Kap. 3.1.3), die nach dem Kippvorgang eine exponentielle Entladung der Koppelkondensatoren C_1 und C_2 verursachen, werden hier die Transistoren T_3 und T_4 verwendet, die in Kollektorschaltung betrieben werden. Da deren Basen auf dem festen Potential U_3 liegen, sind die Kollektorströme der Transistoren T_3 und T_4 bei Vernachlässigung des Temperatureinflusses lediglich von U_3, U_M und R_1 bzw. R_2 abhängig. (Der Temperatureinfluß wird durch Verwenden von Siliziumtransistoren und Metallfilmwiderständen klein gehalten.) Da die Kollektorströme der Transistoren T_3 und T_4

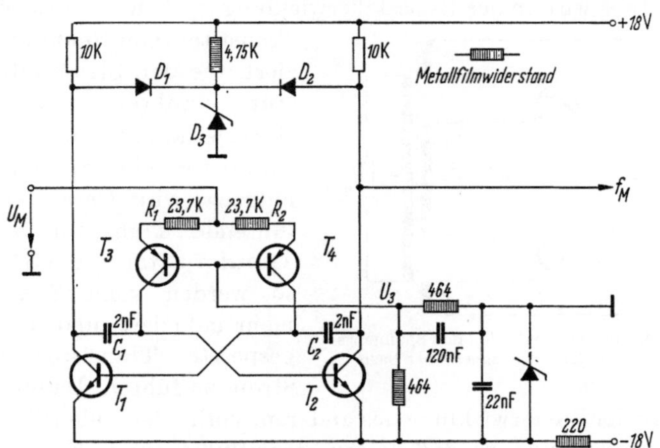

Abb.6.3.2/8. Spannungs-Frequenz-Wandler mit Multivibrator [23]

konstant sind, wird die Entladung der Koppelkondensatoren C_1 und C_2 zeitlinear verlaufen. Bei einer gegebenen Schaltung mit festen Werten für R_1, R_2 und die Versorgungsspannungen wird daher die Frequenz des Multivibrators lediglich noch durch die veränderliche Meßspannung U_M beeinflußt, und zwar ändert sie sich proportional zu U_M. Die Frequenz errechnet sich nach der Gleichung

$$f_M = \frac{U_M - U_{BE(T_3/T_4)} + U_3}{2R_1C_1(U_- + U_{D2} + U_{D3} - U_{BE(T_1/T_2)})} \, . \qquad (6.3.2/15)$$

Hierin bedeuten:

$U_{BE(T_3/T_4)}$ die Basisemitterspannung der Transistoren T_3 und T_4,

$U_{BE(T_1/T_2)}$ die Basisemitterspannung der Transistoren T_1 und T_2,

U_{D2} die über der Diode D_2 abfallende Spannung,

U_{D3} die über der Diode D_3 abfallende Spannung,

U_- negative Versorgungsspannung.

Ein Nachteil dieser Schaltung ist, daß sie eine Nullfrequenz hat, d.h. daß auch bei der Meßspannung $U_M = 0$ eine Frequenz abgegeben wird. Die Meßspannung ergibt sich dann nur als Differenz der Meß- und der

Nullfrequenz. Für die Schaltung wird ein Linearitätsfehler von 0,1%
angegeben.

Abb. 6.3.2/9 zeigt das Prinzip eines Spannungs–Frequenz-Wandlers
auf magnetischer Basis [24], der ähnlich wie die bekannten transistorisierten Gegentaktzerhacker arbeitet. Jeweils einer der beiden Transistoren T_1 und T_2 ist stromführend und der andere gesperrt. Während des
Stromflusses wird in der Basissteuerwicklung w_{31} bzw. w_{32} des leitenden

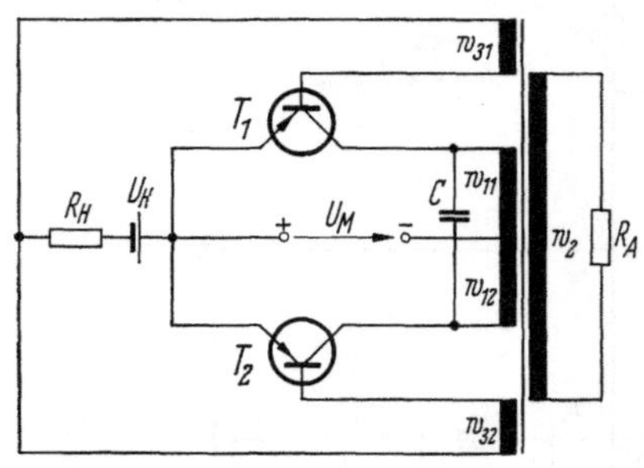

Abb. 6.3.2/9. Prinzipschaltbild eines Spannungs-
Frequenz-Wandlers auf magnetischer Basis

Transistors eine Spannung induziert, die den Stromfluß unter-
stützt, während in der Basissteuerwicklung des anderen
Transistors eine Sperrspannung
induziert wird. Gerät der stromführende Transistor oder der
Transformator in die Sättigung,
so werden keine Spannungen
mehr induziert, und der vorher
gesperrte Transistor beginnt
Strom zu führen. Dadurch indu-
ziert er in der Steuerwicklung des anderen, vorher leitenden Transistors
eine Sperrspannung, so daß dessen Stromfluß aufhört. Nun läuft der
beschriebene Vorgang mit vertauschten Rollen weiter.

Ausgenutzt wird hier die Tatsache, daß bei der Ummagnetisierung
eines Kerns mit rechteckiger Hystereseschleife von einer Sättigungsinduktion in die andere die Ummagnetisierungszeit von der speisenden
Spannung abhängig ist. Aus Gl. (6.3.2/16) ergibt sich für einen Transformator mit rechteckiger Hystereseschleife unter Vernachlässigung
der Wicklungswiderstände und der Restinduktivität bei gesättigtem
Kern die Gl. (6.3.2/17)

$$u = -\frac{d\Psi}{dt}, \qquad (6.3.2/16)$$

$$U_\mathrm{M}\, T = w\, Q\, \Delta B. \qquad (6.3.2/17)$$

Hierin bedeuten U_M die zur Ummagnetisierung dienende Meßspannung,
T die Zeit zum Ummagnetisieren von einer Sättigungslage in die andere, w die Windungszahl der Wicklung, über der U_M liegt (also w_{11}
bzw. w_{12}), Q den Kernquerschnitt des Transformators und ΔB die Induktionsänderung von einer Sättigungsinduktion zur anderen. Die
Induktionsänderung ist je nach dem Durchlaufsinn der Hystereseschleife
positiv oder negativ einzusetzen. Die Frequenz bei einer dauernden
Ummagnetisierung ergibt sich nach der Gleichung

$$f_\mathrm{M} = \frac{1}{2T} = \frac{U_\mathrm{M}}{2w\, Q\, \Delta B}. \qquad (6.3.2/18)$$

Bei gegebenem Transformator ist sie also nur von der Meßspannung U_M abhängig. In der Praxis muß mit endlichen Wicklungswiderständen gerechnet werden, wodurch eine Korrektur der Gl. (6.3.2/18) nötig wird. Bezeichnet man die Summe aus dem Durchlaßwiderstand des leitenden Transistors und dem Wicklungswiderstand von w_{11} bzw. w_{12} mit R_1, den auf die Primärseite des Transformators bezogenen Strom im Steuerkreis mit i_{st}, den auf die Primärseite bezogenen Lastwiderstand mit R_2 und den bei einem Rechteckkern für eine Induktionsänderung nötigen minimalen Strom mit i_0, dann gilt

$$f_M = \frac{U_M - R_1(i_0 + i_{st})}{2w\,Q\,\Delta B} \cdot \frac{R_2}{R_1 + R_2}. \qquad (6.3.2/19)$$

Da bei sehr kleinen Werten der Spannung U_M die Transistoren nicht richtig schalten, stimmen die Gln. (6.3.2/18) und (6.3.2/19) nicht mehr. Man muß daher aus der Hilfsspannung U_H eine Grundbetriebsspannung ableiten, der die Meßspannung U_M überlagert wird. Dadurch ergibt sich allerdings wie bei der Schaltung nach Abb. 6.3.2/8 eine Nullfrequenz.

Mit einer ausgeführten Schaltung wurde ein Linearitätsfehler von 0,5 % erreicht bei einem Meßbereich von 0 bis 5 V, einem mittleren Eingangswiderstand von 1,6 kΩ und einem Frequenzverhältnis von 6:1.

Eine umfangreiche Zusammenstellung der heute erhältlichen A/D-Umsetzer findet man unter [36].

Literatur zu Kapitel 6

1. SUSSKIND, A.: Notes on Analog-Digital Conversion Techniques, New York: Wiley — London: Chapman & Hall 1957.
2. STEINBUCH, K.: Taschenbuch der Nachrichtenverarbeitung, 2. Aufl. Berlin/Heidelberg/New York: Springer 1967, 710ff.
3. PABST, W.: Digitale Lagemessung an Arbeitsmaschinen. ATM (September 1963) R 113—R 119.
4. KLIEVER, W. H.: Measure Position Digitally. Control Engn. 3 (1956) 107—113.
5. JAHN, H.: Eine einfache Digitaldarstellung analoger Zeigerausschläge. ETZ-B 14 (1962) 179—180.
6. BORUCKI, L.: Der Skalenstreckenumsetzer. ATM-Blatt J 017-3, September 1963.
7. ZÖRNER, K.-H.: Betrachtungen zum Skalenstreckenumsetzer. Z. Instrumentenkde. 71 (1963) 304—307.
8. MERZ, L.: Theorie der selbstkompensierenden Verstärker mit direkt wirkender mechanischer Steuerung. Arch. Elektrotechn. XXXI (1937) 1—23.
9. N. N.: Digital Voltmeters. Handbuch über die von der Fa. Non-Linear-Systems hergestellten Digital-Voltmeter, 1962.
10. MOELLER, F.: Einige Grundbegriffe und Grundlagen der Meßtechnik. VDI-Z. 103 (1961) 869—874.
11. JAHN, H.: Digitale Meßtechnik. VDE-Buchreihe Bd. 9 (1962) 149—165.

12. MAYER, H. F.: Prinzipien der Puls–Code-Modulation. Entwicklungsberichte der S & H AG (Buchform 1952).
13. KAUFMANN, H.: Dynamische Vorgänge in linearen Systemen der Nachrichten- und Regelungstechnik, München: Oldenbourg 1963.
14. Hinweis [2], S. 910—928.
15. HERMAN, F.: Widerstände und Schalter in Digitalmeßgeräten hoher Genauigkeit. ATM-Blatt J 077–4, April 1964.
16. WOLAK, K.: Schutzgaskontakte und Schutzgaskontaktrelais. Siemens-Z. 32 (1958) 845—847.
17. KRÄGELOH, W., KROOS, F.-K., SCHMID, E.: Ein Analog–Digital-Umsetzer mit Transistoren. Regelungstechnik 7 (1959) 168—172.
18. HOLDINGHAUSEN, P., HOMILIUS, K.: Digitale Spannungsmessung. ATM-Blatt J 077–2, Oktober 1960.
19. KLEEGREWE, C.: Analog–Digital-Umsetzer auf magnetischer Basis. AEG-Mitt. 53 (1963) 92—93.
20. KÜRNER, H.: Ein Digital-Auswertegerät für Gaschromatographen. Siemens-Z. 35 (1961) 430—433.
21. BREUNIG, H., OTTO, J.-CH.: Elektronischer Digital-Integrator für die Meßtechnik. Siemens-Z. 38 (1964) 36—39.
22. N. N.: A Voltage-to-Frequency Converter for Greater Flexibility in Data Handling. Hewlett Packard J. 12 (1960) No. 2.
23. BIDDLECOMB, R. W.: Latest Multivibrator Improvement; Linear Voltage-to-Frequency Converter. Electronics 36 (1963) 65—66.
24. HEISTERMANN, F.: Spannungs-Frequenz-Umformer für Meßzwecke. AEG-Mitt. 50 (1960) 83—86.
25. JONES, R. B.: Analog-to-Frequency Converter Has Improved Linearity Range. Electronic Design Vol. 14 (1966) 248—252.
26. McCULLOUGH, W. R.: A New and Unique Analog-to-Digital Conversion Technique. IEEE Trans. 15 (1966) 276—281.
27. HEUNE, W.: Ein neuer Analog--Digital-Umsetzer. Intern. Elektron. Rdsch. 21 (1967) 311—314.
28. FRITZ, W.: Was ist unter „Meßgenauigkeit" zu verstehen, was sind Fehlergrenzen? Amtsblatt der PTB 2 (1955) 107—112.
29. SCHRADER, H. J.: Genauigkeit von Grundnormalien der elektrischen Meßtechnik. Z. Instr. 71 (1963) 57—58.
30. ANGERSBACH, F.: Über die Genauigkeit elektrischer Grundnormale und Kompensationsmeßeinrichtungen. ATM (1964) J 930-3.
31. N. N.: Industrial Handbook der Fa. Digital Equipment Corp. Maynard/ Mass. USA (1967) 120.
32. AMMANN, S. K.: Dual Slope DVM. Electronic Engineer (1967) 66—67.
33. AASNAES, H. B., HARRISON, J.: Triple Play Speeds and Conversion. Electronics 41 (1968) 69—72.
34. DUNN, A. F.: Primary Electrical Units at the National Research Council of Canada. Metrologica 4 (1968) 180—184.
35. LECLERC, G.: Le rôle du Bureau International des Poids et Mesures dans le domaine des unités électriques. Revue Générale d'Électricité 78 (1969) 261—268.
36. N. N.: Analog-to-Digital Converter Survey. Instr. and Control Systems (1969) 115—138.
37. BELL, N. R.: Marconi Instrument Calibration Service. Marconi Instrumentation 41 (1969) 6—11.

7. Ausgabe digitaler Meßwerte

Der mit einem Analog-Digital-Umsetzer gebildete Meßwert liegt zunächst als Zählerstand oder als Kontaktkombination vor. Das genügt dann, wenn der Meßwert sofort in einer Datenverarbeitungsanlage weiterverarbeitet werden soll. Für eine visuelle Beobachtung, eine Protokollierung, eine spätere Weiterverarbeitung, einen Anschluß an Analoggeräte oder eine akustische Meßwertansage muß er jedoch auf entsprechende Ausgabegeräte geschaltet werden. Meist ist dabei eine Codeumsetzung (s. Kap. 2.4) erforderlich.

7.1 Zahlensichtgeräte

Zur visuellen Beobachtung der Meßwerte steht eine große Anzahl von Zahlensichtgeräten zur Verfügung, die entweder mechanisch oder optisch arbeiten. Bei den mechanischen Geräten sind die einzelnen Ziffern auf Bändern, Rollen und Klappen aufgetragen oder werden dadurch sichtbar gemacht, daß der Träger mit der gewünschten Ziffer in das Bildfenster gebracht wird. Unter den optischen Geräten gibt es zwei Gruppen: Bei der ersten liegen die Zifferen im $\binom{10}{1}$-Code vor und sind als Diapositive, Flutlichtziffern oder Leuchtelektroden ausgebildet. Sie werden sichtbar gemacht, indem ein entsprechendes Lämpchen oder eine Elektrode angesteuert wird. Bei der zweiten Gruppe werden die Ziffern aus einzelnen Segmenten zusammengesetzt, von denen je nach Ziffer eine bestimmte Auswahl angesteuert wird. Zu den optischen Geräten könnte man auch direkt anzeigende Zählröhren wie Elesta EZ10, Valvo E1T, Dekatron- und Trochotronzählröhren rechnen. Wegen ihrer Verknüpfung mit dem Zählvorgang sollen sie hier aber nicht aufgeführt werden.

Mechanische Zahlensichtgeräte sind gut ablesbar, da meist schwarze Ziffern auf weißem Grund stehen. Außerdem haben sie eine speichernde Wirkung, die selbst bei Ausfall der Stromversorgung erhalten bleibt. Nachteilig wirkt sich bisweilen ihr hoher Leistungsbedarf und ihre Trägheit aus, die besonders bei Schriftbandgeräten mit wachsender Zifferngröße steigt. Optische Zahlensichtgeräte sind sehr schnell, jedoch meist nur bei bestimmten Lichtverhältnissen gut ablesbar.

7.1.1 Mechanische Zahlensichtgeräte

Zu den mechanischen Zahlensichtgeräten gehören Schriftbandgeräte und Zahlenrollenanzeiger. Während Zahlenrollenanzeiger nur für kleinere Ziffernhöhen gebaut werden, gibt es Schriftbandgeräte mit Ziffernhöhen bis zu 1 m.

Abb. 7.1.1/1 zeigt ein Schriftbandgerät der Siemens AG. Bei diesem Gerät sind die Ziffern auf einem endlosen Band aufgetragen, das durch einen Motor bewegt wird. Das Band läuft allerdings nur in einer Richtung, wodurch es bei einem Ziffernwechsel im ungünstigsten Fall fast um seine ganze Länge weitertransportiert werden muß. Je nach Zifferngröße und Ziffernkapazität braucht das Gerät dafür 2 bis 5 s.

Das Einstellen der Ziffern geschieht suchend, und zwar folgendermaßen (s. Abb. 7.1.1/2): Der Antriebsmotor des Schriftbandes wird über den Ruhekontakt des Relais A betrieben. Dieses Relais liegt am beweglichen Arm eines Stufenschalters, der synchron zum Wechsel der Ziffern weitergeschaltet wird. Auf dem der abzubildenden Ziffer entsprechenden Kontakt des Stufenschalters erhält das Relais Spannung

Abb. 7.1.1/1. Schriftbandgerät der Siemens AG

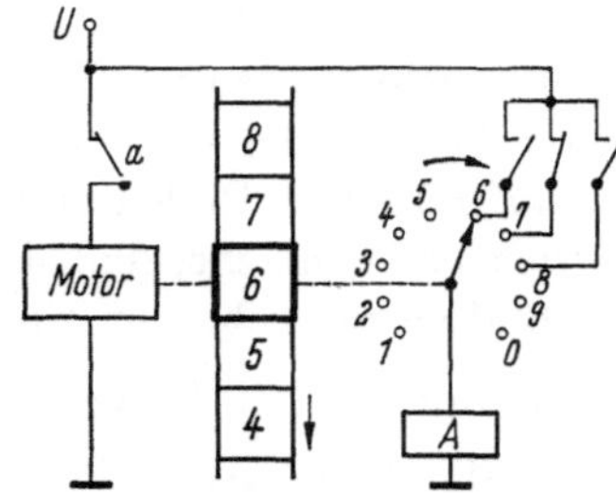

Abb. 7.1.1/2. Einstellung beim Schriftbandgerät

und zieht an. Dadurch wird der Motor abgeschaltet, und die abzubildende Ziffer bleibt im Bildfenster stehen. Die Ziffer bleibt so lange stehen, bis die Relaiserregung auf eine andere Ziffer geschaltet wird. Die abzubildende Ziffer muß also im $\binom{n}{1}$-Code vorliegen.

Einen Zahlenrollenanzeiger der Schweizer Firma Albiswerk Zürich AG zeigt Abb. 7.1.1/3. Er arbeitet auf magnetischer Basis und vermeidet bei der Ansteuerung Kontakte und Getriebe, wodurch der Anzeiger sehr robust wird. Auf einer Grundplatte aus Weicheisen, der sog. Flußleitplatte, sind drei mit Polschuhen versehene Spulen angebracht, die jeweils gegeneinander um 120° versetzt und im Stern geschaltet sind. Beim Erregen von zwei Spulen stimmt die Richtung des erzeugten Magnetfeldes mit der Verbindungslinie der beiden entsprechenden Polschuhe überein. Unter Berücksichtigung der Polung der Erregerspannung ergeben sich sechs mögliche Einstellrichtungen des Magnetfeldes. Werden drei Spulen erregt, wovon dann immer zwei an derselben Spannung liegen, so verlaufen die sich ergebenden sechs weiteren Magnetfeldrichtungen vom Polschuh der entgegengesetzten Polarität zum Mittelpunkt der Verbindungslinie der beiden Polschuhe gleicher Polarität bzw. umgekehrt. Es ergeben sich also im ganzen 12 jeweils um 30°

gegeneinander versetzte Magnetfeldrichtungen. Die Einstellung einer bestimmten Ziffer erfolgt nun dadurch, daß die drehbare Zahlenrolle im Innern einen Permanentmagneten trägt, der sich parallel zur erzeugten Magnetfeldrichtung stellt. Somit entspricht jedem Spulenerregungszustand eine eindeutige Zahlenrollenstellung.

Abb. 7.1.1/3. Zahlenrollenanzeiger der Firma Albiswerk Zürich AG

Der Permanentmagnet dient nicht nur zum Einstellen einer Ziffer bei angeschaltetem Magnetfeld, sondern auch zu ihrem Aufrechterhalten bei abgeschaltetem Magnetfeld. Dies geschieht mit Hilfe eines genuteten Streufußbleches, das über den Spulen angebracht ist.

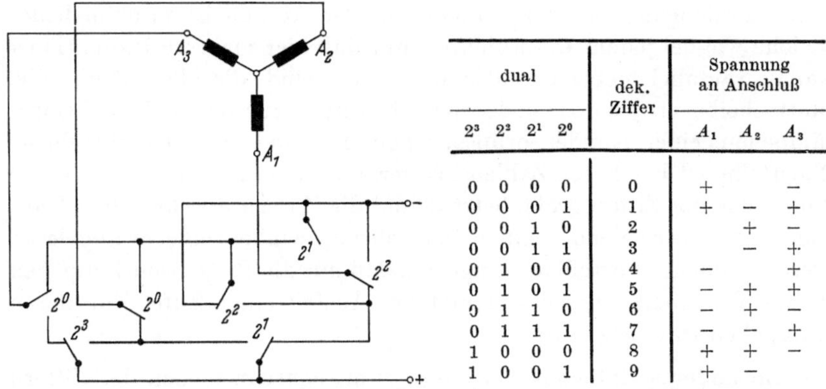

dual				dek. Ziffer	Spannung an Anschluß		
2^3	2^2	2^1	2^0		A_1	A_2	A_3
0	0	0	0	0	+		−
0	0	0	1	1	+	−	+
0	0	1	0	2		+	−
0	0	1	1	3		−	+
0	1	0	0	4	−		+
0	1	0	1	5	−	+	+
0	1	1	0	6	−	+	−
0	1	1	1	7	−	−	+
1	0	0	0	8	+	+	−
1	0	0	1	9	+	−	

Abb. 7.1.1/4. Code-Umsetzer mit Codetabelle zum Übergang vom 8-4-2-1-Code auf ternären Code für Albis-Zahlenrollenanzeiger

Ein gewisser Nachteil ist bei diesem Zahlenrollenanzeiger, daß die Ziffern in einem ternären (3-Zustands-) Code vorliegen müssen (die einzelnen Spulen müssen entweder an positive, negative oder keine Spannung gelegt werden) und daher ein zusätzlicher Code-Umsetzer erforderlich ist. Abb. 7.1.1/4 zeigt einen passenden Code-Umsetzer mit Codetabelle zum Umsetzen aus dem 8-4-2-1-Code.

7.1.2 Optische Zahlensichtgeräte

Optische Zahlensichtgeräte haben wegen ihrer kurzen Einstellzeit in digitalen Meßgeräten größere Bedeutung gewonnen als die mechanischen. Meist werden Sichtgeräte benutzt, deren Ziffern im $\binom{n}{1}$-Code vorliegen, während Geräte, bei denen die Ziffern aus einzelnen Segmenten zusammengesetzt werden, überwiegend als Elektrolumineszenzanzeiger ausgeführt werden.

7.1.2.1 Optische Zahlensichtgeräte nach dem $\binom{n}{1}$-Code.

Das einfachste Zahlensichtgerät nach dem $\binom{n}{1}$-Code besteht aus einem Diastreifen, auf dem neben- oder untereinander die n Ziffern aufgebracht sind. Hinter jeder Ziffer ist ein Glüh- oder Glimmlämpchen, das zum Sichtbarmachen der entsprechenden Ziffer angesteuert wird. Störend für das Ablesen ist bei dieser Anzeigeart, daß die einzelnen Ziffern einer Zahl normalerweise nicht in einer Reihe nebeneinander stehen, sondern auf einer Zickzacklinie liegen.

Einer der wichtigsten Vertreter der optischen Zahlensichtgeräte nach dem $\binom{n}{1}$-Code ist der Projektionsziffernanzeiger. Abb. 7.1.2.1/1 zeigt einen solchen Anzeiger der Firma Alois Zettler, München, sowie den Strahlengang bei der Projektion. Der Aufbau ist prinzipiell der gleiche wie bei jedem Diaprojektor, nur daß hier mehrere Projektionskanäle räumlich nebeneinander angeordnet sind, die alle auf dieselbe Mattscheibe projizieren. Jeder Kanal besteht aus einem Projektionslämpchen, einer Kondensorlinse, einem Dia und einer Objektivlinse. Nachteilig ist bei diesen Zahlensichtgeräten, daß die Bautiefe etwa das Fünffache der Ziferngröße beträgt und die Ziffern in sehr hellen Räumen sowie unter einem kleinen Betrachtungswinkel schlecht abgelesen werden können; vorteilhaft hingegen, daß nur die Projektionslämpchen einem Verschleiß unterliegen und bei Ausfall einer Ziffer nur deren Lämpchen zu ersetzen ist.

Ein anderes einfaches Verfahren zum Sichtbarmachen der Ziffern wird bei den Flutlichtanzeigern verwendet. Abb. 7.1.2.1/2 zeigt die Außenansicht und den Schnitt eines solches Gerätes. Hier sind die einzelnen Ziffern auf der Vorderseite einer winkligen Plexiglassscheibe eingraviert. Die einzelnen Ziffernscheiben sind dicht hintereinander angeordnet und werden jede an ihrer Stirnseite durch ein eigenes Lämpchen beleuchtet. Die Plexiglasscheibe wirkt als Lichtleiter, aus dem nur an den gravierten Stellen Licht austritt und so die Ziffern sichtbar werden. Durch das räumliche Hintereinander der einzelnen Scheiben wirkt das Bild bei mehreren nebeneinanderstehenden Ziffern etwas unruhig. Vorteilhaft ist ihre geringe Bautiefe und, daß wie beim Projektionsziffernanzeiger nur die Lämpchen einem Verschleiß unterliegen.

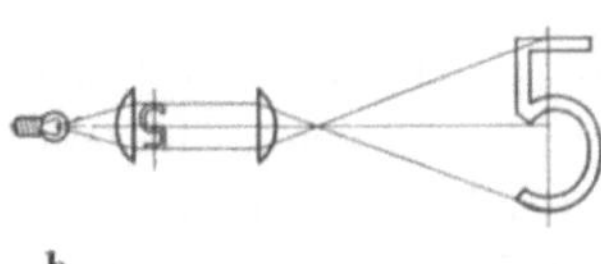

Abb. 7.1.2.1/1. Projektionsziffernfeld
(Firma Alois Zettler, München)
a) Außenansicht; b) Strahlengang

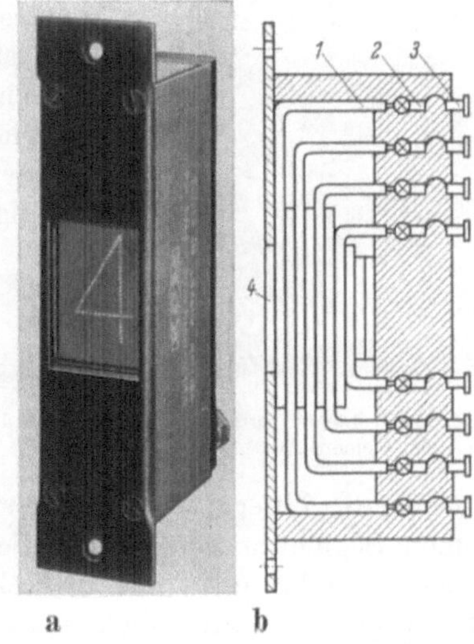

Abb. 7.1.2.1/2. Flutlichtanzeiger (Firma K.G.M.)
a) Außenansicht;
b) Schnitt; *1* Plexiglasscheibe; *2* Lämpchen;
3 Lämpchenanschluß; *4* Bildfenster

Häufig werden auch Glimmziffernröhren verwendet. Dies sind gasgefüllte Kaltkathodenröhren. Sie haben eine netzförmige Anode und je Ziffer eine Kathode, die entsprechend der Ziffer aus dünnem Draht geformt ist. Die Anode und die einzelnen Kathoden sind hintereinander angeordnet. Wird zwischen die Anode und eine der Kathoden eine Spannung gelegt, die höher ist als die Zündspannung der Glimmstrecken, so bedeckt sich die Kathode mit Glimmlicht, und die entsprechende Ziffer erscheint. Für die direkte Ansteuerung solcher Glimmziffernröhren mittels Transistoren wirkt sich nachteilig aus, daß die Betriebsspannung der Glimmstrecken

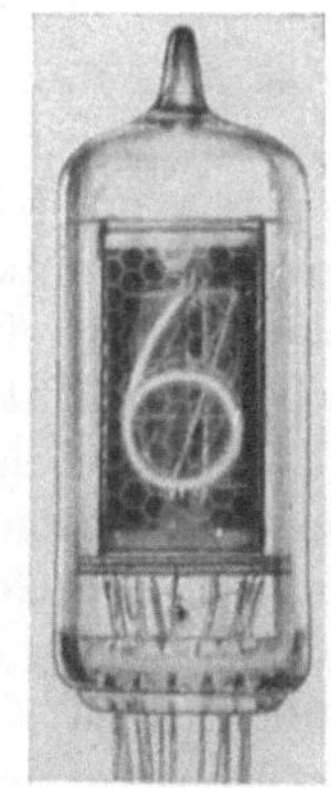

Abb. 7.1.2.1/3. Glimmziffernröhre
ZM 1080 (Werkbild Valvo)

relativ hoch ist und daher teurere Transistoren verwendet werden müssen. Von Vorteil hingegen sind die geringen äußeren Abmessungen. Abb. 7.1.2.1/3 zeigt eine Glimmziffernröhre der Firma Valvo.

7.1.2.2 Optische Zahlensichtgeräte mit Segmentziffern. Bei optischen Zahlensichtgeräten mit Segmentziffern werden die einzelnen Ziffern dadurch gebildet, daß aus n in einer Ebene angeordneten Leuchtsegmenten eine bestimmte Auswahl von Segmenten angesteuert wird.

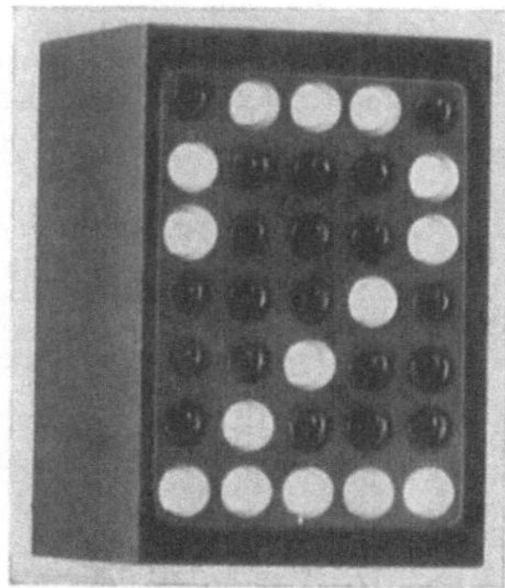

Die Zahl n der vorhandenen Segmente kann recht groß werden (z.B. 35, bei dem Lichtschriftgerät der Abb. 7.1.2.2/1), so daß sehr aufwendige Code-Umsetzer erforderlich sind. Man verwendet daher in digitalen Meßgeräten fast nur noch Ausführungen mit 10 und weniger Segmen-

Abb. 7.1.2.2/1. Lichtschriftgerät
der Siemens AG

Abb. 7.1.2.2/2. Elektrolumineszenzanzeiger

ten, wobei die Ziffern stark stilisiert werden (s. Abb. 7.1.2.2/2). Die einzelnen Segmente können aus Soffittenlampen in einem Leuchtkammersystem bestehen oder als Elektroden einer Elektrolumineszenzplatte ausgebildet sein. Elektrolumineszenzplatten haben allerdings den Nachteil, daß bei Ausfall eines einzigen Segmentes die ganze Platte ausgewechselt werden muß.

7.2 Lochstreifenausgabe

In der gesamten digitalen Technik kommt dem Problem der Speicherung von Daten besondere Bedeutung zu. Es werden in diesem und dem folgenden Kapitel Speicherverfahren beschrieben, die in der digitalen Meßtechnik häufig verwendet werden.

Die wenig zutreffende Bezeichnung „Elektronengehirn" für digitale Rechenautomaten, die man mitunter in Publikationen antrifft, deutet darauf hin, daß man sich bei den Speicherverfahren offensichtlich zunächst am biologischen Vorbild, dem Gehirn, d.h. hier speziell am menschlichen Gedächtnis, orientiert hat. Die Angaben des Speichervermögens des menschlichen Gedächtnisses schwanken zwischen $3{,}9 \cdot 10^6$ bit (nach KÜPFMÜLLER) und 10^{21} bit (nach FÖRSTER) [1, 2]. Hinsichtlich der Speicherdichte ist das menschliche Gehirn bisher allen technischen Einrichtungen weit überlegen. Im Gehirn kann man eine Speicherdichte von 10^{21} bit/cm³ annehmen, während technische Speicheranordnungen etwa 10^4 bit/cm³ erreichen.

Mit der Entwicklung der digitalen Technik gewann das Problem der Speicherung von Daten besondere Bedeutung. Für die digitalen

Rechenautomaten sind eine Reihe von speziellen Speicherverfahren entwickelt worden oder befinden sich noch in der Entwicklung. Dem jeweiligen Anwendungszweck entsprechend werden neben Flipflop-Speichern Magnetkern- oder Magnetbandspeicher verwendet. Weitere Entwicklungen laufen auf dem Gebiet der Speicherung auf magnetisch dünnen Schichten. In digitalen Meßgeräten haben magnetische Speicherverfahren bisher hauptsächlich aus Preisgründen wenig Anwendung gefunden.

Verfahren zur Datenspeicherung waren allerdings schon vor der Einführung der digitalen Technik bekannt. In der Fernschreibtechnik wird schon lange die Speicherung auf Lochstreifen vorgenommen. Trotz der Nachteile des geringen Speichervolumens (≈ 250 bit/cm^3) und der langen Zugriffszeit wird dieses Verfahren seiner Wirtschaftlichkeit wegen in der digitalen Meßtechnik häufig angewendet. In den Listen nahezu aller Hersteller von Digitalmeßgeräten werden Lochersteuergeräte angeführt, die zur Steuerung von Streifenlochern dienen. Häufig bilden diese Geräte das Kernstück von kleinen Meßwertverarbeitungsanlagen [3].

Die Speicherung der Meßwerte auf Lochstreifen bietet u. a. folgende Möglichkeiten der weiteren Verwendung: Entweder können die auf dem Lochstreifen gespeicherten Werte auf einer Fernschreibmaschine als Protokoll geschrieben oder die Werte des Lochstreifens einem Rechner zur weiteren Untersuchung der Meßergebnisse eingegeben werden.

Bei einem ausgeführten Gerät werden die in digitaler Form vorliegenden Meßwerte vom Lochersteuergerät dekadenweise abgefragt, in das Internationale Telegraphenalphabet Nr. 2 umgesetzt und mit Hilfe eines Streifenlochers in den Lochstreifen gestanzt [4]. Um aus dem Lochstreifen ein Protokoll zu schreiben oder den Streifen in einen Rechner eingeben zu können, sind Sonderzeichen und Steuerbefehle notwendig, die im Lochersteuergerät intern gespeichert sind und durch entsprechende Programmierung abgerufen werden können. In einer Standardausführung sind folgende Sonderzeichen vorgesehen:

1. Ein Anfangskennzeichen (Doppelpunkt) für die Eingabe in einen Rechner.

2. Datum und Uhrzeit zu Beginn jeder Meßreihe (nach Programmierung).

3. Eine Meßstellen-Nr. zur Kennzeichnung verschiedener Meßstellen.

4. Vorzeichen- und Dimensionierungsangaben ($+$; $-$; mV; V; Ω; $k\Omega$).

5. Sonderzeichen zur Steuerung einer Fernschreibmaschine. Dazu gehören Ziffern- und Buchstabenumschaltung, Zwischenraum, Wagenrücklauf und Zeilenvorschub.

Um ein Meßprotokoll zeilen- und spaltengerecht schreiben zu können, ist ein Zwischenzähler vorgesehen. Dieser ist einstellbar und berücksichtigt, daß pro Zeile max. 104 Zeichen geschrieben werden können. Das Programm des Gerätes ist als Schrittprogramm aufgebaut, d.h. jede Schrittbelegung ist dem Anwendungszweck entsprechend programmierbar. In Abb. 7.2/1 ist ein mögliches Programm dargestellt.

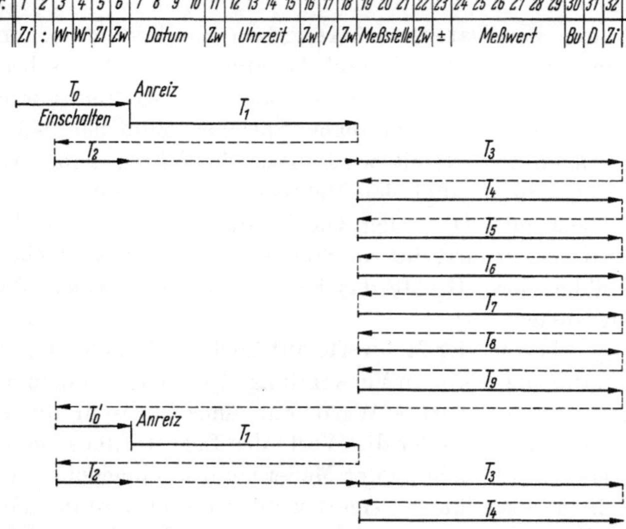

Schritt Nr.	1	2	3	4	5	6	7 8 9 10	11	12 13 14 15	16	17	18	19 20 21	22	23	24 25 26 27 28 29	30	31	32
Zeichen	Zi	:	Wr	Wr	Zl	Zw	Datum	Zw	Uhrzeit	Zw	/	Zw	Meßstelle	Zw	±	Meßwert	Bu	D	Zi

Abb. 7.2/1. Programm eines Lochersteuergerätes [4]. *Zi* Ziffernumschaltung; *:* Anfangskennzeichen; *Wr* Wagenrücklauf; *Zl* Zeilenvorschub; *Zw* Zwischenraum; *Bu* Buchstabenumschaltung; *Schritt Nr. 17* Zeichen für Handanreiz; *Schritt Nr. 23* Vorzeichen; *Schritt Nr. 31* Dimensionsangabe

Beim Einschalten des Gerätes werden zunächst die Schritte *1* bis *6* gelocht. Sie beinhalten die erforderlichen Sonderzeichen für die Fernschreibmaschine sowie das Anfangskennzeichen. Dann wird das Gerät intern gestoppt und wartet auf einen Anreizimpuls von außen (z.B. von einer Zeitmarke oder vom Meßwertgeber bei Änderung des Meßwertes). Anschließend wird als Überschrift Datum, Uhrzeit und ein Kennzeichen für automatischen oder Handanreiz gelocht. Danach erfolgt eine Rücksetzung auf Schritt *3*. Damit werden die Sonderzeichen Wagenrücklauf und Zeilenvorschub eingegeben, so daß die nun beginnende Meßreihe an den Anfang des Protokollschriebes gesetzt wird. Von Schritt *6* springt das Programm auf Schritt *19* und fragt die Meßstellen-Nr., das Vorzeichen, den Meßwert und die Dimension ab und stoppt das Gerät auf Schritt *32*. Bei einem neuen Anreiz wird wieder mit Schritt *19* begonnen. Sobald sieben solcher Zyklen (T_3-T_9) von Schritt *19* bis *32* durchlaufen sind, ist eine Zeile vollgeschrieben, und es werden die Sonderzeichen auf Schritt *3* bis *6* gelocht. Der weitere Vorgang wiederholt sich in der oben geschilderten Weise.

Die Arbeitsweise läßt sich nach Abb. 7.2/2 wie folgt erklären:

Von einem mechanischen Nockenkontakt des Streifenlochers *1* wird die Taktfrequenz f_0 zum Ablauf des Programmes geliefert. Durch einen

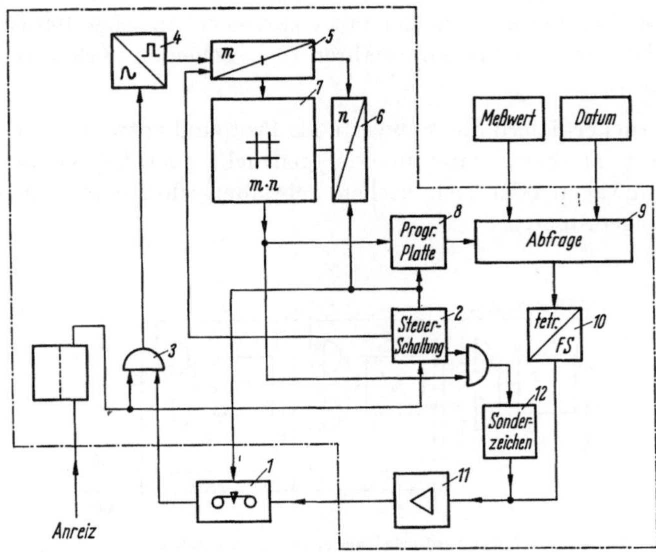

Abb. 7.2/2. Prinzipschaltbild eines Lochersteuergerätes [4]

Anreizimpuls wird gleichzeitig die Steuerschaltung *2* gestartet und eine Torschaltung *3* geöffnet. Damit können die Impulse vom Streifenlocher über eine Impulsformerstufe *4* auf einen m-stelligen Spaltenringzähler *5* gelangen. Am Ausgang dieses Ringzählers stehen Impulse der Frequenz f_0/m zur Verfügung, die einen Zeilenringzähler *6* fortschalten. Die Programmschritte *1* bis *32* werden durch eine Dioden-Matrix *7* gebildet, die insgesamt $m \cdot n$ Kreuzungspunkte enthält und von den beiden Ringzählern angesteuert wird. Dem jeweiligen Zweck angepaßt können sowohl die Ringzähler als auch die Matrix und damit die Schrittzahl erweitert werden. Die Programmschritte haben entsprechend der Untersetzung durch die Ringzähler die Taktfrequenz $f_0/(m \cdot n)$. Über eine Programmplatte *8* gelangen die Impulse auf die Abfrageschaltung *9*. Damit werden die Informationen wie Datum, Uhrzeit, Meßstellen-Nr., Meßwert usw. abgefragt und Dekade für Dekade auf den Code-Umsetzer *10* geschaltet. Dieser betätigt über die Leistungsschalter *11* die Empfangsmagnete des Streifenlochers. Die Sonderzeichen werden von der

Steuerschaltung und der Matrix durch die Sonderzeichenplatte *12* parallel zum Code-Umsetzer auf die Leistungsschalter und damit auf die Empfangsmagnete gegeben.

7.3 Meßwertdrucker

Eine der häufig verwendeten Ausgabeeinrichtungen für digitale Meßgeräte sind Meßwertdrucker mit elektromechanischer Betätigung. Schnelle Drucker mit Spezialverfahren [5, 6] scheiden meist aus Preisgründen aus.

Die Drucker liefern die Meßwerte als Protokoll entweder auf einem schmalen Papierband untereinander gedruckt oder bei Verwendung von Springwagen oder elektrischen Schreibmaschinen in Zeilen und Spalten angeordnet.

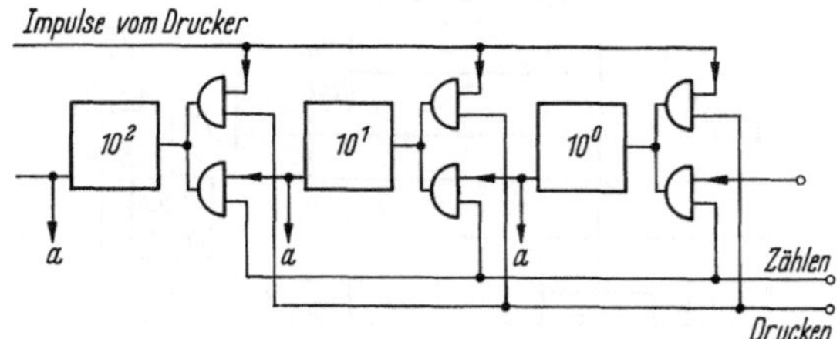

Abb. 7.3/1. Ausdrucken aus elektronischen Zählketten

Nach den Unterlagen von [7] sollen zunächst Banddrucker ohne Springwagen beschrieben werden. Eine Anschlußmöglichkeit ist zum Ausdrucken von Meßwerten aus elektronischen Zählketten vorgesehen, eine andere zum Ausdrucken von Meßwerten, die als Kontaktstellungen gegeben sind. In beiden Fällen wird das Prinzip der Parallelabfrage angewendet, d.h., es werden alle Dekaden des Meßwertes parallel abgefragt. Für jede dieser Dekaden steht eine Typenrolle mit den Ziffern 0 bis 9 zur Verfügung. Bei einem Auslöseimpuls werden die Typenrollen durch einen Elektromotor über ein Getriebe um ihre Achse gedreht. Gleichzeitig wird im Drucker eine Kreisscheibe bewegt, die mit Hilfe einer Lichtquelle und einer Fotozelle 10 Impulse nach außen abgibt. Jedem dieser Impulse entspricht eine bestimmte Winkelstellung der Typenrollen, und zwar dem ersten Impuls die Ziffer 9, dem zehnten Impuls die Ziffer 0. Diese zehn Impulse gelangen an die Eingänge aller Dekaden der angeschlossenen Zählkette, wie in Abb. 7.3/1 angegeben. Nach dem zehnten Impuls steht in der Zählkette wieder der zu Beginn des Druckvorganges gespeicherte Wert.

Über die oberen Gatter gelangen die Impulse vom Drucker auf die Zähldekaden. Nach $(10 - x)$ Impulsen erscheint am Ausgang jeder Dekade ein Übertragsimpuls, wenn die in der Zählkette gespeicherte Zahl mit x bezeichnet wird.

Da die unteren Gatter beim Druckvorgang gesperrt sind, können die oben genannten Übertragsimpulse nicht die nächsthöhere Dekade weiterschalten. Die Übertragsimpulse a gelangen vielmehr zu den im Drucker befindlichen Impulsverstärkern (ein Verstärker pro Dekade), die ihrerseits Elektromagnete betätigen. Diese arretieren die Sperrklinken der Typenrollen. Die Arretierung in einer bestimmten Winkelstellung entspricht dabei der in der Dekade gespeicherten Zahl.

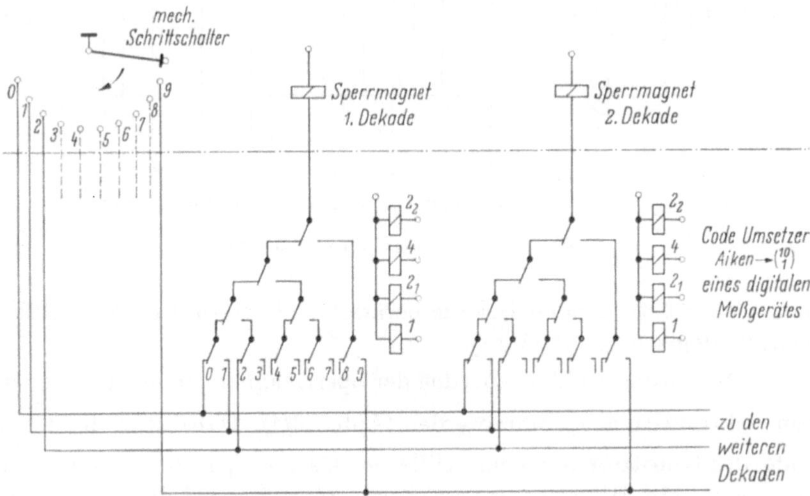

Abb. 7.3/2. Druckbeispiel eines Banddruckers

Abb. 7.3/3. Druckersteuerung mit Relais

Bei einer anderen Ausführung dieses Druckers (Typ D 14 der Firma Kienzle) wird synchron mit dem Umlauf der Typenrolle ein mechanischer Schrittschalter betätigt. Dieser gibt entsprechend der Stellung der Typenrollen Potential auf eine der Leitungen 9 bis 0 (Abb. 7.3/3). Im digitalen Meßgerät wird mittels eines Code-Umsetzers der Meßwert

vom Aiken-Code in den $\binom{10}{1}$-Code umgesetzt. Entsprechend dem Meßwert gelangt das Potential vom Schrittschalter über die Kontaktkette
des Code-Umsetzers zu den Sperrmagneten der einzelnen Dekaden des
Druckers. Bei Koinzidenz zwischen der Stellung des mechanischen
Schrittschalters und der Stellung des Code-Umsetzers wird der Sperr-

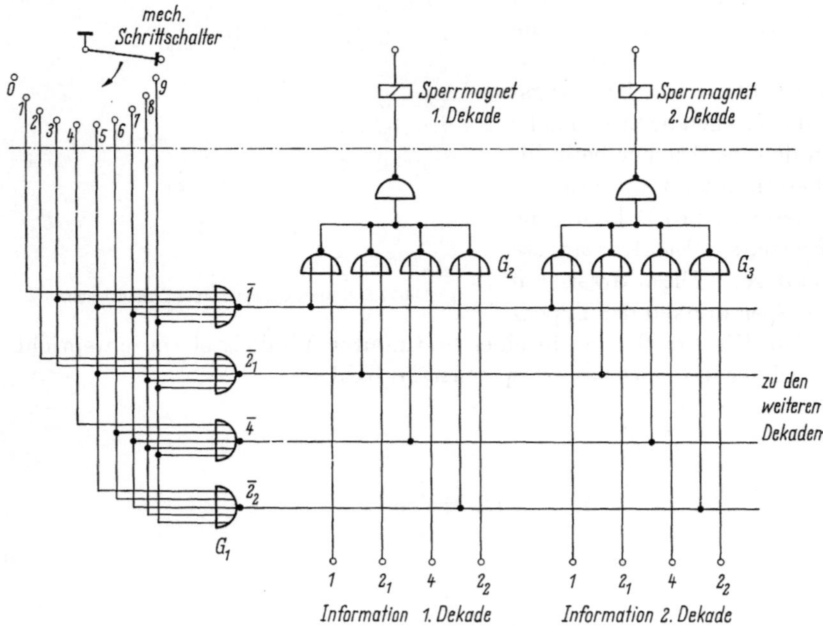

Abb. 7.3/4. Elektronische Druckersteuerung

magnet der betreffenden Dekade betätigt und arretiert damit die Typenrolle (logische 1 $\widehat{=}$ 0 Volt).

Die Schaltung zur Ansteuerung der Sperrmagnete kann jedoch auch
rein elektronisch ausgeführt werden (Abb. 7.3/4). Dabei wird der $\binom{10}{1}$-
Code des Schrittschalters mit Hilfe der Gatter G_1 in den Aiken-Code
umgesetzt. Mit Hilfe der Gatter G_2 und G_3 usw. wird die Koinzidenz
zwischen der Stellung des Schrittschalters und dem Meßwert ermittelt
und über eine Leistungsstufe der Sperrmagnet betätigt.

Soll der Meßwert jedoch in Form einer Tabelle ausgedruckt werden,
können Drucker des gleichen Typs mit Springwagen verwendet werden.
Die Abfrage der Meßwerte und der Druckvorgang erfolgten wie bereits
oben beschrieben. Nach jedem Druckvorgang springt der Drucker bis
zur nächsten Spalte und wird durch einen neuen Auslöseimpuls gestar-

tet. Für die Steuerung des Druckers ist eine auswechselbare Steuerbrücke vorgesehen. Durch verschiedene Stifte auf dieser Steuerbrücke können folgende Funktionen ausgelöst werden:

1. Wagenstop (Tabulator),
2. Wagenrücklauf (Zeilenbeginn),
3. Zeilenschaltung beim Rücklauf.

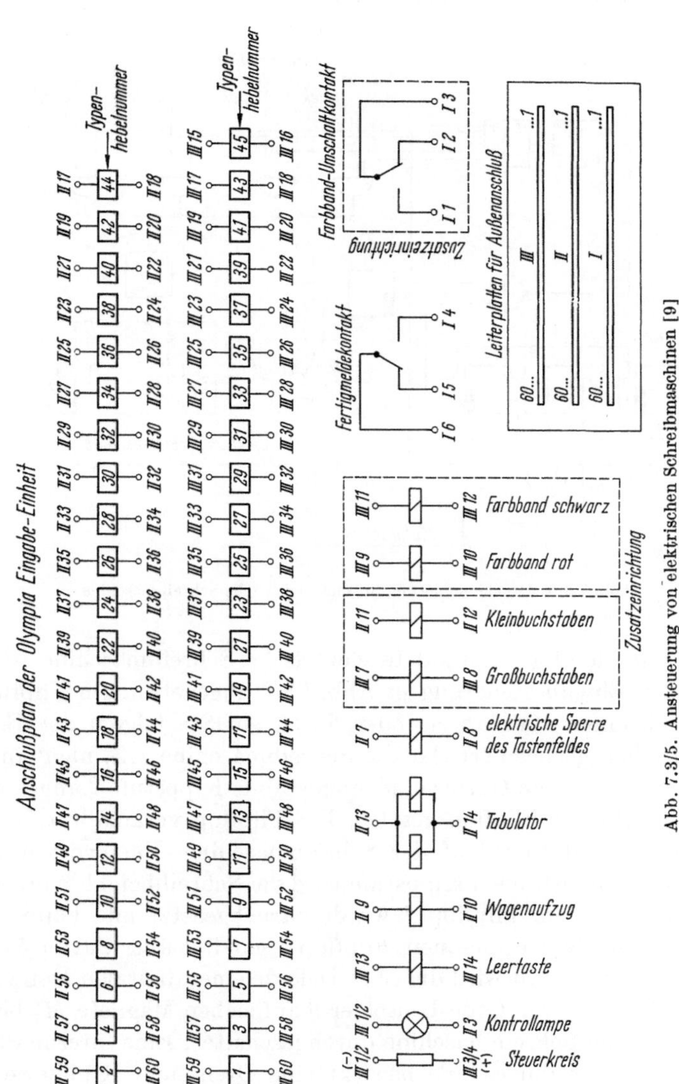

Abb. 7.3/5. Ansteuerung von elektrischen Schreibmaschinen [9]

Als Meßwertdrucker kommen weiterhin elektrische Schreibmaschinen zur Anwendung, die mit Zusatzgeräten ausgerüstet werden [9].
Dabei sind den einzelnen Typenhebeln Schreibmagnete zugeordnet,
während die Funktionen Wagenaufzug, Leertaste, Tabulator und die
Sperre des Tastenfeldes über Relais erfolgen. Ebenfalls über Relais kann
die Umschaltung für die Groß- und Kleinbuchstaben und die Farbbandumschaltung (schwarz-rot) vorgesehen werden (Abb. 7.3/5). Für
die Ansteuerung der Schreibmagnete von einem Digital-Meßgerät ist
eine außenliegende Umcodierung erforderlich.

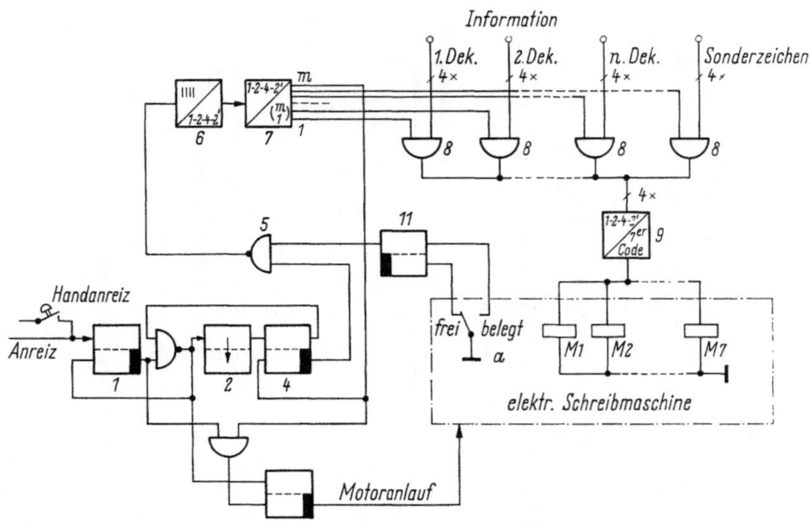

Abb. 7.3/6. Druckersteuerung für eine elektrische Schreibmaschine

Für eine häufig verwendete elektrische Schreibmaschine ist das
Prinzip der Eingabesteuerung in Abb. 7.3/6 angegeben. Im Flipflop 1
wird durch einen Handanreiz oder durch ein Startsignal der Befehl
zum Schreiben gespeichert. Ist die Schreibmaschine z.Z. nicht in Betrieb, so wird über ein Gatter eine monostabile Kippstufe 2 angestoßen
und gleichzeitig ein Flipflop gesetzt. Das Flipflop veranlaßt z.B. über
ein Relais den Motoranlauf der Schreibmaschine. Verzögert um die
Laufzeit der monostabilen Kippstufe wird der Schreibbefehl in das Flipflop 4 übernommen. Flipflop 1 wurde zurückgesetzt und kann einen
neuen Schreibbefehl aufnehmen. Flipflop 4 schaltet über Gatter 5 einen
Zähler 6 weiter. Damit wird die erste Dekade eines digitalen Meßwertes
über die Gatter 8, den Code-Umsetzer 9 auf sieben Magnete M_1 bis M_7
der elektrischen Schreibmaschine durchgeschaltet. Eine interne Steuerung in der Schreibmaschine bewirkt eine Dreh- und Kippbewegung

des Kugelkopfes. Damit erfolgt der Ausdruck der ersten Ziffer des Meßwertes. Inzwischen ist über eine Kontaktkette (symbolisch dargestellt
durch den Umschaltekontakt a) von der Schreibmaschine die Meldung

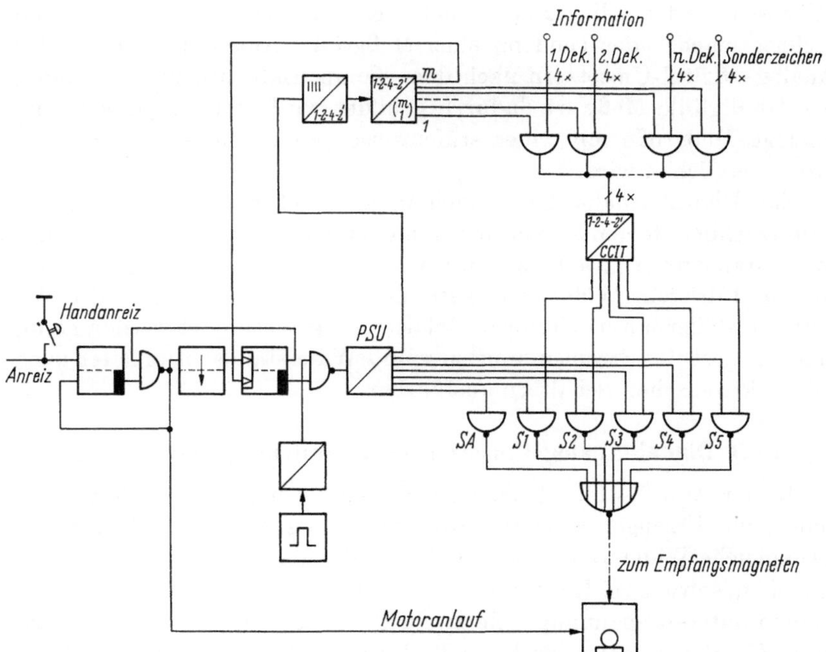

Abb. 7.3/7. Druckersteuerung für eine Fernschreibmaschine

„Belegt" ausgegeben worden. Flipflop 11 ist gekippt und schaltet über
den Code-Umsetzer die Magnete ab. Nach beendetem Druckvorgang
schaltet Kontakt a zurück und setzt Flipflop 11 wieder in die Ausgangslage. Gleichzeitig wird damit Zähler 6 weitergeschaltet und die nächste
Dekade des Meßwertes in die Schreibmaschine eingegeben. Dieser Vorgang wiederholt sich für jede Dekade. Über das Gatter 8 können weiterhin Sonderzeichen eingegeben werden. Soll ein Protokolldruck erfolgen, ist eine zusätzliche Programmierung notwendig, die einen bestimmten Ablauf des Zählers 6 bewirkt.

Eine ähnliche Schaltung wird benutzt, wenn der digitale Meßwert
mit einer Fernschreibmaschine geschrieben werden soll (Abb. 7.3/7).
Da der Eingang der Fernschreibmaschine für Serienbetrieb ausgelegt
ist, wird ein Parallel-Serienumsetzer (PSU) erforderlich. Dieser setzt
die parallel vorliegende Information der Dekaden 1 bis n sowie die
Sonderzeichen in den Fernschreibcode um.

7.4 Digital–Analog-Umsetzer

Digital–Analog-Umsetzer [10, 11] dienen zum Umsetzen eines digital vorliegenden Meßwerts in die analoge Darstellung. Diese Umsetzung wird benötigt, wenn an ein Digitalmeßgerät ein Analoggerät angeschlossen werden soll, z. B. ein Analog-Rechner oder ein Schreiber zum Sichtbarmachen der Tendenz einer Meßgröße. Außerdem wird sie bei Analog–Digital-Umsetzern nach dem Kompensatorprinzip verwendet, wo der digitale Meßwert dadurch gebildet wird, daß die unbekannte analoge Meßgröße mit einer stufenweise gebildeten analogen Hilfsgröße verglichen wird.

Zur Digital–Analog-Umsetzung in eine elektrische Größe werden hauptsächlich folgende Verfahren angewendet: erstens der gestufte Widerstandsteiler, zweitens das Aufsummieren von gestuften Teilströmen und drittens Widerstandskettenleiter. Während der gestufte Widerstandsteiler praktisch nur in Relaistechnik ausgeführt werden kann, sind die gestufte Stromsummierung und Widerstandskettenleiter auch mit elektronischen Schaltern ausführbar.

7.4.1 Digital–Analog-Umsetzer mit gestuftem Spannungsteiler

In der Abb. 7.4.1/1 ist der nach FEUSSNER benannte Widerstandsteiler zum Erzeugen einer gestuften Spannung gezeigt. Je Ziffer sind zwei gleiche Widerstände R_ν und R'_ν, die der Wertigkeit der Ziffer entsprechen, sowie zwei Kontakte k_ν und k'_ν eines Relais erforderlich. Wird in dem unteren Spannungsteilerzweig $B—C$, an dem die analoge Spannung U_A abgenommen wird, der Widerstand R_ν durch den Kontakt k_ν eingeschaltet, so wird im oberen Zweig $A—B$ sein entsprechender Widerstand R'_ν durch den Kontakt k'_ν kurzgeschlossen. Auf diese Weise wird der Strom I_K konstant gehalten. (Die Belastung am Analog-Ausgang muß vernachlässigbar klein sein.) Die Widerstände des Teilers können nach jedem Wertigkeitscode gestuft sein. Ist R die Widerstandseinheit, die mit dem Konstantstrom I_K multipliziert die kleinste Spannungsstufe ergibt, so errechnet sich die Ausgangsspannung U_A nach der Gleichung

$$U_A = U_N \frac{\Sigma R_{BC}}{\Sigma R_{AC}} = U_N \frac{pR}{p_{max}R} = U_N \frac{p}{p_{max}}. \qquad (7.4.1/1)$$

Hierin bedeuten:

ΣR_{BC} die Summe der Widerstandswerte im Zweig BC,

ΣR_{AC} die Summe der Widerstandswerte im Zweig AC,

p die umzusetzende Zahl,

p_{max} die größte mit dem Teiler umsetzbare Zahl.

Beim Auslegen des Spannungsteilers sind die Übergangs- und die Isolationswiderstände der Relaiskontakte zu berücksichtigen. Die Summe aller Übergangswiderstände eines Zweiges muß kleiner sein

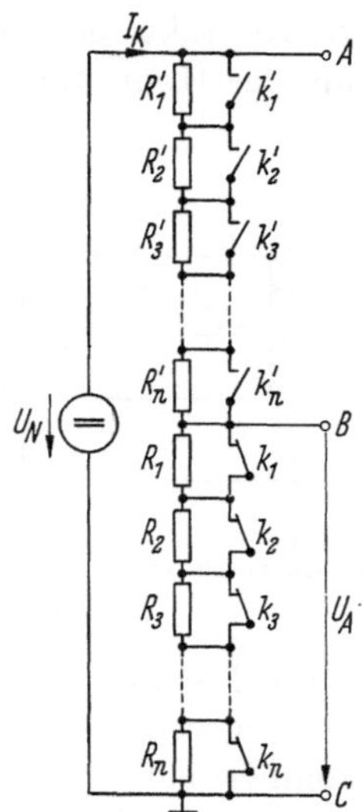

Abb. 7.4.1/1. Spannungsteiler nach FEUSSNER

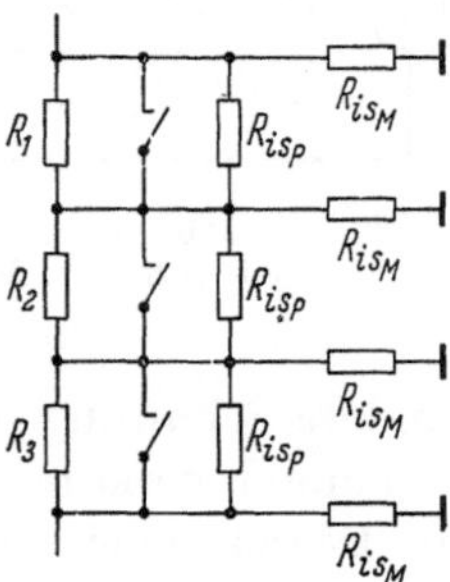

Abb. 7.4.1/2. Isolationswiderstände
beim Spannungsteiler nach Abb. 7.4.1/1

als der halbe Wert des niedrigsten Widerstandes. Dies setzt dem kleinsten Teilerwiderstand eine untere Grenze. Eine obere Grenze für die Teilerwiderstände wird durch die Isolationswiderstände der Kontakte gesetzt. Hierbei muß man zwei verschiedene Isolationswiderstände unterscheiden (s. Abb. 7.4.1/2): einmal diejenigen, die den einzelnen Teilerwiderständen parallel liegen (R_{isp}), zum anderen diejenigen, die von den Teilerwiderständen nach Masse liegen ($R_{\mathrm{is_M}}$) (Punkt C in Abb. 7.4.1/1). Auch hierbei darf die Summe der Einflüsse nur einen Fehler verursachen, der kleiner als der halbe Wert des niedrigsten Teilerwiderstandes ist.

Vorteilhaft bei dieser Schaltung ist, daß der Teilerstrom konstant gehalten wird und dadurch die Normalspannung U_{N} nur für konstante Belastung stabilisiert zu werden braucht. Allerdings müssen dafür alle Teilerwiderstände doppelt vorhanden sein. Nachteilig wirkt sich u.U. aus, daß der Innenwiderstand der analogen Spannung U_{A} vom Wert dieser Spannung abhängt. Mit einer Schaltungsanordnung nach

Abb. 7.4.1/1 läßt sich der Umsetzfehler unschwer auf $1 \cdot 10^{-4}$ beschränken.

Eine andere Möglichkeit, einen Widerstand vom Zweig $A-B$ in den Zweig $B-C$ zu schalten, um eine konstante Belastung der Normalspannungsquelle zu erreichen, ist in Abb. 7.4.1/3 gezeigt. Hier werden je Ziffer nur ein Widerstand, dafür jedoch drei Kontakte benötigt. Für die Übergangs- und die Isolationswiderstände der Kontakte gilt dasselbe wie im vorigen Fall.

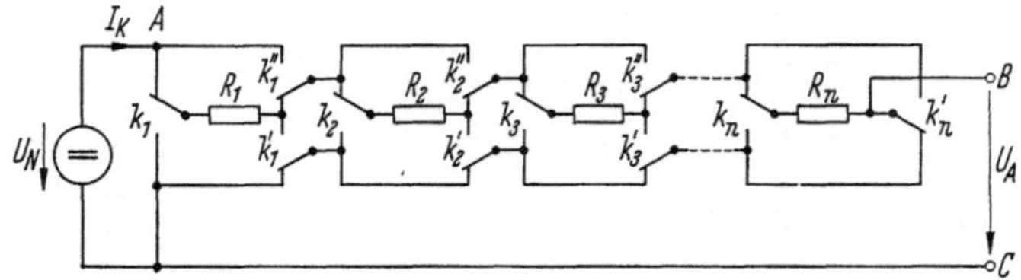

Abb. 7.4.1/3. Digital schaltbarer Spannungsteiler
mit konstanter Belastung der Normalspannungsquelle

Eine andere Schaltung, bei der ebenfalls pro Dekade jeder Widerstand nur einmal vorkommt, ist in Abb. 7.4.1/4 gezeigt. Hierbei wird jedoch pro Dekade eine eigene Normalspannungsquelle benötigt, die aber wie im vorigen Beispiel konstant belastet ist. Allerdings brauchen nicht alle Normalspannungsquellen dieselbe hohe Genauigkeit zu besitzen. Es muß nur erreicht werden, daß die Summe der Fehler kleiner als eine halbe Einheit bleibt. Ist der Digital–Analog-Umsetzer z. B. 3-dekadig, so genügt es, die Normalspannungsquelle der obersten Dekade auf 10^{-4}, die mittlere auf 10^{-3} und die unterste auf 10^{-2} zu stabilisieren. Für das Umsetzen der Zahl 999 ergibt sich dann der maximale Fehler von $2{,}7 \cdot 10^{-4}$, wie die Rechnung zeigt:

$$(900 \pm 0{,}09) + (90 \pm 0{,}09) + (9 \pm 0{,}09) = 999 \pm 0{,}27 .$$

Das Umsetzen des digitalen Wertes ins Analoge erfolgt durch Betätigen entsprechender Wertigkeitsrelais mit den Kontakten k_ν. Die durchgezogenen Kontaktstellungen zeigen die Ruhelage für den Wert 0, währen die gestrichelten Stellungen für das Umsetzen der dual-dekadischen Zahl 0100 0011 (43) gelten. Natürlich können die einzelnen Dekaden auch dezimal codiert werden. Hierbei können dann jeweils zwei benachbarte Dekaden aus einer Normalspannungsquelle gespeist werden (s. Abb. 7.4.1/5).

Ein Vorteil dieser Schaltung liegt darin, daß keine Kontakte in Reihe oder parallel zu stromdurchflossenen Teilerwiderständen liegen und daher bei den Fehlerbetrachtungen nur die Isolationswiderstände der Kontakte berücksichtigt werden müssen. Nachteile dieser Schaltung sind einmal, daß pro Dekade eine

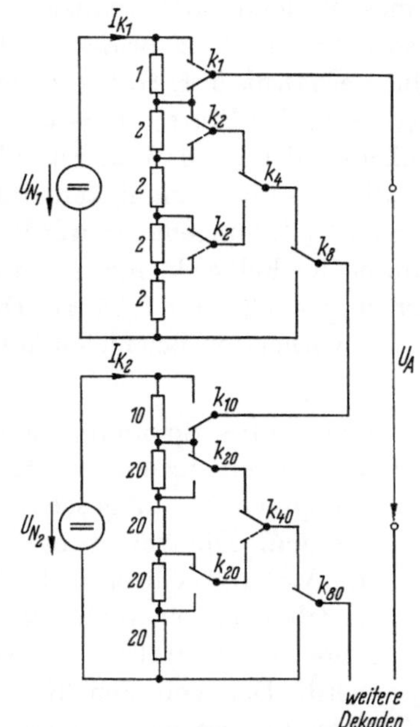

Abb. 7.4.1/4. Digital schaltbarer Spannungsteiler mit je einer Normalspannungsquelle pro Dekade

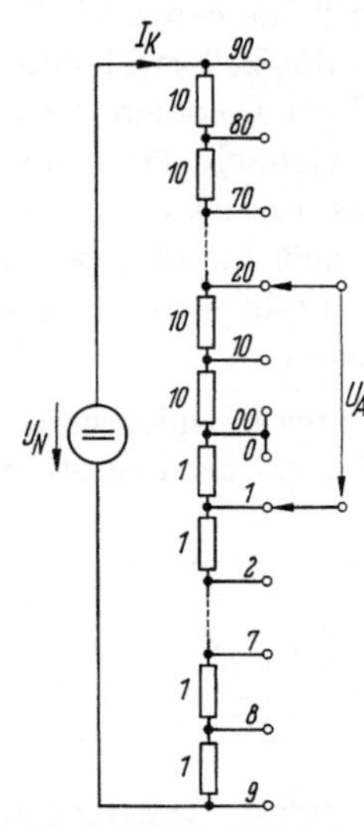

Abb. 7.4.1/5. Dekadisch gestufter Spannungsteiler mit einer Normal-Spannungsquelle für zwei Dekaden

eigene Normalspannungsquelle erforderlich ist, und zum anderen, daß die einzelnen Normalspannungsquellen sehr gut voneinander isoliert sein müssen, um zusätzliche schädliche Isolationsströme zu vermeiden. Auch mit dieser Schaltungsanordnung läßt sich der Umsetzfehler ohne weiteres auf $1 \cdot 10^{-4}$ herabsetzen.

Häufig wird auch eine Kaskadenschaltung benutzt, wie sie in Abb. 7.4.1/6 gezeigt ist [12]. In der angelsäch-

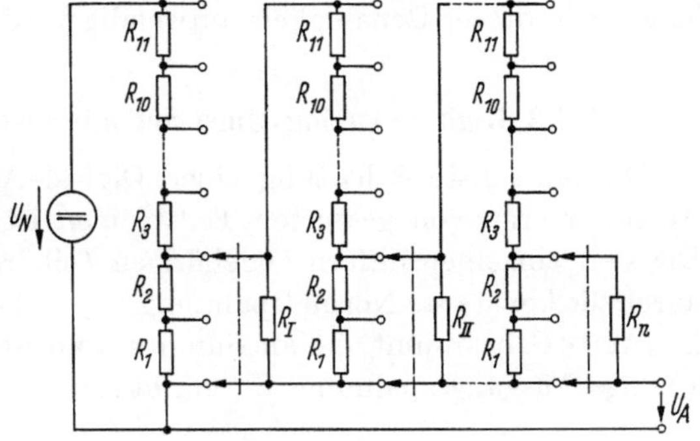

Abb. 7.4.1/6. Kaskadenschaltung

sischen Literatur wird diese Schaltung als Kelvin-Varley-Teiler bezeichnet. Jede Dekade besteht aus elf gleichen Widerständen. An der höchstwertigen Dekade liegt die Normalspannungsquelle U_N. Jeder nachfolgende Teiler erhält seine Spannung über zwei Widerstände des vorherigen. Die Parallelschaltung der nachfolgenden Teiler zu diesen Widerständen muß sie auf den Wert eines Widerstandes reduzieren. Fehlen die Widerstände R_I, R_II, bis R_n, so stehen die Einzelwiderstände zweier aufeinander folgender Dekaden im Verhältnis $5:1$. Haben R_1 bis $R_{\mathrm{n}-1}$ den 2,5fachen und R_n den 2fachen Wert der Einzelwiderstände, so werden die Teilerwiderstände aller Dekaden gleich. Die Widerstände der einzelnen Dekaden brauchen nicht alle dieselbe Genauigkeit aufzuweisen, vielmehr können sie von Teiler zu Teiler ungenauer werden. Es muß nur erreicht werden, daß die Summe der Fehler kleiner als eine halbe Einheit bleibt (wie bei der Schaltung nach Abb. 7.4.1/4). Die Normalspannungsquelle U_N wird wie in den vorherigen Beispielen konstant belastet.

Als letztes Beispiel sei in Abb. 7.4.1/7 ein gestufter Spannungsteiler gezeigt, der dadurch entsteht, daß Leitwerte, die den einzelnen Ziffern entsprechen, umgeschaltet werden. Die Schaltung ist im Aufbau recht einfach, da je Ziffer nur ein Widerstand und ein Kontakt benötigt wird. Der von den Klemmen BC gesehene Innenwiderstand der Schaltung ist hierbei konstant, was u. U. von Vorteil ist. Störend

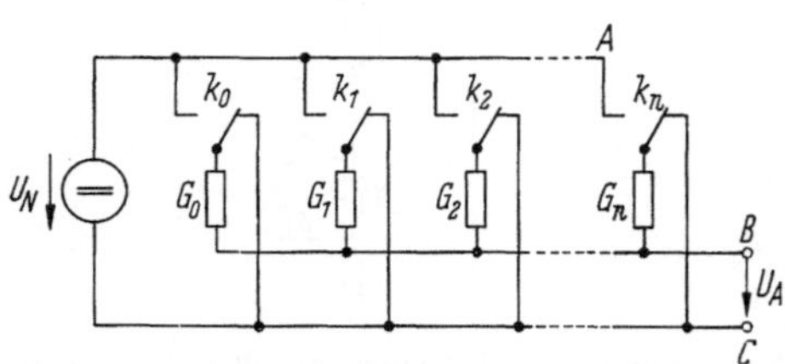

Abb. 7.4.1/7. Gestufter Spannungsteiler
mit geschalteten Leitwerten

wirkt sich hingegen aus, daß die Normalspannungsquelle U_N nicht konstant belastet ist und daher bei einem mehrdekadigen Umsetzer mit hoher geforderter Genauigkeit aufwendig wird.

7.4.2 Digital–Analog-Umsetzer mit gestuften Teilströmen

Die einfachste Schaltung einer Digital–Analog-Umsetzung durch Aufsummieren von gestuften Teilströmen ist in Abb. 7.4.2/1 gezeigt. Die den einzelnen Ziffern zugehörigen Teilströme $I_\nu = U_\mathrm{N}\, G_\nu$ werden durch die konstante Normalspannung U_N und die jeweils verschiedenen Leitwerte G_ν bestimmt und am Summierwiderstand R_S aufsummiert. Die analoge Ausgangsspannung U_A ergibt sich zu:

$$U_\mathrm{A} = R_\mathrm{S} U_\mathrm{N} \varSigma G_\nu.$$

Die Umsetzung arbeitet nur dann zufriedenstellend, wenn der Summierwiderstand R_S klein gegen den Reziprokwert der Summe der Einzelleitwerte ist:

$$R_\mathrm{S} \ll \frac{1}{\varSigma G_\nu}. \tag{7.4.2/1}$$

Soll diese Forderung eingehalten werden, so muß allerdings die Normalspannung u.U. beträchtliche Werte annehmen. Wird z.B. als kleinste Spannungsstufe 1 mV verlangt und als kleinster Teilstrom 10 µA zugelassen, so ergibt sich der Summierwiderstand R_S zu 1 mV/ 10 µA = 100 Ω. Soll die Abstufung ferner in 3 Dekaden vorgenommen werden, was einer Auflösung von 10^{-3} entspricht, so ergibt sich als maximale Analogspannung $U_{A\,max}$ 999 mV. Die an den Leitwerten G_ν liegende Spannung, die die Teilströme verursacht, ist nun bei maximaler Analogspannung $U_{A\,max}$ um 999 mV kleiner als U_N. Damit diese Spannungsverminderung nur einen zusätzlichen Fehler von $5 \cdot 10^{-4}$

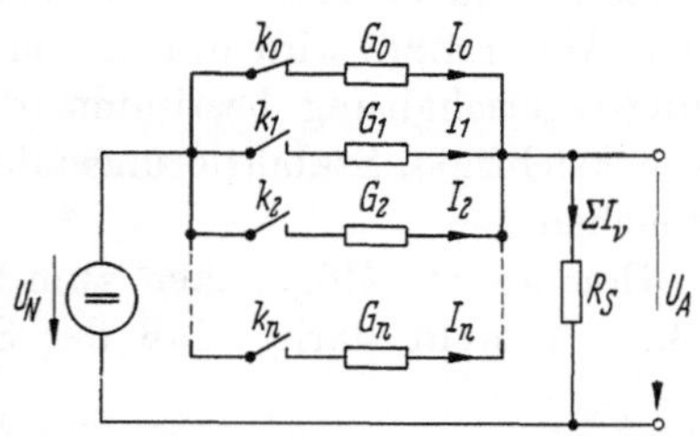

Abb. 7.4.2/1. Digital–Analog-Umsetzung durch Aufsummieren von gestuften Teilströmen an einem Summierwiderstand R_S

verursacht (eine halbe Einheit), muß die Normalspannung $U_N = 999$ mV$/5 \cdot 10^{-4} = 1998$ V betragen. Nimmt man die bei maximaler Analogspannung $U_{A\,max}$ an den Leitwerten G_ν liegende Spannung als Bezugswert an, so ergibt sich bei 50% Ausgangsspannung als größte Spannungsabweichung eine Überhöhung von rund 250 mV. Soll dies wiederum nur einen Fehler von $5 \cdot 10^{-4}$ verursachen, so muß die Normalspannung 500 V betragen. Das ist aber nur noch ein Viertel des obigen Wertes. Wird als kleinste Spannungsstufe 0,1 mV gewählt, dann wird das Ergebnis um eine Zehnerpotenz besser; die Normalspannung muß dann 50 V betragen. Aus dem Geschilderten ist ersichtlich, daß diese Art der

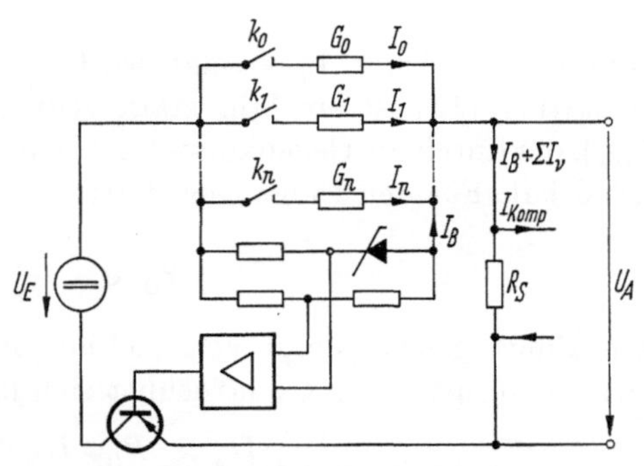

Abb. 7.4.2/2. Verbesserung der Schaltung nach Abb.7.4.2/1 durch Nachregeln der Spannung an den Leitwerten G_ν

Digital-Analog-Umsetzung nur für eine Fehlergrenze von etwa $1 \cdot 10^{-3}$ in Frage kommt.

Die Schaltung nach Abb. 7.4.2/1 läßt sich dadurch verbessern, daß eine Regelschaltung die Spannung an den Leitwerten G_ν konstant hält, so daß der Spannungsabfall am Summierwiderstand R_S ohne Einfluß auf die Teilströme I_ν bleibt, der Summierwiderstand R_S also nicht mehr klein gegen $1/\Sigma G_\nu$ zu sein braucht. Abb. 7.4.2/2 zeigt eine entsprechende Schaltung. Zu beachten ist, daß durch den Summierwiderstand zusätzlich der Brückenstrom I_B fließt. Dieser Strom muß durch einen gleich großen aber entgegengesetzt gerichteten Kompensationsstrom I_Komp kompensiert werden, um einen zusätzlichen Fehler zu vermeiden. Dieser Kompensationsstrom wird am besten aus einer Konstantstromquelle bezogen. Die Fehlergrenze der Schaltungsanordnung nach Abb. 7.4.2/2 wird u. a. durch den Stabilisierungsfaktor der Spannungsregelschaltung bestimmt (der Einfluß der Leitwerte sei nicht berücksichtigt). Stabilisierungsfaktoren von besser als $1 \cdot 10^{-4}$ sind zu erreichen.

Eine andere Möglichkeit zum Verbessern der Schaltung nach Abb. 7.4.2/1 besteht darin, daß der Summierwiderstand R_S durch einen

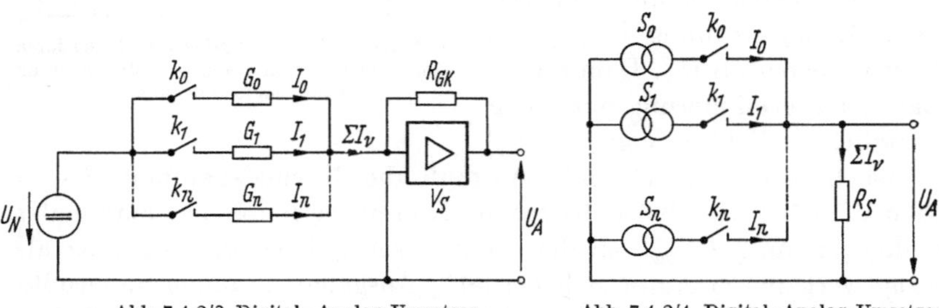

Abb. 7.4.2/3. Digital–Analog-Umsetzer
mit Summierverstärker

Abb. 7.4.2/4. Digital–Analog-Umsetzer
mit Stromgeneratoren

Summierverstärker V_S ersetzt wird (s. Abb. 7.4.2/3). Der Summierverstärker [13] ist ein sehr stark gegengekoppelter Verstärker (über R_GK), der durch die Gegenkopplung einen sehr niedrigen Eingangswiderstand hat. Für den Eingangswiderstand gilt

$$r_\mathrm{E} \approx \frac{R_\mathrm{GK}}{1 + v}. \qquad (7.4.2/2)$$

Ein Eingangswiderstand von $100\ \mathrm{m}\Omega$ läßt sich unschwer erreichen. Die Analogspannung U_A errechnet sich nach der Gleichung

$$U_\mathrm{A} \approx R_\mathrm{GK}\, U_\mathrm{N}\, \Sigma G_\nu. \qquad (7.4.2/3)$$

Sie ist also wie gefordert proportional zu ΣG_ν. In allen drei Schaltungen lassen sich die Relaiskontakte durch elektronische Schalter (Transistoren oder Röhren) ersetzen.

Als letzte Möglichkeit der Digital–Analog-Umsetzung durch Aufsummieren von gestuften Teilströmen sei eine Schaltungsanordnung nach Abb. 7.4.2/4 genannt, bei der die einzelnen Teilströme als eingeprägte Ströme von Stromgeneratoren vorliegen. Wegen des sehr großen Innenwiderstandes eines Stromgenerators bleibt der Spannungsabfall am Summierwiderstand R_S ohne Fehlereinfluß. Stromgeneratoren in Transistortechnik können z. B. wie in Abb. 7.4.2/5 aufgebaut werden.

Die Transistoren werden in Kollektorschaltung (also als Emitterfolger) betrieben. Die Basen aller Transistoren liegen zusammen am Pluspol der Normalspannungsquelle U_N. Die Leitwerte G_0 bis G_n bestimmen mit der Normalspannung U_N die Ströme I_ν, wobei mit den Reglern die Feineinstellung vorgenommen wird. (Wegen der stark unterschiedlichen Teilströme sind bei den Transistoren die Stromverstärkung B und die Basis-Emitterspannung U_BE ebenfalls unterschiedlich.) Die Transistoren werden an ihren Emittern über die Dioden D_0 bis D_n und die Vorwiderstände R_V0 bis R_Vn gesteuert. Liegt an einem Ansteuerpunkt eine positive Spannung, die so groß ist, daß der Emitter des zugehörigen

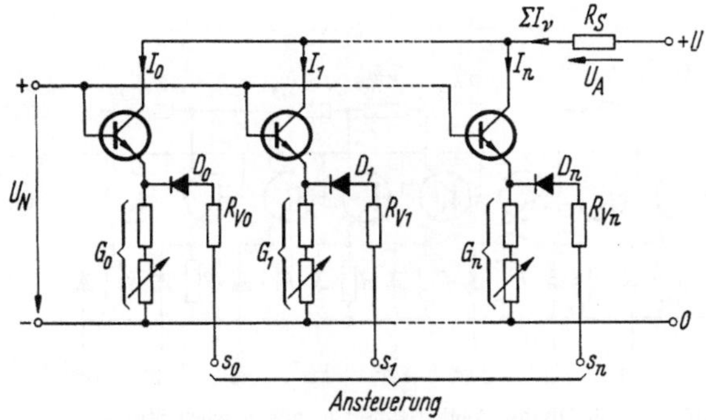

Abb. 7.4.2/5. Stromgeneratoren aus Emitterfolgern

Transistors positiver als U_N wird, so ist der Transistor gesperrt, und es fließt nur noch sein sehr kleiner Reststrom (bei Silizium–Planar-Transistoren der Type 2 N 1613 etwa 20 nA). Ist die Steuerspannung hingegen 0 V, so wird der Transistor durch U_N aufgesteuert und liefert seinen Nutzstrom I_ν. Durch den Spannungsabfall über dem Emitterleitwert G_ν wird dabei die Ansteuerdiode D_ν gesperrt.

Der Fehler dieser Umsetzmethode wird bestimmt durch die Konstanz der Normalspannungsquelle U_N, die Restströme I_CR der Transistoren sowie die Temperaturabhängigkeiten der Basis-Emitterspannung U_BE und der Stromverstärkung B. Die Temperaturabhängigkeiten der Basis-Emitterspannung U_BE und der Stromverstärkung B lassen sich in gewissen Grenzen dadurch kompensieren, daß man der Normalspannung U_N dieselbe Temperaturabhängigkeit verleiht, die diese Größen haben.

Der kleinste zulässige Teilstrom $I_{\nu\mathrm{min}}$ hängt ab von der Größe der Restströme I_CR und der Anzahl n der einzelnen Stufen. Er muß mindestens doppelt so groß sein wie die Summe der Restströme, für die der Wert bei der höchsten Umgebungstemperatur einzusetzen ist:

$$I_{\nu\mathrm{min}} > 2\Sigma I_{\mathrm{CR}_{\vartheta\mathrm{Umax}}}. \qquad (7.4.2/4)$$

In der Schaltung nach Abb. 7.4.2/5 wird für jeden Teilstrom ein anders dimensionierter Stromgenerator gebraucht. Teilt man jedoch den Summierwiderstand R_S auf, so können die Stromgeneratoren gleich sein. Werden dabei Transistoren mit gleicher Temperaturabhängigkeit der Basis-Emitterspannung verwendet (bei Planartransistoren genügt es in der Regel, Transistoren aus ein und derselben Charge zu verwenden), so kann meist auf den Feinabgleich der Emitterleitwerte G_ν verzichtet werden. Die Aufteilung des Summierwiderstandes muß so erfolgen, daß jeder Generator auf einen seiner Wertigkeit entsprechenden Widerstand arbeitet. Abb. 7.4.2/6 zeigt eine derartige Schaltung.

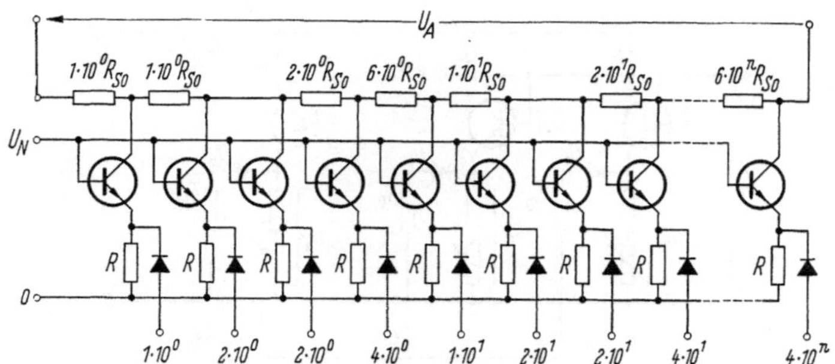

Abb. 7.4.2/6. Digital–Analog-Umsetzer mit gleichen Stromgeneratoren durch unterteilten Summierwiderstand R_S

7.4.3 Digital–Analog-Umsetzer mit Widerstands-Kettenleitern

Ein Digital–Analog-Umsetzer, der hauptsächlich für reine Dualzahlen benutzt wird, verwendet Widerstandskettenleiter wie in Abb. 7.4.3/1 gezeigt. Betrachtet man den Punkt P_0', so liegt von dort nach

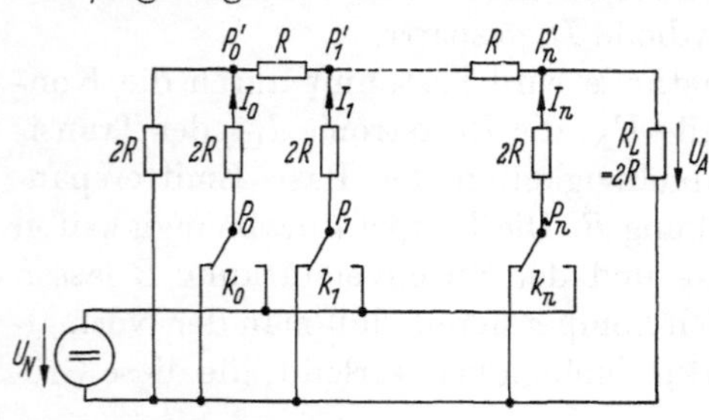

Abb. 7.4.3/1. Digital–Analog-Umsetzer mit Widerstandskettenleiter

links ein Widerstand $2R$ zum Minuspol der Normalspannung U_N; nach rechts liegt ebenfalls ein Widerstand von $2R$ zum Minuspol der Normalspannung, der sich allerdings aus mehreren Serien- und Parallelwiderständen zusammensetzt. An Punkt P_1' liegt gleichfalls nach links und nach rechts je ein Widerstand von $2R$. Dasselbe gilt für alle Punkte P_ν'. Wird nun der Kontakt k_0 betätigt, so fließt von P_0 nach P_0' der Strom I_0. Dort teilt er sich wegen der Symmetrie in zwei gleiche Teilströme $I_0/2$ auf. Der nach rechts fließende Teilstrom wird an jedem Punkt P_ν'

wieder in zwei gleiche Teilströme $I_0/2^n$ aufgeteilt, so daß durch den Arbeitswiderstand der Anteil $I^0/2^n$ fließt. Der vom Punkt P_1 kommende Strom liefert durch den Arbeitswiderstand den Beitrag $I_1/2^{n-1}$ und der vom Punkt P_n ausgehende Strom den Beitrag $I_n/2$. Die von den Punkten P_0 bis P_n ausgehenden Ströme liefern also dem Arbeitswiderstand R_L Teilströme, die den Dualzahlen 2^0 bis 2^n entsprechen.

Für die analoge Ausgangsspannung U_A am Arbeitswiderstand R_L gilt (auch wenn R_L nicht gleich $2R$ ist) die Gleichung

$$U_A = \frac{R_L\,U_N}{2^{n+1}(R_L + R)}\,p, \qquad (7.4.3/1)$$

wobei p die umzusetzende Zahl bedeutet.

Anstatt mit einer Normalspannung U_N kann die Schaltung auch mit eingeprägten Strömen betrieben werden, die an den Punkten P_0 bis P_n zugeführt werden.

7.5 Akustische Meßwertausgabe

Neben den bisher genannten Ausgabeeinrichtungen für digitale Meßwerte soll ein weiteres Verfahren erwähnt werden, das allerdings in der digitalen Meßtechnik bisher wenig Anwendung gefunden hat. Gemeint ist die Ausgabe der Meßwerte in akustischer Form, nämlich als Meßwertansage. Dieses Verfahren ist dann von Bedeutung, wenn es sich darum handelt, die Meßwerte einem größeren Personenkreis zur Kenntnis zu bringen. Wenn digitale Meßverfahren weiterhin in der Medizin Eingang finden, wie es in den letzten Jahren zu beobachten war [3], wird die akustische Meßwertdarstellung bei der Messung physiologischer Daten wie Blutdruck, Puls u. dgl. sicher in vielen Fällen — z. B. bei Operationen — an Interesse gewinnen können.

Für eine rein technische Anwendung, und zwar bei der Messung von Wasserständen, soll die unter [14] dargestellte Meßwertansage erläutert werden. Eine ähnliche Anlage wird in [15] beschrieben. Die Meßwertansage setzt sich aus folgenden Programmschritten zusammen:

1. Ansage der Meßstelle,
2. erste Zahl (m-Angabe),
3. erste Einheit (Meter),
4. zweite Zahl (dm-Angabe),
5. zweite Einheit (Dezimeter),
6. dritte Zahl (cm-Angabe),
7. dritte Einheit (Zentimeter).

Alle diese Daten müssen in einem Speicher vorhanden sein. Gewählt wurde hier ein Magnettongerät, und zwar als kreisförmige Platte mit konzentrischen Spuren, auf die die Zahlen 0 bis 9, die Einheiten m, dm und cm, und die Meßstelle aufgesprochen sind. Für jede Spur ist ein eigener Wiedergabekopf vorgesehen. Der Vorgang der Meßwertansage soll an Hand von Abb. 7.5/1 erklärt werden.

Durch einen Anreizimpuls beginnt ein Motor mit der Tonträgerplatte anzulaufen. Die zeitliche Aufeinanderfolge der oben genannten Meßdaten wird durch Nockenkontakte bewirkt, die am Plattenrand angebracht sind. Dann wird von der Programmsteuerung auf Schritt *1*

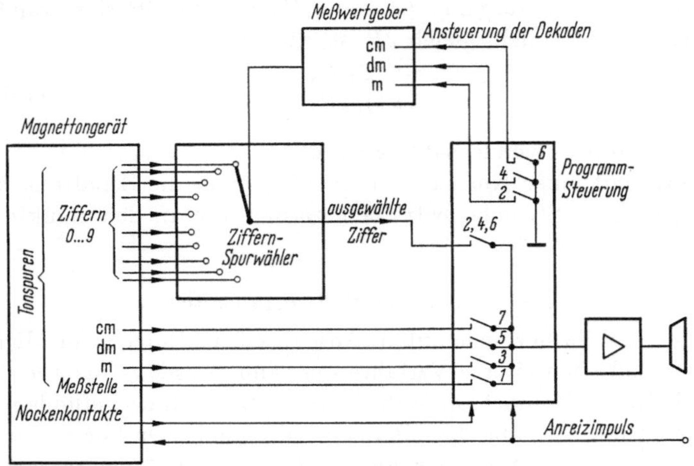

Abb. 7.5/1. Prinzipschaltbild einer Meßwertansage [14]

die entsprechende Meßstelle über Kontakt *1* abgefragt und mittels eines Tonfrequenzverstärkers und Lautsprechers angesagt. Beim nächsten Schritt *2* wird der im Meßwertgeber enthaltene digitale Meßwert, und zwar der Zahlenwert der m-Dekade, und daran anschließend auf Schritt *3* die Dimension Meter angesagt. Dieser Vorgang wiederholt sich, bis in dem oben geschilderten Programm alle Schritte abgefragt wurden. Ein achter Schritt (Nockenkontakt *8* der Tonträgerplatte) schaltet die Anlage ab und beendet damit die Meßwertansage.

Um mit wenig Speicherkapazität der Tonträgerplatte auszukommen, erfolgt die Ansage eines Zahlenwertes, z.B. 123, in der Form: eins, zwei, drei. Man benötigt damit nur zehn Spuren für die Ziffern 0 bis 9, drei Spuren für die Dimensionsangabe (m — dm — cm) und je eine Spur für die Meßstelle.

Literatur zu Kapitel 7

1. SCHAEFER, E.: Das menschliche Gedächtnis als Informationsspeicher. Elektron. Rdsch. 14 (1960) 79—83.
2. STEINBUCH, K.: Taschenbuch der Nachrichtenverarbeitung, 2. Aufl. Berlin/ Heidelberg/New York: Springer 1967, 1465.
3. DITTMANN, J.: Meßwertverarbeitung. ATM-Blatt J 080—F 2, Januar 1965.
4. METT, G., SCHEIDENBERGER, G. H.: Das Lochersteuergerät in der digitalen Meßtechnik. Siemens-Z. 38 (1964) 286—288.

5. TAFEL, H. J.: Neue mechanische Druckprinzipien beim Siemens-Schnell-drucker. Feinwerktechnik 67 (1963) 81.
6. N. N.: Elektron. Rdsch. 14 (1960) 273.
7. N. N.: Firmenprospekt der Fa. Kienzle, Villingen.
8. N. N.: Firmenprospekt der Fa. IBM. IBM 73 — Ein-/Ausgabeschreibmaschine
9. N. N.: Elektrische Schreibmaschinen mit Ein- und Ausgabezusatz (EA-Ge-räte). Firmenprospekt der Fa. Olympia Werke AG, Wilhelmshaven (Sept. 1964).
10. SUSSKIND, A.: Notes on Analog-Digital Conversion Techniques, New York: Wiley — London: Chapman & Hall 1957.
11. STEINBUCH, K.: Taschenbuch der Nachrichtenverarbeitung, 2. Aufl. Berlin/Heidelberg/New York: Springer 1967, 723—727.
12. FRICKE, H. W.: Ein Analog-Digital-Wandler nach dem Prinzip des Varley-Kompensators. Z. Instrumentenkde. 71 (1963) 289—292.
13. MILLMAN, J., TAUB, H.: Impuls- und Digitalschaltungen. Stuttgart: Berliner Union 1963, 42—47.
14. BLÄSS, B.: Die Meßwertansage. Siemens-Z. 31 (1957) 570—572.
15. N. N.: Voltmeter mit akustischer Ansage. Elektron. Rdsch. 14 (1960) 158.
16. MEYER, D.: Ein Digitaldrucker für binärcodierte Meßwerte. Industrie-Elektrik und Elektronik 14 (1969) 184—186.

8. Grenzwertkontrolle digitaler Meßwerte

Digitalmeßgeräte werden eingesetzt, um Meßvorgänge zu automatisieren. Oft gehört aber zu einem Meßvorgang nicht nur die Feststellung des absoluten Meßwertes, z. B. 76,3 V oder 8,673 kΩ, sondern auch seine Beziehung zu vorgegebenen Grenzen. Bisweilen genügt sogar die Angabe, ob der Meßwert unterhalb, innerhalb oder oberhalb eines bestimmten Toleranzbereiches liegt. Dieser Vergleich kann bei Digitalmeßgeräten ebenfalls automatisch durchgeführt werden, und zwar mittels Grenzwertmelder. Je nachdem, ob das Vergleichssignal nur während des Meßvorgangs als Impuls beim Überschreiten der betrachteten Grenze entsteht oder aber als Dauersignal auch nach beendeter Messung gewonnen werden kann, unterscheidet man dynamische und statische Grenzwertmelder.

8.1 Dynamische Grenzwertmelder

Ein dynamischer Grenzwertmelder besteht im wesentlichen aus Undschaltungen und bistabilen Kippstufen. Die Undschaltungen, die mittels Schalter auf beliebige Werte einstellbar sind, werden an die einzelnen Dekaden des Ergebniszählers des digitalen Meßgerätes angeschlossen. Wird der mit den Undschaltungen eingestellte Wert vom Zähler erreicht oder überschritten, so gibt die Undschaltung einen Impuls ab, der in der bistabilen Kippstufe gespeichert wird und dann als Dauersignal zur Verfügung steht. Vor jeder Messung muß die bistabile Kippstufe in ihre Ausgangslage zurückgekippt werden.

Wird der Meßbereich durch verschiedene Grenzen in mehrere Teilbereiche aufgeteilt und soll festgestellt werden, in welchem Teilbereich der Meßwert liegt, so muß der Impuls einer Undschaltung jeweils die bereits markierte Kippstufe der niedrigeren Grenze zurücksetzen.

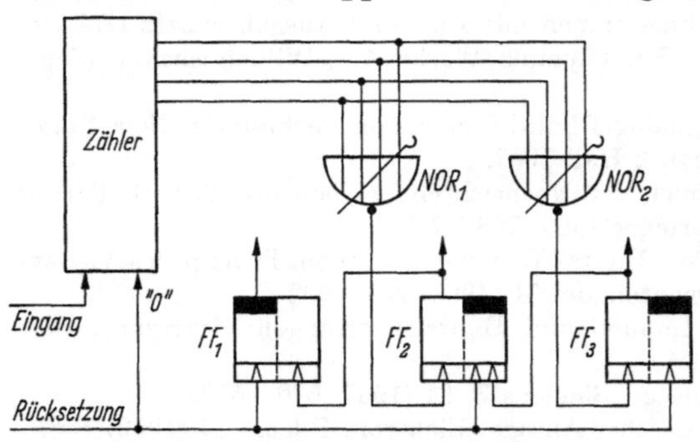

Abb. 8.1/1. Prinzip eines dynamischen Grenzwertmelders mit zwei Grenzen und drei Bereichspeichern

Abb. 8.1/1 zeigt einen dynamischen Grenzwertmelder mit zwei Grenzen, der an einen elektronischen Zähler angeschlossen ist. Der Meßbereich des Zählers wird durch die zwei variablen NOR-Schaltungen NOR_1 und NOR_2 in drei Teilbereiche unterteilt. Jedem Teilbereich ist ein Flipflop (FF_1 bis FF_3) zugeordnet, deren linke Ausgänge das Signal „1" führen, wenn der Meßwert in diesem Teilbereich liegt. Das erste Flipflop FF_1 wird durch den Rücksetzimpuls vor jeder Messung so eingestellt, daß sein linker Ausgang „1" führt, die beiden anderen so, daß an ihren linken Ausgängen „0" liegt. Hierdurch wird erreicht, daß für alle Zählerzustände, die kleiner sind als der mit der Schaltung NOR_1 eingestellte Wert, der Meßwert dem Flipflop FF_1 zugeordnet ist. Erreicht oder überschreitet der Zählerstand den mit der Schaltung NOR_1 eingestellten Wert, so gibt diese einen Impuls auf das Flipflop FF_2, wodurch es kippt und nun an seinem rechten Ausgang das Signal „1" führt. Gleichzeitig wird das Flipflop FF_1 zurückgesetzt. Dasselbe geschieht mit den Flipflops FF_3 und FF_2, wenn der Zählerstand den mit der Schaltung NOR_2 eingestellten Wert erreicht oder überschreitet. Es ist also immer nur bei einem der drei Flipflops FF_1 bis FF_3 der rechte Ausgang mit „1" belegt.

Die Schaltung nach Abb. 8.1/1 setzt voraus, daß in den Zähler Zahl für Zahl steigend eingezählt wird. Bei einem Stufenumsetzer werden jedoch die Ziffern in den einzelnen Dekaden meist unabhängig von der Stellung der benachbarten Dekaden gebildet, und zwar angefangen bei der obersten Dekade und abschließend mit der niedrigsten Dekade. Das setzt voraus, daß auch bei einem Grenzwertmelder die einzelnen Dekaden getrennt erfaßt werden. Eine entsprechende Schaltung ist in Abb. 8.1/2 gezeigt. An der Hunderterdekade liegt die Undschaltung U_1, deren Ausgang über die Oderschaltung O und das Verzögerungsmonoflop MF_1 auf das Speicherflipflop FF geht. Wird in dieser Dekade der mit der Undschaltung U_1 eingestellte Wert erreicht, so ist zwar die

Undbedingung erfüllt, das Monoflop MF_1 spricht aber nur an, wenn an
seinem Eingang ein 1—0-Übergang auftritt, d.h. wenn die Undbedingung der Undschaltung wieder gestört wird. Auf die Oderschaltung O
wird also dann ein Signal gegeben, wenn in der Hunderterdekade der

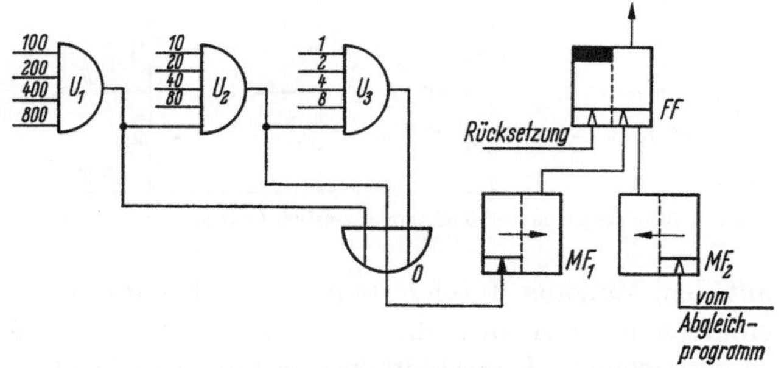

Abb. 8.1/2. Prinzip eines dynamischen Grenzwertmelders
für einen dekadenweise abgleichenden Stufenumsetzer

Wert der Undschaltung U_1 überschritten wird. Die Undschaltung U_2
der Zehnerdekade darf nur dann ein Signal auf die Oderschaltung O
geben, wenn die Hunderterdekade auf dem mit U_1 vorgewählten Wert
steht und die Zehnerdekade den mit U_2 vorgewählten Wert überschreitet. Dies wird dadurch erreicht, daß der Ausgang von U_1 als zusätzlicher
Eingang von U_2 benutzt wird. Entsprechendes gilt für die Einerdekade.

Bei Stufenumsetzern können wegen des dekadenweisen Abgleichs
Zwischenwerte auftreten, die größer als der tatsächliche Meßwert und
der Grenzwert sind, während der tatsächliche Meßwert kleiner als der
Grenzwert ist. In diesem Fall würde der Grenzwertmelder fälschlicher-
weise markiert. Aus diesem Grunde sind die monostabilen Kippstufen
MF_1 und MF_2 vorgesehen. Die monostabile Kippstufe MF_2 wird immer
dann erregt, wenn ein zu großer Zwischenwert rückgängig gemacht
wird. Für die Zeit des quasistabilen Zustandes von MF_2 wird das Flipflop FF über seinen Vorbereitungseingang gesperrt, so daß ein falscher
Markierungsimpuls unwirksam bleibt.

8.2 Statische Grenzwertmelder

Statische Grenzwertmelder gestatten es, statisch vorliegende digitale Meßwerte (in elektronischen oder Relais-Zählketten) mit vorgegebenen Grenzen zu vergleichen. Eine einfache Schaltung zum Vergleich
zweier Dualzahlen I und II ist in Abb. 8.2/1 gezeigt [1]. Mit dieser
Schaltung kann sowohl der Stand eines Zählers mit einer durch Schalter
vorgegebenen Zahl oder der Stand zweier Zähler miteinander verglichen
werden. (Natürlich kann die Schaltung auch für Dezimalzahlen ausgelegt werden.) Für jede Wertigkeitsstufe (1, 2, 4, 8) sind bei der Zahl II

12*

zwei Umschaltkontakte und bei der Zahl I ein Umschaltkontakt erforderlich. Die Schaltung besitzt drei Ausgänge (Zahl I größer als Zahl II, Zahl I gleich Zahl II und Zahl I kleiner als Zahl II), von denen jeweils

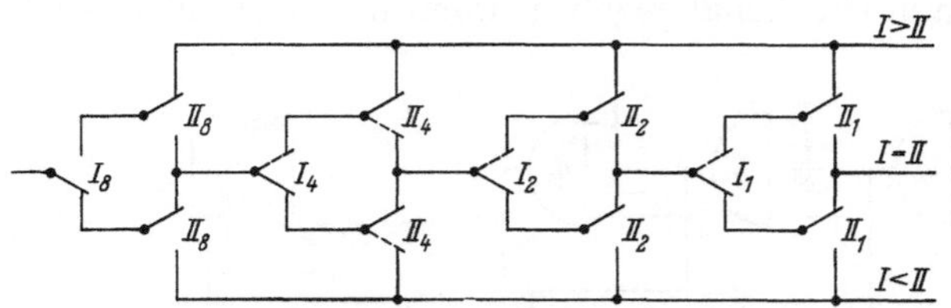

Abb. 8.2/1. Schaltung zum Vergleich zweier statisch vorliegender Dualzahlen

nur einer mit dem Eingang durchverbunden ist. Die durchgezogenen Kontaktstellungen kennzeichnen die Ruhelage für I = II = 0, während für die gestrichelten Kontaktstellungen gilt: I = 7; II = 4 und damit I > II.

Die Schaltung nach Abb. 8.2/1 läßt sich für elektronische Bauteile umwandeln. Zweckmäßigerweise stellt man vorher die logischen Gleichungen für die Zweige I > II, I = II und I < II auf. Für den Zweig I > II gelten 15 Gleichungen:

$$(I > II) = (\bar{I}_8 \cdot \overline{II}_8 \cdot \bar{I}_4 \cdot \overline{II}_4 \cdot \bar{I}_2 \cdot \overline{II}_2 \cdot I_1 \cdot \overline{II}_1)$$

$$\vee\ (\bar{I}_8 \cdot \overline{II}_8 \cdot \bar{I}_4 \cdot \overline{II}_4 \cdot I_2 \cdot \overline{II}_2)$$

$$\vee\ (\bar{I}_8 \cdot \overline{II}_8 \cdot \bar{I}_4 \cdot \overline{II}_4 \cdot I_2 \cdot II_2 \cdot I_1 \cdot \overline{II}_1)$$

$$\vee\ (\bar{I}_8 \cdot \overline{II}_8 \cdot I_4 \cdot \overline{II}_4)$$

$$\vee\ (I_8 \cdot \overline{II}_8 \cdot I_4 \cdot II_4 \cdot \bar{I}_2 \cdot \overline{II}_2 \cdot I_1 \cdot \overline{II}_1)$$

$$\vee\ (\bar{I}_8 \cdot \overline{II}_8 \cdot I_4 \cdot II_4 \cdot I_2 \cdot \overline{II}_2)$$

$$\vee\ (\bar{I}_8 \cdot \overline{II}_8 \cdot I_4 \cdot II_4 \cdot I_2 \cdot II_2 \cdot I_1 \cdot \overline{II}_1)$$

$$\vee\ (I_8 \cdot \overline{II}_8)$$

$$\vee\ (I_8 \cdot II_8 \cdot \bar{I}_4 \cdot \overline{II}_4 \cdot \bar{I}_2 \cdot \overline{II}_2 \cdot I_1 \cdot \overline{II}_1)$$

$$\vee\ (I_8 \cdot II_8 \cdot \bar{I}_4 \cdot \overline{II}_4 \cdot I_2 \cdot \overline{II}_2)$$

$$\vee\ (I_8 \cdot II_8 \cdot \bar{I}_4 \cdot \overline{II}_4 \cdot I_2 \cdot II_2 \cdot I_1 \cdot \overline{II}_1)$$

$$\vee\ (I_8 \cdot II_8 \cdot I_4 \cdot \overline{II}_4)$$

$$\vee\ (I_8 \cdot II_8 \cdot I_4 \cdot II_4 \cdot \bar{I}_2 \cdot \overline{II}_2 \cdot I_1 \cdot \overline{II}_1)$$

$$\vee\ (I_8 \cdot II_8 \cdot I_4 \cdot II_4 \cdot I_2 \cdot \overline{II}_2)$$

$$\vee\ (I_8 \cdot II_8 \cdot I_4 \cdot II_4 \cdot I_2 \cdot II_2 \cdot I_1 \cdot \overline{II}_1).$$

Nach einigen Umrechnungen erhält man daraus:

$$(\mathrm{I} > \mathrm{II}) = (\mathrm{I}_8 \cdot \overline{\overline{\mathrm{II}}}_8)$$

$$\vee\ [(\mathrm{I}_4 \cdot \overline{\overline{\mathrm{II}}}_4) \cdot \{\overline{(\mathrm{I}_8 \cdot \overline{\overline{\mathrm{II}}}_8) \cdot (\overline{\mathrm{I}}_8 \cdot \overline{\overline{\mathrm{II}}}_8)}\}]$$

$$\vee\ [(\mathrm{I}_2 \cdot \overline{\overline{\mathrm{II}}}_2) \cdot \{\overline{(\mathrm{I}_4 \cdot \overline{\overline{\mathrm{II}}}_4) \cdot (\overline{\mathrm{I}}_4 \cdot \mathrm{II}_4)}\}$$

$$\cdot\ \{\overline{(\mathrm{I}_8 \cdot \overline{\overline{\mathrm{II}}}_8) \cdot (\overline{\mathrm{I}}_8 \cdot \mathrm{II}_8)}\}]$$

$$\vee\ [(\mathrm{I}_1 \cdot \overline{\overline{\mathrm{II}}}_1) \cdot \{\overline{(\mathrm{I}_2 \cdot \overline{\overline{\mathrm{II}}}_2) \cdot (\overline{\mathrm{I}}_2 \cdot \mathrm{II}_2)}\} \cdot \{\overline{(\mathrm{I}_4 \cdot \overline{\overline{\mathrm{II}}}_4)}$$

$$\cdot\ \overline{(\overline{\mathrm{I}}_4 \cdot \mathrm{II}_4)}\} \cdot \{\overline{(\mathrm{I}_8 \cdot \overline{\overline{\mathrm{II}}}_8) \cdot (\overline{\mathrm{I}}_8 \cdot \mathrm{II}_8)}\}]$$

bzw.

$$(\mathrm{I} > \mathrm{II}) = U_{01} \vee (U_{02} \cdot N_1) \vee U_{03} \cdot N_2 \cdot N_1$$

$$\vee (U_{04} \cdot N_3 \cdot N_2 \cdot N_1)$$

mit folgenden Abkürzungen:

$$U_{01} = (\mathrm{I}_8 \cdot \overline{\overline{\mathrm{II}}}_8) \qquad\qquad N_1 = \overline{(\mathrm{I}_8 \cdot \overline{\overline{\mathrm{II}}}_8) \cdot (\overline{\mathrm{I}}_8 \cdot \mathrm{II}_8)}$$

$$U_{02} = (\mathrm{I}_4 \cdot \overline{\overline{\mathrm{II}}}_4) \qquad\qquad N_2 = \overline{(\mathrm{I}_4 \cdot \overline{\overline{\mathrm{II}}}_4) \cdot (\overline{\mathrm{I}}_4 \cdot \mathrm{II}_4)}$$

$$U_{03} = (\mathrm{I}_2 \cdot \overline{\overline{\mathrm{II}}}_2) \qquad\qquad N_3 = \overline{(\mathrm{I}_2 \cdot \overline{\overline{\mathrm{II}}}_2) \cdot (\overline{\mathrm{I}}_2 \cdot \mathrm{II}_2)}$$

$$U_{04} = (\mathrm{I}_1 \cdot \overline{\overline{\mathrm{II}}}_1).$$

Für den Zweig $\mathrm{I} < \mathrm{II}$ gilt entsprechend:

$$(\mathrm{I} < \mathrm{II}) = U_{\mathrm{U}1} \vee (U_{\mathrm{U}2} \cdot N_1) \vee (U_{\mathrm{U}3} \cdot N_2 \cdot N_1)$$

$$\vee (U_{\mathrm{U}4} \cdot N_3 \cdot N_2 \cdot N_1)$$

mit

$$U_{\mathrm{U}1} = (\mathrm{II}_8 \cdot \overline{\mathrm{I}}_8) \qquad\qquad U_{\mathrm{U}3} = (\mathrm{II}_2 \cdot \overline{\mathrm{I}}_2)$$

$$U_{\mathrm{U}2} = (\mathrm{II}_4 \cdot \overline{\mathrm{I}}_4) \qquad\qquad U_{\mathrm{U}4} = (\mathrm{II}_1 \cdot \overline{\mathrm{I}}_1).$$

Für den Zweig $\mathrm{I} = \mathrm{II}$ gilt:

$$(\mathrm{I} = \mathrm{II}) = \overline{(\mathrm{I} > \mathrm{II})} \cdot \overline{(\mathrm{I} < \mathrm{II})}.$$

Damit ergibt sich das Funktionsschaltbild nach Abb. 8.2/2 [2], das nun leicht in elektronischer Technik ausgeführt werden kann.

Ein anderer statischer Grenzwertmelder mit mechanischen Schaltern, der im Gegensatz zu der Schaltung nach Abb. 8.2/1 Dezimalziffern vergleicht, ist in Abb. 8.2/3 gezeigt [3]. Die Zahl I wird z. B. durch Kontakte von Relais eingestellt, die an einen $\binom{10}{1}$-Ringzähler angeschlossen sind, während die Zahl II durch Schalter mit einer Additions-, einer Stufenschalt- und einer Subtraktionsebene vorgegeben wird. Für die gezeichnete Schaltstellung gilt: I $= 535$; II $= 535$ und damit I $=$ II.

Der Zweig I $=$ II stellt eine Undschaltung für die jeweils eingestellten Ziffern der Einer-, der Zehner- und der Hunderterdekade dar $[(I = II) = G \cdot H \cdot K]$. Der Zweig I $>$ II setzt sich wie folgt zusam-

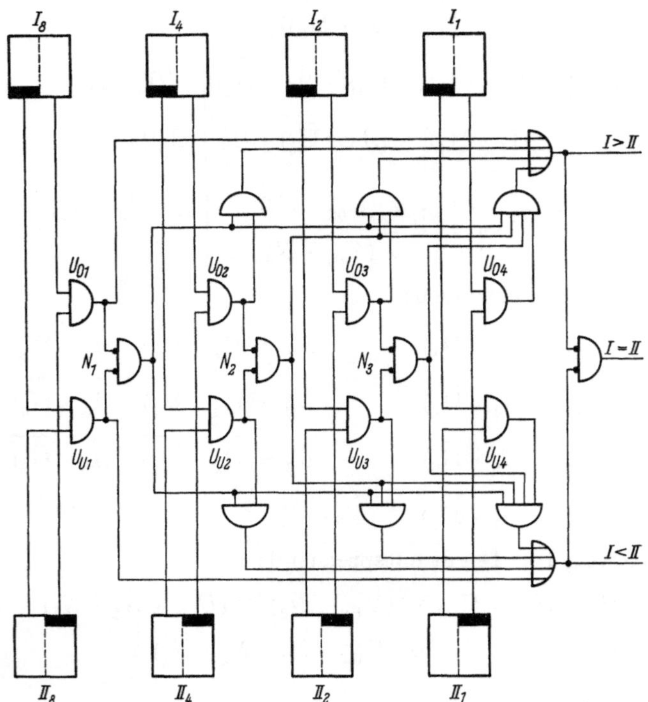

Abb. 8.2/2. Funktionsschaltbild zu Abb. 8.2/1

men: Die Ausgangsleitung ist der Ausgang einer Oderschaltung, deren Eingänge die Punkte A, B und C sind. Hierin ist der Punkt A wiederum der Ausgang der oberen Oderschaltung D an der Hunderterdekade. Der Punkt B hingegen ist der Ausgang einer Undschaltung, deren Eingänge die obere Oderschaltung E an der Zehnerdekade und die eingestellte Ziffer (Punkt G) an der Hunderterdekade ist. Der Punkt C schließlich ist der Ausgang einer Undschaltung, deren Eingänge die obere Oderschaltung F an der Einerdekade, die eingestellte Ziffer (Punkt H) an der Zehnerdekade und die eingestellte Ziffer (Punkt G) an der Hunderterdekade ist. In der Schreibweise der Schaltalgebra gilt dann:

$$(I > II) = A \vee B \vee C = D \vee (G \cdot E) \vee (G \cdot H \cdot F).$$

Für den Zweig I < II gilt dasselbe wie für den Zweig I > II, wobei jedoch jeweils die obere gegen die untere Oderschaltung einer Dekade und die Punkte *A, B, C* gegen die Punkte *P, R, S* zu vertauschen sind.

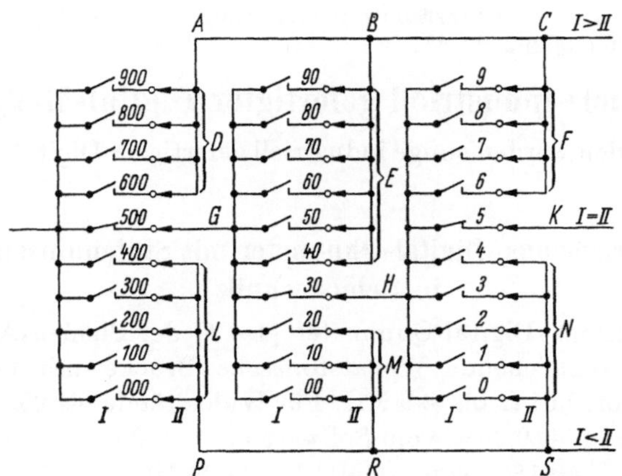

Abb. 8.2/3. Statischer Grenzwertmelder mit mechanischen Schaltern zum Vergleich zweier Dezimalzahlen

Aus diesen Überlegungen ergibt sich das Funktionsschaltbild der Schaltung nach Abb. 8.2/3, das in Abb. 8.2/4 gezeigt ist. Die einzelnen

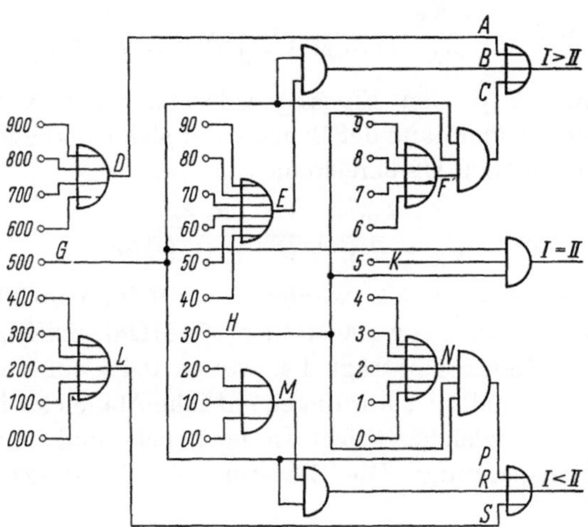

Abb. 8.2/4. Funktionsschaltbild der Schaltung nach Abb. 8.2/3

logischen Schaltungen lassen sich danach leicht mit elektronischen Bauteilen (s. Kap. 3.5) aufbauen, damit die Gesamtschaltung an einen elektronischen Zähler angeschlossen werden kann.

Literatur zu Kapitel 8

1. SCHNEIDER, H.: Digitale Meßtechnik. Elektronik 7 (1958) 201—212.
2. SCHÜNGEL, G., WEITZEL, H.-W.: Aufbau einer Datenverarbeitungsanlage für meßtechnische Aufgaben. ETZ-A 83 (1962) 740—745.
3. LORENZ, E.: Die Grenzwertkontrolleinrichtung für das Digitalohmmeter. Siemens-Z. 36 (1962) 330—331.

9. Beispiele industriell gefertigter Digital-Meßgeräte

Im folgenden werden einige industriell gefertigter Digital-Meßgeräte beschrieben.

9.1 Präzisions–Digital-Ohmmeter mit Stufenumsetzer in Relaistechnik

Das Präzisions–Digital-Ohmmeter [1—3] der SiemensAG ist eine automatisch abgleichende Wheatstonesche Brücke mit einem Einstellbereich von $0{,}01\ \Omega$ bis $999\ M\Omega$. Für Widerstände bis $999{,}99\ K\Omega$ ist der Meßfehler $< \pm\ 0{,}05\%$ vom Sollwert bzw. $\pm\ 0{,}01\ \Omega$, von $1\ M\Omega$ bis $9{,}9999\ M\Omega < \pm\ 0{,}1\%$, von $10\ M\Omega$ bis $99{,}99\ M\Omega < \pm 1\%$ und von $100\ M\Omega$ bis $999\ M\Omega < \pm 10\%$. Der steigende Meßfehler bei zunehmenden Widerstandswerten beruht auf dem wachsenden Verhältnis $p = R_{AD}/R_{DB}$, wodurch die am Nullindikator liegende Spannung U_{CD} sinkt (s. Abb. 9.1/2). Für kleine Brückenverstimmungen ($\Delta R_X \to 0$) gilt nämlich:

$$U_{CD} = U_{AB} \cdot \frac{\Delta R_X}{R_X} \cdot \frac{1}{(1+p)\,(1+1/p)} \cdot \frac{1}{1 + R_{iB}/R_{eNI}}. \qquad (9.1/1)$$

Hierin bedeuten R_{eNI} den Eingangswiderstand des Nullindikators und R_{iB} den Innenwiderstand der Brücke, der sich bei kleiner Brückenverstimmung nach Gl. 9.1/2 berechnet.

$$R_{iB} = \frac{R_X\, R_{CB}}{R_X + R_{CB}} + \frac{R_{ADB}}{(1+p)\,(1+1/p)} \qquad (9.1/2)$$

Widerstände bis $9{,}999\ M\Omega$ werden fünfziffrig, von $10{,}00\ M\Omega$ bis $99{,}99\ M\Omega$ vierziffrig und von $100\ M\Omega$ bis $999\ M\Omega$ dreiziffrig angezeigt. Die Meßzeit des Gerätes beträgt $1\ s$, wovon $0{,}4\ s$ auf vorbereitende Programmschritte und $0{,}6\ s$ auf die eigentliche Abgleichzeit entfallen. Nur während der Abgleichzeit liegt an der Brücke und somit auch am Prüfling die Meßspannung. Die Belastung des Prüflings beträgt im Mittel $10\ mW$.

Das Prinzip des Digital-Ohmmeters ist aus Abb. 9.1/1 zu ersehen. Die Wheatstonesche Brücke, die durch die Kontakte der Probier- und der Speicherrelais betätigt wird, der elektronische Nullindikator und der Programmgeber bilden den Analog–Digital-Umsetzer. Nach einer Messung liegt der Meßwert dual-dekadisch in Form von Kontaktstellungen der Speicherrelais vor. Der Code-Umsetzer setzt ihn in das Dezimalsystem um und steuert einen Ziffernanzeiger an. Aus dem Code-Umsetzer kann der Meßwert außerdem mit einem Datendrucker der Firma Kienzle ausgedruckt werden.

Die Brücke (Abb. 9.1/2) ist aus Präzisionswiderständen aufgebaut, die eine Abweichung von $\leq 0{,}01\%$ vom geforderten Sollwert besitzen. Die Langzeitänderung der Ohmwerte ist ebenfalls $\leq 0{,}01\%$. Im Ver-

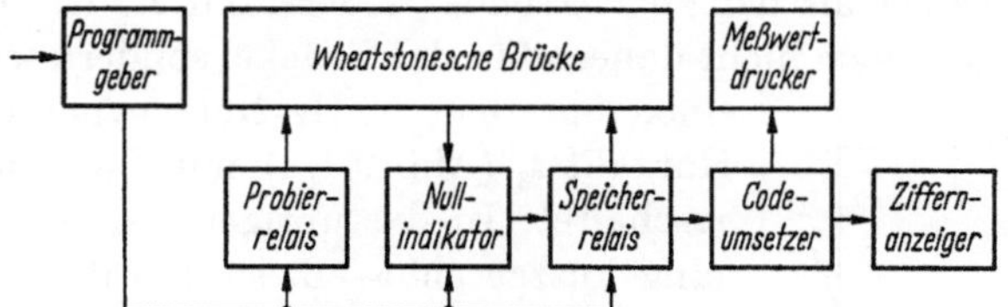

Abb. 9.1/1. Prinzipschaltbild des Digital-Ohmmeters

hältniszweig sind die Widerstände so ausgesucht, daß ihre Abweichungen vom Sollwert das gleiche Vorzeichen haben. Bei Abweichungen mit unterschiedlichen Vorzeichen ergäben sich beim Übergang von einem Bereich auf den anderen unzulässig große Sprünge. Der Verhältniswiderstand ist wie bei jeder handbetriebenen Meßbrücke so ausgelegt, daß das Brückenverhältnis in Zehnerpotenzsprüngen verändert

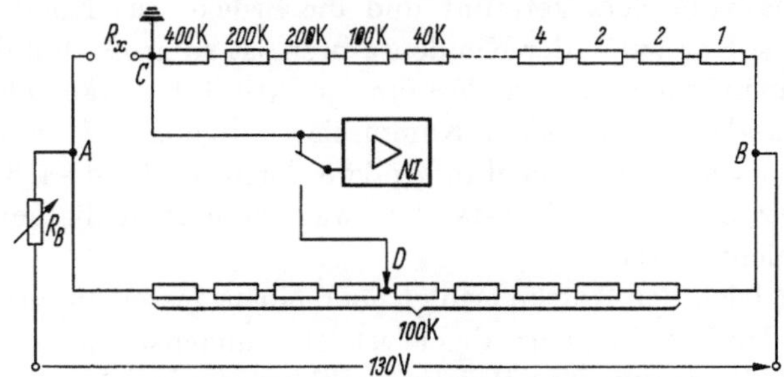

Abb. 9.1/2. Brückenschaltung des Digital-Ohmmeters

wird. Der Vergleichswiderstand ist dual-dekadisch nach Wertigkeiten von $4 \cdot 10^\nu$, $2 \cdot 10^\nu$, $2 \cdot 10^\nu$ und $1 \cdot 10^\nu$ abgestuft. Er besteht aus sechs Dekaden, wovon allerdings je nach Meßbereich die oberste oder die unterste (bei den beiden höchsten Meßbereichen die zwei bzw. drei unteren) zum Abgleich nicht verwendet werden. Diese Maßnahme ist nötig, um den großen Widerstandsbereich überstreichen zu können.

Zum Schalten der Widerstände werden Schutzgaskontaktrelais verwendet. Sie haben eine Anzugszeit von etwa 2 ms. Auf Grund dieser schnellen Anzugszeit konnte der Abgleichrhythmus aus der 20 ms-Periode der 50 Hz-Netzfrequenz abgeleitet werden. Der Übergangswiderstand der Kontakte beträgt ungefähr 50 mΩ. Um den Einfluß dieser Übergangswiderstände auszuschalten, mußte die kleinste Widerstandseinheit auf 1 Ω festgelegt werden.

Der Nullindikator NI ist ein direktgekoppelter Gleichspannungsverstärker mit einem Zerhackerverstärker zur Driftkompensation. Seine Ansprechschwelle beträgt etwa 200 μV bei einem Eingangswiderstand von 100 kΩ. Er ist so in die Brücke eingeschaltet, daß er immer dann ein Signal in Form eines Kontaktschlusses abgibt, wenn der Vergleichswiderstand größer als der zu messende Widerstand R_x ist. Der Nullindikator liegt jedoch nicht dauernd in der Brücke, sondern wird durch einen aus dem 50 Hz-Netz synchronisierten Kontakt t_3 (Abb. 9.1/4) nur für eine ms angeschaltet. In der übrigen Zeit ist sein Eingang kurzgeschlossen, so daß der Zerhackerverstärker den Nullpunkt korrigieren kann.

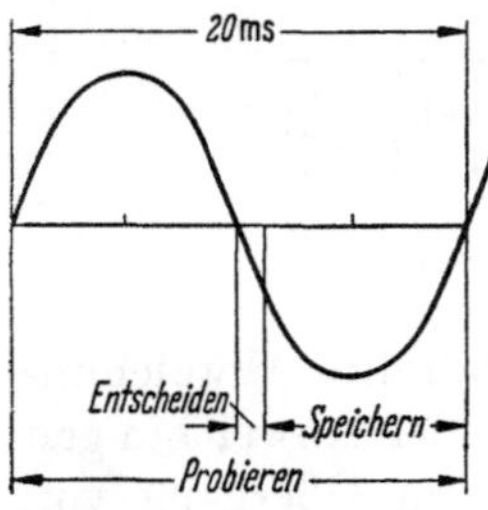

Abb. 9.1/3. Synchronisation des Abgleichrhythmus durch die 50 Hz-Netzfrequenz

Die Brückenspeisespannung wird aus einem Transformator mit nachgeschaltetem Gleichrichter und Siebteil gewonnen. Um während des Abgleichs netzseitige Störspannungen von der Brücke fernzuhalten, die über den Durchgriff des Transformators auf die Brücke gelangen können, wird dieser während der Messung vom Netz getrennt und die Brücke aus Kondensatoren gespeist. Die Kapazität der Kondensatoren ist so groß, daß die Spannung an ihnen während einer Messung praktisch konstant bleibt.

Der Code-Umsetzer ist aus Kammrelais aufgebaut. Man kann hier diese Relais verwenden, da ihre größere Anzugszeit (etwa 8 ms) und ihr größerer Übergangswiderstand (etwa 100 mΩ) in diesem Anwendungsfall nicht stören.

Der Abgleich der Brücke erfolgt nach einem festen Programm, das aus der 50 Hz-Netzfrequenz abgeleitet ist. Zunächst wird der Meßbereich durch Verändern des Brückenverhältnisses bestimmt, und zwar wird mit dem höchsten Meßbereich begonnen. Gleichzeitig wird der Begrenzungswiderstand R_B (Abb. 9.1/2) so verändert, daß die Belastung des Prüflings im Mittel nicht über 10 mW steigt. Anschließend folgt dekadenweise der Feinabgleich, und zwar wie bei der Bereichswahl fallend. In jeder Dekade sind vier Abgleichschritte nötig. Zunächst werden zu Beginn der positiven Halbwelle einer 50 Hz-Periode (s. Abb. 9.1/3) durch das erste Probierrelais einer Dekade (in Abb. 9.1/4 Relais P_9) acht Widerstandseinheiten probeweise kurzgeschlossen. Zu Beginn der negativen Halbwelle wird der Nullindikator NI kurzzeitig in die Brücke geschaltet und zur Entscheidung angeregt. Trägt der probeweise Kurzschluß zum Abgleich bei, d.h. ist der Vergleichswiderstand noch immer größer als der unbekannte Widerstand R_x, so schließt der Nullindikator einen Kontakt n, so daß das zugehörige Speicherrelais (in Abb. 9.1/4 Relais S_9) in Selbsthaltung geht und der Schritt gespeichert wird. Wird der Vergleichswiderstand durch den Probierschritt kleiner als R_x, so bleibt der Kontakt n offen, und das entsprechende Speicherrelais bleibt in seiner Ruhelage. Es folgt der nächste Abgleichschritt, wobei durch das Anziehen des nächsten Probierrelais der Kurzschluß des vorherigen aufgehoben und vier Einheiten kurzgeschlossen werden. Anschließend wird wieder der Nullindikator angeschaltet usw. Beim drit-

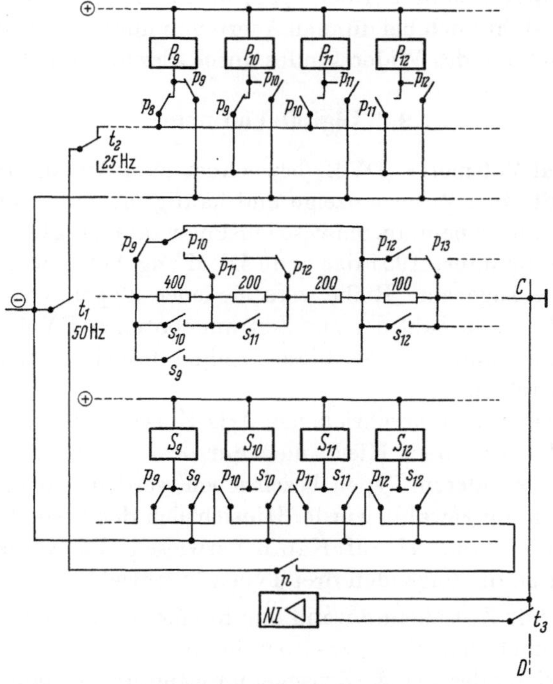

Abb. 9.1/4. Teil der Abgleichschaltung beim Digital-Ohmmeter

ten Abgleichschritt werden zwei Einheiten überbrückt und beim vierten eine. Anschließend werden die nächsten Dekaden durchlaufen. Am Ende der Messung fallen alle Probierrelais wieder ab. Nur die dem Meßwert entsprechenden Speicherrelais bleiben erregt. Sie steuern den Code-Umsetzer an, der seinerseits Spannung auf die Lampen des Projektionsziffernanzeigers schaltet.

Außer der oben beschriebenen Brücke mit einem Einstellbereich von 0,01 Ω bis 999 MΩ gibt es eine Ausführung mit nur einem Meßbereich von 0,01 Ω bis 999,99 Ω, bei einem möglichen Meßfehler von $<\pm 0{,}05\%$ vom Sollwert bzw. 0,01 Ω. Diese Brücke ist speziell für Widerstandsmessungen von Kabeladern ausgelegt [4]. Bei ihr sind gegegüber der Abb. 9.1/2 die Indikator- und die Speisediagonale vertauscht. Dadurch wird vermieden, daß während des Abgleichs Stromänderungen in der Kabelader auftreten, die wegen der Induktivität des Kabels Störspannungen induzieren und zu Fehlmessungen führen. Außerdem ist die Belastung des Prüflings auf maximal 4 W heraufgesetzt. Diese Maßnahme ist nötig, um mit dem kleinsten Nutzsignal für den Nullindikator über den durch äußere magnetische Felder im Kabel induzierten Störspannungen (max. etwa $10\,\mathrm{mV_{ss}}$) zu liegen. Wegen der kurzen Meßzeit (hier 0,4 s) und den großen Abmessungen der Kabel entsteht auch bei dünnen Adern von nur 0,4 mm Durchmesser keine Verfälschung des Widerstandes durch Erwärmung.

9.2 Digital-Voltmeter

Als Digital-Voltmeter (DVM) bezeichnet man Analog–Digital-Umsetzer, die mit einer Ziffernanzeige und häufig mit einer Meßbereichsumschaltung und einem automatischen Polaritätsdetektor ausgerüstet sind. Seitdem im Jahre 1951 das erste DVM angeboten wurde, sind bis zum heutigen Tage eine Reihe verschiedener Typen von DVM entwickelt worden. Die Zahl der zur Zeit angebotenen DVM ist so groß, daß es nahezu unmöglich ist, diese in einer tabellarischen Übersicht zusammenzustellen.

Jeder der in Kap. 6 beschriebenen A/D-Umsetzer läßt sich im Prinzip als DVM verwenden. Hier sollen nur drei Geräte der jeweils am häufigsten verwendeten Typen beschrieben werden, wobei eine allgemeine Darstellung gewählt wurde. Hinsichtlich der besonderen Eigenheiten der Verfahren sei auf Kap. 6 verwiesen. Es werden auf den nächsten Seiten die folgenden drei Typen beschrieben:

    a) DVM mit Zwischenumwandlung in eine proportionale Zeit,
    b) DVM nach dem Kompensatorprinzip,
    c) Integrierendes DVM (Zwischenumwandlung in eine proportionale Frequenz).

Der Anwendungsbereich dieser drei Typen ist durch die Meßaufgabe und die gewünschte Meßungenauigkeit gegeben. Während Geräte der ersten Art bei relativ geringem Aufwand eine mittlere Meßungenauigkeit von 0,5%−0,05% erreichen, gehören die Geräte der zweiten Art zu den Präzisionsmeßgeräten und erreichen Meßungenauigkeiten von 0,05%−0,01%. Außerdem lassen sich mit diesen Geräten höhere Umsetzungsgeschwindigkeiten erreichen, da sie weniger Abgleichschritte erfordern. Geräte der dritten Art besitzen den Vorteil, daß sie infolge ihres integrierenden Verhaltens Störwechselspannungen weitgehend unterdrücken, wenn als Integrations-Periode ein Vielfaches der Periode der Störspannung gewählt wird.

a) Digital-Voltmeter mit Zwischenumwandlung in eine proportionale Zeit. Von den zahlreichen Veröffentlichungen über Geräte dieses Typs sei eine herausgegriffen, die einige Besonderheiten bietet [5]. Zunächst möge die Funktionsweise nach Abb. 9.2/1 beschrieben werden.

Die Meßspannung U_E gelangt über ein *RC*-Filter *1* (Wechselspannungsunterdrückung 30 db bei 60 Hz) an den Eingangsspannungsteiler *2*, der in drei Bereiche $\pm 9,999$ V; $+99,99$ V; $\pm 999,9$ V unterteilt ist. Durch die Wahl verschiedener Einschübe kann eine manuelle oder automatische Meßbereichsumschaltung *3* vorgesehen werden. Die

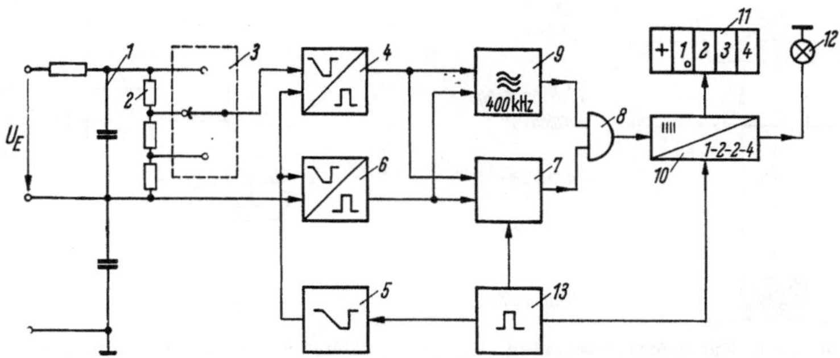

Abb. 9.2/1. Digital-Voltmeter mit Zwischenumwandlung in eine proportionale Zeit [5]

von diesem Bereichsumschalter unterteilte Spannung liegt an einem Meßspannungsvergleicher *4*, an dessen anderem Eingang die Spannung eines Sägezahngenerators *5* geführt ist. Zur Ermittlung der Polarität der Meßspannung wird ein zweiter Vergleicher *6* benötigt, der anspricht, sobald die Sägezahnspannung 0 Volt erreicht, und der dann einen Impuls an den Polaritätsdetektor *7* abgibt (s. Abb. 9.2/2).

Erreicht die Sägezahnspannung den Betrag der Meßspannung, gibt der Vergleicher *4* einen Impuls an den Polaritätsdetektor *7*, der damit ein Tor *8* öffnet. Dadurch können 400 kHz-Impulse von einem Impulsgenerator *9* in eine Zählkette *10* (1-2-2-4-Code) eingezählt werden. War die Meßspannung positiv, so gibt zuerst der Meßspannungsvergleicher *4* einen Impuls an den Polaritätsdetektor; war die Meßspannung hingegen negativ, gelangt der Impuls vom Nullvergleicher zuerst an den Polaritätsdetektor.

Als Sägezahngenerator wird ein Bootstrap-Integrator (s. Kap. 3.6.1.2) mit großer Linearität verwendet, bei dem der negative Temperaturfehler des Integrierkondensators durch einen nahezu gleich großen positiven Fehler des Ladewiderstandes kompensiert wird. Als Spannungsvergleicher wird ein etwas abgewandelter Typ verwendet als der in Kap. 3.6.2.1 beschriebene. In Abb. 9.2/3 ist dieser Vergleichertyp dargestellt.

Das eigentliche Vergleichsglied wird durch eine besondere Diode gebildet. Diese Diode hat zwei getrennte Anoden, jedoch eine gemeinsame Kathode, so daß Temperatur- und Spannungseinflüsse gemeinsam auf beide Zweige einwirken. Während die eine Diode durch die (im Ruhezustand) positive Sägezahnspannung im Durchlaßbereich betrieben wird, ist damit die andere Diode gesperrt. Sobald die Sägezahnspannung die Höhe der Meßspannung erreicht, wird die zweite Diode durchlässig. Diese Stromänderung wirkt über den Kondensator

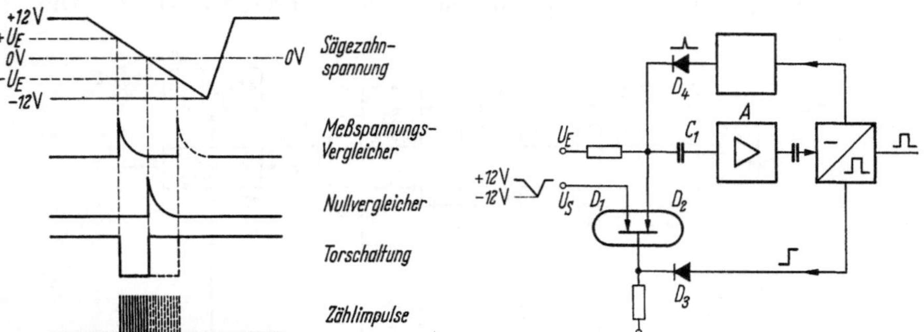

Abb. 9.2/2. Kurvenformen bei einem Digital-Voltmeter nach Abb. 9.2/1 [5]

Abb. 9.2/3. Vergleichsschaltung [5]

C_1 auf den Eingang des Stromverstärkers A, der eine dem Eingangsstrom proportionale Ausgangsspannung liefert. Erreicht diese Spannung einen fest eingestellten Wert, spricht eine bistabile Stufe an und liefert einen Ausgangsimpuls. Gleichzeitig wird über die Diode D_3 die Diode D_2 gesperrt und der Kondensator C_1 über die Diode D_4 entladen.

Der Eingangswiderstand des Gerätes wird mit $R_E = 10,2\ \text{M}\Omega$ angegeben. Der maximale Innenwiderstand R_i der zu messenden Spannung kann dann nach Gl. (6.2/1) berechnet werden

$$U_X = E_X(1 - F_K),\qquad\qquad (6.2/1)$$

$$R_i = \frac{F_K}{1 - F_K}\,R_E.$$

Läßt man einen Fehler $F_K = 0,01\%$ zu, dann darf R_i maximal $10^3\ \Omega$ werden.

Für dieses Gerät wird eine Meßungenauigkeit von $\pm 0,05\%$ v. M. ± 1 Einheit angegeben. Als Anzeige ist eine echte vierstellige Zifferndarstellung gewählt worden (± 9999). Die Empfindlichkeit im untersten Meßbereich beträgt 1 mV. Das Gerät besitzt lediglich in der Meßbereichsumschaltung schnell schaltende Relais, in der übrigen Schaltung werden nur Halbleiterbauelemente verwendet. Die Messungen können fortlaufend (getriggert) vorgenommen werden, ausgelöst durch einen Hilfsgenerator *13* (Abb. 9.2/1), der Umsetzungsgeschwindigkeiten von 5 Umsetzungen/s bis 0,2 Umsetzungen/s (Sample Rate) zuläßt; durch eine Handauslösung kann jedoch auch eine einmalige Umsetzung ausgelöst werden (Hold).

b) Digital-Voltmeter nach dem Kompensatorprinzip. Ein A/D-Umsetzer nach dem Kompensatorprinzip wird an anderer Stelle (s. Kap. 9.5) beschrieben, so daß hier nur die Besonderheiten besprochen werden sollen, die bei der Verwendung eines derartigen A/D-Umsetzers als Digital-Voltmeter von Interesse sind.

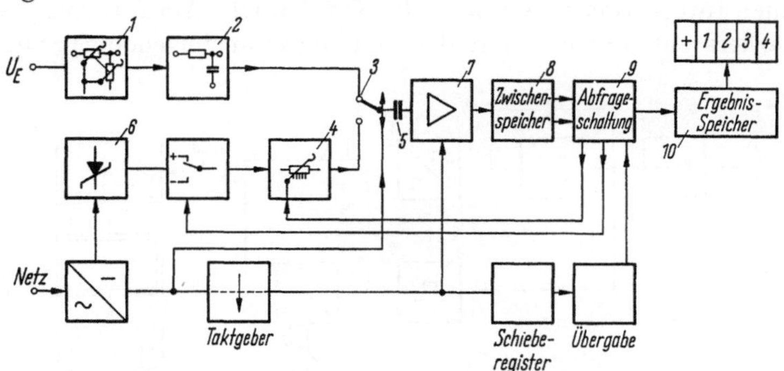

Abb. 9.2/4. Digital-Voltmeter nach dem Kompensationsprinzip [6]

Als Ausführungsbeispiel wurde das in [6] beschriebene DVM gewählt.

Die Meßspannung U_E (Abb. 9.2/4) ist über eine manuelle Meßbereichsumschaltung *1* an ein Siebglied *2* (40 db Störspannungsunterdrückung bei 50 Hz) geführt. An dem von der Netzfrequenz betriebenen Schalter *3* liegt abwechselnd die Ausgangsspannung des Siebgliedes oder eine von einem gesteuerten Stufenpotentiometer *4* (Teilerverhältnis 1, 2, 4, 8 je Dekade) und einer stabilisierten Spannungsquelle *6* gelieferten Vergleichsspannung. Die Polarität der Meßspannung ergibt sich zu Beginn der Messung durch die Polarität der Impulse am Kondensator *5*, und zwar insofern, als zu Beginn der Messung die Vergleichsspannung 0 Volt beträgt. Der Abgleich verläuft in der Art, wie in Kap. 6.2.1 beschrieben, und zwar beginnend mit der höchsten Dekade mit den Schritten im Verhältnis 8, 4, 2, 1. Die Entscheidung, ob der Meßwert größer als die Vergleichsspannung ist, wird vom Nullverstärker *7* getroffen und in den Zwischenspeicher *8* übergeben, der seinerseits eine Abfrageschaltung *9* steuert. Diese Abfrageschaltung schaltet über das Stufenpotentiometer *4* die Vergleichsspannung. Nach erfolgtem Abgleich wird der Wert aus der Abfrageschaltung in den Ergebnisspeicher *10* übernommen und mit Vorzeichen und Kommastellung vierstellig angezeigt.

Als technische Daten werden für das Gerät neben der Genauigkeit von $\pm 0,05\%$ v.M. ± 1 Einheit und einem Eingangswiderstand von 10 MΩ in allen Bereichen eine Abgleichzeit von 0,8 s angegeben.

c) Integrierendes Digital-Voltmeter. In den Fällen, in denen der Meßspannung eine Störwechselspannung überlagert ist, empfiehlt es sich, integrierende DVM zu verwenden. Das Prinzip eines derartigen DVM ist aus Abb. 9.2/5 zu ersehen.

Über einen Meßbereichswähler *1* gelangt die Eingangsspannung U_E auf einen Integrationsverstärker *2* (s. Kap. 3.6.1.1). Am Ausgang dieses Verstärkers entsteht eine mit der Zeit linear ansteigende Spannung.

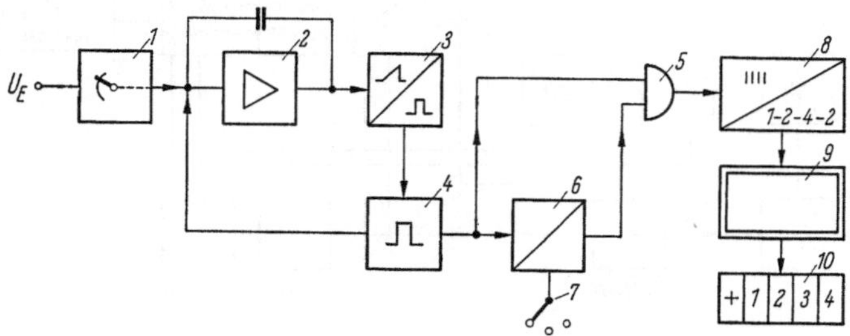

Abb. 9.2/5. Integrierendes Digital-Voltmeter

Der Differenzenquotient $S = \Delta V/\Delta T$ dieser Spannung ist dabei proportional der am Eingang des Verstärkers liegenden Meßspannung. Sobald die Ausgangsspannung des Integrationsverstärkers eine fest eingestellte Schwellenspannung erreicht, spricht die Vergleichsschaltung *3* an. Dadurch wird von einem Zeitbasisgenerator *4* ein in der Amplitude und Zeitdauer stets konstanter Impuls an den Eingang des Verstärkers *2* geliefert, der eine Entladung des Integrierkondensators ermöglicht. Gleichzeitig wird von dem Zeitbasisgenerator ein Impuls an eine Torschaltung *5* gegeben, an dessen Steuereingang ein Impuls von einer Untersetzerschaltung *6* anliegt. Die Dauer dieses Impulses kann mit dem Einsteller *7* zu 20 ms, 40 ms oder 80 ms gewählt werden entsprechend einer Unterdrückung der Störwechselspannungen von 50 Hz und deren Harmonischen bzw. Subharmonischen.

Die Ausgangsimpulse der Torschaltung *5* werden in einen Zähler *8* eingezählt, am Ende des Zählvorganges in einen Speicher *9* übernommen und mit der Anzeigevorrichtung *10* angezeigt. Da der Zeitbasisgenerator sowohl die Entladeimpulse für den Kondensator des Integrierverstärkers liefert als auch das Zeitintervall ΔT für den Einzählvorgang bestimmt, bleiben Frequenzänderungen dieses Generators ohne Einfluß auf die Meßungenauigkeit des Gerätes.

In [7] werden für ein derartiges DVM folgende Daten angegeben:

Meßbereiche	Eingangswiderstand	Empfindlichkeit
$0 \cdots 20$ mV	50 MΩ	10 μV
$0 \cdots 200$ mV	500 MΩ	100 μV
$0 \cdots 2$ V	500 MΩ	1 mV
$0 \cdots 20$ V	10 MΩ	10 mV
$0 \cdots 200$ V	10 MΩ	100 mV
$0 \cdots 1000$ V	10 MΩ	1 V

Meßungenauigkeit: $\pm 0{,}05\%$ vom Meßbereich.
Anzeige: Vierstellig bis 2000, mit Kommastellung und Vorzeichen.

9.3 Digitale Zeitmultiplex-Fernmessung

Die für elektrische Größen gebräuchlichste Fernmessung ist die Impuls-Frequenz-Fernmessung, bei der für die Übertragung der Meßwerte das Frequenz-Multiplex-Verfahren verwendet wird [8]. Dabei sind in einem Sprachband (300 bis 3400 Hz) bis zu 24 Tonfrequenzkanäle mit einem Mittenabstand von 120 Hz untergebracht. Bei der Erweiterung bestehender Fernmeßeinrichtungen reichen häufig die verfügbaren Kanäle nicht mehr aus; man geht dann zweckmäßigerweise zu einem Zeitmultiplex-Verfahren [9, 10, 11] über, bei dem die Meßwerte zeitlich nacheinander übertragen werden.

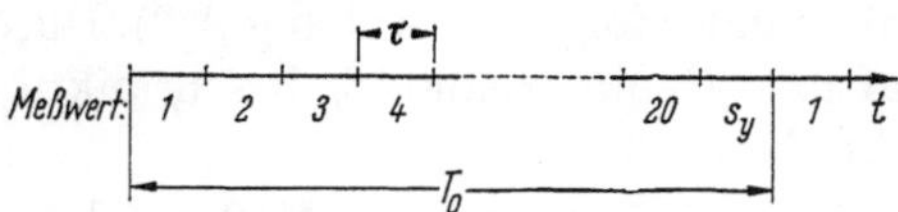

Abb. 9.3/1. Zeitplan einer Zeitmultiplex-Fernmessung

In jedem der 24 Tonfrequenzkanäle lasen sich dann mehrere Meßwerte zeitlich nacheinander übertragen, wobei in einem Übertragungszyklus mit der Dauer T_0 für jeden Meßwert eine Zeit τ zur Verfügung steht.

Verwendet man bei einem Zeitmultiplex-Fernmeß-Verfahren eine digitale Meßwertdarstellung, so ergeben sich gegenüber analogen Verfahren folgende Vorteile:

Günstigere Ausnutzung der Übertragungskanäle,
erhöhte Sicherheit bei Störungen im Übertragungsweg,
hohe Genauigkeit der Meßwertübertragung,
einfache Möglichkeit einer Meßwertverarbeitung.

Bei den digitalen Fernmeßverfahren wird der analoge Meßwert zunächst mit einem A/D-Umsetzer in einen Digitalwert umgesetzt und dann als Impuls-Code übertragen. Die in [12] beschriebene Puls-Code-Fernmessung erfüllt diese Aufgabe für die Wasser- und Gasversorgung [13, 14], bei denen Meßwertänderungen nur langsam vonstatten gehen.

Für die elektrische Energieversorgung ist jedoch eine kürzere Übertragungszeit notwendig, da sich hier die Meßwerte schneller ändern.

Zur Abschätzung der erforderlichen Übertragungszeit T_0 in Abhängigkeit von der Anzahl der zu übertragenden Meßwerte n_M, der Synchronisierschritte n_S und der zur Verfügung stehenden Bandbreite B_0 des Kanals soll im folgenden eine einfache Beziehung abgeleitet werden.

Die Meßgröße sei beispielsweise als Zeitfunktion $e_1(t)$ gegeben, die auf ein Frequenzband $B_0 = f_{max} - f_{min}$ begrenzt ist, wobei die Beziehungen $f_{min} = 1/T_0$ und $f_{max} = n \cdot f_{min} = n/T_0$ gelten.

Die Funktion $e_1(t)$ ist im Zeitintervall T_0 vollständig durch eine Anzahl N unabhängiger Größen bestimmt, beispielsweise durch die Fourierkoeffizienten a_K und b_K ($k = 1$ bis n). Dann gilt

$$N = 2n = 2f_{max} \cdot T_0 = 2B_0 \cdot T_0. \qquad (9.3/1)$$

Nach dem Abtasttheorem von SHANNON [15, 16] können diese voneinander unabhängigen Größen Abtastimpulse sein, die im Abstand T_0 aufeinander folgen (s. Anhang A.2). Durch diese Abtastimpulse wird die auf das Frequenzband B_0 beschränkte Funktion $e_1(t)$ vollständig beschrieben.

Bei einer verlangten Meßunsicherheit von $F = \pm 0{,}5\%$ müßten die Abtastimpulse in $100/|F| = 200$ Amplitudenstufen quantisiert werden. Da der Meßwert jedoch durch eine A/D-Umsetzung in einen Dual-Code umgesetzt und übertragen wird, treten an die Stelle des einen Abtastimpulses mit $s = 200$ möglichen Amplitudenstufen jetzt r_0 Abtastimpulse mit den beiden möglichen Amplituden „0" und „1" gemäß der Beziehung

$$s = 2^{r_0} \qquad (s = \text{Anzahl der Amplitudenstufen}),$$
$$r_0 = \text{ld}\, s = \text{ld}\, 200 \qquad (\text{ld}\, s = \log_2 s), \qquad (9.3/2)$$
$$r_0 = 7{,}4 \text{ binäre Impulse}.$$

Fügt man noch einen Kontrollschritt (parity-check) und einen Leerschritt zur Codesicherung hinzu und berücksichtigt, daß nur eine ganze Anzahl von binären Impulsen gewählt werden kann, so erhält man

$$r_0 = 10 \text{ binäre Impulse}.$$

Damit wird jedoch die ursprüngliche Bandbreite B_0 auf $B = r_0 B_0$ erhöht.

Fallen in einen Zeitraum T_0 insgesamt N Abtastimpulse, die ihrerseits durch je r_0 binäre Impulse dargestellt werden, so gilt für die Nachrichtenmenge I

$$I = N \cdot r_0 \tag{9.3/3}$$
$$= 2 B_0 r_0 \, T_0$$
$$= 2 B T_0.$$

Andererseits ist die Zahl der Abtastimpulse während der Zeit T_0 gleich der Zahl der zu übertragenden Meßwerte und Synchronisierschritte, so daß mit $r_0 = 10$ die Beziehung gilt

$$I = (n_\mathrm{M} + n_\mathrm{S}) \cdot 10 \tag{9.3/4}$$

Da die Übertragung des codierten Meßwerts in der Form der Fernschreibzeichen erfolgt und unzulässige Zeichenverzerrungen vermieden werden sollen, gilt nach KUPFMÜLLER [17]

$$\frac{f_\mathrm{G}}{f_\mathrm{T}} \approx 1,6 \tag{9.3/5}$$

f_G Grenzfrequenz des Übertragungskanals,

f_T Tastfrequenz der Code-Zeichen.

Dann ist jedoch statt der in Gl. (9.3/3) angegebenen Bandbreite B eine Bandbreite $B' = 1,6\,B$ erforderlich. Berücksichtigt man ferner, daß bei der hier gewählten Übertragung beide Seitenbänder vorhanden sind, wird $B'' = 1,6 \cdot 2\,B$. Setzt man diese Beziehung in Gl. (9.3/3) ein, so ergibt der Vergleich von Gln. (9.3/3) und (9.3/4)

$$T_0 = \frac{(n_\mathrm{M} + n_\mathrm{S}) \cdot 10}{B'' \cdot 0,625} \, . \tag{9.3/6}$$

Beispiel: Es sollen fünf Meßwerte über einen normalen WT-Kanal ($B'' = 80$ Hz) übertragen werden. Wie groß wird die Übertragungszeit T_0, wenn pro Übertragungszyklus ein Synchronisierschritt S_y benötigt wird?

$$T_0 = \frac{(5 + 1) \cdot 10}{80 \cdot 0,625} = 1,2 \text{ s.}$$

Je nach der vorliegenden Aufgabe wird man entsprechend der erwähnten Beziehung (9.3/6) z.B. bei gegebener Bandbreite B'' und gewünschter Anzahl der Meßwerte n_M je Zyklus die Übertragungszeit T_0 festlegen, oder man kann bei gewünschter Übertragungszeit T_0 und gegebener Anzahl der Meßwerte n_M die erforderliche Bandbreite bestimmen. Damit besteht für eine möglichst günstige Anpassung an die jeweils vorliegende Aufgabe die Forderung, daß die folgenden Daten geändert werden können:

die Übertragungszeit T_0,
die Anzahl der Meßwerte n_M,
die Tastfrequenz f_T.

13*

Im folgenden soll die Wirkungsweise einer elektronischen Zeit-multiplex–Puls-Code–Fernmessung erklärt werden (Abb. 9.3/2).

Auf der Sendeseite besteht zunächst die Aufgabe, den analogen Meßwert, der als Spannung U vorliegt, in einen Digitalwert umzu-formen. Von den verschiedenen Arten der A/D-Umsetzer (Kap. 6 und [18, 19]) wird hier ein Sägezahnumsetzer verwendet.

Die Spannungen U_1 bis U_N gelangen an die oberen Eingänge der Spannungsvergleicher, an deren unteren Eingängen die Sägezahnspan-nung U_S liegt. Vom Taktgeber, der aus einem Quarzoszillator mit nach-folgenden Flipflop-Stufen als Frequenzteiler besteht, wird im Verteiler

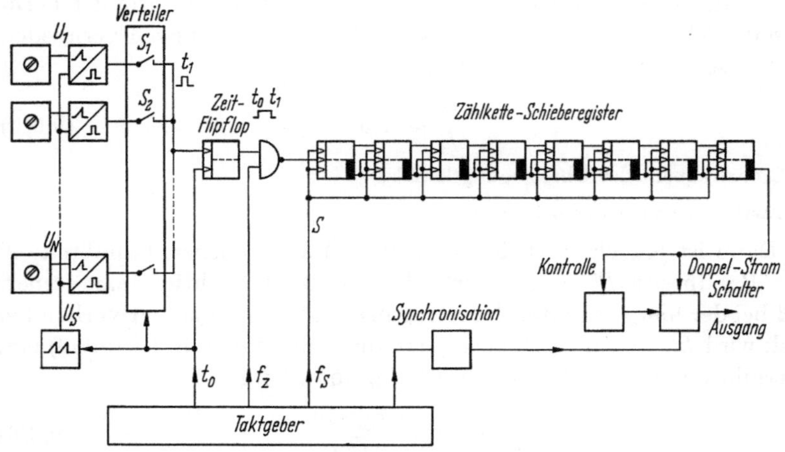

Abb. 9.3/2. Zeitmultiplex–Puls–Code-Sender

der elektronische Schalter S_1 geschlossen und zum Zeitpunkt t_0, dem eigentlichen Beginn der Analog–Digital-Umsetzung, ein Impuls an das Zeit-Flipflop gegeben. Dieser Impuls bestimmt den Beginn des Ausgangsimpulses dieser Flipflop-Stufe. Gleichzeitig beginnt zum Zeit-punkt t_0 der lineare Anstieg der Sägezahnspannung U_S. Erreicht die Sägezahnspannung den Betrag der Meßspannung, so gibt der Span-nungsvergleicher zur Zeit t_1 einen Impuls über den Schalter S_1 an das Zeit-Flipflop und bestimmt damit das Ende des Ausgangsimpulses. Aus dem analogen Meßwert, nämlich der Spannung U_1, ist damit ein längenmodulierter Impuls mit der Dauer t_0 bis t_1 entstanden. Ähnlich wie auch bei der Impulsfrequenz-Fernmessung dem Meßwert 0% eine Vortriebsfrequenz von 5 Hz zugeordnet wurde, entspricht hier dem Meßwert 0% der Digitalwert „8". Es wird also ein 8-Excess-Code ver-wendet. Damit besteht auf der Empfangsseite die Kontrolle, ob der Sender richtig verschlüsselt. Der längenmodulierte Impuls t_0 bis t_1 ge-langt dann an einen der Eingänge des Zählgatters (Koinzidenzgatter), an dessen anderem Eingang vom Taktgeber her 25 kHz-Impulse liegen. So passiert während der Zeit t_0 bis t_1 eine dem Meßwert proportionale Anzahl von 25 kHz-Impulsen das Zählgatter. Diese 25 kHz-Impulse werden in eine Zählkette aus Flipflop-Stufen eingezählt. Ist der Zählvorgang beendet, liegt der Meßwert im Zähler als Dualzahl vor. Sobald die A/D-Umsetzung beendet ist, wird die Zählkette als Schieberegister umgeschaltet, und vom Taktgeber gelangen Impulse auf die Leitung S. Bei jedem dieser Impulse rückt die Dualzahl in dem so gebildeten Schieberegister um eine Stelle nach rechts. Vom letzten Flipflop wird die zu Beginn in der Zählkette gespeicherte Dualzahl an den Doppel-

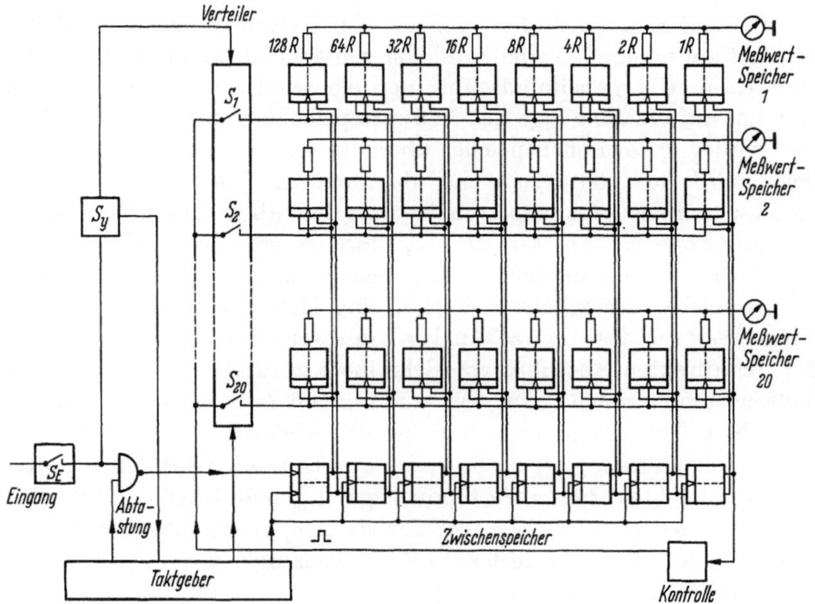

Abb. 9.3/3. Zeitmultiplex–Puls–Code–Empfänger

stromschalter gegeben. Dieser tastet dann einen Sendemodulator. Um eine größere Sicherheit gegen Störimpulse zu haben, wird die Zahl der im Meßwert vorhandenen Impulse auf eine ungerade Anzahl ergänzt. Ist der Meßwert *1* gesendet, wird der Verteiler vom Taktgeber auf Stellung S_2 geschaltet, und der oben geschilderte Vorgang wiederholt sich für den Meßwert *2*. Sind alle Meßwerte einmal gesendet worden, wird zur Synchronisation des Empfängers ein Langimpuls gesendet.

Auf der Empfangsseite werden die ankommenden Zeichen vom Schalter S_E wieder in Rechteckimpulse umgewandelt (Abb. 9.3/3). Mit Hilfe der Synchronisier-Trenneinrichtung S_y werden der Synchronisierimpuls von den Meßwertimpulsen getrennt und Taktgeber sowie Verteiler synchronisiert. Die Abtasteinrichtung tastet die Meßwertimpulse in der Mitte ihrer Zeitdauer ab und gibt bei Vorhandensein eines Meß-impulses einen kurzen Impuls an den Eingang des Zwischenspeichers. (Diese Mittenabtastung läßt wie beim Fernschreiben Zeichenverzerrun-gen bis zu 45% zu.) Der Meßwert wird in den Zwischenspeicher in Serie hineingeschoben und liegt dann als Dualzahl gespeichert vor, be-stimmt durch die Zustände der Flipflop-Stufen. Den einzelnen Stufen sind die Wertigkeiten 1, 2, 4 ··· 128 zugeordnet. Am Ende der Über-tragungszeit für einen Meßwert stehen diejenigen Flipflop-Stufen auf Stellung „Ein", deren Zahl im Meßwert enthalten ist. Dadurch werden in den eigentlichen Meßwertspeichern die Vorbereitungseingänge der betreffenden Flipflop-Stufen geöffnet. Im Zwischenspeicher wird der Meßwert auf ungerade Impulszahl kontrolliert und, wenn die Kontrolle stimmt, ein Übergabeimpuls über den elektronischen Schalter S im Verteiler auf die Eingänge des Meßwertspeichers 1 gegeben; der Meß-wert wird vom Zwischenspeicher übernommen. Stimmt die Kontrolle nicht, wird der Meßwert nicht übernommen. Zur Digital–Analog-Umsetzung dienen Transistorschalter mit dual abgestuften Widerstän-den der Größe $1R$, $2R$, $4R$, $8R$, ..., $128R$; es wird somit eine Strom-summierung in den angeschlossenen Instrumenten vorgenommen. Der Digitalspeicher ermöglicht weiterhin eine Meßwertverarbeitung. Der Ausgangsstrom des Digital–Analog-Umsetzers beträgt etwa 40 mA, läßt den direkten Anschluß von Schreibern zu und erlaubt außerdem Meßwertsummierungen ohne Verwendung von Zwischenverstärkern.

In Kap. 6 wurde gezeigt, daß bei der Abtastung eines Meßwerts, der als Zeitfunktion $e_1(t)$ vorliegt, die abgetasteten Werte eine Halte-kreiskurve bilden, die einen Frequenzgang gemäß Gl. (6/36) aufweist. Man kann wieder fragen: Wie groß darf die in $e_1(t)$ enthaltene maximale Frequenz sein, damit die verlangte Meßungenauigkeit von $F = \pm 0{,}5\%$ eingehalten wird? Nach Gl. (6/38) erhält man

$$1 - F \;\widehat{=}\; \frac{\sin \dfrac{\pi f_{\max}}{f_0}}{\dfrac{\pi f_{\max}}{f_0}} = 0{,}995.$$

Aus Anhang A.1 entnimmt man den Wert $x = 0{,}173$ und damit

$$f_{\max} = \frac{f_0 \cdot 0{,}173}{\pi}.$$

Rechnet man mit einer Übertragungszeit $T_0 = 1{,}2$ s für fünf Meß-werte, wie sie nach Gl. (9.3/6) berechnet wurde, so erhält man eine maximale Frequenz

$$f_{\max} = 0{,}046 \text{ Hz}.$$

Sollen schnellere Meßwertänderungen erfaßt werden, so muß entweder in einem Übertragungszyklus T_0 der gleiche Meßwert mehrmals übertragen oder eine kürzere Übertragungszeit T_0 gewählt werden. Beide Fälle lassen sich mit Gl. (6/38) berechnen.

Auf der Sende- und Empfangsseite werden Quarzgeneratoren mit darauffolgenden Kippstufen als Taktgeber verwendet. Durch einen Synchronisierimpuls vom Sender wird eine Phasensynchronisation des Empfängers erzwungen. Dabei setzt der Synchronisierimpuls alle Kippstufen des Empfängertaktgebers in eine definierte Anfangslage. Da sowohl der Sender- als auch der Empfängerquarz eine relative Frequenzabweichung $\Delta f/f$ aufweisen, wird der Gleichlauf nur für eine gewisse Zeit bestehen bleiben und nach einer bestimmten Zeit eine neue Synchronisation erfolgen müssen. Bei dem hier beschriebenen Verfahren erfolgt die Decodierung des empfangenen Meßwerts durch eine Mittenabtastung der einzelnen Schritte. Es wäre also zunächst möglich, Frequenzänderungen zuzulassen,

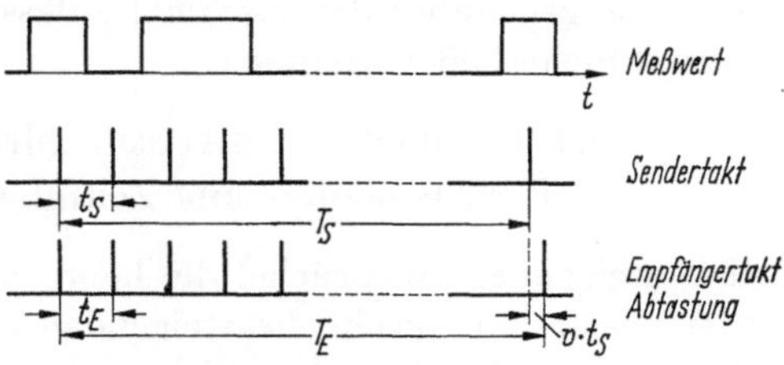

Abb. 9.3/4. Berechnung der zulässigen Schrittzahl bei Synchronverfahren [20]

die maximal einer halben Schrittlänge entsprechen. Nun treten jedoch bereits bei der Übertragung Schrittverzerrungen auf, die durch die Bandbegrenzung des Kanals gegeben sind. Man wird deshalb bestrebt sein, die Frequenzverwerfung möglichst klein zu halten, um für die Verzerrungen während der Übertragung genügende Reserve zu haben.

Nach [20] läßt sich die maximal zulässige Anzahl von Binärschritten je Übertragungszyklus (zwischen zwei Synchronisierschritten) bei gegebener relativer Frequenzabweichung $\Delta f/f$ der Quarze berechnen. Abb. 9.3/4 zeigt den Vorgang der Abtastung in schematischer Darstellung, wobei die Kanalverzerrungen nicht berücksichtigt sind.

Es gelten damit die folgenden Beziehungen:

$$T_S = (n - 1) \cdot t_S, \tag{9.3/7}$$

$$T_E = (n - 1) \cdot t_E = (n - 1)\, t_S + v \cdot t_S = t_S(n - 1 + v), \tag{9.3/8}$$

$$\frac{t_S}{t_E} = \frac{n - 1}{n - 1 + v} = \frac{f_E}{f_S}, \tag{9.3/9}$$

$$\frac{f_S - f_E}{f_S} = \frac{\Delta f}{f_S} = 1 - \frac{f_E}{f_S} = 1 - \frac{n - 1}{n - 1 + v} = \frac{v}{n - 1 + v}, \tag{9.3/10}$$

mit $f_\mathrm{S}/\Delta f$ und $v f_\mathrm{S}/\Delta f \gg 1$

$$n \approx v\,\frac{f_\mathrm{S}}{\Delta f}\,. \qquad (9.3/11)$$

Läßt man eine Verzerrung v von 10% zu und rechnet mit einer relativen Frequenzabweichung von $1 \cdot 10^{-4}$ je Quarz, so errechnet man aus Gl. (9.3/11) eine maximal zulässige Schrittzahl n_max zwischen zwei Synchronisierschritten:

$$n_\mathrm{max} = 0,1 \cdot 0,5 \cdot 10^4 = 500 \text{ Schritte}\,.$$

Da bei der Zeitmultiplex–Puls–Code–Fernmessung in einem Übertragungszyklus im Maximum zwanzig Meßwerte und ein Synchronisierzeichen mit je 10 Schritten, d.h. insgesamt 210 Schritte, übertragen werden, ist gegenüber der maximal zulässigen Schrittzahl n_max noch genügend Sicherheit vorhanden.

9.4 Rechnender Universalzähler für Frequenz-, Periodendauer- und Zeitintervallmessung

Die steigenden Ansprüche, die heute an Digitalmeßgeräte gestellt werden, betreffen sowohl die steigenden Genauigkeitsforderungen als auch eine weitgehende Automatisierung des Meßvorganges selbst. Sieht man von der Verwendung von Kleinrechnern im Zusammenhang mit Meßgeräten ab, so erfüllt der Computing Counter 5360 A der Firma Hewlett Packard diese Ansprüche weitgehend. Die völlig neue Konzeption dieses Zählers durch die Einbeziehung eines programmierbaren Rechenwerkes zur Erfüllung der vielfältigen Meßaufgaben und zur Vereinfachung der Bedienung ließ sich mit einem vernünftigen Aufwand jedoch erst durch den Einsatz integrierter Halbleiterbauelemente realisieren [27].

Das Prinzip dieses Zählers für Frequenz-, Periodendauer- und Zeitintervallmessung ist in Abb. 9.4/1 dargestellt. Hier erkennt man bereits den wesentlichen Unterschied gegenüber herkömmlichen Zählern. Am Zählvorgang sind die Register X, Y, Z beteiligt, die entweder als dekadische Zähler oder als Schieberegister arbeiten. Grundsätzlich erfolgt stets eine Zeitmessung, d.h., die Frequenzmessung wird auch auf eine Zeitmessung zurückgeführt. Durch Interpolation wird die Unsicherheit von ± 1 Zählimpuls, die bei konventionellen Zählern grundsätzlich vorhanden ist, um den Faktor 1000 reduziert.

Zeitintervallmessung. Im wesentlichen erfolgt die Messung eines Zeitintervalles T durch Zählen der internen 10 MHz-Taktimpulse (Abb. 9.4/2). Um den Rastfehler von ± 1 Impuls zu reduzieren, der durch den asynchronen Verlauf der internen 10 MHz-Impulse und der Meßzeit auftritt, werden außerdem die Zeiten T_1 und T_2 mit Hilfe von

„Interpolatoren" I_1 und I_2 gemessen, und zwar wie folgt: Während der Zeit T_1 bzw. T_2 wird ein Kondensator mit einem konstanten Strom aufgeladen und anschließend mit einem um den Faktor 1000 reduzierten Strom entladen. Dabei werden während dieser Zeiten $T_1' = 1000\,T_1$ bzw. $T_2' = 1000\,T_2$ Impulse in getrennte Register eingezählt. Das zu messende Zeitintervall beträgt dann

$$T = T_0 + T_1 - T_2. \qquad (9.4/1)$$

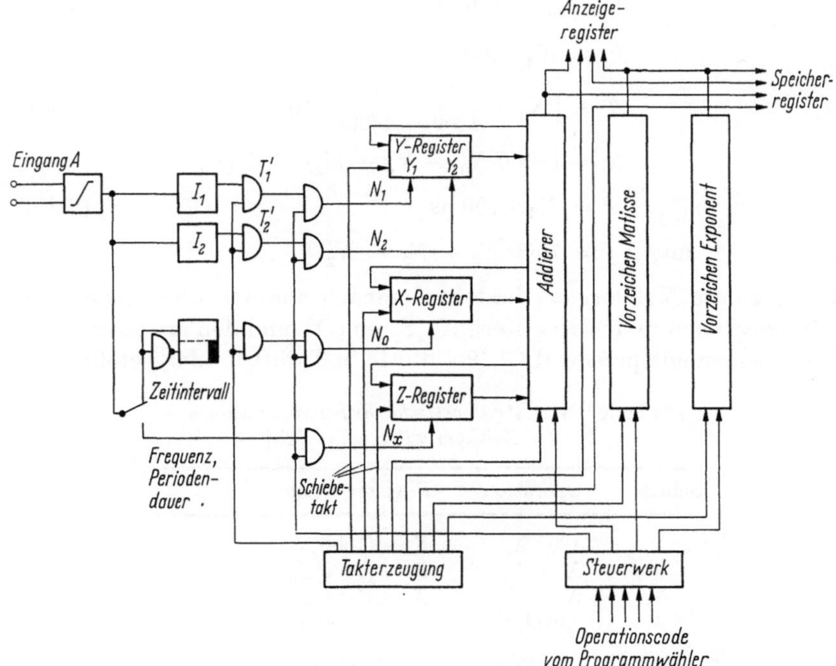

Abb. 9.4/1. Prinzipschaltbild des rechnenden Universalzählers

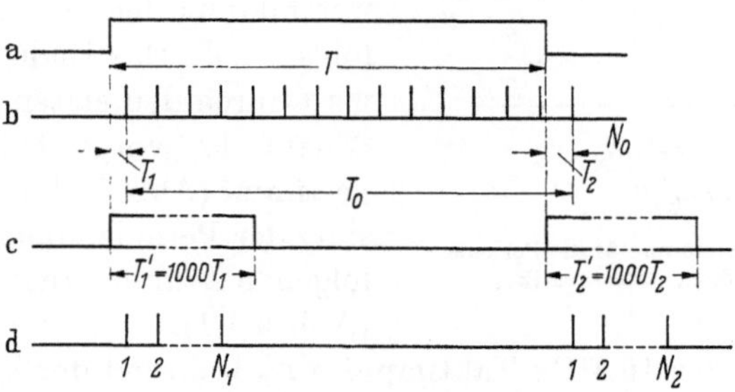

Abb. 9.4/2. Zeitdiagramm für die Zeitintervallmessung [27]

Im X-Register werden die während der Zeit T_0 eingezählten Impulse gespeichert, im Y_1-Register ($= 1/2\,Y$) und Y_2-Register werden die während T_1 bzw. T_2 eingezählten Impulse gespeichert.

$$T = T_0 + \frac{T_1'}{1000} - \frac{T_2'}{1000}\,. \tag{9.4/2}$$

Da die Taktfrequenz 10 MHz beträgt, entspricht jedem Impuls eine Zeit von 100 ns.

$$T_0 = N_0 \cdot 100\ \text{ns}$$

$$T_1 = N_1 \cdot 100\ \text{ns} \tag{9.4/3}$$

$$T_2 = N_2 \cdot 100\ \text{ns},$$

$$T = \left(N_0 + \frac{N_1}{1000} - \frac{N_2}{1000}\right) \cdot 100\ \text{ns}, \tag{9.4/4}$$

$$T = (1000\,N_0 + N_1 - N_2) \cdot 100\ \text{ps}, \tag{9.4/5}$$

$$T = N_\text{T} \cdot 100\ \text{ps} \tag{9.4/6}$$

$$\text{mit}\ N_\text{T} = 1000\,N_0 + N_1 - N_2.$$

Der gesamte Meßvorgang besteht demnach aus den oben genannten Zählvorgängen in den Registern X, Y_1 und Y_2 und den arithmetischen Operationen entsprechend Gl.(9.4/5) wie in Tab.9.4/1 dargestellt.

Tabelle 9.4/1. *Arithmetische Registeroperationen bei der Zeitintervallmessung* [27]

Schritt	Operation	Registerinhalt
1	$1000\,X$	$X \to (1000\,N_0)$
2	$X + Y_1$	$X \to (1000\,N_0 + N_1)$
3	$X - Y_1$	$X \to (1000\,N_0 + N_1 - N_2)$
4	Anzeige	$X \to (1000\,N_0 + N_1 - N_2)$

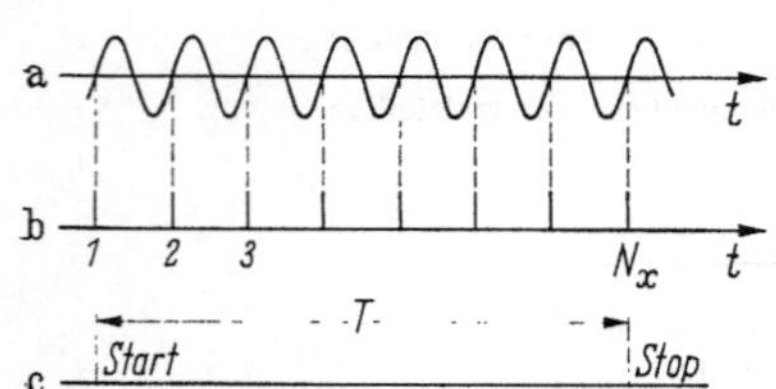

Abb. 9.4/3. Zeitdiagramm für die Perioden-dauer- bzw. Frequenzmessung [27]

Periodendauermessung. Bei dieser Betriebsart wird zuerst die Meßzeit eingestellt, über die eine Mittelwertbildung der Periodendauer erfolgen soll. Das Ende der Messung wird durch den ersten Impuls nach Ablauf der vorgewählten Meßzeit bestimmt (Abb.9.4/3). Für die Messung der Periodendauer sind damit folgende Zählvorgänge erforderlich (Abb.9.4/1).

1. Zählen der 10 MHz-Taktimpulse N_0 während der Zeit T_0 in das X-Register.

2. Zählen der 10 MHz-Taktimpulse N_1 während der Zeit T_1 in das Y_1-Register.

3. Zählen der 10 MHz-Taktimpulse N_2 während der Zeit T_2 in das Y_2-Register.

4. Zählen der Anzahl der Nulldurchgänge entsprechend der Anzahl der Perioden N_x während der Meßzeit T in das Z-Register.

Die Periodendauer beträgt

$$\tau = \frac{1000\,N_0 + N_1 - N_2}{N_x} = \frac{N_\mathrm{T}}{N_x}. \qquad (9.4/7)$$

Die arithmetischen Registeroperationen für die Messung der Periodendauer sind in Tab. 9.4/2 angegeben.

Tabelle 9.4/2. *Arithmetische Registeroperationen bei der Periodendauermessung* [27]

Schritt	Operation	Registerinhalt
1	$1000\,X$	$X \to (1000\,N_0)$
2	$X + Y_1$	$X \to (1000\,N_0 + N_1)$
3	$X - Y_2$	$X \to (1000\,N_0 + N_1 - N_2)$
4	$X \leftrightarrow Z$	$X \to N_x;\; Z \to (1000\,N_0 + N_1 - N_2)$
5	$Z:X$	$X \to \dfrac{1000N_0 + N_1 - N_2}{N_x}$
6	Anzeige	$X \to \dfrac{1000\,N_0 + N_1 - N_2}{N_x}$

Frequenzmessung. Die Frequenzmessung erfolgt in der gleichen Weise wie die Periodendauermessung, lediglich die Registeroperationen erfolgen entsprechend dem Verhältnis $f = \dfrac{1}{\tau}$.

$$f = \frac{N_x}{1000\,N_0 + N_1 - N_2}. \qquad (9.4/8)$$

Genauigkeit. Die Genauigkeit ist bei allen Frequenzmessern und Zählern bedingt durch die Genauigkeit der Zeitbasis, wobei der Rastfehler von ± 1 Impuls hinzukommt. Da dieser Fehler hier durch die Interpolatoren reduziert wird, ist der Fehler der Interpolatoren maßgebend. Zusätzlich besteht wie bei allen Zählern noch der Fehler der Eingangstriggerschaltung. Der Gesamtfehler setzt sich damit wie folgt zusammen:

a) Fehler der Zeitbasis,
b) Interpolationsfehler,
c) Triggerfehler.

a) Fehler der Zeitbasis. Dieser wird unterteilt in Langzeitfehler und Kurzzeitfehler. Der Langzeitfehler wird mit $5 \cdot 10^{-10}$ pro Tag angegeben und verläuft nahezu linear mit der Zeit. Netzspannungsunterbrechungen beeinflussen die Langzeitkonstanz. Eine 24stündige Spannungsunterbrechung z.B. bewirkt, daß die relative Frequenzänderung $\frac{\Delta f}{f}$ nach einer Stunde Betriebszeit $5 \cdot 10^{-9}$ beträgt. Um Anwärmefehler dieser Art zu vermeiden, ist ein Schalter vorgesehen, der die Spannungsversorgung für den Oszillator eingeschaltet läßt, während die übrigen Teile des Gerätes abgeschaltet sind. Die Kurzzeitstabilität weist den in Abb. 9.4/4 gezeigten Verlauf auf.

b) Interpolationsfehler. Die Periodendauer beträgt:

$$\tau = \frac{N_{\mathrm{T}}}{N_{\mathrm{x}}},$$

wobei N_{T} proportional zur Meßzeit ist, während der die Periodendauer gemessen wird. Für die Frequenz gilt

$$f = \frac{N_{\mathrm{x}}}{N_{\mathrm{T}}}.$$

Der Fehler der Interpolatoren im Temperaturbereich von $0-55\,^\circ\mathrm{C}$ beträgt ± 1 ns, d.h. $\Delta N_{\mathrm{T}} = \pm 1 \cdot 10^{-9}$ sec

$$\frac{\mathrm{d}\tau}{\mathrm{d}N_{\mathrm{T}}} = \frac{1}{N_{\mathrm{x}}}, \tag{9.4/9}$$

$$\Delta\tau = \frac{\Delta N_{\mathrm{T}}}{N_{\mathrm{x}}},$$

$$\frac{\Delta\tau}{\tau} = \frac{\Delta N_{\mathrm{T}}}{\tau N_{\mathrm{x}}} \quad \text{mit} \quad \tau N_{\mathrm{x}} \text{ als Meßzeit,}$$

$$\frac{\Delta\tau}{\tau} = \frac{\pm 1 \cdot 10^{-9}}{\text{Meßzeit}}. \tag{9.4/10}$$

Bei der Frequenzmessung gilt:

$$\frac{\mathrm{d}f}{\mathrm{d}N_{\mathrm{T}}} = -\frac{N_{\mathrm{x}}}{(N_{\mathrm{T}})^2}, \tag{9.4/11}$$

$$\Delta f = -\frac{N_{\mathrm{x}}}{(N_{\mathrm{T}})^2}\,\Delta N_{\mathrm{T}} \tag{9.4/12}$$

$$\text{mit} \quad f = \frac{N_{\mathrm{x}}}{N_{\mathrm{T}}},$$

$$\Delta f = -\frac{f^2}{N_{\mathrm{x}}}\,\Delta N_{\mathrm{T}}, \tag{9.4/13}$$

$$\frac{\Delta f}{f} = -\frac{\Delta N_{\mathrm{T}}}{N_{\mathrm{x}}\tau} = -\frac{\pm 1 \cdot 10^{-9}}{\text{Meßzeit}}, \tag{9.4/14}$$

d.h. aber, der Interpolationsfehler bei Frequenz- oder Periodendauermessung beträgt (s. Abb. 9.4/4)

$$\frac{\Delta\tau}{\tau} = \frac{\Delta f}{f} = \frac{\pm\, 1 \cdot 10^{-9}}{\text{Meßzeit}} \,. \qquad (9.4/15)$$

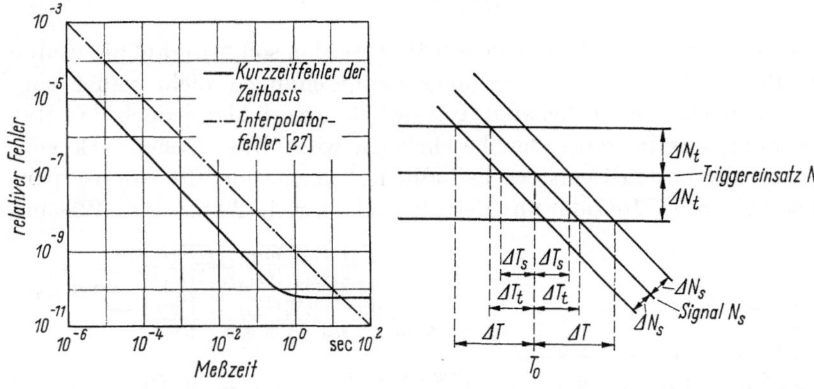

Abb. 9.4/4. Kurzzeitfehler der Zeitbasis —;   Abb. 9.4/5. Verschiebung des Triggereinsatz-
Interpolatorfehler — · — [27]   punktes durch überlagertes Rauschen [27]

c) Triggerfehler. Der Triggerfehler kann durch ein internes Rauschen beeinflußt werden, das die Triggerschwelle verschiebt, oder durch ein Rauschen, das dem Eingangssignal überlagert ist (s. Abb. 9.4/5). Demnach beträgt der Triggerfehler

$$\Delta T = \pm\, (\Delta T_\mathrm{s} + \Delta T_\mathrm{t})\,.$$

Bei impulsförmigen Eingangssignalen ist der Triggerfehler infolge der Flankensteilheit nahezu Null; bei sinusförmigen Eingangssignalen läßt er sich wie folgt berechnen:

$$E = \widehat{E} \sin \omega t \qquad (9.4/16)$$

$$\text{mit} \quad E_\mathrm{eff} = 100\ \mathrm{mV} \quad \text{und} \quad f = \frac{\omega}{2\pi} = 100\ \mathrm{KHz}\,,$$

$$\frac{\mathrm{d}E}{\mathrm{d}t} = \widehat{E}\, \omega \cos \omega t\,. \qquad (9.4/17)$$

Erfolgt die Triggerung an der Stelle der höchsten Steilheit, so gilt:

$$\frac{\mathrm{d}E}{\mathrm{d}t} = 2\pi f\widehat{E} \approx 2\pi\, 10^5 \cdot 150 \cdot 10^{-3}\ \mathrm{V/sec} \qquad (9.4/18)$$

$$= 9{,}42 \cdot 10^4\ \mathrm{V/sec}\,,$$

$$\Delta E = 9{,}42 \cdot 10^4\, \Delta T_\mathrm{t} \qquad (9.4/19)$$

für den Eingangskanal A beträgt $\Delta T_\mathrm{t} = 2 \cdot 10^{-8}$ sec. Nimmt man an, daß nur 1 Zyklus gemessen wird und der Triggerfehler beim Start- und

Stopsignal auftritt, so gilt:

$$\frac{\Delta f}{f} = \frac{\Delta \tau}{\tau} = \frac{2 \cdot \Delta T_t}{\text{Meßzeit}}, \tag{9.4/20}$$

$$\frac{\Delta f}{f} = \pm \frac{2 \cdot 2 \cdot 10^{-8}}{10^{-5}} = \pm 4 \cdot 10^{-3}. \tag{9.4/21}$$

Da hier nur das Grundsätzliche erwähnt werden soll, wird auf die weiteren Betriebsarten und Bedienungsvereinfachungen nicht näher eingegangen. Den wesentlichsten Teil des Gerätes bildet jedoch das Rechenwerk, das im folgenden beschrieben wird. Das Rechenwerk verarbeitet die in den Registern befindliche Information ziffernweise parallel (4 bit im BCD-Code) und dekadenweise seriell (Abb. 9.4/7). Wie aus

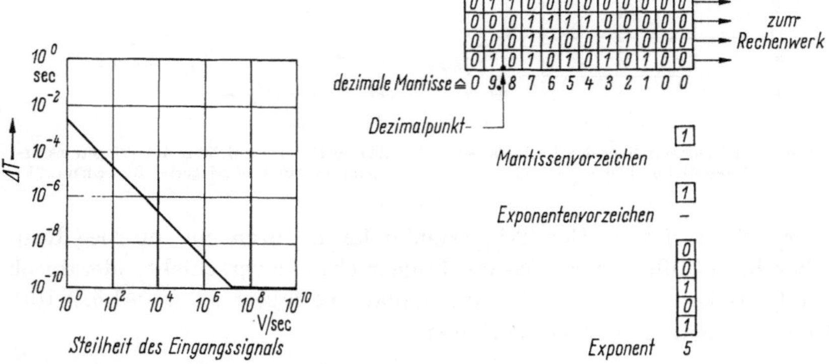

Abb. 9.4/6. Triggerfehler Kanal A [27]   Abb. 9.4/7. Darstellung der Zahl $-9{,}87654321 \cdot 10^{-5}$ im Register

Abb. 9.4/1 zu entnehmen ist, werden die Inhalte der Register X, Y und Z durch die Schiebeimpulse an das Rechenwerk geschaltet und bei der Addition der Inhalte des X- und Y-Registers das Ergebnis wieder in das X-Register eingeschrieben. Die Mantissen- und Exponentenvorzeichen werden getrennt verarbeitet und der Ablauf der einzelnen Rechenschritte durch das Steuerwerk bestimmt. Dieses wiederum erhält die Rechenbefehle in Form eines fünfstelligen dualen Operationscodes vom Programmwähler, wobei folgende Programmhierarchie besteht:

1. Hauptprogramme,
2. Unterprogramme,
3. Unterroutinen.

Es existieren folgende Unterprogramme:

a) Eichen,
b) Selbstprüfung,
c) Meßeinsatz,
d) Meßeinschub.

Die Unterprogramme „Eichen" und „Selbstprüfung" sind im Grundgerät fest verdrahtet. Die Unterprogramme „Meßeinsatz" und „Meßeinschub" sind in den Einsätzen bzw. Einschüben, die dem jeweiligen Anwendungsfall entsprechend in das Grundgerät eingeschoben werden, enthalten und fest verdrahtet.

Die Unterroutinen sind alle im Grundgerät fest verdrahtet. Folgende Unterroutinen sind vorhanden:

1. $N_\mathrm{T} = 1000\,N_0 + N_1 - N_2$,

2. $X:Z$,

3. $1:32$,

4. $\sqrt{X}$.

Im folgenden wird der Programmablauf während der Frequenzmessung dargestellt (Tab. 9.4/3):

Im ersten Programmschritt wird das Hauptprogramm des Einsatzes „Frequenz- und Periodendauermessung" (Stellung Frequenzmessung) aufgerufen. Die Register X, Y und Z enthalten noch den Wert der vorhergegangenen Messung.

Im zweiten Programmschritt wird vom Unterprogramm des Einsatzes das Rücksetzen des X-, Y- und Z-Registers veranlaßt.

Im dritten Programmschritt erfolgt die eigentliche Messung, und zwar das Einzählen der Impulse N_0, N_1, N_2 und N_x in die Register X, Y und Z.

Im vierten Programmschritt wird die Unterroutine $N_\mathrm{T} = 1000N_0 + N_1 - N_2$ aufgerufen.

Im fünften Programmschritt erfolgt die Multiplikation des Registerinhaltes X mit 1000.

Im sechsten Programmschritt werden die Registerinhalte X und Y_1 addiert. Das Ergebnis steht in X.

Im siebenten Programmschritt wird die Subtraktion $X - Y_2$ ausgeführt. Das Ergebnis steht in X.

Im achten Programmschritt werden die Registerinhalte X und Z vertauscht.

Im neunten Programmschritt wird die Unterroutine $X:Z$ aufgerufen.

Im zehnten Programmschritt werden die Registerinhalte in der Reihenfolge $Z \to X \to Y$ vertauscht, da die Division nur in der Form $Y:X$ möglich ist.

Tabelle 9.4/3. *Programmschritte bei der Frequenzmessung*

	Programm		Registerinhalt		
	Haupt-programm	Unter-programm	Unter-routine	X	Y	Z
---	---	---	---	---	---	---
1	Aufruf Einschub U.Pr.			A^*	B^*	C^*
2		Rücks. X, Y, Z		0	0	0
3		Zählen		N_0	N_1/N_2	N_x
4		$N_\mathrm{T} = 1000\,N_0 + N_1 - N_2$		N_0	N_1/N_2	N_x
5			$1000\,X$	$1000\,N_0$	N_1/N_2	N_x
6			Add/2	$1000\,N_0 + N_1$	N_1/N_2	N_x
7			Sub/2	$1000\,N_0 + N_1 - N_2$	N_1/N_2	N_x
8		$X \leftrightarrow Z$		N_x	N_1/N_2	$1000\,N_0 + N_1 - N_2$
9		X/Z		N_x	N_1/N_2	$1000\,N_0 + N_1 - N_2$
10			$Z \to X \to Y$	$1000\,N_0 + N_1 - N_2$	N_x	$1000\,N_0 + N_1 - N_2$
11			Dividieren	$\dfrac{N_\mathrm{x}}{1000N_0 + N_1 - N_2}$	$1000\,N_0 + N_1 - N_2$	
12	Anzeige			$\dfrac{N_\mathrm{x}}{1000N_0 + N_1 - N_2}$	$1000\,N_0 + N_1 - N_?$	

A^*; B^*; C^*: Registerinhalt von vorhergegangener Messung.

Im elften Programmschritt wird die Division $Y:X$ ausgeführt. Das Ergebnis steht in X.

Im zwölften Programmschritt wird das Hauptprogramm Anzeige aufgerufen und das Ergebnis angezeigt.

Universelle Einsatzmöglichkeiten des Gerätes ergeben sich durch den Anschluß einer Tastatur zur externen Programmeingabe. Über die Tastatur sind folgende Eingaben möglich:

1. Zahlen: $0 \cdots 9$.

2. Exponenten: 10^{-9}; 10^{-6}; 10^{-3}; 10^3; 10^6; 10^9.

3. Vorzeichen Mantisse.

4. Arithmetische Operationen: $2 \cdot X$; $10 \cdot X$; $X:10$; $1:X$; X.

5. Rücksetzen der Register X, Y, Z.

6. Verschiebebefehle der Registerinhalte: $(Z) \leftrightarrow (X)$, $(Z) \rightarrow (X) \rightarrow (Y)$; $(Y) \leftrightarrow (X)$; $(X) \rightarrow (X) \rightarrow (Y)$; $(S_1) \leftrightarrow (X)$; $(S_2) \leftrightarrow (X)$; $(S_1) \rightarrow (X) \rightarrow (Y)$; $(S_2) \rightarrow (X) \rightarrow (Y)$ (S_1 und S_2 sind Speicherregister).

7. Aufruf von Unterprogrammen für die einzelnen Betriebsarten des Gerätes, z.B. Frequenzmessung, Zeitmessung usw.

8. Programmtasten für Start, Programmprüfung usw.

9. Unbedingter und bedingter Sprungbefehl.

Als Anwendungsmöglichkeit für die Tastatur sei das folgende Beispiel gewählt:

Ein Zeitintervall t soll fortlaufend gemessen und gleichzeitig der arithmetische Mittelwert $\bar{t}_\mathrm{n}$ berechnet werden.

$$\bar{t}_\mathrm{n} = \frac{t_1 + t_2 + t_3 + \cdots + t_\mathrm{n}}{n}. \tag{9.4/22}$$

Umgeformt läßt sich Gl. (9.4/22) darstellen:

$$\bar{t}_\mathrm{n} = \frac{t_\mathrm{n} + (n-1)\,\bar{t}_{-1}}{n}. \tag{9.4/23}$$

Für die dritte Messung erhält man:

$$\bar{t}_3 = \frac{t_3 + 2 \cdot \bar{t}_2}{3}. \tag{9.4/24}$$

Der Programmablauf dieser Mittelwertbildung ist in Tab. 9.4/4 dargestellt. Danach wird im ersten Programmschritt t_3 gemessen. Im Y-Register steht die Anzahl der bisherigen Messungen und im Speicherregister S_1 die Summe der Meßergebnisse der ersten und zweiten Messung. In den Programmschritten 2 bis 6 wird dann die Anzahl der bisherigen Messungen errechnet ($n = 3$). In Schritt 7, 8 und 9 wird die

Tabelle 9.4/4. *Programmablauf und Registerinhalte (X); (Y); (S_1); (S_2) während des 3. Meßzyklus bei der Bildung des arithmetischen Mittelwertes* $\bar{t}_n = \dfrac{t_1 + t_2 + \cdots + t_n}{n}$ [27].

Programmschritt	Funktion	(X)	(Y)	(S_1)	(S_2)	Registerinhalt allgemein
1. Einschub- Unterprogramm	t_3 gemessen	t_3	2	$t_1 + t_2$	2	$(S_1) = (n - 1)\,\bar{t}_{n-1}$ $(u_2) = n - 1$
2. $\underrightarrow{XXY}$	$(X) = (X); (X) \to Y$	t_3	t_3	$t_1 + t_2$	2	$(X) = t_n; (Y) = t_n$
3. Div	$Y/X \to X; (X) \to Y$	1	t_3	$t_1 + t_2$	2	$(X) = 1; (Y) = t_n$
4. $\overleftrightarrow{XY}$	$(X) \to Y; (Y) \to X$	t_3	1	$t_1 + t_2$	2	
5. $\overleftrightarrow{S_2X}$	$(S_2) \to X; (X) \to S_2$	2	1	$t_1 + t_2$	t_3	$(Y) = 1$ $(S_2) = t_n; (X) = n - 1$
6. ADD	$X + Y \to X; (X) \to Y$	3	2	$t_1 + t_2$	t_3	$(X) = n$
7. $\overleftrightarrow{S_2X}$	$(S_2) \to X; (X) \to S_2$	t_3	2	$t_1 + t_2$	3	$(S_2) = n; (X) = t_n$
8. $\underrightarrow{S_1XY}$	$(S_1) \to X; (X) \to Y$	$t_1 + t_2$	t_3	$t_1 + t_2$	3	$(X) = (n - 1)\,\bar{t}_{n-1}$ $(Y) = t_n$
9. ADD	$X + Y \to X; (X) \to Y$	$t_1 + t_2 + t_3$	$t_1 + t_2$	$t_1 + t_2$	3	$(X) = n \cdot \bar{t}_n$
10. $\overleftrightarrow{S_1X}$	$(S_1) \to X; (X) \to S_1$	$t_1 + t_2$	$t_1 + t_2$	$t_1 + t_2 + t_3$	3	$(S_1) = n \cdot \bar{t}_n$
11. $\underrightarrow{S_1XY}$	$(S_1) \to X; (X) \to Y$	$t_1 + t_2 + t_3$	$t_1 + t_2$	$t_1 + t_2 + t_3$	3	$(S_1) = n \cdot \bar{t}_n$
12. $\underrightarrow{S_2XY}$	$(S_2) \to X; (X) \to Y$	3	$t_1 + t_2 + t_3$	$t_1 + t_2 + t_3$	3	$(X) = n; (Y) = n \cdot \bar{t}_n$
13. Div	$Y/X \to X; (X) \to Y$	$\dfrac{t_1 + t_2 + t_3}{3}$	3	$t_1 + t_2 + t_3$	3	$(X) = \bar{t}_n$

Summe der Meßergebnisse $t_1 + t_2 + t_3$ gebildet. Schritt 10, 11 und 12 sind dann Verschiebebefehle, um die Division $Y : X = \dfrac{t_1 + t_2 + t_3}{3}$ durchführen zu können, die in Schritt 13 erfolgt.

9.5 Digital-Auswertegeräte in der Analysentechnik

Während digitale Meßgeräte zunächst nur in der elektrischen Meßtechnik angewendet wurden, finden diese in letzter Zeit weitgehend Anwendung in der Analysentechnik. So werden Digital-Meßgeräte zur Auswertung von Chromatogrammen in der Gaschromatographie, bei der Auswertung von Peaks in der Massenspektrometrie und digitale Mittelwertrechner zur Verbesserung des Signal-Rauschverhältnisses in der Kernresonanzspektrometrie eingesetzt.

In den letzten Jahren hat sich die Gaschromatographie zu einer der empfindlichsten Meßmethoden in der analytischen Chemie entwickelt [21, 22, 23]. Gas- und Flüssigkeitsgemische lassen sich mit diesem Verfahren, dessen Prinzip in Abb. 9.5/1 dargestellt ist, quantitativ und qualitativ analysieren.

In ein Dosiersystem *1* wird eine Probe des zu untersuchenden Gas- oder Flüsigkeitsgemisches eingegeben. Ein Trägergas schleppt dieses Gemisch durch eine Trennsäule *2*. Durch die unterschiedliche Wechselwirkung zwischen der Belegung der Trennsäule und den einzelnen Komponenten des Gemisches wird deren Wanderungsgeschwindigkeit durch die Trennsäule verschieden sein. Damit erscheinen die Komponenten am Ende der

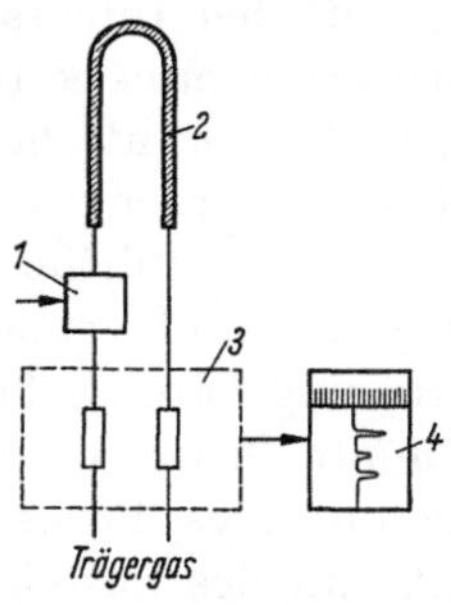

Abb. 9.5/1. Prinzipschaltbild eines Gaschromatographen [25]

Trennsäule zeitlich nacheinander. Im Detektor *3* wird die unterschiedliche Wärmeleitfähigkeit zwischen Trägergas und der entsprechenden Komponente des Gemisches mit einer Brückenschaltung in eine proportionale elektrische Spannung umgesetzt, die als Analogwert mit einem Kompensographen *4* in Form eines Chromatogrammes aufgezeichnet werden kann.

Gaschromatographen werden nicht nur in Laboratorien, sondern auch als Prozeßchromatographen zur Steuerung von chemischen Prozessen eingesetzt [24]. Dabei werden in beiden Fällen immer kürzere Auswertezeiten der Analysen gefordert. Manuelle Auswerteverfahren, z. B. durch Planimetrieren, scheiden dann sehr bald aus, und man wendet automatische Auswerteverfahren an. Außerdem steigen bei der Ausweitung dieser Verfahren die Ansprüche an die Genauigkeit. Weiterhin sollen bei Analysenende sämtliche Meßergebnisse gespeichert vorliegen, und zwar entweder als Meßprotokoll, geschrieben auf einem Banddrukker, auf einer Fernschreibmaschine oder in Form eines Lochstreifens. Es wird also eine Automatisierung des Auswertevorgangs verlangt. Die Voraussetzung für eine derartige Automatisierung sind digitale Meßverfahren, da sie die Meßwerte in codierter Form liefern und damit eine Meßwertverarbeitung ermöglichen.

Bei der qualitativen Analyse eines Chromatogrammes (Abb. 9.5/2) werden die beiden charakteristischen Merkmale, nämlich die Bandenhöhe H und die Bandenfläche F ausgewertet. Das Chromatogramm zeigt eine Reihe von Komponenten mit unterschiedlichen Bandenhöhen und Bandenflächen. Bei der Komponente i gilt für die Bandenhöhe H_i die Beziehung $Q_i = C_i H_i$. Die Menge Q_i in Millimol ist der Bandenhöhe somit proportional, wobei C_i einen individuellen Eichfaktor bedeutet. In vielen Fällen wählt man statt der Höhe H_i die Bandenfläche F_i als Meßgröße. Die Ermittlung der Fläche entspricht dann der zeitlichen Integration eines Peaks. Die eigentliche Meßaufgabe des Auswertegerätes besteht also darin, die Bandenhöhe H und die Bandenfläche F zu ermitteln. Die Wirkungsweise soll an Hand von Abb. 9.5/3 erläutert werden.

Die Bandenhöhe wird mit einem A/D-Umsetzer 1, der mit Selbstanreiz arbeitet, gemessen. Dabei wird eine neue A/D-Umsetzung selbsttätig eingeleitet, sobald die Eingangsspannung des Umsetzers eine bestimmte Schranke ΔU_E überschreitet (Abb. 9.5/2), beispielsweise bei Beginn eines Peaks. Bei weiter ansteigender Eingangsspannung — während des ansteigenden Peak-Bereiches — erfolgen weitere A/D-Umsetzungen, die jedoch nicht angezeigt werden. Erst wenn das Maximum überschritten wird und die Eingangsspannung um ΔU_E kleiner geworden ist als der vorher ermittelte Wert, gibt der A/D-Umsetzer einen Impuls I_1 an eine Steuerschaltung 2. Damit wird der Maximalwert der Bandenhöhe über eine Torschaltung 3 in einen Speicher 4 übernommen und mit einem Ziffernanzeiger 5 angezeigt. Anschließend kann dieser Wert entweder mit einem Banddrucker 6 ausgedruckt oder mit einem Streifenlocher 7 und einem Lochersteuergerät 8 als Lochstreifen ausgegeben werden.

Die Ermittlung der Bandenfläche erfolgt mit einem Spannungs-Frequenz-Umformer 9 [25]. Die Frequenz dieses Umformers ist proportional seiner Eingangsspannung. Bei Beginn eines Peaks (Zeitpunkt t_1 in Abb. 9.5/2) gibt der A/D-Umsetzer einen Impuls I_2 an die Steuerschaltung 2 und öffnet damit die Torschaltung 10. Dadurch gelangen die Impulse des U/F-Umformers in eine Zählkette 11. Das Ende des Zählvorganges wird entweder durch den Beginn des nächsten

Peaks bestimmt (Zeitpunkt t_2), oder, wenn die Peaks zeitlich weit auseinander liegen, durch ein Zeitrelais *12*, das mit einstellbarer Zeit t_R arbeitet. Am Ende des Zählvorgangs wird der eingezählte Wert in einen Speicher *13* übernommen, mit dem Ziffernanzeiger *14* angezeigt und ebenfalls mit dem Banddrucker ausgedruckt oder auf einem Lochstreifen gespeichert.

Innerhalb einer Analyse können bei den einzelnen Komponenten sehr unterschiedliche Bandenhöhen und Bandenflächen auftreten, die sich um Zehnerpotenzen unterscheiden. Um den gesamten Auswertevorgang selbsttätig ablaufen lassen zu können, wird eine automatische

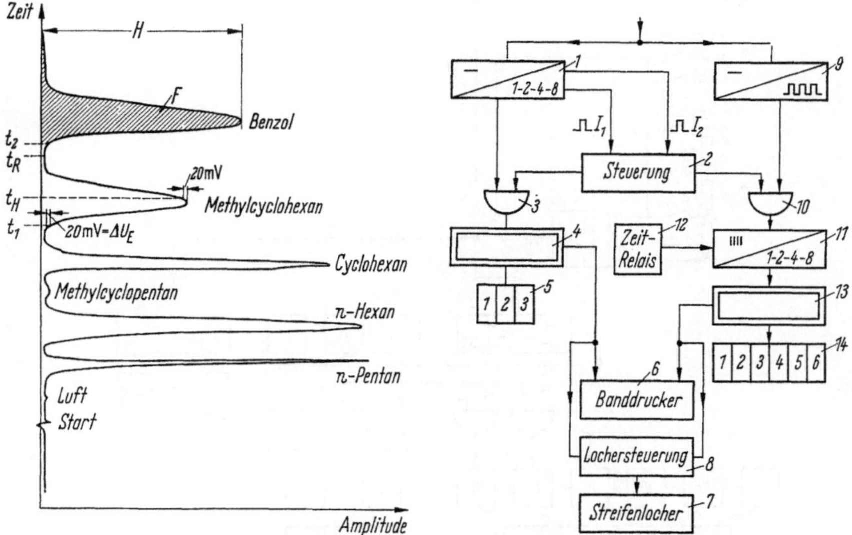

Abb. 9.5/2. Chromatogramm

Abb. 9.5/3. Prinzipschaltbild eines Digital-Auswertegerätes für Gaschromatographen

Meßbereichsumschaltung verwendet (Abb. 9.5/4). Dem jeweiligen Anwendungszweck entsprechend sind drei Anschlußklemmen vorgesehen. Klemme A zum Anschluß an das Folgepotentiometer eines Kompensographen, der vom Gaschromatographen gesteuert wird, Klemme B zum Anschluß eines Gleichstromverstärkers bei Verwendung eines Flammenionisationsdetektors [26] und Klemme C zum Anschluß an einen Wärmeleitdetektor.

Bei Verwendung eines Gleichstromverstärkers (Varactorverstärker) zur Verstärkung des Ausgangsstromes eines Flammenionisationsdetektors können über die Kontakte a_I, b_I, c_I die Bereiche $4 \cdot 10^{-12}$ A, $4 \cdot 10^{-11}$ A und $4 \cdot 10^{-10}$ A von der Meßbereichsumschaltung geschaltet werden.

Bei Verwendung eines Wärmeleitdetektors wird der Gaschromatograph an die Klemmen C angeschlossen, und ein im Auswertegerät eingebauter Vorverstärker *1* liefert die Eingangsspannung für den A/D-Umsetzer *2* und den Spannungs-Frequenz-Umformer *3*. Für den Vorverstärker können folgende Meßbereiche gewählt werden: 1–10–100 mV; 2,5–25–250 mV; 5–50–500 mV. Erreicht die Meßspannung beim ansteigenden Peak die obere Meßbereichsgrenze, so wird ein „elektronischer Anschlag" *4* wirksam, und über die Umschalteinrichtung *6* wird das Relais *B* und damit der Spannungsteiler an den Klemmen *C* geschaltet. Gleichzeitig wird für die Messung der Bandenfläche die Einzählung über das Tor *7* in die nächsthöhere Dekade der Zählkette vor-

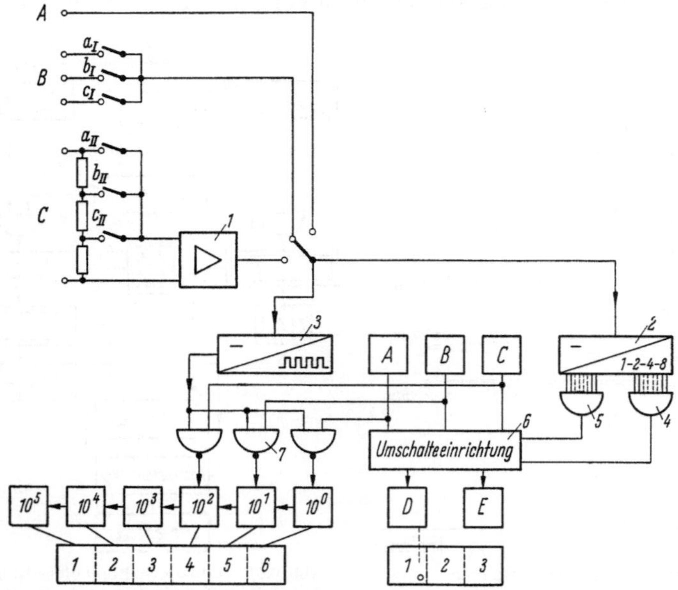

Abb. 9.5/4. Automatische Meßbereichsumschaltung im Digital-Auswertegerät

genommen. Bei einem weiteren Anstieg der Eingangsspannung wird Relais *C* geschaltet und in die nächste Dekade (10^2) eingezählt. Der maximal erreichte Meßbereich der Bandenhöhe wird in den Speicherrelais *D* oder *E* festgehalten und als Kommastellung angezeigt und ausgedruckt. Der untere „Anschlag" *5* wird beim Erreichen der unteren Grenze des Meßbereiches, beim abfallenden Peak, wirksam und schaltet die Meßbereichsumschaltung in der umgekehrten Reihenfolge.

Die Extremwertbestimmung mit einem A/D-Umsetzer erscheint im ersten Augenblick aufwendig, denn Differentiationen, wie sie bei der Ermittlung der Kurven-Maxima und -Minima auftreten, lassen sich im allgemeinen bereits mit einfachen elektrischen Schaltungen durchführen. Diese Schaltungen haben jedoch den Nachteil, daß sie zeitabhängige Glieder enthalten und damit bei langsam ansteigenden Peaks

Fehlmessungen verursachen können. Dieser Nachteil ist bei A/D-Umsetzern nicht vorhanden. Eine untere Ansprechempfindlichkeit bei langsamen Peaks besteht nicht. Kurze, schnelle Peaks begrenzen hier, wie auch bei den anderen Differentiationsschaltungen, die Anwendung der Auswerteverfahren. Eine angenäherte Berechnung des kürzesten Peak, der maximalen Steilheit desselben und der dabei maximal meßbaren Amplitude soll im folgenden unter Berücksichtigung der angegebenen Meßungenauigkeit durchgeführt werden.

Der Peak sei als Zeitfunktion $y = e(t)$ gegeben. Durch die A/D-Umsetzung und Speicherung entsteht eine Haltekreiskurve (Treppenkurve) wie bereits in Kap. 6 beschrieben.

Diese Haltekreiskurve hat nach Gl. (6/36) einen Frequenzgang

$$G(j\omega) = \frac{T_0}{\tau} e^{-\frac{j\pi\omega}{\omega_0}} \frac{\sin\frac{\pi\omega}{\omega_0}}{\frac{\pi\omega}{\omega_0}}.$$

Daraus läßt sich unter Berücksichtigung der Meßunsicherheit $F = \pm 0,5\%$ mit Gl. (6/38) die in $y = e(t)$ maximal vorkommende Frequenz, oder, was das gleiche bedeutet, der kürzeste Peak ermitteln. Hier wird allerdings nicht wie in Kap. 6 zu festen Zeitpunkten nT_0 abgetastet, sondern die Abtastung ist von der Steilheit der Kurve $y = e(t)$ abhängig, da jeweils beim Erreichen der Schranke $\Delta U_E = 20\,\text{mV}$ ein neuer Verschlüsselungsvorgang eingeleitet wird. Um die Rechnung zu vereinfachen, soll diese Tatsache hier jedoch unberücksichtigt bleiben.

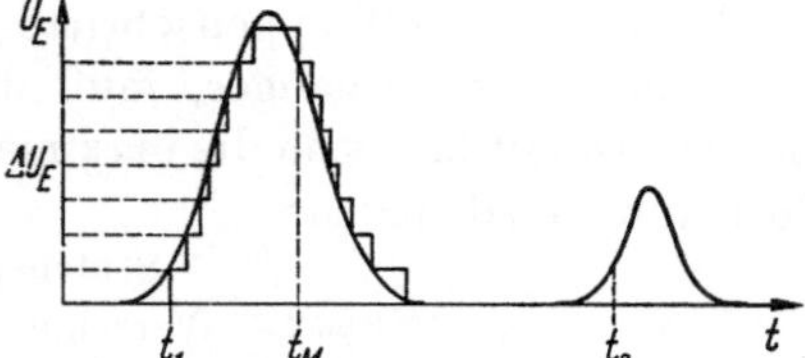

Abb. 9.5/5. Umwandlung eines Peaks in eine Treppenkurve (Haltekreiskurve) durch A/D-Umsetzungen

Die Zeit für eine A/D-Umsetzung beträgt 5 ms, d. h. $f_0 = 200\,\text{Hz}$. Mit diesem Wert und unter Berücksichtigung der Meßunsicherheit von $F = \pm 0,5\%$ erhält man mit Gl. (6/38)

$$0,995 = \frac{\sin \pi f_{\text{max}}/f_0}{\pi f_{\text{max}}/f} = \frac{\sin x}{x},$$

$$x = \frac{\pi f_{\text{max}}}{f_0} = 0,173,$$

$$f_{\text{max}} = 11\,\text{Hz}.$$

Nimmt man zur Vereinfachung der Rechnung für den funktionsmäßigen Verlauf des Peaks eine Funktion $y = e(t)$ (Abb. 9.5/6)

$$y = A(\sin 2\pi ft)^2 = A\left(\frac{1}{2} - \frac{1}{2}\cos 4\pi ft\right)$$

an, so erhält man mit $f_{max} = 11$ Hz die kürzeste noch zu messende Peakdauer t_P

$$t_P = \frac{T}{2} = \frac{1}{11 \cdot 2} = 0,045 \text{ s}. \qquad (9.5/1)$$

Die Steilheit der Kurve $y = \mathrm{e}(t)$ beträgt

$$S_P = \frac{\mathrm{d}y}{\mathrm{d}t} = A \; 2\pi f \sin 4\pi f t, \qquad (9.5/2)$$

und die maximale Steilheit wird erreicht für

$$\frac{\mathrm{d}^2 y}{\mathrm{d}t^2} = A \; 8\pi^2 f^2 \cos 4\pi f t, \qquad (9.5/3)$$

$\dfrac{\mathrm{d}^2 y}{\mathrm{d}t^2} = 0$ gesetzt ergibt

$$t = \frac{T}{8}.$$

Im Punkt $t = T/8$ hat die Kurve die maximale Steilheit, und zwar beträgt diese

$$S_{P\,max} = \frac{A \cdot 2\pi}{T} \sin \frac{4\pi}{T} t = \frac{A \cdot 2\pi}{T}. \qquad (9.5/4)$$

Während eines Treppenschrittes (s. Abb. 9.5/5), d. h. während eines Verschlüsselungsvorganges, muß die Meßspannungsänderung $<\varDelta U_E$ bleiben. Damit läßt sich die maximale Steilheit auch durch die folgende Beziehung ausdrücken:

$$S_{P\,max} = \frac{\text{Stufenspannung}}{\text{Verschlüsselungszeit}} = \frac{\varDelta U_E}{\tau}. \qquad (9.5/5)$$

Mit $\varDelta U_E = 20$ mV und $\tau = 5$ ms erhält man

$$S_{P\,max} = 4 \text{ V/s}.$$

Durch Gleichsetzen von Gl. (9.5/4) und Gl. (9.5/5) läßt sich dann die maximal zulässige Amplitude A (s. Abb. 9.5/6) bei der kürzesten Peakdauer ermitteln.

$$A = \frac{T \cdot \varDelta U_E}{2\pi\tau} = 0,059 \text{ V}. \qquad (9.5/6)$$

Eine automatische Meßbereichsumschaltung ist erforderlich, da während einer Analyse u. U. unterschiedliche Bandenhöhen und Bandenflächen auftreten, die sich um einige Zehnerpotenzen unterscheiden können. Die unterschiedlichen Bandenhöhen werden durch die automatische Meßbereichsumschaltung angezeigt und damit auch die zugehörigen Bandenflächen bewertet. Die Frage ist nun: Wie weit lassen sich Bandenflächen, die verschiedene Bandenhöhen aufweisen, miteinander vergleichen? Dabei sei der gleiche Funktionsverlauf vorausgesetzt. Zunächst möge die Rechnung für die gleiche Peakdauer $t_{p1} = t_{p2}$ durchgeführt werden.

Nach Abb. 9.5/7 gilt dann für die Bandenflächen F_1 und F_2

$$F_1 = \int\limits_{t_0}^{t_1} c_1(t)\, dt, \qquad (9.5/7)$$

$$F_2 = \int\limits_{t_2}^{t_3} c_2(t)\, dt.$$

Mit $c_1(t) = A_1(\sin 2\pi ft)^2 = A_1\left\{\dfrac{1}{2} - \dfrac{1}{2}\cos\dfrac{4\pi}{T}t\right\}$

$c_2(t) = A_2(\sin 2\pi ft)^2 = A_2\left\{\dfrac{1}{2} - \dfrac{1}{2}\cos\dfrac{4\pi}{T}t\right\}$

und $\quad t_{p1} = 0 \cdots \dfrac{T}{2} \qquad$ und $\quad t = 0 \cdots \dfrac{T}{2}$

erhält man

$$\frac{F_1}{F_2} = \frac{A_1}{A_2}. \qquad (9.5/8)$$

Bandenflächen mit unterschiedlichen Bandenhöhen lassen sich demnach quantitativ miteinander vergleichen, wenn die Anzeige der Bandenhöhe berücksichtigt wird.

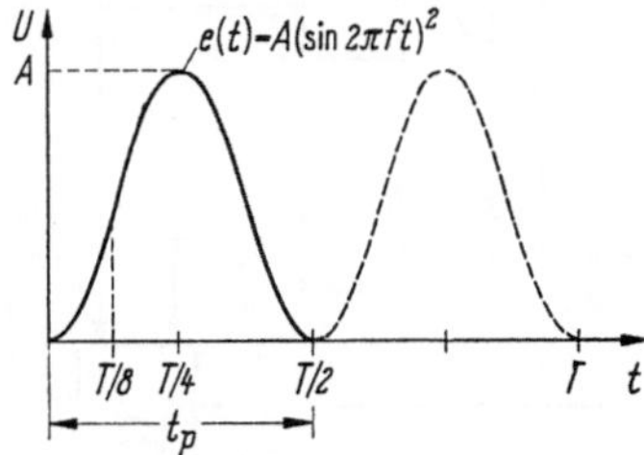

Abb. 9.5/6. Peakverlauf als Funktion
$c(t) = A\,(\sin 2\pi ft)^2$

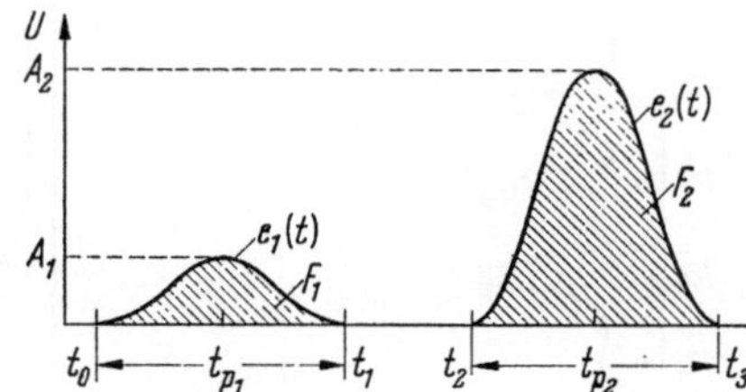

Abb. 9.5/7. Vergleich zweier Bandenflächen

Weiterhin kann man fragen: Wie weit stimmen diese Betrachtungen, wenn nicht mehr die Beziehung $t_{p1} = t_{p2}$ gilt, sondern z. B. $t_{p1} = 4 \cdot t_{p2}$?

$$c_1(t) = A_1(\sin 2\pi f_1 t)^2 = A_1\left\{\frac{1}{2} - \frac{1}{2}\cos\frac{4\pi}{T_1}t\right\},$$

$$c_2(t) = A_2(\sin 2\pi f_2 t)^2 = A_2\left\{\frac{1}{2} - \frac{1}{2}\cos\frac{4\pi}{T_2}t\right\}.$$

$$F_1 = \int\limits_0^{T_1/2} A_1(\sin 2\pi f_1 t)^2\, dt = \frac{A_1 \cdot \pi}{2},$$

$$F_2 = \int\limits_0^{T_2/2} A_2(\sin 2\pi f_2 t)^2\, dt = \frac{A_2 \cdot \pi}{8},$$

$$\frac{F_1}{F_2} = \frac{t_{p1} \cdot A_1}{t_{p2} \cdot A_2}. \qquad (9.5/9)$$

Auch wenn sich t_{p1} und t_{p1} unterscheiden, können demnach die gemessenen Flächen mit Hilfe der Anzeige der Bandenhöhen quantitativ verglichen werden.

Wie in der Gaschromatographie fallen auch in der Massenspektrometrie bei routinemäßigen Untersuchungen so viele Analysenergebnisse an, daß man häufig aus Zeit- und Personalmangel gezwungen ist, die Auswertung zu automatisieren [28]. Ein Auswertegerät für die Massenspektrometrie zur Ermittlung der relativen Häufigkeit der verschiedenen Ionenarten und der Massenzahlen wird in Abb. 9.5/8 dargestellt.

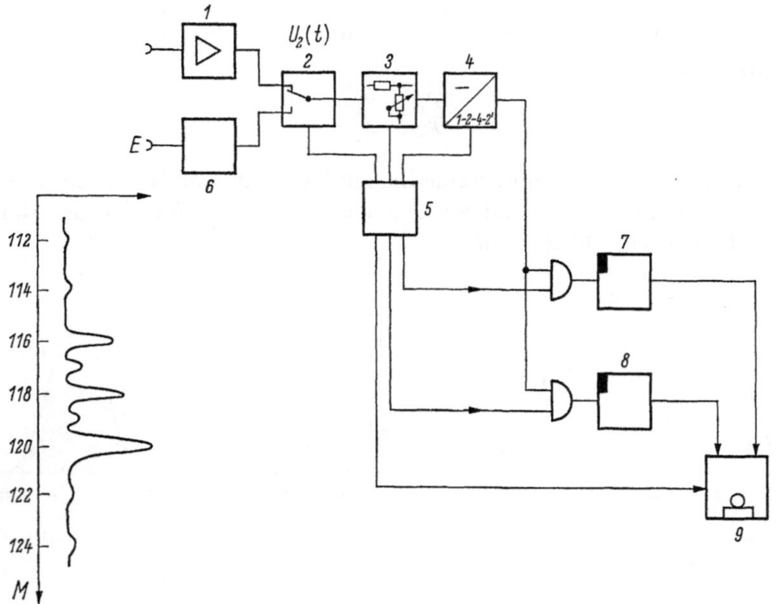

Abb. 9.5/8. Digital-Auswertegerät für die Massenspektrometrie

Vom Auffänger des Masenspektrometers gelangt der Ionenstrom $I(t)$ zu einem Gleichstromverstärker *1*. Bei Beginn der Messung liegt der Kontakt der Umschalteeinrichtung *2* in der oberen Lage, und die Ausgangsspannung $U_2(t)$ des Verstärkers gelangt über einen automatischen Meßbereichswähler *3* zum Analog-Digital-Umsetzer *4*, der als Nachlaufumsetzer ausgeführt ist. Dieser Umsetzer ist besonders zur Ermittlung von Extremwerten einer Funktion geeignet, da er dem Kurvenverlauf in Treppenschritten selbsttätig folgt und an den Umkehrpunkten ein Signal abgibt. Sobald z. B. vom A/D-Umsetzer ein Peakmaximum erkannt wurde, wird dieser Wert in den Speicher *7* übernommen und gleichzeitig über die Umschalteeinrichtung *2* eine Anpassungsschaltung *6* zur Ermittlung der Massenzahlen an das Spektrometer geschaltet. Sobald diese beiden Werte ermittelt werden, gibt die Steuereinrichtung *5* ein Signal ab, und die Werte aus den Speichern *7* und *8* werden vom Drucker *9* registriert. Die Massenzahl wird entsprechend der folgenden Beziehung ermittelt:

$$\frac{M}{e} = \frac{r^2 B^2}{2E}.$$

Berücksichtigt man, daß die Induktion B in gewissen Bereichen konstant ist, so läßt sich aus der Messung der Beschleunigungsspannung E die Massenzahl ermitteln [29]:

$$\frac{M}{e} = \frac{K}{E}\,; \quad K = \frac{r^2 B^2}{2}. \qquad r = \text{Kreisbahnradius}$$

In vielen Fällen sind bei der Analysenauswertung die Meßsignale von einem weißen Rauschen überlagert, so daß neben der eigentlichen Auswertung eine Filterung der Meßwerte erforderlich ist.

Man wendet deshalb eine Mittelwertbildung über eine vorwählbare Zeit an. Besonders bei der Auswertung von Kernresonanzsignalen ist ein derartiges Auswerteverfahren von Vorteil. Die Verbesserung des Signal-Rauschverhältnisses läßt sich mathematisch darstellen: Dabei wird vorausgesetzt, daß das Signal $s(t)$ nicht periodisch zu sein braucht, jedoch exakt durch einen Synchronisierimpuls ausgelöst wird, während das Rauschen $n(t)$ ein weißes Rauschen ist, mit dem Mittelwert Null und der Streuung σ. Dann gilt für das auszuwertende Signal $f(t)$ [30]

$$f(t) = s(t) + n(t).$$

Wird das Signal alle T Sekunden abgetastet, und beginnt die k-te Abtastung zur Zeit t_k, so wird

$$f(t_k + iT) = s(t_k + iT) + n(t_k + iT),$$

da $s(t_k + iT)$ synchronisiert ist,

$$f(t_k + iT) = s(iT) + n(t_k + iT).$$

Das Signal-/Rauschverhältnis beim i-ten Abtastpunkt ist

$$\frac{S}{N} = \frac{s(iT)}{\sigma}.$$

Da der zu jedem Abtastpunkt gehörende Meßwert in einer hierfür vorgesehenen Speicherzelle gespeichert wird, beträgt der in der Speicherzelle i gespeicherte Wert nach m wiederholten Abtastungen

$$\sum_{k=1}^{m} f(t_k + iT) = \sum_{k=1}^{m} s(iT) + \sum_{k=1}^{m} n(t_k + iT).$$

Das Rauschen besitzt eine Gauß-Verteilung. Damit ist der mittlere quadratische Fehler $m\sigma^2$ und die Streuung $\sqrt{m}\,\sigma$. Das Signal-/Rauschver-

14a*

hältnis bei m Abtastungen wird

$$\left(\frac{S}{N}\right)_{\mathrm{m}} = \frac{ms(iT)}{\sqrt{m}\,\sigma} = \sqrt{m}\,\left(\frac{S}{N}\right),$$

das heißt, es wurde eine Verbesserung um den Faktor $\sqrt{m}$ erzielt.

In Abb. 9.5/9 ist ein vereinfachtes Prinzipschaltbild eines Mittelwertrechners dargestellt, bei dem bereits wesentliche Elemente eines Digitalrechners wie Addierer, Akkumulator und Kernspeicher verwendet werden. Der Meßvorgang läuft in der folgenden Weise ab: Die Sweepzeit T des Spektrometers, bestimmt durch den Taktgenerator 1 und die Untersetzung 2, wird mittels einer Zählkette 3 in n äquidistante Schritte der Dauer $\tau = \dfrac{T}{n}$ unterteilt. Jeweils für diese Zeit wird das Tor 5 geöffnet. Vom Spannungs-Frequenz-Wandler 4 gelangt die der Ein-

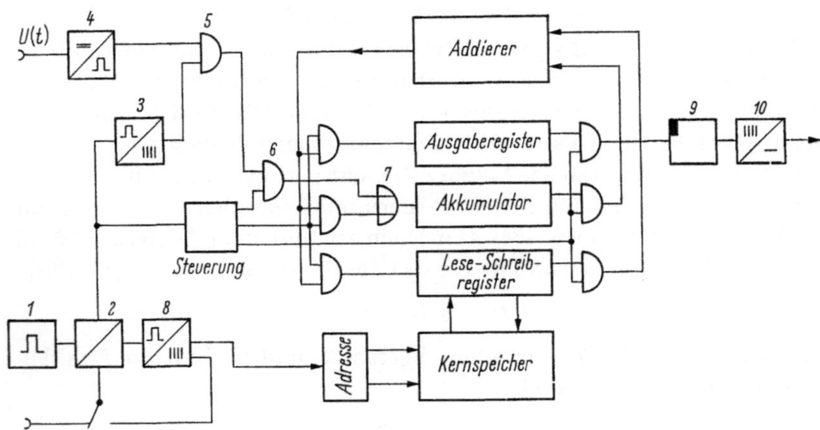

Abb. 9.5/9. Mittelwertrechner zur Auswertung von Kernresonanzsignalen

gangsspannung $U(t)$ proportionale Impulsfrequenz über die Gatter 5, 6 und 7 in den Akkumulator. Vom Taktgeber 1 wird außerdem eine Zählkette 8 weitergeschaltet, die die Adressenansteuerung des Kernspeichers übernimmt. Der Inhalt der Kernspeicherzelle n gelangt nun zusammen mit dem Meßwert, der im Akkumulator steht, zum Addierer. Je nach dem Vorzeichen der Impulse des Spannungs-Frequenz-Wandlers werden die beiden Werte addiert oder subtrahiert, und das Ergebnis dieser Operation gelangt über das Transferregister wieder in die Speicherzelle n des Kernspeichers. Beim nächsten Takt $\tau_{\nu+1}$ wiederholt sich dieser Vorgang für die folgende Speicherzelle. Bei einer vorgegebenen Zahl m der Sweepdurchläufe und damit nach einer Zeit mT wird der Vorgang gestoppt und der Inhalt der Speicherzellen der Reihe nach über das Ausgaberegister in den Ausgabespeicher 9 übergeben.

Mit Hilfe des Digital–Analog-Umsetzers *10* kann das Meßergebnis als Analogwert von einem Schreiber registriert werden, wobei das Signal-/Rauschverhältnis um den Faktor $\sqrt{m}$ verbessert wurde.

Literatur zu Kapitel 9

1. LORENZ, E.: Ein Präzisions-Digital-Ohmmeter. Siemens-Z. 34 (1960) 733—737.
2. JAHN, H., LORENZ, E.: Eine automatische Meßbrücke für Widerstandsmessungen mit digitaler Anzeige. ATM (März 1961) R 49—51.
3. LORENZ, E.: Automatische Präzisions-Widerstandsmessung. ATM-Blatt J 913—1 (März 1964).
4. LORENZ, E.: Kabelmessung mit dem Digitalohmmeter. Z. Instrumentenkde. 71 (1963) 300—301.
5. COCHRAN, D. S., NEAR, C.: A New Multi-Purpose Digital-Voltmeter. Hewlett-Packard J. 15 (1963) Nr. 3, 1—5.
6. Ziffernvoltmeter Type UGZ, Firmenprospekt der Fa. Rohde und Schwarz, Datenblatt 110000 D—1.
7. Integrating Digital Voltmeter LM 1420, Firmenprospekt der Fa. Solartron (1964).
8. PUMPE, G.: Fernwirktechnik auf Fernsprechwegen. ETZ 79 (1958) 40—45.
9. SAKIC, B.: Eigenschaften und Wirkungsweise der Digital-Zyklischen Fernmessung, BBC-Mitt. 51 (1964) 4, S. 232—242.
10. Fernwirksystem F 101. AEG-Druckschrift I, A.Z./Inf/2012—1 (1964).
11. DITTMANN, J., DARILEK, H.: Elektronische Zeitmultiplex–Puls–Code-Fernmessung. Siemens-Z. 34 (1960) 288—293.
12. TÜRK, B.: Fernmessung nach dem Puls–Code-Verfahren. Siemens-Z. 30 (1956) 351—357.
13. DETTLOFF, K.: Puls–Code-Fernmessung in der Frankfurter Wasserversorgung. Siemens-Z. 33 (1959) 319—325.
14. WUNSCH, W.: Die Fernwirktechnik im Rahmen der Ferngasversorgung. BWK 11 (1959) 332—333.
15. HÖLZLER, E., HOLZWARTH, H.: Theorie und Technik der Pulsmodulation, Berlin/Göttingen/Heidelberg: Springer 1957, 164.
16. MAYER, H. F.: Prinzipien der Puls–Code-Modulation. Entwicklungsberichte der S & H AG (Buchform 1952).
17. KÜPFMÜLLER, K.: Die Systemtheorie der elektrischen Nachrichtentechnik, Stuttgart: Hirzel 1952, 155.
18. BOWER, K.: Analog-Digital-Konverter. Regelungstechnik 5 (1957) 418—421.
19. REINISCH, G.: Meßtechnische Eigenschaften und Grenzen der Analog–Digital-Umformer. Nachrichtentechn. Fachber. 20 (1961) 43.
20. TRAUTWEIN, G.: Telepuls 12, ein elektronisches Fernwirksystem. SEL-Nachr. 9 (1961) 3, 145—153.
21. NAUMANN, A.: Was ist Gaschromatografie? ATM (1959) R 69—72.
22. SCHARFE, G.: Zur Methodik der Analyse kohlenwasserstoffhaltiger Gase durch Gas-Chromatographie. Erdöl und Kohle 12 (1959) 723—728.
23. OSTER, H.: Der Universal-Gaschromatograph. Siemens-Z. 37 (1963) 366 bis 369.
24. OSTER, H., GRIMM, E.: Ein Prozeß-Chromatograph. Siemens-Z. 35 (1961) 476—481.
25. KÜRNER, H.: Ein Digital-Auswertegerät für Gas-Chromatographen. Siemens-Z. 35 (1961) 430—433.

26. Oster, H.: Der Flammenionisationsdetektor für den empfindlichen Nachweis von Kohlenwasserstoffen. Siemens-Z. 37 (1963) 481—487.
27. Computing Counter 5360 A. Firmenprospekt der Fa. Hewlett-Packard, Ausgabe Jan. 1969.
28. Dittmann, J.: Elektronische Automatisierung bestimmter physikalischer Analysenmethoden. Dechema Monographien Bd. 62 (1968) 29—39.
29. Thomason, E. M.: A Solid State Digitizer for Mass Spectrometers. Analytical Chemistry (Dec. 1963) 2155—2157.
30. Trimble, R. T.: What is Signal Averaging? Hewlett-Packard J. (April 1968) 2—7.

Anhang

A.1 Tafel der Funktion $\frac{\sin x}{x}$ ($x = 0{,}001 \ldots 0{,}250$)

x	$\frac{\sin x}{x}$	x	$\frac{\sin x}{x}$	x	$\frac{\sin x}{x}$	x	$\frac{\sin x}{x}$
0,001	0,999999	0,058	0,999439	0,124	0,997439	0,188	0,994120
0,002	0,999999	0,060	0,999400	0,126	0,997356	0,190	0,993994
0,003	0,999998	0,062	0,999359	0,128	0,997271	0,192	0,993867
0,004	0,999997	0,064	0,999317	0,130	0,997186	0,194	0,993739
0,005	0,999996	0,066	0,999274	0,132	0,997098	0,196	0,993610
0,006	0,999994	0,068	0,999229	0,134	0,997010	0,198	0,993479
0,007	0 999992	0,070	0,999183	0,136	0,996920	0,200	0,993347
0,008	0,999989	0,072	0,999136	0,138	0,996829	0,202	0,993213
0,009	0,999986	0,074	0,999087	0,140	0,996736	0,204	0,993078
0,010	0,999983	0,076	0,999038	0,142	0,996643	0,206	0,992942
0,012	0,999976	0,078	0,998986	0,144	0,996548	0,208	0,992805
0,014	0,999967	0,080	0,998934	0,146	0,996451	0,210	0,992666
0,016	0,999957	0,082	0,998880	0,148	0,996353	0,212	0,992526
0,018	0,999946	0,084	0,998824	0,150	0,996254	0,214	0,992385
0,020	0,999933	0,086	0,998768	0,152	0,996154	0,216	0,992242
0,022	0,999919	0,088	0,998710	0,154	0,996052	0,218	0,992098
0,024	0,999904	0,090	0,998650	0,156	0,995949	0,220	0,991953
0,026	0,999887	0,092	0,998590	0,158	0,995844	0,222	0,991806
0,028	0,999869	0,094	0,998528	0,160	0,995739	0,224	0,991658
0,030	0,999850	0,096	0,998465	0,162	0,995632	0,226	0,991509
0,032	0,999829	0,098	0,998400	0,164	0,995523	0,228	0,991358
0,034	0,999807	0,100	0,998334	0,166	0,995414	0,230	0,991207
0,036	0,999784	0,102	0,998267	0,168	0,995303	0,232	0,991052
0,038	0,999759	0,104	0,998198	0,170	0,995190	0,234	0,990899
0,040	0,999733	0,106	0,998128	0,172	0,995077	0,236	0,990743
0,042	0,999706	0,108	0,998057	0,174	0,994962	0,238	0,990586
0,044	0,999677	0,110	0,997984	0,176	0,994845	0,240	0,990428
0,046	0,999647	0,112	0,997911	0,178	0,994728	0,242	0,990268
0,048	0,999616	0,114	0,997835	0,180	0,994609	0,244	0,990107
0,050	0,999583	0,116	0,997759	0,182	0,994488	0,246	0,989944
0,052	0 999549	0,118	0,997681	0,184	0,994367	0,248	0,989781
0,054	0,999514	0,120	0,997602	0,186	0,994244	0,250	0,989616
0,056	0,999477	0,122	0,997521				

A.2 Das Abtasttheorem

Auf Seite 110 wurde das SHANNONsche Abtasttheorem wie folgt formuliert:

Eine Signalfunktion, die nur Frequenzen in einem beschränkten Frequenzband von B Hz enthält, wobei B gleichzeitig die höchste Signalfrequenz ist, wird vollständig bestimmt durch ihre diskreten Ordinaten im Abstand von $<1/2B$ Sekunden.

Im folgenden soll der mathematische Beweis für diese Formulierung abgeleitet werden. — Für eine abgetastete Funktion gilt nach Gl. (6/17)

$$e^*(t) = e(t) \cdot u(t).$$

Dabei soll $u(t)$ eine periodische Impulsfolge sein, wie sie in Abb. 6.7 dargestellt ist.

$$u(t) = \frac{\tau}{T_0} \sum_{n=-\infty}^{+\infty} e^{+jn\omega_0 t}. \tag{A.2/1}$$

Die spektrale Amplitudendichte $E^*(j\omega)$ der abgetasteten Funktion wird dann

$$E^*(j\omega) = \int_0^\infty e(t) \cdot u(t)\, e^{-j\omega t}\, dt \tag{A.2/2}$$

$$= \frac{\tau}{T_0} \sum_{n=-\infty}^{+\infty} \int_0^\infty e(t)\, e^{-j(\omega - n\omega_0)t}\, dt.$$

Setzt man für

$$\int_0^\infty e(t)\, e^{-j(\omega - n\omega_0)t}\, dt = E(j\omega - jn\omega_0),$$

so erhält man aus Gl. (A.2/2)

$$E^*(j\omega) = \frac{\tau}{T_0} \sum_{n=-\infty}^{+\infty} E(j\omega - jn\omega_0). \tag{A.2/3}$$

Das Spektrum $E^*(j\omega)$ der abgetasteten Funktion $e(t)$ ergibt sich somit aus den im Abstand ω_0 aufeinanderfolgenden Spektren $E(j\omega)$ der ungetasteten Funktion $e(t)$. Die Amplituden sind dabei mit dem Faktor τ/T_0 zu multiplizieren.

Als Beispiel sei $e(t) = \cos \omega_M t\,(-T/4 \leq t \leq +T/4)$ gegeben. Das Spektrum $E(j\omega)$ kann nach Gl. (6/19) berechnet werden, wobei die Integration von $t = -T/4$ bis $+T/4$ vorzunehmen ist (siehe Abb. A.2/2).

Aus den ursprünglichen einfachen Linien des Spektrums $E(j\omega)$ sind durch die Abtastung zwei benachbarte Linien entstanden. Aus Abb. A.2/2 läßt sich deutlich die Forderung $-\omega_0/2 < \omega < +\omega_0/2$ erkennen. Läßt man nämlich ω bis auf $\omega_0/2$ anwachsen, so fallen beide Linien

15*

zusammen, und eine Wiedergewinnung der Funktion $e(t)$ aus der getasteten Funktion $e(t)$ durch Filterung ist nicht möglich.

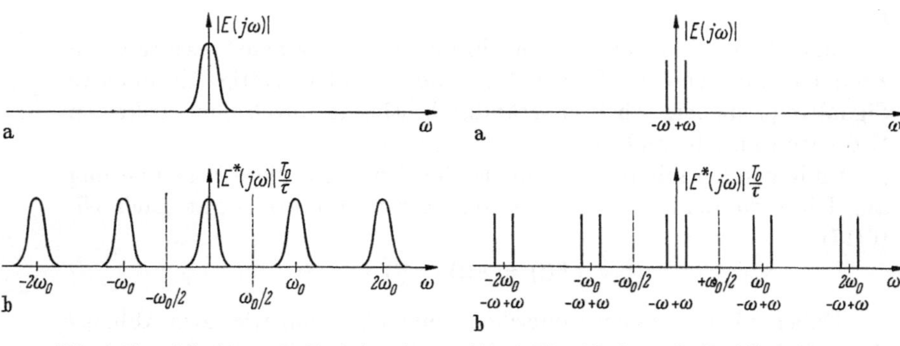

Abb. A.2/1. a) Spektrum der Funktion $e(t)$; b) Spektrum der abgetasteten Funktion $e^*(t)$

Abb. A.2/2. a) Spektrum der Funktion $e(t) = \cos \omega_m t$; b) Spektrum der abgetasteten Funktion $e^*(t)$

Mit der Bedingung $-\omega_0/2 < \omega < +\omega_0/2$ wird

$$E(\mathrm{j}\omega) = \frac{T_0}{\tau}\, E^*(\mathrm{j}\omega), \qquad (\mathrm{A}.2/4)$$

$$E^*(\mathrm{j}\omega) = \int_0^\infty e^*(t)\, \mathrm{e}^{-\mathrm{j}\omega t}\, \mathrm{d}t. \qquad (\mathrm{A}.2/5)$$

Mit dem Faltungsintegral läßt sich $e^*(t)$ berechnen.

$$e^*(t) = e(t)\cdot u(t) = \int_0^\tau e(t)\cdot u(t-t')\,\mathrm{d}t'. \qquad (\mathrm{A}.2/6)$$

Der Wert von $e^*(t)$ ist nur an den Stellen $t = nT_0$ zu berechnen und bleibt während der Zeit τ konstant.

$$e^*(t) = e(nT_0) \int_0^\tau u(t-t')\,\mathrm{d}t'. \qquad (\mathrm{A}.2/7)$$

$u(t-t')$ hat die mit Eins normierte Amplitude (Abb. 6/7)

$$e^*(t) = e(nT_0)\,\tau. \qquad (\mathrm{A}.2/8)$$

Nun kann $E^*(\mathrm{j}\omega)$ berechnet werden. Da $e^*(t)$ nur für $t = nT_0$ existiert und zu allen anderen Zeiten verschwindet, kann in Gl. (A.2/5) das Integral durch die Summe ersetzt werden

$$E^*(\mathrm{j}\omega) = \tau \sum_{n=0}^\infty e(nT_0)\, \mathrm{e}^{-\mathrm{j}\omega n T_0}. \qquad (\mathrm{A}.2/9)$$

Die Zeitfunktion $e(t)$ ist über die Transformation Gl. (6/20) berechenbar.

$$e(t) = \frac{1}{2\pi} \int_{-\infty}^{+\infty} E(j\omega)\, e^{j\omega t}\, d\omega, \qquad (A.2/10)$$

mit $-\omega_0/2 < \omega < +\omega_0/2$ und mit Gl. (A.2/4)

$$e(t) = \frac{1}{2\pi} \frac{T_0}{\tau} \int_{-\omega_0/2}^{+\omega_0/2} E^*(j\omega)\, e^{j\omega t}\, d\omega. \qquad (A.2/11)$$

Wird Gl. (A.2/9) in Gl. (A.2/11) eingesetzt, so erhält man

$$e(t) = \frac{1}{2\pi} \frac{T_0}{\tau} \int_{-\omega_0/2}^{+\omega_0/2} \tau \sum_{n=0}^{\infty} e(nT_0)\, e^{j\omega(t-nT_0)}\, d\omega, \qquad (A.2/12)$$

$$e(t) = \sum_{n=0}^{\infty} e(nT_0) \frac{\sin \frac{\omega_0}{2}(t - nT_0)}{\frac{\omega_0}{2}(t - nT_0)}. \qquad (A.2/13)$$

Das heißt aber, die Funktion $e(t)$ läßt sich durch eine Summe von Abtastimpulsen darstellen, die im Abstand von T_0 Sekunden aufeinanderfolgen. Die einzelnen Impulse haben eine maximale Amplitude $e(nT_0)$ und einen zeitlichen Verlauf nach der Funktion $\frac{\sin x}{x}$.

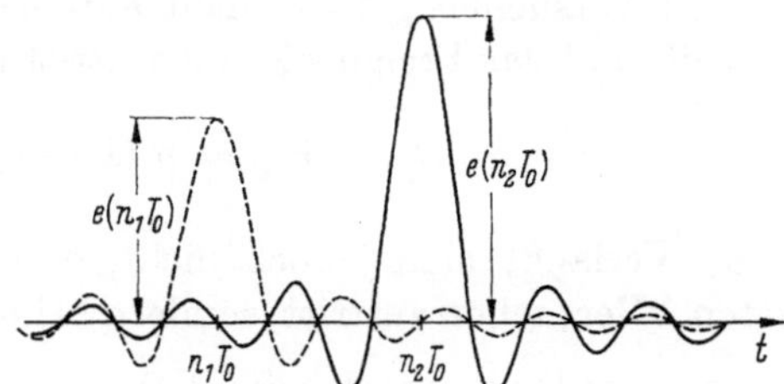

Abb. A.2/3. Darstellung einer Funkton $e(t)$ [Gl. (A.2/13)] durch Abtastimpulse nach [16] in Kap. 9

A.3 Begriffe der Wahrscheinlichkeitsrechnung, die in der Meßtechnik zur Berechnung von Zeichenfehlerwahrscheinlichkeiten bei Codes benutzt werden

a) Wenn bei einem Versuch *entweder* ein Ereignis E_1 mit der Wahrscheinlichkeit p_1 *oder* ein Ereignis E_2 mit der Wahrscheinlichkeit p_2 eintritt, so gilt

$$W_0 = p_1 + p_2. \qquad (A.3/1)$$

Beispiel: Es werde mit einem Würfel gewürfelt. Wie groß ist die Wahrscheinlichkeit, daß entweder eine „1" *oder* eine „6" gewürfelt wird?
$$\left(p_1 = \frac{1}{6}\, ;\, p_2 = \frac{1}{6} \right)$$

$$W_0 = \frac{1}{6} + \frac{1}{6} = \frac{1}{3}.$$

b) Wenn bei einem Versuch ein Ereignis E_1 mit der Wahrscheinlichkeit p_1 *und* ein Ereignis E_2 mit der Wahrscheinlichkeit p_2 eintritt, gilt

$$W_{\mathrm{U}} = p_1 \cdot p_2. \tag{A.3/2}$$

Beispiel: Es werde mit zwei Würfeln gewürfelt. Wie groß ist die Wahrscheinlichkeit, daß eine „1" *und* eine „6" gewürfelt wird?

$$W_{\mathrm{U}} = \frac{1}{6} \cdot \frac{1}{6} = \frac{1}{36}.$$

Würde man statt mit zwei Würfeln zweimal mit einem Würfel würfeln, so erzielte man das gleiche Resultat. Für den Fall, daß beim ersten Würfeln eine „1" und beim nächsten keine „1" gewürfelt wird, gilt unter der Voraussetzung, daß mit $\bar{p}$ die Wahrscheinlichkeit bezeichnet wird, daß ein Ereignis nicht eintritt,

$$W_{\mathrm{U}} = p_1 \bar{p_1} = p_1(1 - p_1) \qquad p + \bar{p} = 1. \tag{A.3/3}$$

c) Wenn ein Ereignis mit der Wahrscheinlichkeit p bei insgesamt n Versuchen bei den ersten λ Versuchen auftritt, bei den nächsten $(n - \lambda)$ Versuchen jedoch nicht auftritt, so besteht die Wahrscheinlichkeit, daß das Ereignis λ mal auftritt *und* $(n - \lambda)$ mal nicht auftritt,

$$W_{\mathrm{U}} = p^\lambda (1 - p)^{n - \lambda}. \tag{A.3/4}$$

d) Verlangt man jedoch nicht, daß das Ereignis gerade bei den ersten λ Versuchen auftritt, sondern bei beliebigen der insgesamt n Versuche, so multipliziert sich die Wahrscheinlichkeit mit dem Faktor $\binom{n}{\lambda}$. Die λ Versuche, bei denen das Merkmal auftreten soll, lassen sich nämlich unter den insgesamt n Versuchen auf $\binom{n}{\lambda}$ verschiedene Möglichkeiten verteilen. Es gilt somit: Die Wahrscheinlichkeit W_{U}, daß ein Ereignis, das selbst mit der Wahrscheinlichkeit p auftritt, bei n gleichartigen Versuchen λ mal eintritt, lautet

$$W_{\mathrm{U}} = \binom{n}{\lambda} p^\lambda (1 - p)_l^{n - \lambda}. \tag{A.3/5}$$

Beispiel: Wie groß ist die Wahrscheinlichkeit, daß bei n Würfen mit einer Münze λ mal Zahl und $(n - \lambda)$ mal Wappen auftritt? $\left(n = 4, \lambda = 2, p = \dfrac{1}{2} \right)$

$$W_{\mathrm{U}} = \binom{4}{2} \left(\frac{1}{2} \right)^2 \left(1 - \frac{1}{2} \right)^2 = \frac{6}{16}.$$

Bei 4 Würfen mit einer Münze sind folgende Kombinationen möglich:

W W W W	*Z W W W*	
W W W Z	*Z W W Z*	
W W Z W	*Z W Z W*	
W W Z Z	*Z W Z Z*	
W Z W W	*Z Z W W*	
W Z W Z	*Z Z W Z*	
W Z Z W	*Z Z Z W*	
W Z Z Z	*Z Z Z Z*	

Bei 16 möglichen Fällen tritt das Ereignis 2mal Zahl bei 4 Würfen 6mal auf, $W = \dfrac{6}{16}$.

Setzt man statt Wappen (W) die Bezeichnung „0" ein und statt Zahl (Z) die Bezeichnung „1", so kann man fragen: Wie groß ist bei einem vierstelligen binären Code die Wahrscheinlichkeit, daß Kombinationen mit zwei „Einsen" vorkommen? Die 16 möglichen Fälle sind hier die Dualzahlen von 0000 bis 1111. Für die Wahrscheinlichkeit erhält man wieder $W = \dfrac{6}{16}$.

Bei der Codierung eines Meßwertes oder einer Nachricht ergibt sich dann die Frage: Wie groß ist die Wahrscheinlichkeit, daß bei einem n-stelligen binären Code λ Stellen falsch sind, sofern für jede Stelle (Schritt) die Wahrscheinlichkeit p gilt?

Es gilt ebenfalls

$$W = \binom{n}{\lambda} p^{\lambda} (1 - p)^{n - \lambda},$$

oder, da bei einem n-stelligen binären Code alle n Stellen falsch sein können,

$$W = \sum_{\lambda=1}^{n} \binom{n}{\lambda} p^{\lambda} (1 - p)^{n - \lambda}. \qquad (\text{A.3/6})$$

Häufig kann man bereits durch den Aufbau des Codes eine Reihe von Fehlern erkennen. Es bleibt dann ein Rest unerkannter Fehler, die mit Z_{λ} bezeichnet werden. Für die Zeichenfehlerwahrscheinlichkeit W_Z unerkannter Fehler erhält man dann [1]:

$$W_Z = \sum_{\lambda=1}^{n} Z_{\lambda} p^{\lambda} (1 - p)^{n - \lambda}. \qquad (\text{A.3/7})$$

Als einfaches Beispiel möge der Fall betrachtet werden, daß ein einstelliger Meßwert im ZSC 3 (Ziffernsicherungs-Code Nr. 3), d.h. in einem $\binom{5}{3}$-Code übertragen wird. Die bei der Übertragung auftretenden Störungen seien symmetrisch: Vertauschungen von $0 \to 1$ sind also genauso häufig wie die von $1 \to 0$. Für die Wahrscheinlichkeit unerkannter Fehler gilt dann Gl. (A.3/7).

Da es sich um einen gleichgewichtigen Code handelt, werden alle Fehler mit ungeradem Gewicht ($\lambda = 1, 3, 5$) erkannt.

$$Z_1 = 0; \quad Z_3 = 0; \quad Z_5 = 0.$$

Für die geradzahligen Fehler errechnet man nach den Gesetzen der Kombinatorik

$$Z_2 = 6; \quad Z_4 = 3.$$

Da es insgesamt $\sum_{\lambda=1}^{5} \binom{5}{\lambda} = 31$ Fehler gibt, werden 22 Fehler erkannt. Für die einzelnen Fehlerwahrscheinlichkeiten erhält man

$$W_0 = (1 - p)^5 \approx 1 - 5p; \quad \text{kein Fehler},$$

$$W_1 = 0; \qquad\qquad\qquad\quad \text{ein Fehler},$$

$$W_2 = 6p^2(1 - p)^3 \approx 6p^2; \quad \text{zwei Fehler},$$

$$W_3 = 0; \qquad\qquad\qquad\quad \text{drei Fehler},$$

$$W^4 = 3p^4(1 - p) \approx 3p^4; \quad \text{vier Fehler},$$

$$W_5 = 0; \qquad\qquad\qquad\quad \text{fünf Fehler}.$$

Es ergibt sich somit eine Gesamtfehlerwahrscheinlichkeit

$$W_Z \approx 6p^2 + 3p^4 = 6p^2(1 + 0{,}5p^2)$$

und mit $p \ll 1$

$$W_Z \approx 6p^2.$$

Für die Schrittfehlerwahrscheinlichkeit p werden in [2] Richtwerte angegeben. Danach muß man bei Fernschreibübertragungen mit $p = 10^{-4} \cdots 10^{-5}$ und im öffentlichen Fernsprechnetz mit Werten $10^{-2} \cdots 10^{-3}$ rechnen.

Es sollten hier nur die grundlegenden Begriffe der Fehlerwahrscheinlichkeiten gezeigt werden. Zur weiteren Information sei auf die Literaturangabe [12] in Kap. 2 verwiesen. Dort sind zu diesem Thema zahlreiche Literaturstellen angeführt.

Literatur zu Anhang 3

1. Norz, A.: Fehlermöglichkeiten und Fehlerschutz bei der Datenübertragung. ETZ-A 84 (1963) 533—538.
2. Marko, H.: Die Fehlerkorrekturverfahren für die Datenübertragung auf stark gestörten Verbindungen. NTF 25 (1962) 101—108.

A.4 Einige Regeln der Schaltalgebra

1. Das kommutative Gesetz. Das kommutative Gesetz gilt für Konjunktionen, Disjunktionen, Äquivalenzen und Antivalenzen:

$$\text{Konjunktion:} \quad x_1 \cdot x_2 = x_2 \cdot x_1,$$
$$\text{Disjunktion:} \quad x_1 \vee x_2 = x_2 \vee x_1,$$
$$\text{Äquivalenz:} \quad x_1 \equiv x_2 = x_2 \equiv x_1,$$
$$\text{Antivalenz:} \quad x_1 \not\equiv x_2 = x_2 \not\equiv x_1.$$

2. Das assoziative Gesetz. Das assoziative Gesetz gilt für Konjunktionen, Disjunktionen, Äquivalenzen und Antivalenzen:

$$\text{Konjunktion:} \quad x_1 \cdot (x_2 \cdot x_3) = (x_1 \cdot x_2) \cdot x_3 = x_1 \cdot x_2 \cdot x_3,$$
$$\text{Disjunktion:} \quad x_1 \vee (x_2 \vee x_3) = (x_1 \vee x_2) \vee x_3 = x_1 \vee x_2 \vee x_3,$$
$$\text{Äquivalenz:} \quad x_1 \equiv (x_2 \equiv x_3) = (x_1 \equiv x_2) \equiv x_3 = x_1 \equiv x_2 \equiv x_3,$$
$$\text{Antivalenz:} \quad x_1 \not\equiv (x_2 \not\equiv x_3) = (x_1 \not\equiv x_2) \not\equiv x_3 = x_1 \not\equiv x_2 \not\equiv x_3.$$

3a. Das distributive Gesetz. Das distributive Gesetz gilt nur für Konjunktionen und Disjunktionen:

$$\text{Konjunktion:} \quad x_1 \cdot (x_2 \vee x_3) = (x_1 \cdot x_2) \vee (x_1 \cdot x_3),$$
$$\text{Disjunktion:} \quad x_1 \vee (x_2 \cdot x_3) = (x_1 \vee x_2) \cdot (x_1 \vee x_3).$$

Das distributive Gesetz besagt, daß in der Schaltalgebra, ebenso wie in der gewöhnlichen Algebra Klammern dazu benutzt werden, um das zusammenzufassen, was rechnerisch zuerst ausgeführt werden muß. Ferner besagt es, daß jede Variable als Funktion anderer Variabler aufgefaßt werden darf; man darf also „einsetzen".

3b. Das Ausklammern. Das Ausklammern ist die umgekehrte Anwendung des distributiven Gesetzes. Es wird angewendet, um konjunktiv oder disjunktiv verknüpfte Ausdrücke zu vereinfachen. Es spielt eine wichtige Rolle bei der Minimisierung von Schaltungen.

Konjunktive Verknüpfung:

$$(x_1 \vee x_2) \cdot (x_1 \vee x_3) \cdot (x_1 \vee x_4) = x_1 \vee (x_2 \cdot x_3 \cdot x_4),$$

disjunktive Verknüpfung:

$$(x_1 \cdot x_2) \vee (x_1 \cdot \bar{x}_3) \vee (x_1 \cdot x_4) = x_1 \cdot (x_2 \vee \bar{x}_3 \vee x_4).$$

4. Das Rechnen mit 0 und 1

Negationen: $\bar{0} = 1$ $\bar{1} = 0$

Konjunktionen: $0 \cdot 0 = 0$ $0 \cdot 1 = 0$ $1 \cdot 1 = 1$

Disjunktionen: $0 \vee 0 = 0$ $0 \vee 1 = 1$ $1 \vee 1 = 1$

Äquivalenzen: $0 \equiv 0 = 1$ $0 \equiv 1 = 0$ $1 \equiv 1 = 1$

Antivalenzen: $0 \not\equiv 0 = 0$ $0 \not\equiv 1 = 1$ $1 \not\equiv 1 = 0$

5. Das Rechnen mit einer Variablen

Konjunktionen: $x \cdot 0 = 0$ $x \cdot 1 = x$ $x \cdot x = x$ $x \cdot \bar{x} = 0$

Disjunktionen: $x \vee 0 = x$ $x \vee 1 = 1$ $x \vee x = x$ $x \vee \bar{x} = 1$

Äquivalenzen: $x \equiv 0 = \bar{x}$ $x \equiv 1 = x$ $x \equiv x = 1$ $x \equiv \bar{x} = 0$

Antivalenzen: $x \not\equiv 0 = x$ $x \not\equiv 1 = \bar{x}$ $x \not\equiv x = 0$ $x \not\equiv \bar{x} = 1$

Die angegebenen 16 Beziehungen gelten genauso, wenn x durch $\bar{x}$ und $\bar{x}$ durch x ersetzt wird.

6. Das deMorgansche Theorem.

6. Das deMorgansche Theorem. Eine logische Funktion wird negiert, indem die Variablen negiert, Negationen aufgehoben, Konjunktionen in Disjunktionen, Disjunktionen in Konjunktionen, Äquivalenzen in Antivalenzen und Antivalenzen in Äquivalenzen umgewandelt werden.

$$y_1 = x \qquad\qquad \bar{y}_1 = \bar{x}$$

$$y_2 = \bar{x} \qquad\qquad \bar{y}_2 = x$$

$$y_3 = x_1 \cdot x_2 \qquad\qquad \bar{y}_3 = \overline{x_1 \cdot x_2} = \bar{x}_1 \vee \bar{x}_2$$

$$y_4 = x_1 \vee x_2 \qquad\qquad \bar{y}_4 = \overline{x_1 \vee x_2} = \bar{x}_1 \cdot \bar{x}_2$$

$$y_5 = x_1 \equiv x_2 \qquad\qquad \bar{y}_5 = \overline{x_1 \equiv x_2} = \bar{x}_1 \not\equiv \bar{x}_2 = x_1 \not\equiv x_2$$

$$y_6 = x_1 \not\equiv x_2 \qquad\qquad \bar{y}_6 = \overline{x_1 \not\equiv x_2} = \bar{x}_1 \equiv \bar{x}_2 = x_1 \equiv x_2$$

7. Vollformen und Normalformen.

7. Vollformen und Normalformen. Unter einer Vollkonjunktion (Minterm) versteht man eine Konjunktion, in der sämtliche vereinbarten Variablen entweder bejaht oder verneint vorkommen.

Unter einer Volldisjunktion (Maxterm) versteht man eine Disjunktion, in der sämtliche vereinbarten Variablen entweder bejaht oder verneint vorkommen.

Sind z. B. drei Variable vereinbart, so gibt es $2^3 = 8$ verschiedene Vollkonjunktionen und Volldisjunktionen. Sie lauten:

$$k_0^3 = \bar{x}_3 \cdot \bar{x}_2 \cdot \bar{x}_1 \qquad d_0^3 = \bar{x}_3 \vee \bar{x}_2 \vee \bar{x}_1$$

$$k_1^3 = \bar{x}_3 \cdot \bar{x}_2 \cdot x_1 \qquad d_1^3 = \bar{x}_3 \vee \bar{x}_2 \vee x_1$$

$$k_2^3 = \bar{x}_3 \cdot x_2 \cdot \bar{x}_1 \qquad d_2^3 = \bar{x}_3 \vee x_2 \vee \bar{x}_1$$

$$k_3^3 = \bar{x}_3 \cdot x_2 \cdot x_1 \qquad d_3^3 = \bar{x}_3 \vee x_2 \vee x_1$$

$$k_4^3 = x_3 \cdot \bar{x}_2 \cdot \bar{x}_1 \qquad d_4^3 = x_3 \vee \bar{x}_2 \vee \bar{x}_1$$

$$k_5^3 = x_3 \cdot \bar{x}_2 \cdot x_1 \qquad d_5^3 = x_3 \vee \bar{x}_2 \vee x_1$$

$$k_6^3 = x_3 \cdot x_2 \cdot \bar{x}_1 \qquad d_6^3 = x_3 \vee x_2 \vee \bar{x}_1$$

$$k_7^3 = x_3 \cdot x_2 \cdot x_1 \qquad d_7^3 = x_3 \vee x_2 \vee x_1$$

Der Index der betreffenden Vollform ergibt sich, wenn man die Variable x_1 durch die Wertigkeit 2^0, die Variable x_2 durch 2^1 usw., die negierte Variable durch 0 und die bejahte durch 1 ersetzt und die sich so ergebende Dualzahl in eine Dezimalzahl übersetzt. Die Hochzahl gibt die Anzahl der vereinbarten Variablen an. Dadurch ist durch die Angabe des Kurzzeichens die Vollform bereits eindeutig bestimmt.

Jede logische Funktion kann durch eine Reihe von Vollkonjunktionen dargestellt werden, die untereinander disjunktiv verknüpft sind. Diese Darstellung ist die disjunktive Normalform. Ebenso kann jede Funktion durch eine Reihe von Volldisjunktionen dargestellt werden, die untereinander konjunktiv verknüpft sind. Diese Darstellung ist die konjunktive Normalform. Man erhält die disjunktive Normalform aus der Funktionstabelle, indem man für die Spalten, in denen die Funktion 1 wird, die Vollkonjunktionen der Variablen ansetzt. Hierbei wird die Variable bejaht, wenn in der Variablenzeile eine 1 steht, und verneint, wenn in der Variablenzeile eine 0 steht. Diese Vollkonjunktionen werden dann untereinander disjunktiv verknüpft. Für die Shefferfunktion erhält man z. B. aus Tab. 3.5.1/1:

$$y_{14} = \bar{x}_1 \cdot \bar{x}_2 \vee x_1 \cdot \bar{x}_2 \vee \bar{x}_1 \cdot x_2.$$

Die konjunktive Normalform erhält man aus der Funktionstabelle, indem man für die Spalten, in denen die Funktion 0 wird, die Volldisjunktionen der Variablen ansetzt. Hierbei wird die Variable bejaht, wenn in der Variablenzeile eine 0 steht, und verneint, wenn in der Variablenzeile eine 1 steht. Diese Volldisjunktionen werden dann untereinander konjunktiv verknüpft. Für die Undfunktion y_1 erhält man aus Tab. 3.5.1/1:

$$y_1 = (x_1 \vee x_2) \cdot (\bar{x}_1 \vee x_2) \cdot (x_1 \vee \bar{x}_2).$$

Die disjunktive und die konjunktive Normalform einer logischen Funktion spielen eine besondere Rolle, da sie Ausgangspunkt für das systematische Vereinfachen sind.

8. Vereinfachen logischer Funktionen. Man kann logische Funktionen durch Anwenden der in den Punkten 1 bis 6 gegebenen Regeln vereinfachen. Bisweilen fällt es jedoch schwer, das Minimum zu finden, weil man nicht streng systematisch vorgehen kann. Für das systematische Vereinfachen muß die Funktion entweder in disjunktiver oder in konjuktiver Normalform vorliegen. Ein rein algebraisches Verfahren, das von der disjunktiven Normalform ausgeht, ist das von QUINE und McCLUSKEY [1—4]. Hier soll allerdings lediglich das wegen seiner Übersichtlichkeit besonders anschauliche graphische Verfahren nach KARNAUGH und VEITCH beschrieben werden [5—8]. Es geht ebenfalls von der disjunktiven Normalform aus.

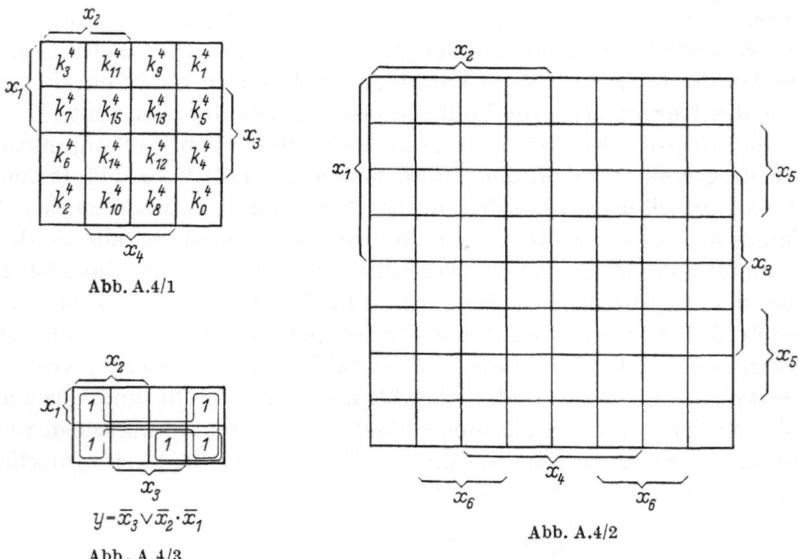

Abb. A.4/1

$y = \bar{x}_3 \lor \bar{x}_2 \cdot \bar{x}_1$

Abb. A.4/3

Abb. A.4/2

Die disjunktive Normalform einer Funktion ist ihre Darstellung durch eine Auswahl aus allen möglichen Vollkonjunktionen, die sich aus den vereinbarten Variablen bilden lassen. Es wird also aus einer Gesamtmenge eine Teilmenge ausgewählt. Die Gesamtmenge wird durch ein Rechteck dargestellt, das in so viele Einzelfelder unterteilt wird, wie es Vollkonjunktionen gibt. Das Zuweisen der Variablen geschieht so, daß die eine Hälfte der Gesamtmenge der bejahten und

die andere Hälfte der verneinten Variablen zugewiesen wird. Diese
Zuweisung wird am Rand des Gesamtfeldes vermerkt, wobei meistens
lediglich die bejahten Variablen angeschrieben werden. Bei drei und
mehr Variablen muß die Zuweisung außerdem so erfolgen, daß keine
gleichen oder auch negationsgleichen Zuweisungen entstehen. Abb.
A.4/1 zeigt eine mögliche Zuweisung bei vier Variablen. Die Einzelfelder stellen dann die eingetragenen Vollkonjunktionen dar. Das in Einzelfelder aufgeteilte Gesamtfeld mit den Variablenzuweisungen wird
kurz KV-Diagramm genannt. Als Regel für die Zuweisungen gilt, daß
beim Übergang von einer Zeile zur nächsten und von einer Spalte zur
nächsten sich jeweils nur eine Variable ändern darf, so daß also ein
einschrittiger Code entsteht. Nach dieser Regel ist es möglich, ein KV-
Diagramm für beliebig viele Variable aufzustellen. Abb. A.4/2 zeigt ein
KV-Diagramm für sechs Variable.

Eine logische Funktion wird im KV-Diagramm dadurch dargestellt,
daß die Felder der in der Funktion enthaltenen Vollkonjunktionen mit
einer 1 besetzt werden. In Abb. A.4/3 ist die folgende Funktion dargestellt:

$$y = \bar{x}_3 \cdot x_2 \cdot x_1 \vee \bar{x}_3 \cdot x_2 \cdot \bar{x}_1 \vee \bar{x}_3 \cdot \bar{x}_2 \cdot x_1 \vee \bar{x}_3 \cdot \bar{x}_2 \cdot \bar{x}_1 \vee x_3 \cdot \bar{x}_2 \cdot \bar{x}_1.$$

Will man die obige Funktion rechnerisch vereinfachen, so muß man
versuchen, jeweils zwei Konjunktionen zu finden, die sich lediglich in
einer Variablen unterscheiden. Man kann dann die übrigen Variablen
ausklammern, so daß in der Klammer der Ausdruck $(x_i \vee \bar{x}_i) = 1$
übrigbleibt, wodurch die betreffende Variable eliminiert wird. Für das
obige Beispiel erhält man:

$$\begin{aligned}
y &= \bar{x}_3 \cdot x_2 \cdot (x_1 \vee \bar{x}_1) \vee \bar{x}_3 \cdot \bar{x}_2 \cdot (x_1 \vee \bar{x}_1) \vee \bar{x}_2 \cdot \bar{x}_1 \cdot (x_3 \cdot \bar{x}_3) \\
&= \bar{x}_3 \cdot x_2 \vee \bar{x}_3 \cdot \bar{x}_2 \vee \bar{x}_2 \cdot \bar{x}_1 \\
&= \bar{x}_3 \cdot (x_2 \vee \bar{x}_2) \vee \bar{x}_2 \cdot \bar{x}_1 \\
&= \bar{x}_3 \vee \bar{x}_2 \cdot \bar{x}_1.
\end{aligned}$$

Aus dem KV-Diagramm entnimmt man, daß diejenigen Vollkonjunktionen, aus denen man eine bzw. auch mehrere Variable eliminieren
konnte, faltungssymmetrisch im Diagramm liegen. Will man also im
KV-Diagramm vereinfachen, so muß man nach „Einsen" suchen, die
faltungssymmetrisch liegen. Diese Einsen werden durch eine Schleife
zusammengefaßt. Beim Schleifen entfallen diejenigen Variablen, die
innerhalb der Schleife bejaht und verneint vorkommen. Aus der Fal-
tungssymmetrie folgt außerdem, daß nur 2^n Einsen geschleift werden
können, also 2, 4, 8, 16 usw. Der Exponent n gibt dabei die Anzahl der
Variablen an, die eliminiert werden.

Für das obige Beispiel ergeben sich zwei Schleifen, eine große um vier Felder und eine kleine um zwei Felder. In der großen Schleife kommen sowohl x_1 als auch x_2 zweimal bejaht und zweimal verneint vor, so daß beide Variable eliminiert werden und nur noch $\bar{x}_3$ übrig bleibt. In der kleinen Schleife ist lediglich x_3 bejaht und verneint. Man erhält daher als Ergebnis $\bar{x}_2 \cdot \bar{x}_1$.

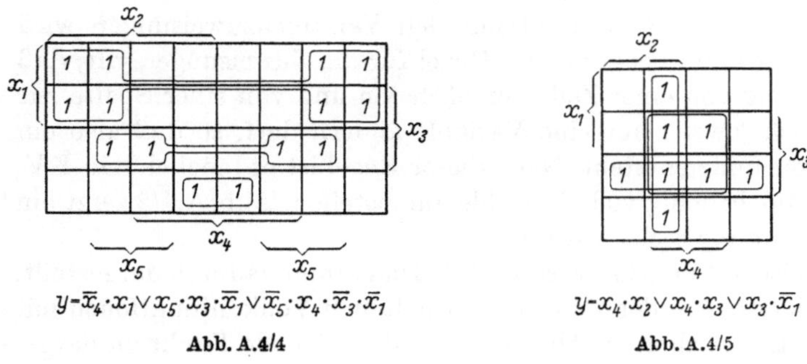

$$y = \bar{x}_4 \cdot x_1 \vee x_5 \cdot x_3 \cdot \bar{x}_1 \vee \bar{x}_5 \cdot x_4 \cdot \bar{x}_3 \cdot \bar{x}_1$$

Abb. A.4/4

$$y = x_4 \cdot x_2 \vee x_4 \cdot x_3 \vee x_3 \cdot \bar{x}_1$$

Abb. A.4/5

Als weiteres Beispiel ist in Abb. A.4/4 die Vereinfachung einer Funktion von fünf Variablen gezeigt.

Folgende Regeln sind für das Schleifen zu beachten:

1. Es können nur 2^n Einsen geschleift werden.
2. Einsen, die geschleift werden sollen, müssen faltungssymmetrisch im KV-Diagramm liegen.
3. Möglichst viele Einsen mit einer Schleife erfassen.
4. Einzelne Felder können in mehreren Schleifen auftreten.

Als Beispiel für die letzte Regel sei Abb. A.4/5 gezeigt, in der die Vollkonjunktion k_{14}^4 an drei Schleifen beteiligt ist.

Rechenbeispiele

1. Beweis für $x_1 \equiv x_2 = \bar{x}_1 \equiv \bar{x}_2$. Die Äquivalenz wird in der disjunktiven Normalform niedergeschrieben. Auf das Ergebnis wird das kommutative Gesetz angewendet.

$$x_1 = x_2 \equiv (x_1 \cdot x_2) \vee (\bar{x}_1 \cdot \bar{x}_2) = (\bar{x}_1 \cdot \bar{x}_2) \vee (x_1 \cdot x_2) = \bar{x}_1 \equiv \bar{x}_2.$$

2. Mehrfaches Ausklammern zum Minimisieren eines mit Relais aufgebauten Umsetzers vom dualdekadischen in den Dezimalcode. Die Dualzahlen für die einzelnen Dezimalziffern werden disjunktiv miteinander verknüpft, da stets einer der zehn Werte vorhanden ist. Dann werden aus den einzelnen Variablenkombinationen solange gleiche

Variable ausgeklammert, bis sich ein minimaler Ausdruck ergibt. Bei der Übersetzung in Relaiskontakte entspricht dann einer Variablen x_i ein Arbeitskontakt und einer negierten Variablen $\bar{x}_i$ ein Ruhekontakt. Von einem Punkt ausgehende Arbeits- und Ruhekontakte derselben Variablen können zu Umschaltkontakten zusammengefaßt werden.

$$
\begin{aligned}
F(x_8, x_4, x_2, x_1) = {}&(\bar{x}_8 \cdot \bar{x}_4 \cdot \bar{x}_2 \cdot \bar{x}_1) \\
\vee{}&(\bar{x}_8 \cdot \bar{x}_4 \cdot \bar{x}_2 \cdot x_1) \\
\vee{}&(\bar{x}_8 \cdot \bar{x}_4 \cdot x_2 \cdot \bar{x}_1) \\
\vee{}&(\bar{x}_8 \cdot \bar{x}_4 \cdot x_2 \cdot x_1) \\
\vee{}&(\bar{x}_8 \cdot x_4 \cdot \bar{x}_2 \cdot \bar{x}_1) \\
\vee{}&(\bar{x}_8 \cdot x_4 \cdot \bar{x}_2 \cdot x_1) \\
\vee{}&(\bar{x}_8 \cdot x_4 \cdot x_2 \cdot \bar{x}_1) \\
\vee{}&(\bar{x}_8 \cdot x_4 \cdot x_2 \cdot x_1) \\
\vee{}&(x_8 \cdot \bar{x}_4 \cdot \bar{x}_2 \cdot \bar{x}_1) \\
\vee{}&(x_8 \cdot \bar{x}_4 \cdot \bar{x}_2 \cdot x_1).
\end{aligned}
$$

Da sich die beiden letzten Ausdrücke bereits eindeutig durch die Variablen x_1 und x_8 unterscheiden und x_2 und x_4 keine Änderung mehr verursachen, braucht man x_2 und x_4 bei den weiteren Rechnungen nicht mehr zu berücksichtigen.

$$
\begin{aligned}
F(x_8,{}&x_4, x_2, x_1) \\
={}&[\bar{x}_8 \cdot \{(\bar{x}_4 \cdot \bar{x}_2 \cdot \bar{x}_1) \vee (\bar{x}_4 \cdot \bar{x}_2 \cdot x_1) \vee (\bar{x}_4 \cdot x_2 \cdot \bar{x}_1) \\
&\qquad \vee (\bar{x}_4 \cdot x_2 \cdot x_1) \vee (x_4 \cdot \bar{x}_2 \cdot \bar{x}_1) \vee (x_4 \cdot \bar{x}_2 \cdot x_1) \\
&\qquad \vee (x_4 \cdot x_2 \cdot \bar{x}_1) \vee (x_4 \cdot x_2 \cdot x_1)\}] \\
&\vee [x_8 \cdot (\bar{x}_1 \vee x_1)] \\
={}&[\bar{x}_8 \cdot \{[\bar{x}_4 \cdot \langle(\bar{x}_2 \cdot \bar{x}_1) \vee (\bar{x}_2 \cdot x_1) \vee (x_2 \cdot \bar{x}_1) \vee (x_2 \cdot x_1)\rangle] \\
&\qquad \vee [x_4 \cdot \langle(\bar{x}_2 \cdot \bar{x}_1) \vee (\bar{x}_2 \cdot x_1) \vee (x_2 \cdot \bar{x}_1) \vee (x_2 \cdot x_1)\rangle]\}] \\
&\vee [x_8 \cdot (\bar{x}_1 \vee x_1)] \\
={}&[\bar{x}_8 \cdot \{[\bar{x}_4 \cdot \langle(\bar{x}_2 \cdot (\bar{x}_1 \vee x_1)) \vee (x_2 \cdot (\bar{x}_1 \vee x_1))\rangle] \\
&\qquad \vee [x_4 \cdot \langle(\bar{x}_2 \cdot (\bar{x}_1 \vee x_1)) \vee (x_2 \cdot (\bar{x}_1 \vee x_1))\rangle]\}] \\
&\vee [x_8 \cdot (\bar{x}_1 \vee x_1)].
\end{aligned}
$$

Abb. A.4/6 zeigt das entsprechende Kontaktfeld. Es werden im ganzen nur neun Umschaltkontakte benötigt. Der Aufwand ist bei dieser

Schaltung zwar minimal geworden, jedoch wirkt sich in der Praxis störend aus, daß fünf Umschaltkontakte der Wertigkeit 1 benötigt werden, viele Relais aber nur mit vier Umschaltkontakten ausgerüstet werden können. Wird eine möglichst gleichmäßige Verteilung der Kontakte auf die einzelnen Wertigkeiten gewünscht, so wird man beim Ausklammern

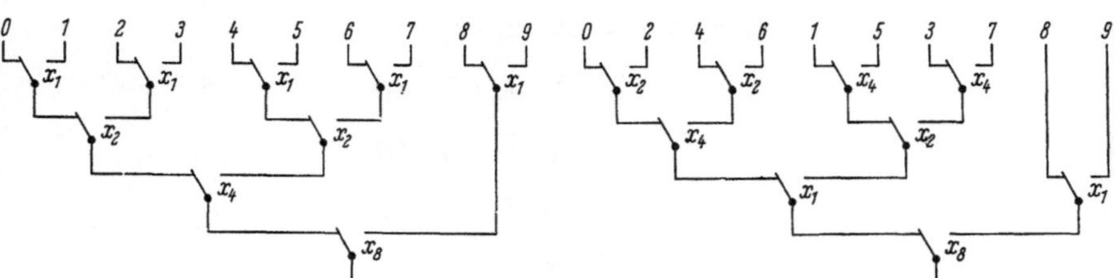

Abb. A.4/6. Kontaktfeld eines Relais–Code-
Umsetzers vom dualdekadischen in
den Dezimal-Code

Abb. A.4/7. Wie Abb. A.4/6, jedoch mit anderer
Kontaktverteilung

dafür sorgen, daß der Ausdruck $(\bar{x}_i \vee x_i)$ für alle Wertigkeiten etwa gleich oft auftritt. Man wird dann etwa wie folgt ausklammern:

$$F(x_8, x_4, x_2, x_1)$$

$$= \left[\bar{x}_8 \cdot \left\{[\bar{x}_1 \cdot \langle(\bar{x}_4 \cdot \bar{x}_2) \vee (\bar{x}_4 \cdot x_2) \vee (x_4 \cdot \bar{x}_2) \vee (x_4 \cdot x_2)\rangle]\right.\right.$$

$$\left.\left. \vee [x_1 \cdot \langle(\bar{x}_4 \cdot \bar{x}_2) \vee (\bar{x}_4 \cdot x_2) \vee (x_4 \cdot \bar{x}_2) \vee (x_4 \cdot x_2)\rangle]\right\}\right]$$

$$\vee [x_8 \cdot (\bar{x}_1 \vee x_1)]$$

$$= \left[\bar{x}_8 \cdot \left\{[\bar{x}_1 \cdot \langle(\bar{x}_4 \cdot (\bar{x}_2 \vee x_2)) \vee (x_4 \cdot (\bar{x}_2 \vee x_2))\rangle]\right.\right.$$

$$\left.\left. \vee [x_1 \cdot \langle(\bar{x}_2 \cdot (\bar{x}_4 \vee x_4)) \vee (x_2 \cdot (\bar{x}_4 \vee x_4))\rangle]\right\}\right]$$

$$\vee [x_8 \cdot (\bar{x}_1 \vee x_1)].$$

Abb. A.4/7 zeigt das entsprechende Kontaktfeld, in dem höchstens drei Kontakte je Wertigkeit vorkommen.

3. Negation einer Funktion durch Anwenden des de Morganschen Theorems.

$$y = \{(x_1 \cdot x_1) \vee (x_1 \cdot \bar{x}_2) \vee (x_2 \cdot x_1) \vee (x_2 \cdot \bar{x}_2)\}$$

$$\cdot \{(x_2 \cdot x_2) \vee (x_2 \cdot \bar{x}_1) \vee (x_1 \cdot x_2) \vee (x_1 \cdot \bar{x}_1)\}.$$

Die Vereinfachung dieser Funktion bringt ein sehr einfaches Ergebnis, für das die Negation leicht durchgeführt werden kann.

$$y = \{x_1 \vee \langle x_1 \cdot (\bar{x}_2 \vee x_2)\rangle \vee 0\} \cdot \{x_2 \vee \langle x_2 \cdot (\bar{x}_1 \vee x_1)\rangle \vee 0\}$$

$$= \{x_1 \vee \langle x_1 \cdot 1\rangle \vee 0\} \cdot \{x_2 \vee \langle x_2 \cdot 1\rangle \vee 0\} = x_1 \cdot x_2,$$

$$\bar{y} = \overline{x_1 \cdot x_2} = \bar{x}_1 \vee \bar{x}_2.$$

Dasselbe Ergebnis muß man erhalten, wenn auf die ausführliche Schreibweise das DE MORGANsche Theorem angewendet wird.

$$\bar{y} = \{(\bar{x}_1 \vee \bar{x}_1) \cdot (\bar{x}_1 \vee x_2) \cdot (\bar{x}_2 \vee \bar{x}_1) \cdot (\bar{x}_2 \vee x_2)\}$$
$$\vee \{(\bar{x}_2 \vee \bar{x}_2) \cdot (\bar{x}_2 \vee x_1) \cdot (\bar{x}_1 \vee \bar{x}_2) \cdot (\bar{x}_1 \vee x_1)\}$$
$$= \{\bar{x}_1 \cdot \langle \bar{x}_1 \vee (x_2 \cdot \bar{x}_2)\rangle \cdot 1\} \vee \{\bar{x}_2 \cdot \langle \bar{x}_2 \vee (x_1 \cdot \bar{x}_1)\rangle \cdot 1\}$$
$$= \{\bar{x}_1 \cdot \bar{x}_1\} \vee \{\bar{x}_2 \cdot \bar{x}_2\} = \bar{x}_1 \vee \bar{x}_2.$$

4. Berechnung einer Schaltung zum Vergleich zweier dreistelliger Dualzahlen. Es soll eine Schaltung für $Z_2 > Z_1$ berechnet werden, wobei gilt:

$$Z_1 = f(x_1, x_2, x_3) \qquad x_1 \mathrel{\widehat{=}} 1; \; x_2 \mathrel{\widehat{=}} 2; \; x_3 \mathrel{\widehat{=}} 4,$$
$$Z_2 = f(x_4, x_5, x_6) \qquad x_4 \mathrel{\widehat{=}} 1; \; x_5 \mathrel{\widehat{=}} 2; \; x_6 \mathrel{\widehat{=}} 4.$$

Es gibt 28 Fälle, in denen eine dreistellige Dualzahl größer als eine andere dreistellige Dualzahl sein kann. Die den 28 Fällen entsprechenden Gleichungen sind der Einfachheit halber in Form der Tab. A.4/1 geschrieben, wobei für eine negierte Variable 0 und für eine bejahte Variable 1 steht.

Die gesamte Funktion $Z_2 > Z_1$ wird durch die disjunktive Verknüpfung aller 28 Vollkonjunktionen realisiert. Um einen minimalen Schaltungsaufwand zu erreichen, wird die Funktion im KV-Diagramm (Abb. A.4/8) vereinfacht. Der Übersicht halber werden im Diagramm die Einzelfelder laufend durchnumeriert und die Nummern der geschleiften Felder sowie die sich ergebenden vereinfachten Ausdrücke angegeben.

Felder	vereinfachter Ausdruck
2, 3, 6, 7, 10, 11, 14, 15 50, 51, 54, 55, 58, 59, 62, 63	$x_6 \cdot \bar{x}_3$
13 bis 16 u. 53 bis 56	$x_5 \cdot \bar{x}_3 \cdot \bar{x}_2$
14, 15, 22, 23, 46, 47, 54, 55	$x_6 \cdot x_5 \cdot \bar{x}_2$
43, 46, 51, 54	$x_6 \cdot x_5 \cdot x_4 \cdot \bar{x}_1$
51 bis 54	$x_5 \cdot x_4 \cdot \bar{x}_3 \cdot \bar{x}_1$
53, 54, 61, 62	$x_4 \cdot \bar{x}_3 \cdot \bar{x}_2 \cdot \bar{x}_1$
38, 46, 54, 62	$x_6 \cdot x_4 \cdot \bar{x}_2 \cdot \bar{x}_1$

Die vereinfachte Funktion $Z_2 > Z_1$ lautet also:

$$Z_2 > Z_1 = x_6 \cdot \bar{x}_3 \vee x_5 \cdot \bar{x}_3 \cdot \bar{x}_2 \vee x_6 \cdot x_5 \cdot \bar{x}_2 \vee x_6 \cdot x_5 \cdot x_4 \cdot \bar{x}_1$$
$$\vee x_5 \cdot x_4 \cdot \bar{x}_3 \cdot \bar{x}_1 \vee x_4 \cdot \bar{x}_3 \cdot \bar{x}_2 \cdot \bar{x}_1 \vee x_6 \cdot x_4 \cdot \bar{x}_2 \cdot \bar{x}_1.$$

Man kann diese Gleichung sofort durch sieben Und- und eine Oder-Schaltung mit insgesamt 31 Eingängen realisieren. Faßt man jedoch vorher noch etwas zusammen, so läßt sich die Zahl der Eingänge auf 19 verringern, obwohl keine Variablen mehr eliminiert werden:

$$Z_2 > Z_1 = x_6 \cdot \bar{x}_3 \vee x_5 \cdot \bar{x}_2 \cdot (\bar{x}_3 \vee x_6)$$
$$\vee\; x_5 \cdot x_4 \cdot \bar{x}_1 \cdot (\bar{x}_3 \vee x_6) \vee x_4 \cdot \bar{x}_2 \cdot \bar{x}_1 \cdot (\bar{x}_3 \cdot \vee x_6)$$
$$= x_6 \cdot \bar{x}_3 \vee (\bar{x}_3 \vee x_6) \cdot (x_5 \cdot \bar{x}_2 \vee x_5 \cdot x_4 \cdot \bar{x}_1 \vee x_4 \cdot \bar{x}_2 \cdot \bar{x}_1).$$

Tabelle A.4/1

Z_2	Z_1	x_6	x_5	x_4	x_3	x_2	x_1
1	0	0	0	1	0	0	0
2	0	0	1	0	0	0	0
	1				0	0	1
3	0	0	1	1	0	0	0
	1				0	0	1
	2				0	1	0
4	0	1	0	0	0	0	0
	1				0	0	1
	2				0	1	0
	3				0	1	1
5	0	1	0	1	0	0	0
	1				0	0	1
	2				0	1	0
	3				0	1	1
	4				1	0	0
6	0	1	1	0	0	0	0
	1				0	0	1
	2				0	1	0
	3				0	1	1
	4				1	0	0
	5				1	0	1
7	0	1	1	1	0	0	0
	1				0	0	1
	2				0	1	0
	3				0	1	1
	4				1	0	0
	5				1	0	1
	6				1	1	0

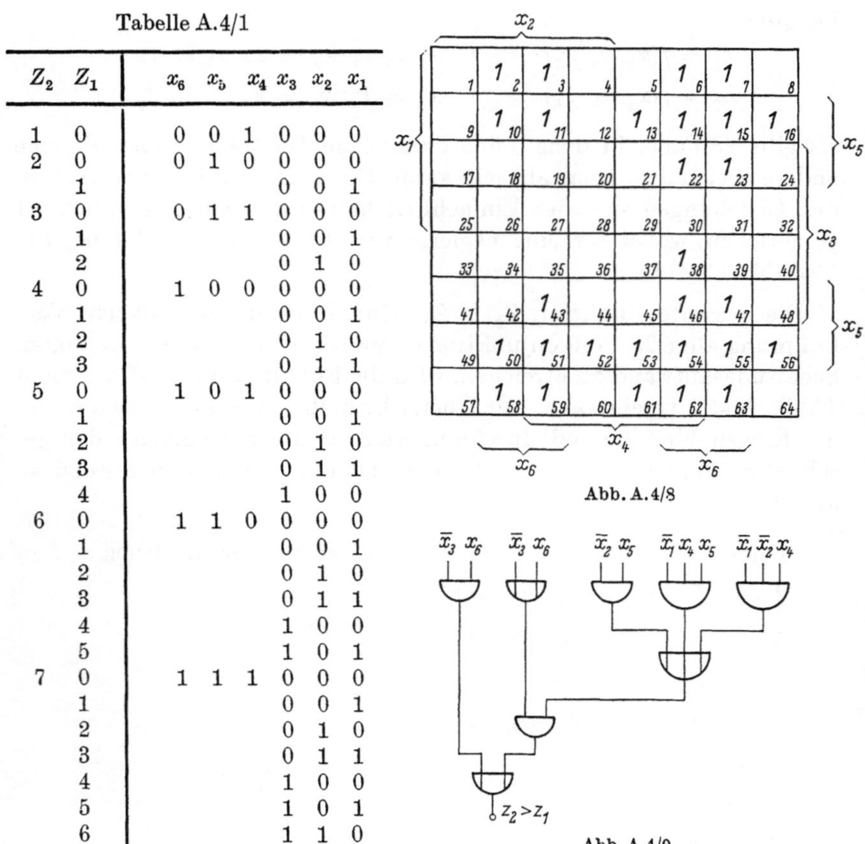

Abb. A.4/9 zeigt das dazugehörige Funktionsschaltbild.

Literatur zu Anhang 4

1. QUINE, W. V.: The Problem of Simplifying Truth Functions. The American Mathematical Monthly 59 (1952) 521—531.
2. QUINE, W. V.: A Way to Simplify Truth Functions. The American Mathematical Monthly 62 (1955) 627—631.
3. McCLUSKEY, E. J.: Minimization of Boolean Functions. Bell Syst. Techn. 35 (1956) 1417—1444.
4. WEBER, W.: Einführung in die Methoden der Digitaltechnik. AEG-Handbücher Bd. 6 (1966) 80—86.
5. KARNAUGH, M.: The Map Method for Synthesis of Combinational Logic Circuits. Commun. a. Electronics 72 (1953) 593—599.
6. VEITCH, E.: A Chart Method for Simplifying Truth Functions. Proc. Assoc. for Computing Machinery (1952), 127—133.
7. Hinweis [4], S. 86—95.
8. WEYH, U.: Elemente der Schaltalgebra, München: Oldenbourg (1968), 117—122.

A.5 Tafel der Schaltzeichen: Digitale Informationsverarbeitung, DIN 40 700 [1]

Lfd. Nr.	Schaltkurzzeichen	Benennung	Bemerkung
1.	**Digitale Verknüpfungsglieder**		
1.1		Grundformen	Wahlweise je nach Zahl der Eingänge
1.2		Und-Glied (Konjunktions-Glied)	Funktionstabelle zu 1.2.1
1.2.1		mit 2 Eingängen	
1.2.2		mit n Eingängen	

Funktionstabelle zu 1.2.1:

E_1	E_2	A
0	0	0
1	0	0
0	1	0
1	1	1

---

[1] Wiedergegeben mit Genehmigung des Deutschen Normenausschusses. Maßgebend ist die jeweils neueste Ausgabe des Normblattes im Normformat A 4, das bei der Beuth-Vertrieb GmbH, Berlin 30 und Köln, erhältlich ist.

Lfd. Nr.	Schaltkurzzeichen	Benennung	Bemerkung
1.3		Oder-Glied (Disjunktions-Glied)	Funktionstabelle zu 1.3.1
1.3.1	E_1, E_2 → A	mit 2 Eingängen	
1.3.2	E_1, E_2, E_3 → A	mit 3 Eingängen	
1.3.3	E_1, E_2, E_n → A	mit n Eingängen	
1.4		Sonstige digitale Verknüpfungsglieder	
1.4.1	$\times$	mit 2 Eingängen	Für $\times$ können Zeichen eingetragen werden, die die Art der Verknüpfung kennzeichnen.
1.4.2	$\times$	mit n Eingängen	
2.	**Allgemeine Kennzeichen**		Die gestrichelte Linie deutet einen Teil der Umrandung eines Schaltzeichens an, bei dem die Kennzeichen verwendet werden.
2.1		Kennzeichnung der Negation	
2.1.1		eines Einganges	
2.1.2		eines Ausganges	
2.2		Kennzeichnung dynamischer Eingänge	
2.2.1		Wirkung bei Übergang von 0 auf 1	Die Wirkung ist so, als ob beim Übergang des Eingangssignales von 0 auf 1 ein 1-Impuls angelegt wird.
2.2.2		Wirkung bei Übergang von 1 auf 0	Die Wirkung ist so, als ob beim Übergang des Eingangssignales von 1 auf 0 ein 1-Impuls angelegt wird.

Funktionstabelle zu 1.3.1:

E_1	E_2	A
0	0	0
1	0	1
0	1	1
1	1	1

Lfd. Nr.	Schaltkurzzeichen	Benennung	Bemerkung
2.3		Eingangsschaltung mit Vorbereitung E_1 = vorbereitender Eingang E_2 = auslösender Eingang	Die Schaltung liefert einen 1-Impuls beim Übergang des Signals an E_2 von 0 auf 1, wenn vorher am Eingang E_1 ein 1-Signal gelegen hat oder noch liegt. Für den auslösenden Eingang kann sinngemäß auch 2.2.2 angewandt werden.
3.		**Kippschaltungen mit Speicherverhalten (Flipflop)**	
3.1		Grundformen	Beliebiges Seitenverhältnis zulässig.
3.1.1		bistabil	
3.1.2		monostabil	Pfeil zeigt in das Feld, dessen Ausgang in der stabilen Lage den Zustand 1 hat.
3.2		Darstellung von Eingängen und Eingangsschaltungen, die einem der beiden Felder zugeordnet sind	
3.2.1		Einzelner Eingang	
3.2.2		Verknüpfte Eingänge	Verknüpfungen beliebiger Art können in das Schaltkurzzeichen einbezogen werden.
3.2.3		Sonderfall: disjunktiv verknüpfte Eingänge	Mehrere dem gleichen Feld zugeordnete Eingänge bzw. Eingangsschaltungen sind disjunktiv verknüpft, sofern nicht anders gekennzeichnet.
3.2.4		Einzelne Eingangsschaltung mit Vorbereitung	
3.2.5		Je eine Eingangsschaltung für jedes Feld mit einem gemeinsamen auslösenden Eingang E_2	

Lfd. Nr.	Schaltkurzzeichen	Benennung	Bemerkung
3.3		Darstellung von Eingängen und Eingangsschaltungen, die beiden Feldern zugeordnet sind.	
3.3.1		Einzelner Eingang	
3.3.2		Verknüpfte Eingänge	Vgl. Bemerkung zu 3.2.2
3.3.3		Eingangsschaltung mit Vorbereitung	Um Verwechslungen mit 3.2.5 zu vermeiden, darf der Pfeil nicht in Verlängerung der Mittellinie liegen.
3.4		Darstellung der Ausgänge	
3.4.1		Einzelner Ausgang je Feld	Zustand 1 am Eingang des Feldes verursacht Zustand 1 an den Ausgängen des gleichen Feldes und Zustand 0 an den Ausgängen des anderen Feldes. Ausgänge des gleichen Feldes haben gleichen digitalen Zustand.
3.4.2		Zwei Ausgänge je Feld	
3.4.3		Kennzeichnung einer Grundstellung	Der gekennzeichnete Ausgang hat in einer besonders zu definierenden Grundstellung den Zustand 1.
3.5		Festlegung besonderer Zusammenhänge zwischen Ein- und Ausgängen	Für a kann 0 oder 1 eingetragen werden, für b und c kann 0 oder 1 oder Q oder $\bar{Q}$ eingetragen werden. b und c geben den Ausgangszustand an, falls an Eingängen beider Felder gleichzeitig der Zustand a vorliegt. Q bedeutet: Vorzustand bleibt erhalten. $\bar{Q}$ bedeutet: Vorzustand wird invertiert.

Lfd. Nr.	Schaltkurzzeichen	Benennung	Bemerkung
4.	**Verzögerungsglieder**		
4.1		allgemein	Beliebiges Seitenverhältnis.
4.2	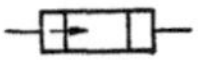	Verzögert den Übergang von 0 auf 1	Die Verzögerungszeit kann durch eine Zahl und Zeiteinheit oder durch eine Zahl als Vielfaches einer vereinbarten Grundzeit eingetragen werden.
4.3	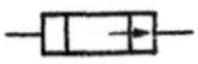	Verzögert den Übergang von 1 auf 0	
4.4	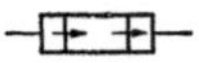	Verzögert sowohl den Übergang von 0 auf 1 als auch den von 1 auf 0, jedoch um ungleiche Zeiten	
4.5	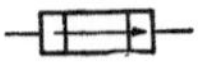	Verzögert die Übergänge von 0 auf 1 und von 1 auf 0 um gleiche Zeiten	
5.	**Beispiele für Verknüpfungsglieder**		
5.1	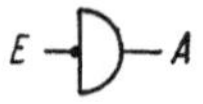 E —▷— A	Negationsglied	zu 5.1
5.2	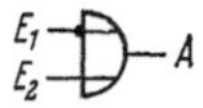 E_1 E_2 —▷— A	Oder-Glied mit Negation eines Eingangs	zu 5.2
5.3	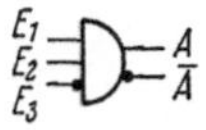 E_1 E_2 E_3 —▷— A, $\bar{A}$	Und-Glied mit Negation eines Eingangs und mit zwei komplementären Ausgängen	zu 5.3
5.4	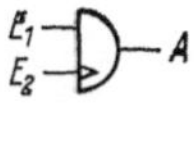 E_1 E_2 —▷— A	Und-Glied mit einem dynamischen Eingang	zu 5.4. An A erscheint ein 1-Impuls, wenn an E_1 eine 1 anliegt und E_2 von 0 auf 1 übergeht.

zu 5.1

E	A
0	1
1	0

zu 5.2

E_1	E_2	A
0	0	1
1	0	0
0	1	1
1	1	1

zu 5.3

E_1	E_2	E_3	A	$\bar{A}$
0	0	0	0	1
1	0	0	0	1
0	1	0	0	1
1	1	0	1	0
0	0	1	0	1
1	0	1	0	1
0	1	1	0	1
1	1	1	0	1

Lfd. Nr.	Schaltkurzzeichen	Benennung	Bemerkung
6.	**Beispiele für Kippschaltungen**		
6.1	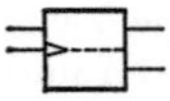	Bistabile Kippschaltung mit einem Eingang an einem Feld und einem dynamischen Eingang, der beiden Feldern zugeordnet ist.	
6.2	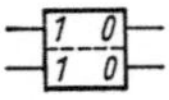	Bistabile Kippschaltung mit Kennzeichnung des Zusammenhanges: 1 an beiden Eingängen bewirkt 0 an beiden Ausgängen.	
6.3	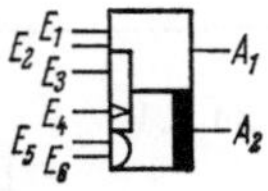	Bistabile Kippschaltung mit Grundstellung. Auf beide Felder wirkende Eingangsschaltung mit Vorbereitung (E_3, E_4), auf die Einzel elder wirkende Eingänge, die bei E_1, E_2 disjunktiv, bei E_5, E_6 konjunktiv verknüpft sind.	
6.4	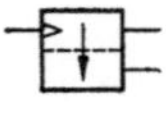	Monostabile Kippschaltung mit dynamischem Eingang.	
6.5	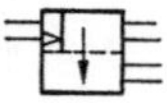	Monostabile Kippschaltung mit Eingangsschaltung mit Vorbereitung. Je Feld 2 Ausgänge mit gleichem digitalen Zustand.	

Namen- und Sachverzeichnis